非常规油气资源富集与重大地质事件

——非常规油气沉积学创新研究

邱 振 邹才能 等 著

科 学 出 版 社

北 京

内 容 简 介

本书简述了非常规油气沉积学的发展历程，重点介绍了非常规油气沉积体系中的沉积过程和成岩过程，以国内外典型非常规油气层系为实例，论述了重大地质事件沉积耦合对非常规油气“甜点区（段）”形成和分布的控制作用，并讨论了非常规油气沉积学研究面临的关键科学问题与挑战。

本书可供从事沉积学、油气地质勘探与开发等工作的研究人员和高等院校相关专业的师生参考阅读。

审图号：GS 京（2024）1630 号

图书在版编目（CIP）数据

非常规油气资源富集与重大地质事件：非常规油气沉积学创新研究 / 邱振等著. —北京：科学出版社，2024.8

ISBN 978-7-03-076538-3

Ⅰ. ①非… Ⅱ. ①邱… Ⅲ. ①含油气盆地－沉积学－研究 Ⅳ. ①P618.130.2

中国国家版本馆 CIP 数据核字(2023)第 189425 号

责任编辑：焦 健 / 责任校对：何艳萍

责任印制：肖 兴 / 封面设计：北京图阅盛世

科学出版社 出版

北京东黄城根北街 16 号

邮政编码：100717

http://www.sciencep.com

北京建宏印刷有限公司印刷

科学出版社发行 各地新华书店经销

*

2024 年 8 月第 一 版 开本：787×1092 1/16

2024 年 8 月第一次印刷 印张：14

字数：332 000

定价：198.00 元

（如有印装质量问题，我社负责调换）

主 要 作 者

邱　振　邹才能　韦恒叶　张家强

赵建华　刘　贝　陶辉飞　李一凡

张　琴　刘　雯　孔维亮　王玉满

何江林　刘翰林　李志扬　卢　斌

蔡光银　张　旺　高万里　曲天泉

尤继元

序　一

沉积学的发展与油气勘探开发关系十分密切，在油气地质学研究中一直处于十分重要的地位。在常规油气富集成藏过程中的生、储、盖、圈、运、保等核心要素，均受到沉积作用的控制，通过沉积学研究可以从成因上预测“粗粒”储层的分布特征，从而为油气勘探开发提供重要的理论和技术支撑。

以页岩油气为代表的非常规油气资源，一般自生自储或近源富集于“细粒”页岩层系之中，页岩油气形成富集机理与黑色页岩层系沉积过程密切相关。以寻找“圈闭”为目标的常规油气勘探，通常将黑色页岩层系作为形成油气的原始烃源层，目的是确定油气是从哪里来的，并不是勘探开发的目的层系。而非常规油气勘探开发目标则主要集中在黑色页岩层系内局部的异常高有机质层段（一般 TOC 含量≥3.0%），或与此紧密相邻的致密储集层段，即页岩油气的“甜点段”。黑色页岩层系的沉积过程与有机质富集机制，一直是石油地质学和沉积学界长期研究且存在争论的重大基础科学问题之一。

在地质历史中，具全球性或区域性分布的黑色页岩层系常发育在关键地质转折期，其形成可能与全球性或区域性构造运动、火山活动、气候变化、大洋缺氧等重大事件密切相关。这些事件往往是地球深部与表层相互作用的结果，会对地球各圈层包括岩石圈表层、大气圈、水圈和生物圈产生重要影响，进而形成全球性分布的黑色页岩层系。而非常规油气的“甜点段”通常由黑色页岩层系中异常高有机质层段或与其紧密伴生的（粉）细砂岩或碳酸盐岩层段等组成，它们的形成与这些重大地质事件关系更为密切，是不同于常规沉积的“非常规”沉积。

针对“非常规油气甜点段沉积与重大地质事件耦合过程”这一基础科学问题，作者等通过对国内外典型非常规油气层系“甜点区（段）”的解剖研究，明确了异常高有机质沉积在非常规油气资源形成富集过程中的重要作用，指出了非常规油气资源形成富集与重大地质事件密切相关，提出了非常规油气“甜点区（段）”的形成是地质转折期全球或区域性重大地质事件（如构造活动、海/湖平面波动、气候变化、水体缺氧、火山活动、生物灭绝或辐射及重力流事件等）沉积耦合的结果。多地质事件沉积耦合能够为异常高有机质的规模沉积，以及非常规油气优质储层的形成提供有利的沉积环境，进而对非常规油气资源的富集与工业开采产生重要影响。

《非常规油气资源富集与重大地质事件——非常规油气沉积学创新研究》的出版，从地质事件分析的角度为非常规油气沉积学的研究提供了新思路。对推动地球多圈层作用油气形成富集理论的建立，以及促进我国油气地质理论的创新和实践，均具有重要的科学价值。该专著提供的富有创新的成果，对于了解地球多圈层间相互作用以及探讨地球宜居性，具有重要意义。相信本专著的出版能给地球科学从业人员和高等院校师生等领域的读者以启迪。

中国科学院院士 朱日祥

2024 年 2 月 9 日

序　二

非常规油气，源于北美，尤其是美国，主要指页岩油气、致密油气以及煤层（岩）气等。近年来，美国非常规油气产量已经超过常规油气，这个过程美国仅用了二十几年时间。我国非常规油气资源丰富，2023 年非常规油气当量已突破 1.1 亿吨，占比已达 28%，其中，鄂尔多斯盆地非常规油气占比已达 85%。随着我国在非常规油气领域不断取得重大进展，全国非常规油气正处在快速增储上产阶段。

非常规油气资源，当前已成为业界、学界关注研究的热点和重点，正逐步影响和改变世界能源格局。跨学科的交叉研究和深度融合，以及新一轮工程科技的变革，尤其是沉积学向极细粒和纳米尺度拓展，开拓了人类认知的新视域，有力推动了以“页岩”为主的能源革命。

非常规油气资源富集，与黑色页岩层系沉积密切相关。黑色页岩层系形成机制与分布，是石油地质学与沉积学重大基础科学问题。常规油气定义了“圈闭”的概念，并以寻找“圈闭”为目标，页岩作为烃源岩或盖层，圈闭内具有统一的油气水界面和压力系统，厘定的是“边界”，并且具有边界清晰的特点。而非常规油气尤其是页岩油气，作为自生自储或近源富集的油气资源，它的分布是广泛的、大面积的，边界是不清晰的，它要厘定的是“核心”，并且这个核心不仅与地质因素有关，也与工程技术有关。诸多研究已表明，全球主要烃源层与重大地质事件关系密切，非常规油气“核心区”或“甜点区”的形成与重大地质事件的相关沉积、成岩和生烃过程关系更为密切，同时又与工程技术密切相关，与常规油气根本的区别是页岩由“生油”变为了“产油”。

邱振、邹才能等专家系统论述了非常规油气系统中与细粒沉积岩相关的沉积和成岩作用，明确指出非常规油气体系中的异常高有机质沉积，不仅为油气的大量生成提供了物质基础，而且在成岩过程中通过产生有机质孔、溶解矿物等方式为油气提供丰富的储集空间。他们通过对四川盆地上奥陶统五峰组—下志留统龙马溪组、鄂尔多斯盆地三叠系延长组、阿巴拉契亚盆地泥盆系马塞勒斯组、威利斯顿盆地泥盆系—石炭系巴肯组等典型页岩层系的实例解剖，详细探讨了重大地质事件沉积耦合对非常规油气“甜点区（段）”形成和分布的控制作用，对多地质事件耦合驱动非常规油气“甜点区（段）”沉积进行了重点研究和论述，并对未来研究进行了有见地的展望。

邱振博士，2007～2012 年在中国科学院地质与地球物理研究所跟随孙枢院士攻读博士学位。那时孙枢先生和谢翠华老师就向我讲邱博士的故事，并多以赞誉。后来他来到中国石油勘探开发研究院做邹才能院士的博士后，并在此从事研究工作，我们就算同事了，因此就有了更深一层的认识。他治学严谨，才思敏锐，充满朝气，尊重师长，坚守在油气地质与细粒沉积交叉基础学科领域，并入选部级科技领军人才。

地学史上的“水火之争”，就是肇始于对地质事件的观察和研究，这是地球科学的世界观和方法论。本专著从地质事件分析的角度开展非常规油气沉积学的研究，是一个“古为今用”的成功范例。对当前方兴未艾、充满希望的非常规油气沉积学学科研究和非常规油气资源的高效勘探开发，具有重要的借鉴和指导作用。

中国工程院院士 徐龙德

2024年6月20日

前　　言

近 10 多年来，随着页岩油气、致密油气、煤层气等非常规油气工业的快速发展，我国非常规油气沉积学研究已取得了诸多重要进展，主要包括细粒沉积岩分类、湖相重力流沉积模式、海相与陆相富有机质页岩沉积模式、细粒沉积岩微纳米级孔喉表征、细粒沉积物理模拟等，在我国非常规油气勘探开发过程中均发挥了重要作用。

随着我国四川盆地万亿立方米级页岩气大气田与鄂尔多斯盆地和松辽盆地十亿吨级页岩油大油田的逐步发现，以青年人为主的非常规油气沉积学研究队伍也在逐渐壮大。2021 年《沉积学报》发表了非常规油气沉积学的首期专辑，收录了 52 篇优秀论文（后续以专栏形式发表），涉及的研究机构包括中国石油天然气集团有限公司、中国石油化工集团有限公司、石油与地质类的各大高校、中国科学院和自然资源部等系统，召集人均是来自科研院所与高校的青年科研骨干（45 人）。2022 年非常规油气沉积学入选为第 21 届国际沉积学大会的重要专题之一，是本次国际沉积学盛会中口头报告与展板最多的分会场之一，在国际会议交流中展示了我国在非常规油气沉积学研究方面的引领作用。2023 年 4 月在成都召开的第七届全国沉积学大会，非常规油气沉积学入选为八大会议主题之一，该主题设置了 7 个分会场，有 270 位青年学者做了口头报告或展板交流。目前，非常规油气沉积学已引起我国从事石油地质学、沉积学等方面研究的学术共同体的广泛关注。2022 年《沉积学报》对期刊固定栏目进行了调整，新增加了“非常规油气沉积学”栏目，以进一步培育该学科方向的研究与实践。

以页岩油气为代表的非常规油气资源富集，与黑色页岩层系沉积密切相关。黑色页岩层系的形成机制与分布，是石油地质学与沉积学 100 多年来研究和争议的重大基础科学问题之一。以寻找“圈闭”为目标的常规油气勘探，常将其作为一套烃源层，目的是确定“源”在哪里；而非常规油气作为自生自储或近源富集，其勘探往往聚焦于该层系内的“甜点段”，目的是确定具备开发潜力的“资源”在哪里。诸多研究已表明，全球主要烃源层与重大地质事件关系密切，而非常规油气“甜点段”通常由页岩层系中的异常高有机质层段（一般 TOC≥3.0%）或与其紧密伴生的粉细砂岩或碳酸盐岩层段等组成，它们的形成与重大地质事件关系更为密切，是不同于常规沉积的“非常规”沉积。

作者通过对典型非常规油气层系“甜点区（段）”的解剖研究，揭示了非常规油气资源沉积富集与重大地质环境突变密切相关，提出了多地质事件耦合驱动非常规油气“甜点区（段）”沉积的新认识。撰写本书的目的，就是想从地质事件分析的角度为非常规油气沉积学的研究提供新思路，助力非常规油气沉积学的快速发展，为我国非常规油气资源的高效勘探开发提供重要的理论基础与技术支撑。

本书由邱振和邹才能构思，共分为 7 章。第一章为绪论，在简述油气沉积学和非常规油气地质学发展概况的基础上，对非常规油气沉积学的发展历程进行了简要回顾，并初步介绍了其概念与基本内涵。第二章为非常规油气资源潜力与重点层系分布概况。第三章为非常规油气沉积体系中的沉积过程，重点论述了泥页岩沉积及其有机质分布与富集，并简要介绍了粉细砂岩沉积。第四章为非常规油气沉积体系中的成岩过程，重点论述了有机质与有机质孔隙演化、矿物成岩演化与优质储层两部分内容。第五章为典型非常规油气层系沉积与重大地质事件分析，重点论述了中国两大页岩油气层系，即四川盆地及周缘上奥陶统—下志留统五峰组-龙马溪组（页岩气）和鄂尔多斯盆地中上三叠统延长组（致密油/页岩油），并简要介绍了美国阿巴拉契亚盆地中泥盆统马塞勒斯（页岩气）和威利斯顿盆地上泥盆统—下石炭统巴肯组（致密油/页岩油）页岩层系。第六章为重大地质事件耦合与非常规油气资源富集，论述了重大地质事件耦合作用对异常高有机质沉积、优质储层形成的控制作用。第七章为存在的挑战与研究展望，初步讨论了非常规油气沉积学研究面临的关键科学问题与挑战。

本书撰写的具体分工如下：前言由邱振、邹才能执笔；第一章由邱振、邹才能、蔡光银、张家强执笔；第二章由邱振、邹才能、张家强、张琴、王玉满、孔维亮、蔡光银执笔；第三章由邱振、刘贝、李一凡、韦恒叶、李志扬、张琴执笔；第四章由邱振、赵建华、刘贝、刘雯、高万里、曲天泉执笔；第五章由邱振、张家强、陶辉飞、何江林、卢斌、王玉满、刘翰林、尤继元、张旺执笔；第六章由邱振、邹才能、韦恒叶、张家强、孔维亮执笔；第七章由邱振、邹才能、韦恒叶、张家强、赵建华、刘雯执笔；最后由邱振和邹才能统一审定。

在本书撰写期间得到了国家自然科学基金委员会、中国石油天然气集团有限公司科技管理部、中国石油天然气股份有限公司勘探开发研究院的资助（项目编号：42222209、41602119 等），在此表示衷心感谢。感谢中国石油天然气股份有限公司孙龙德院士，中国石油天然气股份有限公司勘探开发研究院窦立荣、熊伟、赵群、江航等领导，中国地质大学（北京）王成善院士，中国科学院戎嘉余院士、陈旭院士、彭平安院士、沈树忠院士、肖文交院士，南京大学胡修棉教授，成都理工大学侯明才教授，中国地质大学（武汉）陈中强教授、严德天教授，北京大学刘全有教授，中国石油天然气股份有限公司勘探开发研究院张水昌院士、朱如凯、董大忠、袁选俊、王晓梅等教授，《沉积学报》编辑部马素萍主任等专家在工作过程中给予的指导和帮助。书中引用了国内外许多学者的有关成果和相关油田的部分资料，在此一并感谢。

本书仅是对非常规油气资源富集与重大地质事件研究的初步总结，认识也是阶段性的，有些认识还有待进一步深化。同时，由于笔者水平有限，难免有疏漏之处，敬请读者不吝赐教，容后改进。

作 者

2024 年 1 月 15 日

目　　录

第一章　绪　　论

第一节　油气沉积学发展简述

国际沉积学家协会（International Association Sedimentologists，IAS）将沉积学（sedimentology）定义为：它是研究沉积（物）岩的物理和化学特征及其形成过程（包括沉积物搬运、沉积过程、成岩作用等）的一门科学。沉积（物）岩形成过程可伴随着油、气、煤、铀等能源矿产的沉积富集，而能源工业的巨大需求能够促进沉积学的研究进程与学科的创新发展（图 1.1）。

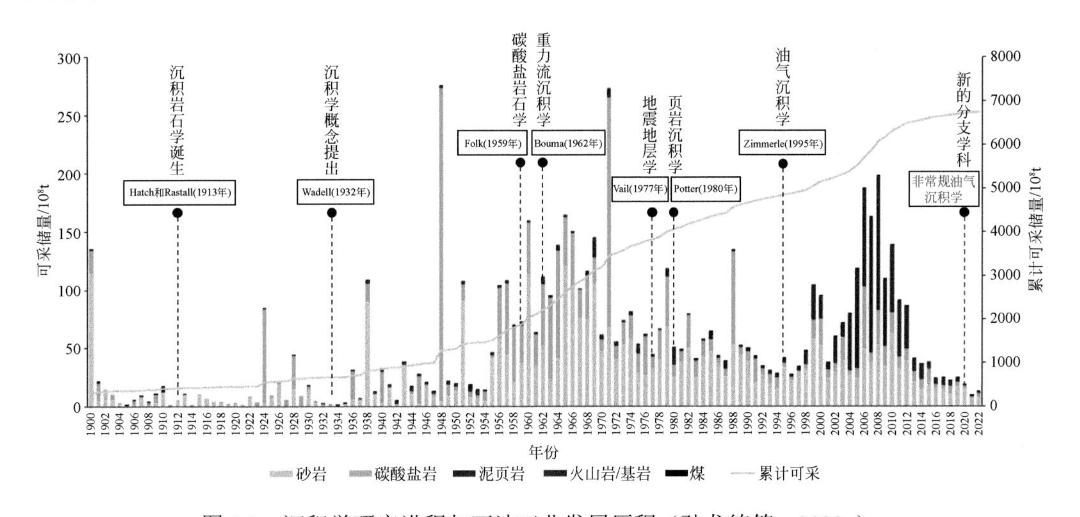

图 1.1　沉积学研究进程与石油工业发展历程（孙龙德等，2023a）

沉积学作为地球科学的一门分支学科，已经经历了百余年的发展历程。沉积学的概念最早于 1932 年由 Wadell 提出（Wadell，1932），但 19 世纪末，Sorby 已率先将显微镜用于沉积岩石学的研究（Pettijohn，1949）。19 世纪末至 20 世纪初期，随着石油逐渐取代煤炭成为最重要的能源资源，人们对赋存石油的沉积岩的研究兴趣越来越高，逐步形成了沉积岩石学的基本理论与研究方法，以 Hatch 和 Rastall 于 1913 年出版的《沉积岩石学》（*The Petrology of the Sedimentary Rocks*）一书为标志（Hatch and Rastall，1913）。1931 年美国沉积地质学协会（Society of Sedimentary Geology，SEPM）创刊出版了《沉积岩石学杂志》（*Journal of Sedimentary Petrography*），标志着沉积岩石学研究逐步进入成熟阶段。20 世纪四五十年代以来，现代沉积作用的研究呼声日益高涨，沉积物搬运和堆积过程，包括浊流沉积作用、水槽实验、碳酸盐沉积等沉积学相关的研究不断取得新进展（何起祥，2003）。1962 年国际沉积学家协会创刊《沉积学》（*Sedimentology*），1966 年《沉积地质学》（*Sedimentary*

Geology）创刊，标志着沉积作用及其时空演变规律成为沉积学研究的主旋律。虽然以浊流为代表的事件沉积研究相对较早（Kuenen and Migliorini，1950；Bouma，1962），但20世纪七八十年代以白垩纪末期事件为代表的事件沉积学兴起（Alvarez et al.，1980），引发了整个地球科学界的大讨论，沉积学成为地球科学中最引人注目的学科。地质历史时期的重大地质事件及其相关沉积对固体矿产、油气等资源的形成与富集均具有重要的控制作用（邱振和邹才能，2020；杜远生等，2020）。

与此同时，20世纪中期，油气勘探遭遇了严峻挑战，急需寻找新的勘探区带，石油公司开始认识到沉积学研究对油气勘探的重要性（Hobson and Tiratsoo，1975；何起祥，2003）。沉积学与地层学、构造地质学相结合，逐步利用测井、地震等地球物理学、地球化学、计算机技术等先进手段，在四维格架内研究盆地的演化历史与油气生成、运移、聚集和保存的规律。20世纪八九十年代，随着沉积学理论和方法的不断完善，逐步形成了油气沉积学，并涌现出一批代表性著作。如美国沉积地质协会（SEPM）于1987年出版了以《储层沉积学》（*Reservoir Sedimentology*）为题的论文集（Tillan and Weber，1987）；我国于1993年出版了《中国含油气盆地沉积学》（吴崇筠和薛叔浩，1993）；1995年出版了《油气沉积学》（*Petroleum Sedimentology*）一书（Zimmerle，1995）；等等。21世纪以来，矿产能源日趋紧张，生态环保问题日益突出，全球气候变化沉积记录、深水沉积与事件沉积、现代与深时源-汇系统、盆地沉积动力学机制、油气资源沉积富集等已成为沉积学研究的热点问题（王成善和林畅松，2021；朱筱敏等，2023）。结合物理/数值模拟、大数据与人工智能及现代实验分析等技术手段，沉积学已逐步发展为兼容多学科交叉的一门综合性学科。在我国油气沉积学已成为独具特色的研究方向，新技术、新方法的引入使其在油气勘探开发中的应用更加准确和广泛，指导我国在主要含油气盆地陆续发现了亿吨级油气藏（孙龙德等，2015，2021），为国家能源需求作出了重大贡献。

总之，沉积学发展与油气勘探开发的关系十分密切，在油气地质学研究中一直处于十分重要的地位（顾家裕和张兴阳，2003；孙枢，2005；王成善等，2010；邹才能，2011；朱如凯等，2013；孙龙德等，2021）。油气藏勘探中的生、储、盖、圈、运、保等核心要素均受到沉积作用的控制，通过油气沉积学的研究可以从成因上预测油气储层的分布特征，能够为油气勘探开发提供重要的理论基础和技术支撑。

第二节　非常规油气地质学发展简述

21世纪以来，随着以页岩气为代表的非常规油气勘探开发的快速发展，世界油气工业从常规油气延伸至非常规油气领域，并逐步实现了常规油气地质学向非常规油气地质学的一次理论跨越（Schmoker，2002；贾承造，2017；邹才能等，2019）。全球油气资源丰富，总量约50600×10^8t油当量，其中常规与非常规油气资源比例约为20%∶80%。2021年全球剩余油气储量约为4352.38×10^8t，其中常规、非常规油气分别占74%、26%。2022年全球原油产量43.5×10^8t，天然气$4.25\times10^{12}m^3$，其中非常规石油占世界石油总产量约15%、非常规天然气占全球天然气总产量约25%（EIA，2023；邹才能等，2023）。美国作为非常规油气勘探开发规模最大的国家，2022年非常规油气产量约为11.26×10^8 t油当量，约占油气总产量的 76%，(EIA，2023)。中国致密油气、页岩油气、煤层气等非常规油气资源丰富且分布广泛，近 10 余年来勘探开发成果显著（邱振等，2013；邹才能等，2019)。2022 年全国非常规油气产量超 1×10^8 t 油当量，约占全国油气总产量的 28%，其中非常规天然气约占天然气总产量的 41%，非常规石油约占石油总产量的 17%。

全球石油地质理论的形成和发展经历了“油气苗”找油→背斜理论→圈闭理论→连续型油气聚集理论的发展历程，并在 21 世纪初实现了从常规油气的“源控论”到非常规油气的“源储共生系统”理论变革（图 1.2)（焦方正，2019；邹才能等，2023)。早在 20 世纪 80 年代，中国学者就开始关注非常规油气发展，认为非常规油气的开发利用将是解决我国能源安全的重要途径。受油气开发技术和装备限制，直到最近 10 余年，随着水平井钻井技术、分段水力压裂技术和平台式“工厂化”作业模式等相关油气工程技术的进步和应用，我国非常规油气工业和理论研究得到了快速发展，取得了以万亿立方米级页岩气大气田、十亿吨级页岩油大油田等为代表的重大发现（郭旭升等，2016；付金华等，2022；孙龙德等，2023b)，这对于确保我国能源安全、端好“能源的饭碗”具有重要意义。

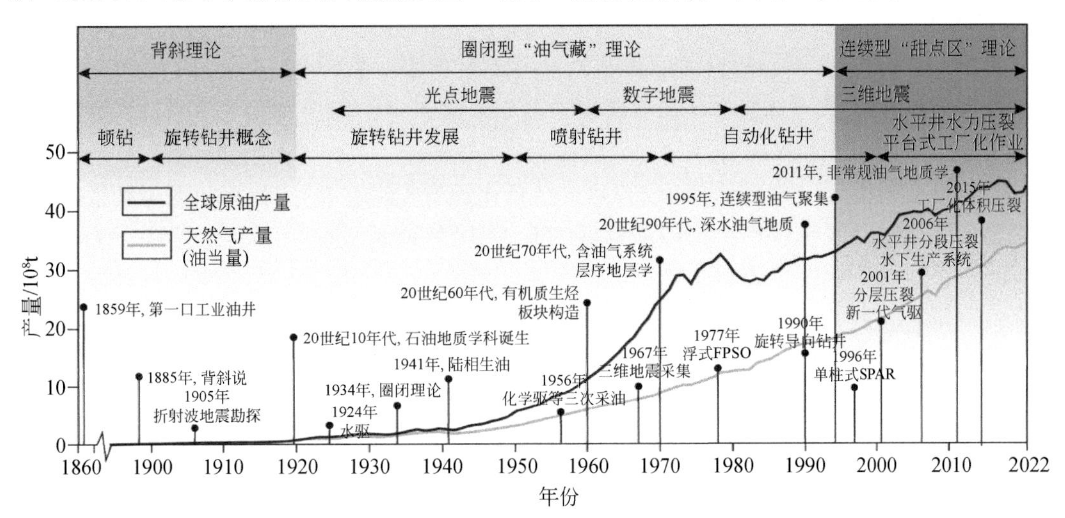

图 1.2 世界油气工业主要地质理论和关键技术创新发展历程（邹才能等，2023）

2008 年起，以邹才能院士为代表的科研学者及研究团队通过大量调研连续型油气藏文献，结合油气勘探实践，率先引进了连续型油气藏的概念，并提出了连续型油气聚集理论。2009 年起先后出版了与“非常规油气地质学”相关的中英文论文和教材专著，基本构建起了非常规油气地质学科的理论框架（邹才能等，2013，2014，2017，2019)。非常规油气地质学被定义为：以大面积连续型“甜点区（段）”（sweet-spot area/interval）评价为核心，是一门重点研究非常规油气类型、细粒沉积、微纳米级储层、油气形成机理与分布特征、富集规律、产出机制、评价方法、核心技术、发展战略与经济评价等的新兴油气地质学科，是传统石油地质学的创新和发展，是现代矿床学的一个分支学科（邹才能等，2014，2017)。非常规油气地质学对传统油气地质科学的基本概念产生了深刻影响，主要体现在六个方面（邹才能等，2023)：①源内滞留页岩油气形成工业性聚集，突破了页岩是烃源岩而非储集层的传统认识；②近源微纳米级孔隙储集层致密油气有效开采，突破了毫微米级孔隙是储集层充注下限的传统认识；③油气“甜点区（段）”大面积连续型分布，突破了油气依靠浮力成藏受圈闭边界限制的传统认识；④非常规油气水平井平台式体积压裂“人工渗透率”，突破了依靠达西渗流开发的传统认识；⑤低熟富有机质页岩和煤岩可地下原位加热转化成油气，突破了利用物理方式开发动用油气资源的传统认识；⑥常规-非常规油气有序“共生富集”，突破了只针对单一油气类型评价和开采的传统认识。

当前，我国学者将非常规油气研究紧密结合中国特殊地质背景和油气工业条件，经过10余年不懈攻关，逐步构建了非常规油气沉积学、非常规油气储层地质学、非常规油气成藏地质学、非常规油气开发地质学和常规-非常规油气有序“共生富集”发展战略等学科内容，集成了非常规油气关键实验技术、勘探评价技术、开发工程技术和常规-非常规油气勘探开发关键技术，并在国家标准制定、国家实验室建设、专业人才培养等方面均取得了显著成果，有效推进了中国非常规油气资源的工业化勘探开发。

第三节　非常规油气沉积学发展简述

近10余年来，随着页岩油气、致密油气、煤层气等非常规油气工业的快速发展，我国非常规油气沉积学研究已取得了诸多重要进展，主要包括细粒沉积岩分类、陆相深水砂质碎屑流等重力流沉积模式、海陆相富有机质页岩沉积模式、细粒沉积岩微纳米级孔喉表征、多地质事件耦合驱动非常规油气“甜点区（段）”沉积等（邹才能等，2009；姜在兴等，2013；朱如凯等，2013；袁选俊等，2015；胡宗全等，2015；陈世悦等，2016；蒋裕强等，2016；周立宏等，2016；杨仁超等，2017；李相博等，2019；邱振和邹才能，2020）。特别是近几年来，我国非常规油气工业进入快速发展的黄金时期，非常规油气沉积学研究受到越来越多的关注和重视，取得了一些新进展。例如，有学者对与非常规油气资源密切相关的泥页岩、致密砂岩、致密碳酸盐岩及混积岩（混合沉积）等的沉积特征、沉积过程及成岩作用等进行了系统总结（李一凡等，2021；朱世发等，2021；高远等，2021；施振生和邱振，2021；李泉泉等，2021；卢斌等，2021；周川闽等，2021；蒙启安等，2021；宋泽章等，2021；杨田等，2021）；也有学者基于我国典型非常规油气层系，针对有机质富集机理、优质储层发育机制等非常规油气沉积学所面临的科学问题与挑战，开展了一些实例性分析与探讨（邱振等，2020；赵建华和金之钧，2021；柳蓉等，2021；董大忠等，2021；李泉泉等，2021；胡涛等，2021；欧成华等，2021；刘世奇等，2021；刘明洁等，2021）。这些研究在我国非常规油气勘探开发中均发挥了重要作用。

不同于常规油气的圈闭富集特征，非常规油气主要聚集于富有机质沉积的烃源层之中，形成页岩油气、油页岩油、煤层气等，或聚集于与此紧密相邻的致密储集层之中，形成致密油气（Hao et al.，2013；邹才能等，2014；金之钧等，2019）。这一特征决定了非常规油气资源品质总体上相对偏差，往往仅在局部层段内富集形成“甜点段”，它们的形成是不同于常规沉积的“非常规”沉积。非常规油气资源勘探和开发的对象是“甜点区（段）”（邹才能等，2017）。“甜点段”（sweet-spot interval）是指在当前技术条件下，可以实现商业化开采的非常规油气富集层段，通常只占页岩层系总厚度的一小部分（Qiu and Zou，2020），“甜点段”横向展布所形成的地理上区域则被称为“甜点区”（sweet-spot area）。邱振和邹才能（2020）提出“非常规油气“甜点区（段）”的形成是全球性或区域性多种地质事件沉积耦合的结果”和“非常规油气资源沉积富集与重大地质环境突变密切相关，是全球性或区域性构造与海（湖）平面升降、火山活动、气候突变、水体缺氧、生物灭绝与辐射、重力流等多种地质事件沉积耦合的结果”的认识。并以此为基础，提出了非常规油气沉积学的概念（Qiu and Zou，2020；邱振和邹才能，2020）。

一、概念与基本内涵

非常规油气沉积学（unconventional petroleum sedimentology）概念：它是研究与非常规油气资源密切相关的沉积（物）岩及其沉积过程、沉积环境与沉积模式，以及非常规油气“甜点区（段）”、富集规律、资源潜力等的学科，属于沉积学、非常规油气地质学、构造地质学等交叉的学科。

非常规油气沉积学的理论内涵：非常规油气资源的沉积聚集是全球性或区域性多种地质事件沉积耦合的结果。这是因为非常规油气资源的沉积富集最终体现在发育连续或准连续分布的“甜点区（段）”，即油气富集区（段）。非常规油气“甜点区（段）”的形成不仅需要大面积连续分布的优质烃源岩，而且还需要与烃源岩密切匹配的大规模优质储层。对于非常规天然气（致密气、页岩气、煤层气等），还需要发育封闭的顶、底板。这些“甜点区（段）”关键要素的沉积过程与全球性或区域性多种地质事件密切相关，是它们沉积耦合的结果。可以说，地质事件相关的沉积是不同于常规沉积的“非常规”沉积，它们控制着非常规油气“甜点区（段）”的形成与分布。

二、研究内容

不同于以粗粒沉积（物）岩为主要研究对象的常规油气沉积学，非常规油气沉积学主要是针对相对细粒的沉积（物）岩开展相关研究，这些沉积（物）岩不仅包括泥页岩、粉砂岩、细砂岩等碎屑岩，也包括碳酸盐岩、火山碎屑岩等，以及不同组分形成的混积岩。主要研究内容为以下几个方面：

（1）对研究相对细粒沉积（物）岩的物质组分、岩石类型、沉积构造（纹层等）、岩相等特征及成因分析，为烃源岩、储集岩等特征分析及相关地质事件追溯提供基础信息；

（2）研究富有机质泥页岩沉积特征、地质事件沉积响应特征、沉积过程与模式等，阐明有机质富集机理，为优质烃源岩层空间分布预测提供理论指导；

（3）研究储集岩沉积特征、地质事件沉积响应特征、成岩作用及储集空间表征等，明确优质储层发育机制，为有利储层、非常规油气“甜点区（段）”与资源分布预测提供依据；

（4）对全球性或特定区域（盆地或凹陷）相关地质事件进行剖析，查明地质事件发生强度及相关沉积响应范围，以及它们相互作用机制，指导优质源岩层、有利储层，以及顶、底板等分布预测，从而为非常规油气“甜点区（段）”与资源分布预测提供依据。

三、研究方法

开展非常规油气沉积学研究，需从地质事件分析的角度，在特定区域（盆地或凹陷）内，以相对细粒沉积（物）岩为研究对象，聚焦于各类地质事件的沉积物和沉积过程，以及它们与非常规油气“甜点区（段）”形成的关系分析。所涉及的研究方法包括岩石矿物学、地层学、古生物学、地球化学、地球物理学（测井、地震等）、构造-热年代学等相关的各类实验分析及技术体系，以及沉积物理模拟、计算机模拟等为代表的物理与数字模拟技术。

四、研究意义

非常规油气沉积学的研究意义，在于要用地质事件分析思维，开展与非常规油气资源密切相关的沉积（物）岩及其沉积过程等相关研究，查明非常规油气资源沉积富集规律，为非常规油气勘探开发提供理论基础与技术支撑。

参考文献

陈世悦，刘金，马帅，等. 2016. 柴北缘东段克鲁克组泥页岩储层特征. 地学前缘，23（5）：56-65.
董大忠，邱振，张磊夫，等. 2021. 海陆过渡相页岩气层系沉积研究进展与页岩气新发现. 沉积学报，39（1）：29-45.
杜远生，周琦，张连昌，等. 2020. 重大地质事件与大规模沉积成矿作用（代序言）. 古地理学报，22（5）：807-811.
付金华，李士祥，郭芪恒，等. 2022. 鄂尔多斯盆地陆相页岩油富集条件及有利区优选. 石油学报，43（12）：1702-1716.
高远，Alan R，王成善. 2021. 异整合面——古环境剧变的地层记录. 沉积学报，39（1）：46-57.
顾家裕，张兴阳. 2003. 油气沉积学发展回顾和应用现状. 沉积学报，21（1）：137-141.
郭旭升，胡东风，魏志红，等. 2016. 涪陵页岩气田的发现与勘探认识. 中国石油勘探，21（3）：24-37.
何起祥. 2003. 沉积地球科学的历史回顾与展望. 沉积学报，21（1）：10-18.
胡涛，庞雄奇，姜福杰，等. 2021. 陆相断陷咸化湖盆有机质差异富集因素探讨——以东濮凹陷古近系沙三段泥页岩为例. 沉积学报，39（1）：140-152.
胡宗全，杜伟，彭勇民，等. 2015. 页岩微观孔隙特征及源-储关系——以川东南地区五峰组-龙马溪组为例. 石油与天然气地质，36（6）：1001-1008.
贾承造. 2017. 论非常规油气对经典石油天然气地质学理论的突破及意义. 石油勘探与开发，44（1）：1-11.
姜在兴，梁超，吴靖，等. 含油气细粒沉积岩研究的几个问题. 石油学报，34（6）：1031-1039.
蒋裕强，宋益滔，漆麟，等. 2016. 中国海相页岩岩相精细划分及测井预测：以四川盆地南部威远地区龙马溪组为例. 地学前缘，23（1）：107-118.
焦方正. 2019. 非常规油气之“非常规”再认识. 石油勘探与开发，46（5）：803-810.
金之钧，白振瑞，高波，等. 2019. 中国迎来页岩油气革命了吗?. 石油与天然气地质，40（3）：451-458.
李泉泉，鲍志东，肖毓祥，等. 2021. 混合沉积研究进展与展望. 沉积学报，39（1）：153-167.
李相博，刘化清，潘树新，等. 2019. 中国湖相沉积物重力流研究的过去、现在与未来. 沉积学报，37（5）：904-921.
李一凡，魏小洁，樊太亮. 2021. 海相泥页岩沉积过程研究进展. 沉积学报，39（1）：73-87.
刘明洁，季永承，唐青松，等. 2021. 成岩体系对致密砂岩储层质量的控制——以四川盆地中台山地区须二段为例. 沉积学报，39（4）：826-840.

刘世奇，王鹤，王冉，等. 2021. 煤层孔隙与裂隙特征研究进展. 沉积学报，39（1）：212-230.
柳蓉，张坤，刘招君，等. 2021. 中国油页岩富集与地质事件研究. 沉积学报，39（1）：10-28.
卢斌，邱振，周川闽，等. 2021. 泥页岩沉积物理模拟研究进展与发展趋势. 沉积学报，39（4）：781-793.
蒙启安，赵波，陈树民，等. 2021. 致密油层沉积富集模式与勘探开发成效分析——以松辽盆地北部扶余油层为例. 沉积学报，39（1）：112-125.
欧成华，梁成钢，罗利，等. 2021. 页岩岩相分类表征及对建产区产能的影响. 沉积学报，39（2）：269-280.
邱振，邹才能. 2020. 非常规油气沉积学：内涵与展望. 沉积学报，38（1）：1-29.
邱振，邹才能，李建忠，等. 2013. 非常规油气资源评价进展与未来展望. 天然气地球科学，24（2）：238-246.
邱振，邹才能，王红岩，等. 2020. 中国南方五峰组-龙马溪组页岩气差异富集特征与控制因素探讨. 天然气地球科学，31（2）：163-175.
施振生，邱振. 2021. 海相细粒沉积层理类型及其油气勘探开发意义. 沉积学报，39（1）：181-196.
宋泽章，柳广弟，罗冰，等. 2021. 深层、超深层致密碳酸盐岩储层固态沥青测井评价——以川中地区上震旦统灯四段为例. 沉积学报，39（1）：197-211.
孙龙德，方朝亮，李峰，等. 2015. 油气勘探开发中的沉积学创新与挑战. 石油勘探与开发，42（2）：129-136.
孙龙德，方朝亮，李峰，等. 2021. 中国沉积盆地油气勘探开发实践与沉积学研究进展. 石油勘探与开发，37（4）：385-396.
孙龙德，朱如凯，冯子辉. 2023a. 陆相页岩-沉积学研究的新领域——以古龙页岩油为例. 成都：第七届全国沉积学大会.
孙龙德，崔宝文，朱如凯，等. 2023b. 古龙页岩油富集因素评价与生产规律研究. 石油勘探与开发，50（3）：441-454.
孙枢. 2005. 中国沉积学的今后发展：若干思考与建议. 地学前缘，12（2）：3-10.
王成善，林畅松. 2021. 中国沉积学发展战略. 矿物岩石地球化学通报，40（6）：1217-1229.
王成善，郑和荣，冉波，等. 2010. 活动古地理重建的实践与思考：以青藏特提斯为例. 沉积学报，28（5）：849-860.
吴崇筠，薛叔浩，等. 1993. 中国含油气盆地沉积学. 北京：石油工业出版社.
杨仁超，尹伟，樊爱萍，等. 2017. 鄂尔多斯盆地南部三叠系延长组湖相重力流沉积细粒岩及其油气地质意义. 古地理学报，19（5）：791-806.
杨田，操应长，田景春. 2021. 浅谈陆相湖盆深水重力流沉积研究中的几点认识. 沉积学报，39（1）：88-111.
袁选俊，林森虎，刘群，等. 2015. 湖盆细粒沉积特征与富有机质页岩分布模式——以鄂尔多斯盆地延长组长 7 油层组为例. 石油勘探与开发，42（1）：34-43.
赵建华，金之钧. 2021. 泥岩成岩作用研究进展与展望. 沉积学报，39（1）：58-72.
周川闽，张志杰，邱振，等. 2021. 细粒沉积物理模拟研究进展与展望. 沉积学报，39（1）：253-267.
周立宏，蒲秀刚，邓远，等. 2016. 细粒沉积岩研究中几个值得关注的问题. 岩性油气藏，28（1）：6-15.
朱如凯，白斌，崔景伟，等. 2013. 非常规油气致密储集层微观结构研究进展. 古地理学报，15（5）：615-623.
朱世发，崔航，陈嘉豪，等. 2021. 浅水三角洲沉积体系与储层岩石学特征——以鄂尔多斯盆地西部地区山 1-盒 8 段为例. 沉积学报，39（1）：126-139.
朱筱敏，陈贺贺，谈明轩，等. 2023. 从太平洋到喜马拉雅的沉积学新航程——21 届国际沉积学大会研究热点分析. 沉积学报，41（1）：126-149.

邹才能. 2011. 非常规油气地质. 北京：地质出版社.

邹才能，陶士振，袁选俊，等. 2009. 连续型油气藏形成条件与分布特征. 石油学报，30（3）：324-331.

邹才能，张国生，杨智，等. 2013. 非常规油气概念、特征、潜力及技术——兼论非常规油气地质学. 石油勘探与开发，40（4）：385-454.

邹才能，陶士振，侯连华，等. 2014. 非常规油气地质学. 北京：地质出版社.

邹才能，丁云宏，卢拥军，等. 2017. "人工油气藏"理论、技术及实践. 石油勘探与开发，44（1）：144-154.

邹才能，杨智，张国生，等. 2019. 非常规油气地质学建立及实践. 地质学报，93（1）：12-23.

邹才能，杨智，张国生，等. 2023. 非常规油气地质学理论技术及实践. 地球科学，48（6）：2376-2397.

Alvarez L W，Alvarez W，Asaro F，et al. 1980. Extraterrestrial causes of the Cretaceous-Tertiary extinction. Science，208：1095-1108.

Bouma A H. 1962. Sedimentology of Some Flysch Deposits. Amsterdam：Elsevier.

EIA. 2023. Drilling Productivity Report：For Key Tight Oil and Shale Gas Regions. Washington：EIA Independent Statistics & Analysis.

Folk R L. 1959. The practical petrographical classification of limestones. American Association Petroleum Geologists Bulletin，43：1-38.

Hao F，Zou H Y，Lu Y C. 2013. Mechanisms of shale gas storage：implications for shale gas exploration in China. AAPG Bulletin，97（8）：1325-1346.

Hatch F H，Rastall R H. 1913. The Petrology of the Sedimentary Rocks. London：George Allen & Company Ltd.

Hobson G D，Tiratsoo E N. 1975. Introduction to Petroleum Geology. Bucks：Scientific Press Ltd.

Kuenen P H，Miqiorini C I. 1950. Turbidity currents as a cause of graded bedding. Journal Geology，58：41-127.

Pettijohn F J. 1949. Sedimentary Rocks. New York：Harper &Row.

Qiu Z，Zou C N. 2020. Controlling factors on the formation and distribution of "sweet-spot areas" of marine gas shales in South China and a preliminary discussion on unconventional petroleum sedimentology. Journal of Asian Earth Sciences，194：103989.

Schmoker J W. 2002. Resource-assessment perspectives for unconventional gas systems. AAPG Bulletin，86（11）：1993-1999.

Tillan R W，Weber K J. 1987. Reservoir sedimentology. SEPM Special Publication（Tulsa Oklahoma，USA），40：19-26.

Vail P R，Mitchum R M. 1977. Seismic stratigraphy and global changes in sea level，part 1：Overview//Payton C E. Seismic Stratigraphy-Applications to Hydrocarbon Exploration. AAPG Memoir，26：51-212.

Wadell H A. 1932. Volume，shape，and roundness of rock particles. Journal Geology，40：443-451.

Zimmerle W. 1995. Petroleum Sedimentology. Stuttgart：Kluwer Academic Publishers.

第二章　非常规油气资源潜力与重点层系分布概况

全球非常规油气涉及层系广泛，其中非常规石油（致密油/页岩油，重油、油砂与油页岩油）主要分布层系按资源潜力由大至小依次为：白垩系（1295.8×10^8t）、侏罗系（639.8×10^8t）、古近系（635.7×10^8t）、新近系（506.2×10^8t）和石炭系（283.5×10^8t），而非常规天然气（页岩气、致密气与煤层气）的分布层系按资源潜力由大至小依次为：白垩系（$80.6\times10^{12}m^3$）、侏罗系（$61.7\times10^{12}m^3$）、石炭系（$41.5\times10^{12}m^3$）、泥盆系（$38.5\times10^{12}m^3$）和志留系（$13.7\times10^{12}m^3$）（中国石油勘探开发研究院，2021）。北美洲、中南美洲、俄罗斯以及中国是全球非常规油气资源最为富集的地区［图 2.1（a）］，拥有超过全球 70%的可采非常规石油和 60%的可采非常规天然气资源。根据中国石油 2020 年的资源评价结果（图 2.2），全球非常规油气的技术可采资源总量约为 6352.3×10^8 t 油当量，其中非常规石油约为 4049.3×10^8t，非常规天然气约为 269.5×10^{12} m^3（窦立荣，2022）。在非常规石油中，页岩油的可采资源量最大，达 1405.1×10^8 t，占比为 22.1%，页岩油（含致密油）技术可采资源量约为 738×10^8 t，占比约为 11.6%（窦立荣等，2022）。在非常规天然气中，页岩气的技术可采资源量约为 $223.8\times10^{12}m^3$，约占非常规资源的 30.1%：煤层气的技术可采资源量约为 38.7×10^{12} m^3，约占非常规资源的 5.2%；致密气的技术可采资源量约为 $7.0\times10^{12}m^3$，约占非常规资源的 0.9%（中国石油勘探开发研究院，2021）。

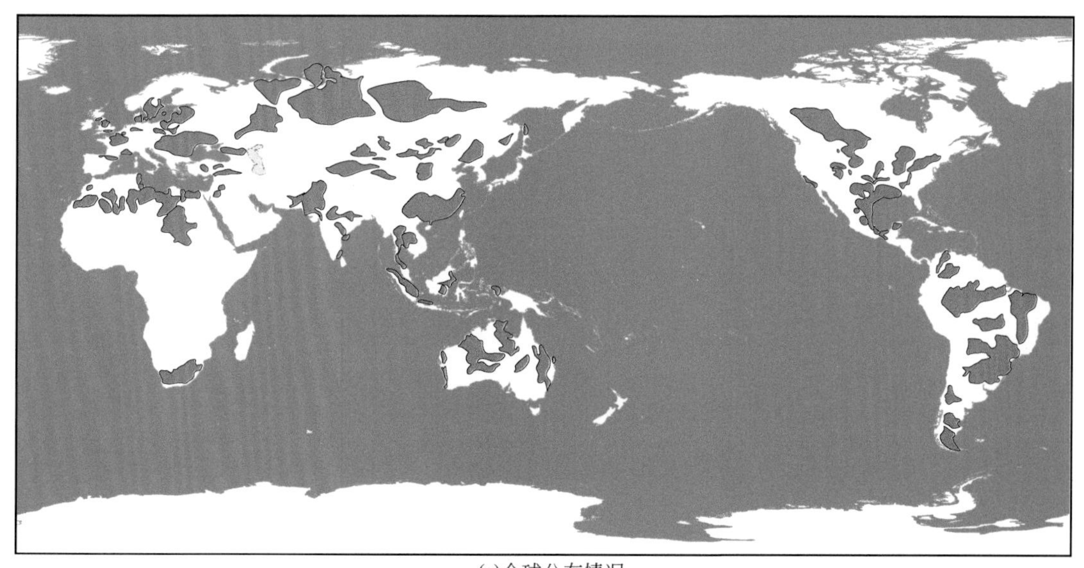

(a)全球分布情况

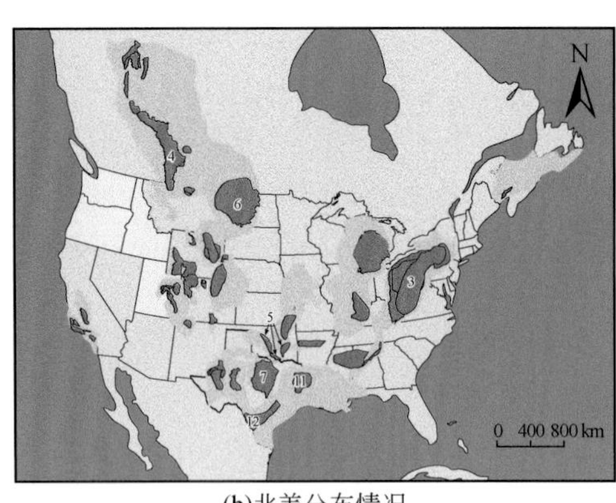

(b)北美分布情况

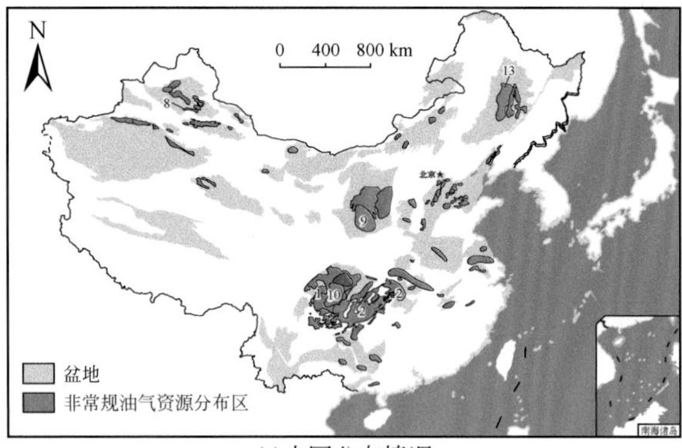

(c)中国分布情况

图 2.1　非常规油气资源在全球、北美以及中国的分布情况（EIA，2011，2013，2016；Qiu and Zou，2020）

图中序号所指盆地见表 2.1

表 2.1　中国和北美地区典型非常规油气层系的地质特征（Zou et al.，2022）

序号	层系	“甜点区（段）”			资源量		沉积盆地	盆地类型
		厚度/m	面积/10^4km^2	TOC 含量/%	气/$10^{12}m^3$	油/10^8t		
1	下寒武统筇竹寺组	84	1.7	3	3.5^R	—	四川	克拉通
2	奥陶系五峰组—志留系龙马溪组	10～40	2.0	3～8	3.3^R	—	四川	克拉通
3	中泥盆统 Marcellus	38	6.8	12	9.7^U	2.4^U	阿巴拉契亚	前陆
4	上泥盆统 Duvernay	12～19	3.0	3.4	3.2^R	5.6^R	西加拿大	克拉通
5	上泥盆统 Woodford	46～76	1.4	4～6.5	0.7^U	1.1^U	阿纳达科	克拉通
6	泥盆系—石炭系 Bakken	7	5.7	8～10	0.3^U	16.5^U	威利斯顿	克拉通
7	下石炭统 Barnett	90	1.8	3.5	0.5^U	0.3^U	福特沃斯	前陆
8	下二叠统芦草沟组	52	0.1	4.6	—	1.2^R	准噶尔	陆内裂陷
9	中上三叠统延长组长 7 段	5～10	3.7	13.8	—	10.5^P	鄂尔多斯	陆内拗陷
10	下侏罗统自流井组大安寨段	10	0.4	1.5	—	1.3^R	四川	陆内拗陷
11	上侏罗统 Haynesville	76	0.6	2.3	4.2^U	—	墨西哥湾	克拉通
12	上白垩统 Eagle Ford	61	3.4	4.3	1.9^U	26.0^U	墨西哥湾	克拉通
13	上白垩统青山口组	152	1.8	4.0	0.4^R	16.0^R	松辽	陆内拗陷

注：上标“R”表示风险技术可采资源量；上标“U”表示未证实技术可采资源量；上标“P”表示证实技术可采资源量；“—”表示无数据。

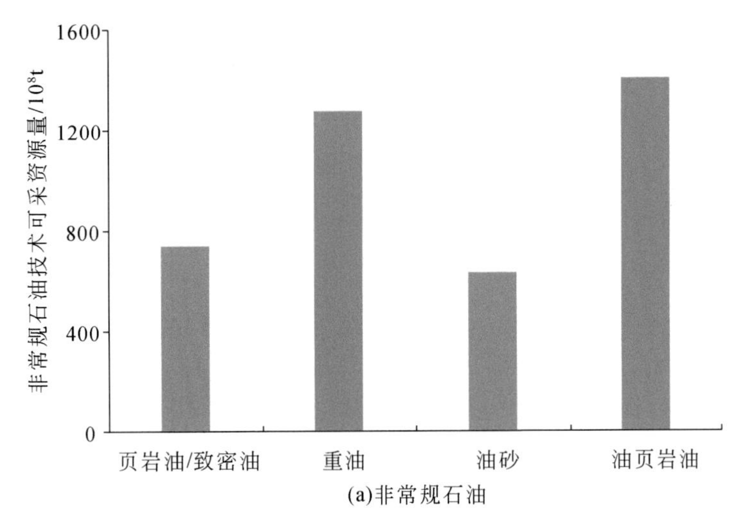

(a)非常规石油

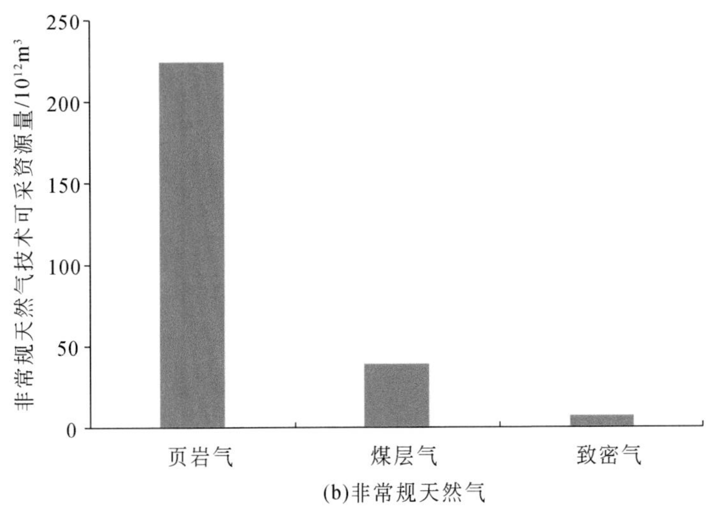

(b)非常规天然气

图 2.2 全球非常规油气技术可采资源量分布（据窦立荣等，2022）

第一节 美国非常规油气资源概况

美国页岩革命使得美国真正实现了“能源独立”。页岩油气（含致密油）产量自 2007 年开始呈现高速增长，至 2022 年，页岩气和页岩油/致密油年产量分别约为 8369×10^8 m^3 和 3.96×10^8t，分别约占美国天然气总产量约 83%、美国石油总产量的 67%（EIA，2023）。与 2007 年相比，它们的产量分别增长了近 11 倍和 16 倍。2019 年美国油气产量约 23×10^8t 油当量，再次超过美国能源消费量（22×10^8t 油当量）（EIA，2023），实现了“能源独立”。

根据美国能源信息署（Energy Information Administration，EIA）（2011）估算，美国本土的页岩气和页岩油/致密油的技术可采资源量分别约为 21.2×10^{12} m^3 和 33.6×10^8t，主要分布在北美克拉通内部及周边的 22 个区带中［图 2.1（b）］。美国页岩气资源分布具有东部、南部多，中部、西部相对少的特点，主要分布在上古生界泥盆系和石炭系，在奥陶系、二叠系、侏罗系和白垩系也有分布，包括东部阿巴拉契亚（Appalachian）盆地泥盆系马塞勒斯（Marcellus）组和奥陶系尤蒂卡（Utica）组，南部二叠盆地二叠系沃夫坎普（Wolfcamp）组、路易斯安那盆地侏罗系海恩斯维尔（Haynesville）组、阿科马盆地石炭系费耶特维尔（Fayetteville）组、阿纳达科盆地泥盆系伍德福德（Woodford）组、福特沃斯盆地石炭系巴内特（Barnett）组、西海湾盆地白垩系鹰滩（Eagle Ford）组以及西部威利斯顿（Williston）盆地泥盆系—石炭系巴肯（Bakken）组。其中阿巴拉契亚盆地、二叠盆地、路易斯安那盆地都是页岩气年产量超过 $1000\times10^8 m^3$ 的超级盆地。截至 2020 年，这八大盆地累计探明页岩气地质储量达 $8.9\times10^{12} m^3$，页岩气年产量约为 $7332\times10^8 m^3$，均占美国页岩气总产量的 99%以上（张君峰等，2022）。美国页岩油/致密油有四个主产层系：西海湾盆地白垩系 Eagle Ford 组、二叠盆地二叠系 Wolfcamp 组、丹佛盆地白垩系奈厄布拉勒（Niobrara）组及威利斯顿盆地泥盆系—石炭系 Bakken 组，它们约占美国页岩油/致密油总产量的 90%（赵文智等，2023）。

这些页岩油气层系多发育在沉积背景相对稳定的克拉通盆地内部凹陷区，或者局限于滞留的陆棚环境，地层受后期构造运动的改造相对较弱，岩性侧向变化小，以黑色页岩、泥灰岩为主。它们分布面积广、厚度大，以海相页岩为主，具有油气共生等特点，这些均是北美非常规油气层系的主要特征（黎茂稳等，2019）。例如，阿巴拉契亚盆地中泥盆统马塞勒斯页岩层系的总展布面积可达 $11.4\times10^4 km^2$，其中“甜点区”面积达 $6.8\times10^4 km^2$，平均总有机碳（total organic carbon，TOC）含量可达 12%，平均厚度为 38m（表 2.1）；威利斯顿盆地上泥盆统—下石炭统 Bakken 页岩分布面积超过 $30\times10^4 km^2$，其中“甜点区”面积达 $5.7\times10^4 km^2$，平均 TOC 含量为 8%～10%，平均累计厚度可达 7m；墨西哥湾盆地上三叠统 Eagle Ford 页岩油“甜点区”的面积达 $3.4\times10^4 km^2$，平均 TOC 含量可达 4.3%，平均厚度为 61 m。优质的烃源岩条件为油气的大量生成提供了物质基础，而烃源岩层系顶底部的致密碳酸盐岩层则为烃类的聚集成藏提供了良好的封闭条件。根据 EIA 的统计，阿巴拉契亚盆地 Marcellus 页岩气的可采资源量达 $9.7\times10^{12} m^3$，页岩油可采资源量达 $2.4\times10^8 t$（EIA，2011，2022）；威利斯顿盆地 Bakken 页岩气的可采资源量为 $0.3\times10^{12} m^3$，页岩油/致密油可采资源量达 $16.5\times10^8 t$（EIA，2011，2022）。2022 年，阿巴拉契亚盆地 Marcellus 页岩气的年产量达 $0.26\times10^{12} m^3$，约占美国总产量的三分之一；威利斯顿盆地 Bakken 页岩油/致密油的年产量达 $51.14\times10^6 t$，页岩气年产量达 $2.24\times10^{10} m^3$。2023 年来，Marcellus 页岩气的产量还在不断攀高，日产量已超过 $7.4\times10^8 m^3$。

美国致密气藏规模化开发始于 20 世纪 70 年代，起步于西部圣胡安（San Juan）盆地（贾爱林等，2022）。早在 2010 年，美国已在 23 个盆地发现大约 900 个致密气田，剩余探明可采储量超过 $5\times10^{12} m^3$，主要分布于大绿河、丹佛、圣胡安、皮申斯、粉河、犹因他、阿巴拉契亚和阿纳达科等盆地（杨涛等，2012）。纵向上主要形成于白垩系，其致密砂岩气常与煤系烃源岩伴生，源岩生烃强度大、广覆式生烃为致密气形成提供了物质基础（童晓光等，2012）。虽然不同盆地致密气特征有所差异，但共同特征是气层厚度大、储量丰度高、分布稳定、裂缝相对发育、含气饱和度较高等。在美国政策支持下，1990 年美国致密气年产量就已突破 $600\times10^8 m^3$，1998 年突破 $1000\times10^8 m^3$，到 2016 年致密气年产量为 $1200\times10^8 m^3$。

美国是全球率先开发煤层气的国家，预计地质资源量为 $49.16\times10^{12}m^3$（Mastalerz，2014）。美国主体48个州煤层气待发现技术可采资源量为 $3.54\times10^{12}m^3$，主要分布在21个盆地或区带。森林之城（Forest City）盆地可采资源最丰富，达 $0.90\times10^{12}m^3$，占比25.4%；其次为粉河（Powder River）盆地，可采资源量为 $0.66\times10^{12}m^3$，占比18.7%；再次为San Juan盆地，可采资源量为 $0.38\times10^{12}m^3$，占比22.2%（李登华等，2018）。含煤盆地聚煤期主要有晚石炭世、白垩纪和古近纪三个时期（李登华等，2018）。1976年，美国在Williston、Powder Rive及伊利诺伊（Illinois）等盆地发现了大型富集煤层气带，并开始进行煤层气的开发利用。1986年，随着首个商业煤层气田——黑勇士（Black Warrior）盆地的橡树林（Oak Grove）煤层气开发区投产，美国煤层气开发步入现代化进程，相继在Black Warrior、San Juan及阿巴拉契亚（Appalachian）等盆地发现了煤层气富集区。受20世纪末能源危机的影响，美国加大了对煤层气的开发力度。至1989年底，全美煤层气产量高达 $26\times10^8m^3$，实现了量的突破，煤层气产量初具规模（陈天等，2023）。2008年产量达 $556.71\times10^8m^3$ 峰值，2008年之后，由于页岩气产业的兴起，煤层气投资和工作量锐减，产量逐年下滑，2018年递减至约 $260\times10^8m^3$，目前年产量规模在 $200\times10^8m^3$ 左右（徐凤银等，2023）。

美国油页岩油储量约 3000×10^8t，约占世界总量的70%，主要有科罗拉多州、怀俄明州及犹他州的古近系绿河油页岩和东部泥盆纪—密西西比纪的黑色油页岩，但至今仍无相关工业化生产（朱颖，2022）。

第二节 中国非常规油气资源概况

中国陆上分布着35个主要的富有机质页岩层系（Zou et al.，2019），时代跨度大，包括了新元古界震旦系至新生界新近系，所蕴含的致密油气、页岩油气、煤层气、油页岩油等非常规油气资源丰富且分布广泛，主要分布在鄂尔多斯、四川、松辽、准噶尔等主要含油气盆地之中［图2.1（c）和图2.3］。我国致密油/页岩油主要分布在鄂尔多斯、松辽、准噶尔、渤海湾等盆地，致密油地质资源量为 $125\times10^8\sim243\times10^8t$（孙龙德等，2019；陶士振等，2023），以鄂尔多斯盆地三叠系延长组、松辽盆地白垩系青山口组和准噶尔盆地二叠系芦草沟组为代表。2014年在鄂尔多斯盆地发现了我国第一个亿吨级致密油田——新安边油田，开辟了中国非常规石油勘探新领域。相继在鄂尔多斯、松辽等盆地设立了6个开发示范区，稳步推进了中国石油公司致密油开发示范区建设，实现了工业化生产。2018年以来，中国石油长庆油田分公司探明了我国首个页岩油储量规模超10亿吨级的庆城油田，建成首个年产百万吨页岩油开发示范区，2022年产量达到了 164×10^4t。截至2022年底，致密油和页岩油年产量分别达 1260×10^4t 和 340×10^4t。目前我国中低成熟度页岩油可采资源量约 500×10^8t，中高成熟度页岩油地质资源量约 100×10^8t，其工业化进程是能否最终实现页岩油气革命的关键（邹才能等，2020）。

我国页岩气主要分布在四川、鄂尔多斯等盆地（图2.3），其地质资源量约 $80\times10^{12}m^3$，以四川盆地奥陶系—志留系五峰组-龙马溪组、寒武系筇竹寺组及鄂尔多斯盆地二叠系山西组等为代表（邱振和邹才能，2020）。2008年钻探国内第一口页岩气地质资料井——长芯1井，

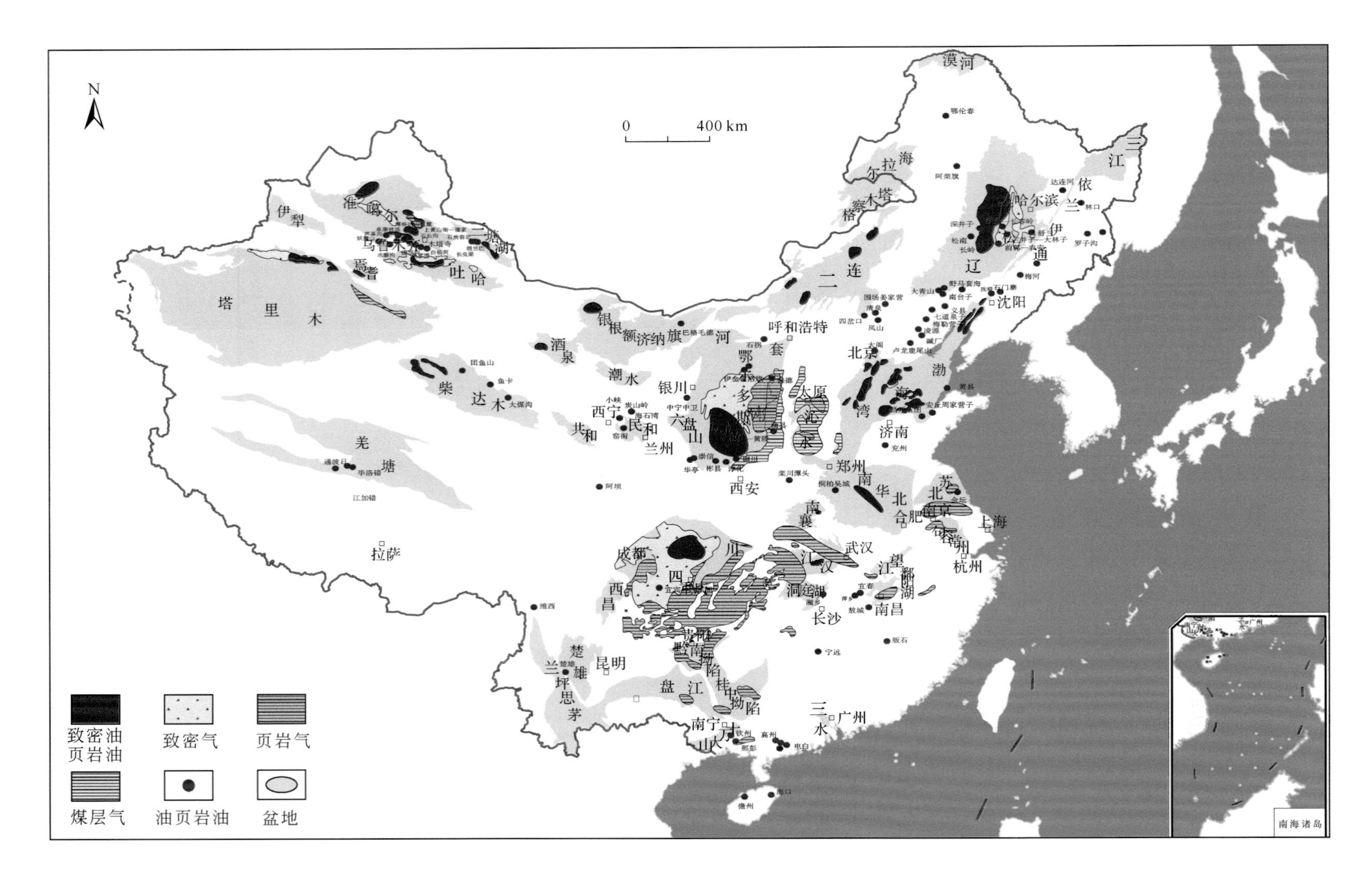

图2.3 中国主要非常规油气资源分布图

开启了页岩气评价的序幕；2009 年钻探国内第一个页岩气评价井，设立了首个页岩气矿权，开启了页岩气探索评价。2012 年国家能源局批复了 4 个页岩气示范区，从而拉开了我国页岩气工业化开采试验的序幕。四川盆地及周缘五峰组-龙马溪组页岩气的商业化、规模化开采，使得我国成为除北美以外全球最大的页岩气产区。五峰组-龙马溪组广泛沉积于扬子陆棚海，总分布面积达$42\times10^4km^2$，总厚度可达300m。四川盆地页岩气“甜点区”位于龙马溪组底部和五峰组上部，面积约为 $2\times10^4km^2$，厚度为 10～40m（表 2.1）。这些“甜点段”主要由富有机质笔石页岩（TOC 含量＞3.0%）组成，具有较高的孔隙度（＞4.0%）、含气量（$>3.0m^3/t$）、脆性矿物含量（＞70%）和地层压力系数（＞1.2），并发育丰富的纹层和微裂缝。截至 2022 年底，五峰组-龙马溪组页岩气累计探明储量近 $3.0\times10^{12}m^3$，年产量从 2013 年的约 $2\times10^8m^3$ 快速增长至 2023 年的 $250\times10^8m^3$，实现了工业化跨越。此外，近几年在四川盆地及周缘二叠系吴家坪组-大隆组页岩层系中均获得了页岩气重大勘探突破（杨雨等，2023；胡东风等，2023），逐步成为页岩气增储上产的重要接替领域。

我国致密气主要分布在鄂尔多斯、四川、松辽、塔里木、渤海湾、吐哈和准噶尔等盆地（图 2.3），地质资源量约为 $21.85\times10^{12}m^3$（孙龙德等，2019），以鄂尔多斯盆地上古生界和四川盆地三叠系须家河组最为典型。根据中国石油第四次油气资源评价结果，鄂尔多斯盆地上古生界致密气地质资源量约为 $13.32\times10^{12}m^3$，占总资源量的 60%以上，其次为四川盆地侏罗系沙溪庙组和三叠系须家河组，地质资源量约为 $3.98\times10^{12}m^3$（贾爱林等，2022）。自 2000 年以来，致密气在鄂尔多斯盆地上古生界勘探获得重大突破，集中发现了苏里格、大牛地等致密气田，开启了致密气开发之路。近年来，我国致密气勘探开发取得重大突破，储量与产量快速上升，目前已经在鄂尔多斯、四川、塔里木和松辽盆地等多个盆地发现大型致密气田，基本形成了鄂尔多斯盆地苏里格气田、四川盆地川中地区须家河组气田和沙溪庙组气田三大致密气勘探领域，致密气产量从 2004 年的约 $2\times10^8m^3$ 快速增长到 2022 年的 $579\times10^8m^3$。但我国致密气勘探仍处于勘探早中期，探明储量和产量均具备进一步增加的潜力（贾爱林等，2022）。

我国煤层气主要分布在鄂尔多斯、沁水、四川以及准噶尔等盆地（图 2.3），以石炭系—二叠系等为代表，埋深 2000m 以浅的煤层气地质资源量约为 $30\times10^{12}m^3$（邹才能等，2019）。1996 年中联煤层气有限责任公司的成立标志着我国煤层气走向了产业化阶段，此后逐渐建成鄂尔多斯盆地东缘、沁水两大产业基地，并在辽宁阜新、四川盆地南部等地区实现小规模开发。煤层气产量从 2013 年的约 $0.2\times10^8m^3$ 快速增长至 2022 年的 $115\times10^8m^3$。2019 年以前，我国煤层气开发基本集中在 1200m 以浅的区域，随着鄂尔多斯盆地大宁-吉县区块深层 8 号煤勘探突破，我国首次发现国内埋深超 2000m、探明地质储量超 $1000\times10^8m^3$ 的高丰度整装大型煤层气田，真正拉开了深部（层）煤层气勘探开发的序幕（徐凤银等，2022）。根据最新的全国油气资源评价成果，全国埋深为 1500～2000m 深层的煤层气资源量约为 $11.93\times10^{12}m^3$，约占总量的 32.4%，且 2000m 以深的煤层气资源尚未开展系统评价（李曙光等，2022）。近两年随着深层煤层气勘探开发突破，估算全国 1500m 以深的煤层气资源量约 $70\times10^{12}m^3$，是浅层煤层气的 2.5 倍。预计 2035 年全国煤层气产量为 $400\times10^8m^3$，会紧追页岩气，成为我国天然气生产增速最快领域。

中国油页岩油资源丰富，主要分布在松辽盆地、准噶尔盆地和鄂尔多斯盆地，资源量约为 5352.87×10^8 t，以松辽盆地上白垩统青山口组和嫩江组、准噶尔盆地中二叠统芦草沟组以及鄂尔多斯盆地中上三叠统延长组为代表（柳蓉等，2021）。其中松辽盆地、鄂尔多斯盆地和准噶尔盆地三大主要盆地的油页岩油资源量约占全国的 76.8%（车长波等，2008）。2000 年以来，我国油页岩油产量总体进入了快速增长阶段，从 2000 年年产量约为 10×10^4 t 快速增长至 2019 年的 150×10^4 t，且从 2005 年以来一直位居世界第一。

参 考 文 献

车长波，杨虎林，刘招君，等. 2008. 我国油页岩资源勘探开发前景. 中国矿业，17（9）：1-4.

陈天，易远元，李甜甜，等. 2023. 中国煤层气勘探开发现状及关键技术展望.现代化工，43（9）：6-10.

窦立荣，李大伟，文职新，等. 2022. 全球油气资源评价历程及展望. 石油学报，43（8）：1035-1048.

胡东风，魏志红，王威，等，2023. 四川盆地东北部雷页 1 井上二叠统大隆组页岩气勘探突破及其启示. 天然气工业，43（11）：28-39.

贾爱林，位云生，郭智，等. 2022. 中国致密砂岩气开发现状与前景展望. 天然气工业，42（1）：83-92.

李登华，高煖，刘卓亚，等. 2018. 中美煤层气资源分布特征和开发现状对比及启示. 煤炭科学技术，46（1）：252-261.

黎茂稳，马晓潇，蒋启贵，等. 2019. 北美海相页岩油形成条件、富集特征与启示.油气地质与采收率，26（1）：13-28.

李曙光，王成旺，王红娜，等. 2022. 大宁-吉县区块深层煤层气成藏特征及有利区评价. 煤田地质与勘探，50（9）：59-67.

柳蓉，张坤，刘招君，等. 2021. 中国油页岩富集与地质事件研究. 沉积学报，39（1）：10-28.

邱振，邹才能. 2020. 非常规油气沉积学：内涵与展望. 沉积学报，38（1）：1-29.

孙龙德，邹才能，贾爱林，等. 2019. 中国致密油气发展特征与方向. 石油勘探与开发，46（6）：1015-1026.

陶士振，胡素云，王建，等. 2023. 中国陆相致密油形成条件、富集规律与资源潜力. 石油学报，44（8）：1222-1239.

童晓光，郭彬程，李建忠，等. 2012. 中美致密砂岩气成藏分布异同点比较研究与意义. 中国工程科学，14(6)：9-15.

徐凤银，王成旺，熊先钺，等. 2022. 深部（层）煤层气成藏模式与关键技术对策——以鄂尔多斯盆地东缘为例. 中国海上油气，34（4）：30-42.

徐凤银，侯伟，熊先钺，等. 2023. 中国煤层气产业现状与发展战略. 石油勘探与开发，50（4）：669-682.

杨涛，张国生，梁坤，等. 2012. 全球致密气勘探开发进展及中国发展趋势预测. 中国工程科学，14（6）：64-68.

杨雨，汪华，谢继容，等. 2023. 页岩气勘探新领域：四川盆地开江-梁平海槽二叠系海相页岩气勘探突破及展望. 天然气工业，43（11）：19-27.

张君峰，周志，宋腾，等. 2022. 中美页岩气勘探开发历程、地质特征和开发利用条件对比及启示. 石油学报，43（12）：1687-1701.

赵文智，朱如凯，张婧雅，等. 2023. 中国陆相页岩油类型、勘探开发现状与发展趋势. 中国石油勘探，28(4)：1-13.

中国石油勘探开发研究院（RIPED）. 2021. 全球油气资源潜力与分布. 北京：石油工业出版社.

朱颖. 2022. 油页岩层理对其力学特性及裂缝起裂与扩展的影响研究. 长春：吉林大学.
邹才能，杨智，黄士鹏，等. 2019. 煤系天然气的资源类型、形成分布与发展前景. 石油勘探与开发，46（3）：433-442.
邹才能，潘松圻，荆振华，等. 2020. 页岩油气革命及影响. 石油学报，41（1）：1-12.
EIA. 2011. Review of Emerging Resources：Shale Gas and Shale Oil Plays，U.S. Energy Information Administration.
EIA. 2013. Technically Recoverable Shale Oil and Shale Gas Resources：An Assessment of 137 Shale Formations in 41 Countries Outside the United States，U.S. Energy Information Administration.
EIA. 2016. Shale gas and oil plays，Lower 48 States. U S Energy Information Administration https://www.eia.gov/maps/images/shaie_gas_lower48.pdf.
EIA. 2022. Assumptions to the Annual Energy Outlook 2022：Oil and Gas Supply Module，U.S. Energy Information Administration.
EIA. 2023. Drilling Productivity Repot：For Key Tight Oil and Shale Gas Regions. Washington：EIA Independent Statistics &Analysis.
Mastalerz M. 2014. Coal Bed Methane：Reserves，Production and Future Outlook. 2nd Edtion. New York：Elsevier.
Qiu Z，Zou C N. 2020. Controlling factors on the formation and distribution of “sweet-spot areas” of marine gas shales in South China and a preliminary discussion on unconventional petroleum sedimentology. Journal of Asian Earth Sciences，194：103989.
Zou C N，Qiu Z，Zhang J Q，et al. 2022. Unconventional petroleum sedimentology：a key to understanding unconventional hydrocarbon accumulation. Engineering，18：62-78.

第三章　非常规油气沉积体系中的沉积过程

非常规油气“甜点区（段）”形成的前提条件是发育能够大量生烃的烃源岩层，即富有机质泥页岩（Lillis，2013；Qiu and Zou，2020），总有机碳（total organic carbon，TOC）含量是评价烃源岩品质的主要指标之一。在常规油气地质研究中，TOC 含量≥0.5%是泥页岩可作为烃源岩的 TOC 含量下限（Peters，1986）。发育在有机质未成熟至低成熟阶段的页岩油，其“甜点段”的 TOC 含量一般不低于 6.0%，而处在高成熟至过成熟阶段的页岩气“甜点段”则以 TOC 含量≥3.0%为特征（Qiu and Zou，2020；Qiu et al.，2020）。TOC 含量≥3.0%的异常高有机质沉积（邱振等，2021），是控制页岩油气“甜点区（段）”形成和分布的决定性因素。致密油/气富集层及其勘探开发的“甜点区（段）”多为与异常高有机质沉积紧密共生的砂岩或碳酸盐岩。因此，非常规油气资源“甜点区（段）”的形成主要受控于它们的沉积和成岩过程，其中异常高有机质泥页岩沉积能够为烃类的生成提供物质基础，而与其紧密伴生的粉细砂岩或碳酸盐岩沉积可为油气聚集提供大量储集空间。

第一节　页 岩 沉 积

页岩和泥岩是粒度小于 62.5μm、颗粒含量超过 50%的细粒沉积岩（fine-grained sedimentary rock）（图 3.1）。泥岩在细粒陆源碎屑岩和细粒碳酸盐岩中均有广泛使用。“页岩”一词常用于石油工业，带有页理发育、易裂开的含义，在新鲜暴露的岩石上不易观察到（Aplin and Macquaker，2021）。考虑到本书研究对象均为富含石油天然气的页岩层系，故在本章及后续章节标题中，用“页岩”泛指“泥页岩”，包括“页岩”和“泥岩”，而在正文中仍使用“泥页岩”这一术语。泥页岩中颗粒成分复杂，可来自大陆风化、初级生产者和成岩作用等（Lazar et al.，2015a）。由于宏观尺度上粒度和沉积特征的变化不明显，泥页岩常被认为主要是在低水动力条件下通过悬浮沉降形成的。富有机质泥页岩中发育较好的纹层（未被大型底栖动物扰动）（Zagorski et al.，2012；Lazar et al.，2015a；Minisini et al.，2018）（图 3.1），曾被认为是指示底水持续缺氧条件下碎屑颗粒和有机质连续悬浮沉降的主要证据（Ettensohn，1985）。然而，这种简单的泥质颗粒沉积模型受到了越来越多的挑战。近年来，有关细粒沉积物搬运、沉积和侵蚀过程的研究取得了一系列重要进展。在现代泥质大陆架上，一些相对高能的水动力过程（如河流洪水和洋流）中泥质颗粒的搬运和沉积已被直接记录（Wright et al.，1988；Sternberg et al.，1999；Hill et al.，2001）。无论盐度如何，河流和海洋中的泥都可通过絮凝作用形成聚集体，也被称为“絮凝体”（Kranck，1973；Mehta et al.，1989；Syvitski et al.，1995；Schieber et al.，2007）。在许多以泥质为主的现代沉积体系中，以絮凝体搬运和沉积的泥质沉积物也很常见（Shchepetkina et al.，2018）。

水槽实验表明，絮凝的泥质颗粒可以在底床上被搬运，并在足够强的流速（在 5cm 的水深下大约为 25cm/s）下可促进砂粒的底床搬运（Schieber et al.，2007；Schieber and

Southard，2009）。泥页岩中的低角度波纹层理和局部侵蚀特征表明，泥质沉积物受到了底流的影响（Plint et al.，2012）。另外，各种沉积构造（如水流和波纹层理、平行层理以及粒序层理和负载构造）特征表明，泥页岩沉积还受到各种重力流的影响，如浊流、泥质异重流、风暴流、潮汐相关的水流以及包括它们中两种及以上流体的组合（Zagorski et al.，2012；Mallik et al.，2012；Macquaker et al.，2014；Li et al.，2015；Minisini et al.，2018；Li and Schieber，2018）（图 3.1）。侵蚀面、滞留层（碎屑、生物作用或成岩作用）和富含早期成岩物质（如

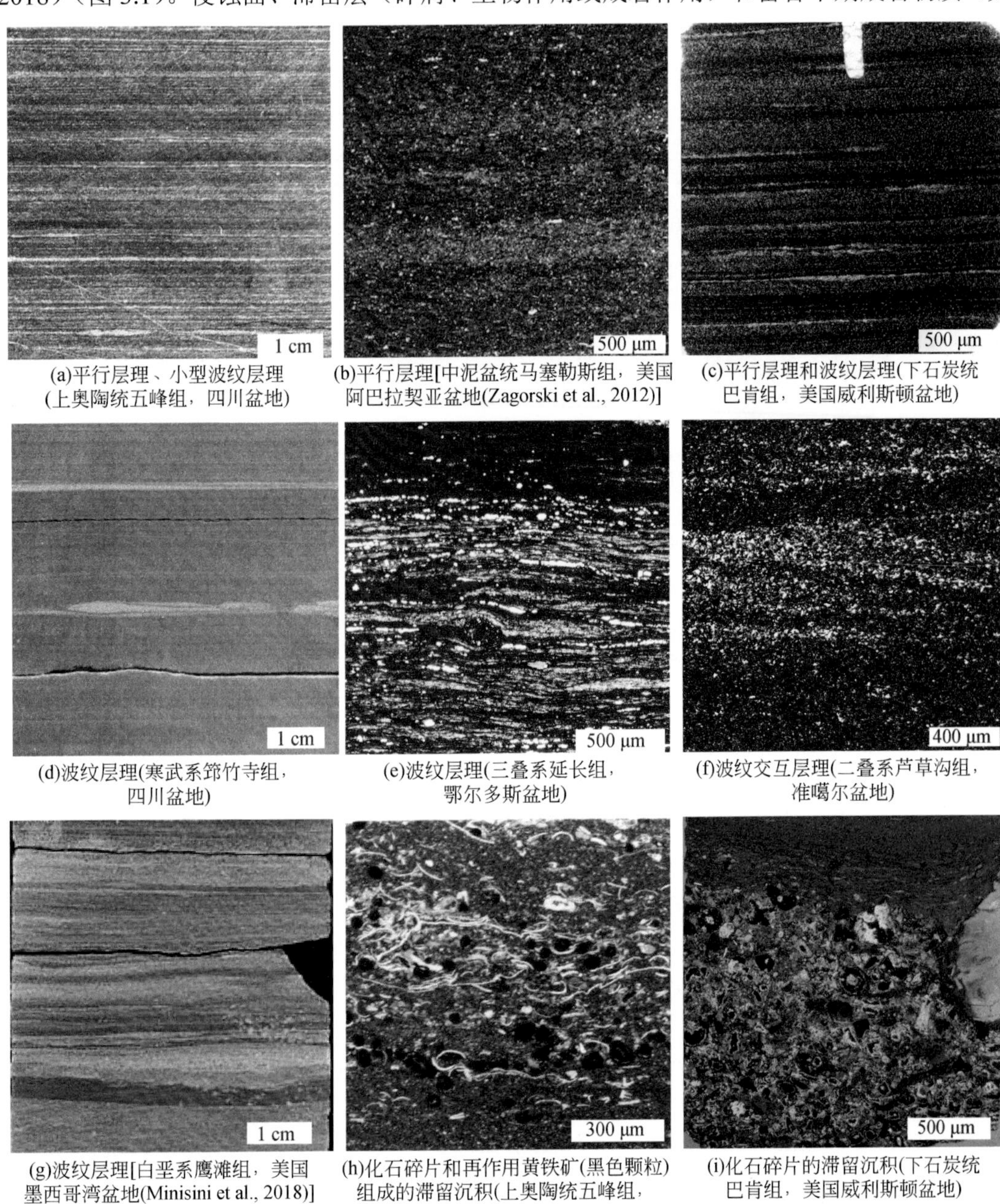

(a)平行层理、小型波纹层理(上奥陶统五峰组，四川盆地)

(b)平行层理[中泥盆统马塞勒斯组，美国阿巴拉契亚盆地(Zagorski et al., 2012)]

(c)平行层理和波纹层理(下石炭统巴肯组，美国威利斯顿盆地)

(d)波纹层理(寒武系筇竹寺组，四川盆地)

(e)波纹层理(三叠系延长组，鄂尔多斯盆地)

(f)波纹交互层理(二叠系芦草沟组，准噶尔盆地)

(g)波纹层理[白垩系鹰滩组，美国墨西哥湾盆地(Minisini et al., 2018)]

(h)化石碎片和再作用黄铁矿(黑色颗粒)组成的滞留沉积(上奥陶统五峰组，四川盆地)

(i)化石碎片的滞留沉积(下石炭统巴肯组，美国威利斯顿盆地)

图 3.1 泥页岩中典型的沉积构造

碳酸盐岩结核、黄铁矿结核和磷酸盐颗粒）的特征表明，泥页岩演化中存在侵蚀、间断以及凝缩作用（Kidwell et al.，1986；Loutit et al.，1988；Raiswell，1988；Macquaker and Taylor，1996；Raiswell and Fisher，2000；Taylor and Macquaker，2014；Li and Schieber，2015；Föllmi，2016；Li et al.，2020；Aplin and Macquaker，2021）。泥质沉积及其相对应的岩相变化受沉积环境、泥质物质供应速度以及水动力条件的控制。新的研究表明，泥页岩沉积为稳定缺氧条件下的悬浮沉降，这个过程并不是常态，而泥质沉积似乎比传统的认识更具偶发性和瞬时性。很多泥页岩层序（即使是富有机质泥页岩）在进行沉积相分析和岩相研究之后，也被重新解释为富氧或者间断性有氧环境中受底流影响的沉积产物（Schieber，2009；Wilson and Schieber，2015；Qiu et al.，2022）。

作为非常规油气沉积学的重要组成部分，海相泥页岩沉积过程研究能够为源岩、储集岩等特征分析及相关地质事件追溯提供基础信息，预测其空间分布，是非常规油气勘探的核心基础研究。本节以海相泥页岩为例，通过梳理近年来的研究进展，结合研究实例，介绍海相泥页岩岩相分类方案、沉积过程与沉积特征，以期为泥页岩相关沉积学的研究提供参考。

一、海相页岩岩相分类方案

由于泥页岩的沉积特征不明显，如何命名和描述该类岩性一直具有很大的争议。随着对细粒沉积岩观察描述的不断深入，许多学者发现泥页岩是非均质性的，并可以在多种沉积过程中形成（Schieber et al.，2000；Lazar，2007；Macquaker and Bohacs，2007；Schieber and Lazar，2010；Macquaker et al.，2010；Macquaker et al.，2014；Bohacs et al.，2014）。因此，传统的命名方法已无法表现细粒沉积岩的物理、生物和化学属性，也无法解释泥页岩形成的沉积过程。

国内学者对泥页岩的分类方案进行过有益的尝试，姜在兴等（2013）通过对比海相和陆相细粒沉积岩的相似性和差异性，建立以成岩组分粉砂、黏土和碳酸盐为三端元，以各自含量 50%为界限的细粒沉积岩命名方案，将细粒沉积岩分为粉砂岩、黏土岩、碳酸盐岩和混合型细粒沉积岩。冉波等（2016）对国内的分类进行了归纳总结，认为国内分类标准大致是基于纹层特征、矿物成分、生物特征和颜色等要素（邹才能等，2010；郭彤楼和刘若冰，2013；Liang et al.，2014），并提出了以纹层发育程度和石英含量为指标的分类方法，将纹层分为平行纹层、不平行纹层和不明显纹层，以石英含量≤40%为贫硅、40%～60%为中硅、60%～80%为富硅、≥80%为硅质岩，该分类方案主要针对的是五峰组-龙马溪组黑色页岩段。上述对泥页岩分类方法的探索促进了我国对细粒沉积岩的研究和进一步认识。

国外学者对泥页岩的命名方法进行过有益的尝试（Potter et al.，1980，2005；Macquaker and Adams，2003），其划分参数多集中在矿物成分、颗粒大小与含量和纹层厚度。Lazar等（2015a）通过归纳总结前人的命名方法优点，提出了一套简单实用的命名方法，迅速取得了国际学术界和工业界的认可并得到了广泛应用。Lazar 的方案既最大限度地继承了传统沉积岩石学的基本命名原则（Campbell，1967；Folk，1980），即以颗粒粒度、层理特征和矿物成分进行命名，又融入了细粒沉积岩的特殊属性。在结构（粒度大小）方面，Lazar

等（2015b）沿用了三端元分类法，分别以砂级、粗泥级和细泥级作为三个端元（Picard，1971；Folk，1980；Macquaker and Adams，2003；Lazar et al.，2010；Lazar et al.，2015b）（图 3.2）。其中，细泥级（黏土级-极细粉砂）颗粒粒度小于 8μm；中泥级（细粉砂-中粉砂级）颗粒粒度为 8～32μm；粗泥级（粗粉砂级）颗粒粒度为 32～62.5μm；砂级的粒度范围为 62.5～2500μm。根据这个分类，泥岩被定义为粉砂级及以下颗粒含量大于 50%的细粒沉积岩。在泥岩范畴内，当砂级颗粒含量在 25%～50%时，定义为砂质泥岩。当砂级颗粒含量小于 25%时，泥岩又可以进一步划分为粗粒泥岩（粉砂岩）、中粒泥岩（狭义的泥岩）和细粒泥岩（黏土岩）。粗粒泥岩（粉砂岩）是指粉砂级及以下颗粒内有三分之二的颗粒为粗泥级（粗粉砂级）；细粒泥岩（黏土岩）是指是指粉砂级及以下颗粒内有三分之二的颗粒为细泥级（黏土级）；中粒泥岩（狭义的泥岩）是指粗泥级和细泥级颗粒含量均未超过三分二的过渡性细粒沉积岩。这里需要读者注意一下其中各级泥岩与传统上粉砂岩、泥岩及黏土岩的对应关系。

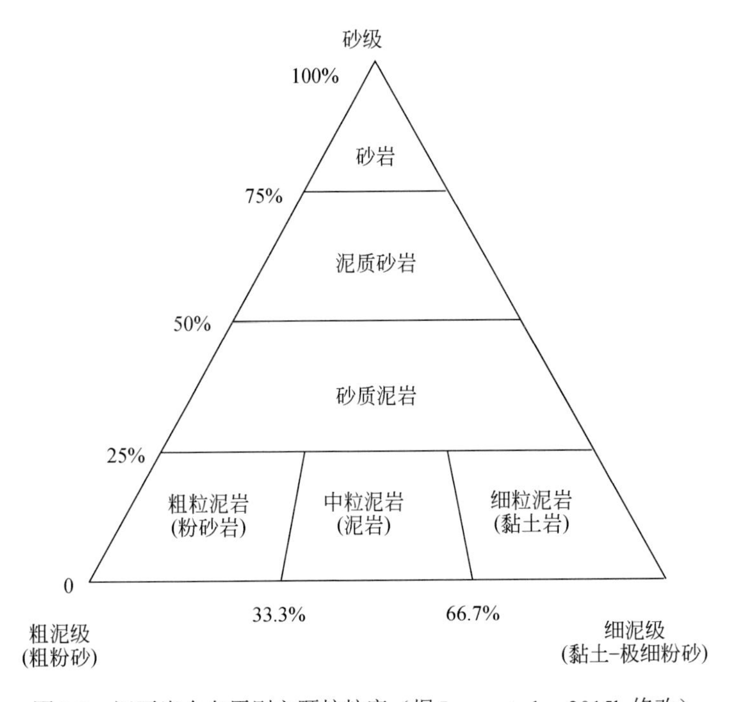

图 3.2　泥页岩命名原则之颗粒粒度（据 Lazar et al.，2015b 修改）

在层理方面，Lazar 等（2015b）将层理根据大小级别分为纹层、纹层组和层，并根据纹层的连续性（连续或者不连续）、形态（板状、波状或者曲线状）和几何关系（平行或者不平行）对层理进行了划分（图 3.3）。层理的厚度和形态特征反映了不同的沉积条件。在矿物成分方面，Lazar 等（2015b）仿照砂岩和碳酸盐岩的分类方法，以黏土矿物含量、石英含量和碳酸盐矿物含量为端元，以 50%为含量界限，将细粒沉积岩分为了黏土质、硅质和钙质（图 3.4）。例如，若泥岩的石英含量为 60%，则称为硅质泥岩。若三种成分的含量均未超过 50%，则以最多的两种成分排序命名。例如，粗粒泥岩黏土矿物含量为 40%，石英含量为 45%，碳酸盐含量为 15%，则命名为硅质-黏土质粗粒泥岩。值得注意的是，该命名原则的成分排序与国内传统岩石学命名的成分排序刚好相反，即主要成分排在前，次要成分排在后，在国内应用时可做适当调整。除了这三大类主要成分，若其他的成岩成分（如磷酸盐、长石和有机质）含量显著，则可以对三端元法进行部分修正。比如，磷酸盐含量位于 0.2%～20%范围的可称为磷酸质泥岩，而磷酸盐含量大于20%的则称为磷块岩；长石含量大于 25%的称为长石质泥岩，位于 5%～25%的称为亚长石质泥岩；TOC 含量在 2%～25%的称为碳质泥岩，而 TOC 含量在 25%～50%的称为干酪根质泥岩或者煤质泥岩。

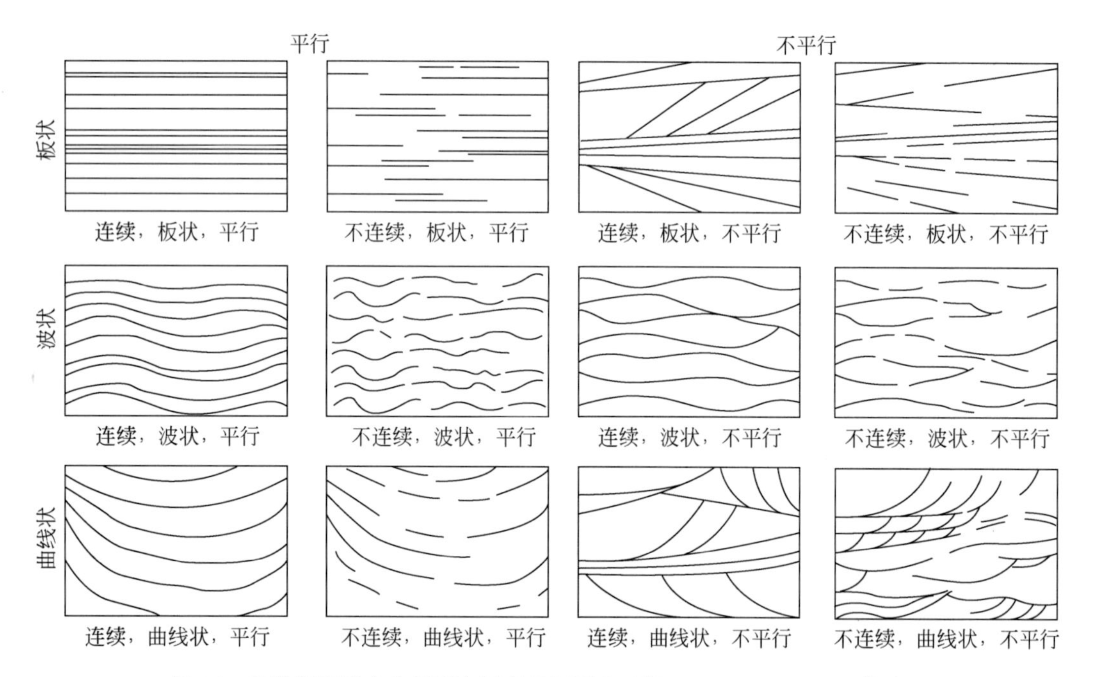

图 3.3　细粒沉积岩命名原则之层理几何形态（据 Lazar et al.，2015a 修改）

二、海相页岩的沉积过程及沉积特征

随着对现代和古代海洋环境泥（岩）观察的不断深入，前人在泥（岩）中发现了丰富的沉积构造特征，包括毫米至厘米级别的平行层理与丘状交错层理、波状层理、包卷层理、透镜状纹层、波纹、冲刷面、粒序与反粒序递变层和生物扰动构造等（Schieber et al.，2000；Lazar，2007；Macquaker and Bohacs，2007；Schieber and Lazar，2010；Macquaker et al.，2010；Macquaker et al.，2014；Bohacs et al.，2014；Li et al.，2015；Li and Schieber，2018）。多样的沉积构造特征表明，泥页岩的沉积过程十分复杂，可受到河流洪水（异轻流和异重流）、风暴波浪、重力流等多种因素影响（图 3.5 和图 3.6）。而与正常的陆棚海环境相比，陆表海细粒沉积物的沉积过程除上述水动力条件外，还可能受远岸底流的控制（Leckie and Krystinik，1989；Duke，1990；Schieber，2016），该理论近年来已在水槽模拟实验中得到了证实（Schieber et al.，2007；Schieber and Southard，2009；Schieber and Yawar，2009）。下面，对海相泥页岩的主要沉积过程及沉积特征进行概述。

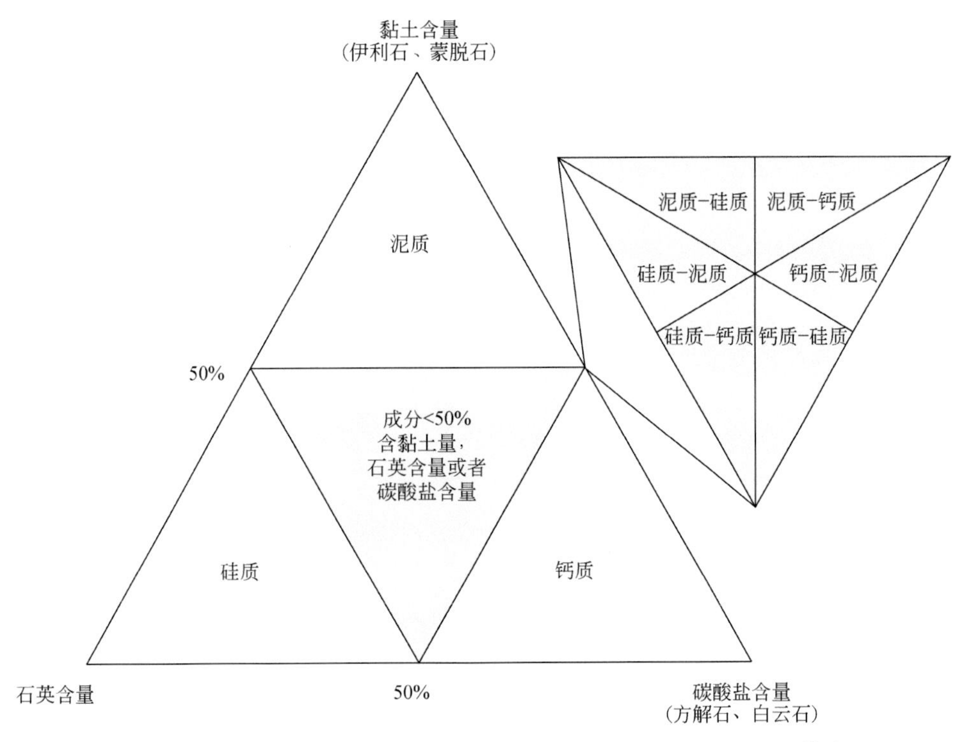

图 3.4　细粒沉积岩命名原则之岩石矿物成分（据 Lazar et al.，2015a 修改）

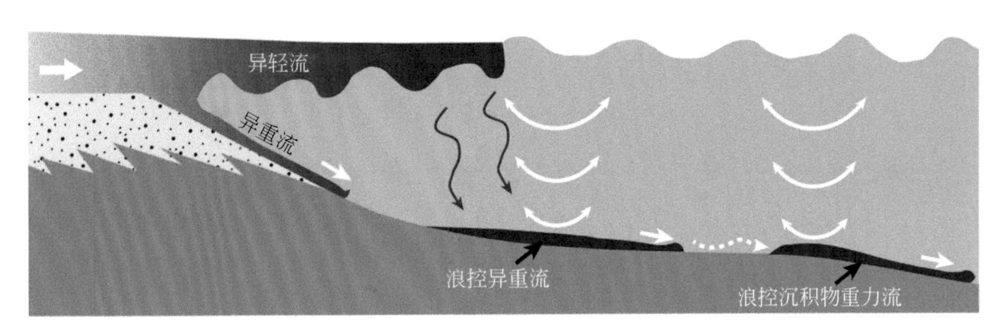

图 3.5　异轻流、异重流和浪控沉积重力流形成示意图（据 Schieber，2016 修改）

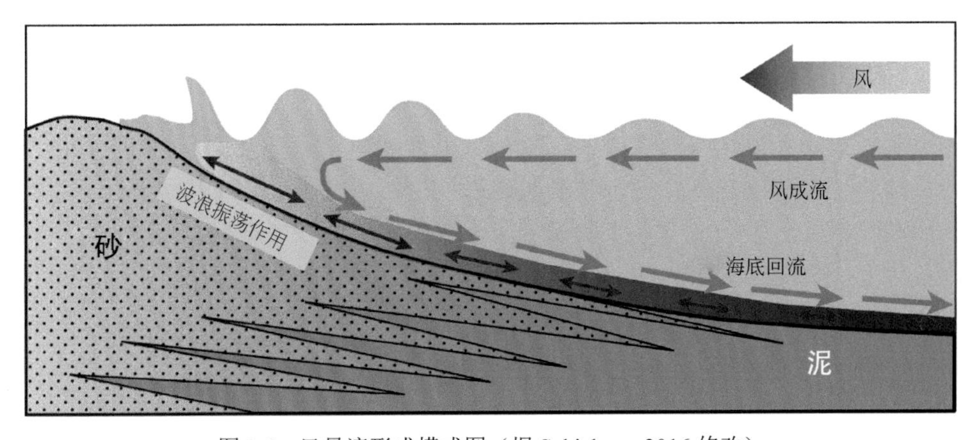

图 3.6　风暴流形成模式图（据 Schieber，2016 修改）

（一）风成输入

风成输入主要包括沙尘和火山灰。沙尘会在沙尘暴作用下沉积到远岸的海洋里，比如在大西洋的中央位置发现有来自撒哈拉沙漠的风成沉积物（Middleton and Goudie，2001）。剧烈的火山喷发会产生大量的火山灰，其漂浮到远洋，沉积下来形成火山灰层（钾质斑脱岩）（Rose and Durant，2009）。细粒沉积岩中的火山灰层是很好的等时标志层，比如在上扬子地区的五峰组-龙马溪组以及美国犹他州上白垩统页岩的钾质斑脱岩都是很好的地层对比标志层（Zelt，1985；苏文博等，2007）[图 3.7（a）]。一般来讲，沙尘和火山灰飘落沉积下来是没有明显沉积特征的，然而，一些沙尘或者火山灰在沉积过程中可能会受到底流作用的改造，具有一定的层理特征 [图 3.7（b）]。

图 3.7 贵州习水地区龙马溪组中的钾质斑脱岩（a）和美国犹他州 Tropic 页岩钾质斑脱岩层中的残余丘状交错层（b）（Schieber，2016）

（二）异轻流搬运与沉积过程

异轻流主要由河流输入的泥质悬浮沉积物组成，漂浮于高盐度和高密度的海水浅层，其漂浮范围一般可达离岸几十千米（Warrick et al.，2007；Falcieri et al.，2014），在沿岸流的作用下，甚至可以漂浮到离岸几百千米的范围（Weight et al.，2011），比如在墨西哥湾，密西西比河输入的异轻流分布范围十分广阔。

未被其他水动力条件（如波浪、底流等）影响的异轻流会以悬浮沉积的方式沉积下来，形成水平纹层。水平纹层的特征表现为内部无粒序变化，分选作用弱，纹层边界模糊，并呈渐变变化。整体而言，水平纹层属于被动沉积过程的结果，反映了较弱的水动力条件。在上扬子地区五峰组-龙马溪组以及牛蹄塘组（或筇竹寺组）页岩的部分层段中可见水平纹层（图 3.8），可能与异轻流有关。

（三）重力作用驱动下的沉积过程

细粒沉积物从滨岸向远岸搬运过程中，重力作用是重要的动力驱动机制，在重力作用下，流体会从高势区流向低势区。因此，一定的坡度是产生这些搬运沉积过程的必要条件。重力驱动下的沉积过程主要包括前三角洲浊流、异重流、浪控沉积物重力流以及风暴流。

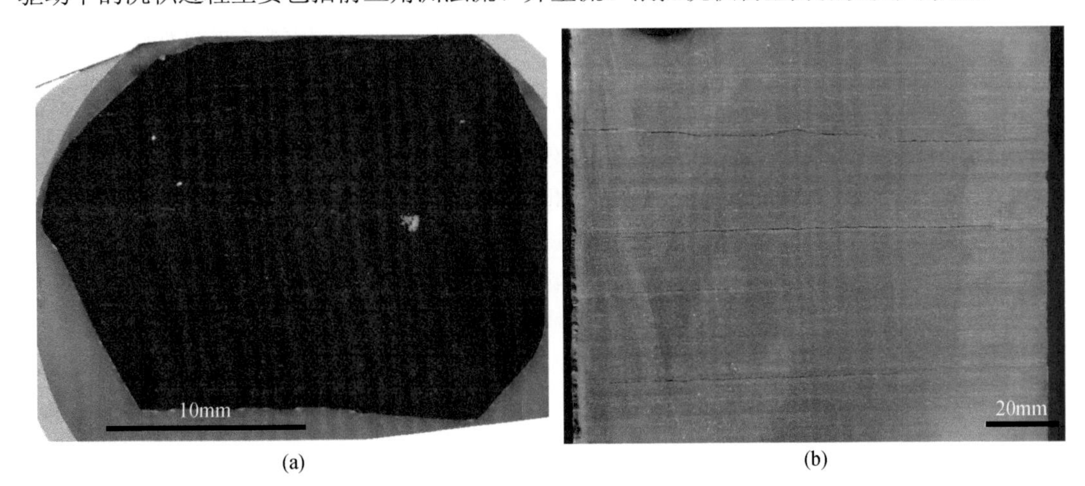

图 3.8　贵州习水地区龙马溪组页岩中的水平层理（a）和四川井研地区筇竹寺组页岩中的水平层理（b）

1. 前三角洲浊流沉积过程与特征

当河流入海建设三角洲时，会在前三角洲区域形成相对较陡的斜坡，而前三角洲浊流就是由前三角洲斜坡垮塌引起的涌流型浊流，其持续时间较短，搬运距离为几千米（Pattison，2005），搬运所需的最小坡脚为 0.7°。浊流在沉积过程中，随着能量的减弱，其主控沉积物搬运机制表现为沉积物重力流-牵引搬运-悬浮沉积的变化过程（Bouma et al.，1962；Stow and Shanmugam，1980；Talling et al.，2012）。因此，浊流沉积具有典型的垂向变化序列，其识别标志为顶面多见生物潜穴，并呈相对整合接触。内部整体上为正粒序，分为 5 个纹层组：v 为最细粒，为层理模糊的递变纹层组；iv为连续-不连续的平行纹层组，顶部整合接触；iii为不连续、弯曲、不平行的纹层组，下超于下伏地层，相对粗粒；ii 为连续平行的纹层组，相对粗粒；ｉ为均质纹层组，上超于侵蚀面，粒度最粗。底面为侵蚀面，呈弯曲状-波状，中-高起伏，常见沟槽、压刻痕等（Lazar et al.，2015b）（图 3.9）

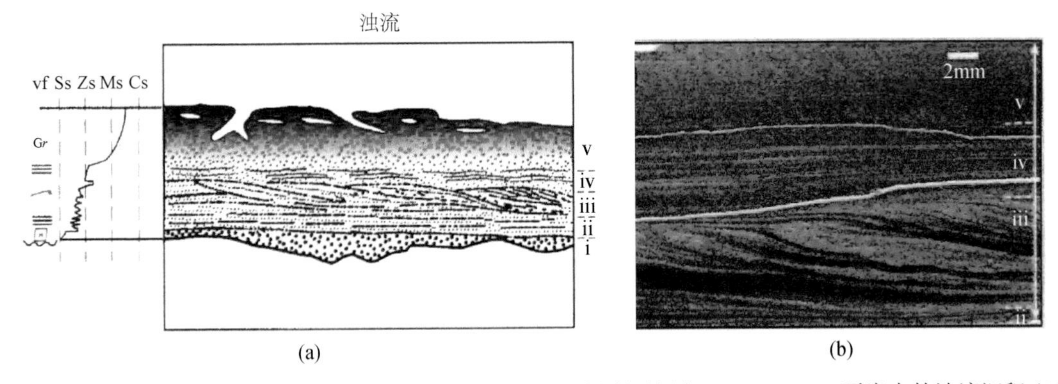

图 3.9　浊流沉积序列示意图（a）（Lazar et al.，2015b）和美国纽约州 Sonyea Group 页岩中的浊流沉积（b）（Lazar et al.，2015b）

2. 异重流沉积过程与特征

异重流是指河流输入中的高密度流体，其密度大于海水，因此是以底流的方式从前三角洲斜坡向远岸方向搬运（Mulder and Alexander，2001）（图 3.5）。异重流的产生需要高密度河水，因此可由超大洪水或者在潮湿环境下的高山地区的河流中产生（Mulder and Syvitski，1995）。海水的盐度、气候的变化以及风化程度的变化都会影响异重流的产生（Schieber，2016）。异重流搬运所需的最小坡角为 0.7°（Bhattacharya and MacEachern，2009）。

完整的异重流沉积表现为对称的粒序变化，即下半部为逆粒序层理，上半部为正粒序层理，这一层理特征体现了异重流搬运能力由弱到强，再由强到弱的变化周期（图 3.10）。然而，由于最大洪水期常常伴随着强烈的侵蚀作用，异重流沉积的上部经常被侵蚀，多呈现出以逆粒序特征为主的不完整沉积序列（Mulder and Syvitski，1995；Mulder and Alexander，2001；Mulder et al.，2003；Lamb et al.，2008；Lamb and Mohrig，2009）。

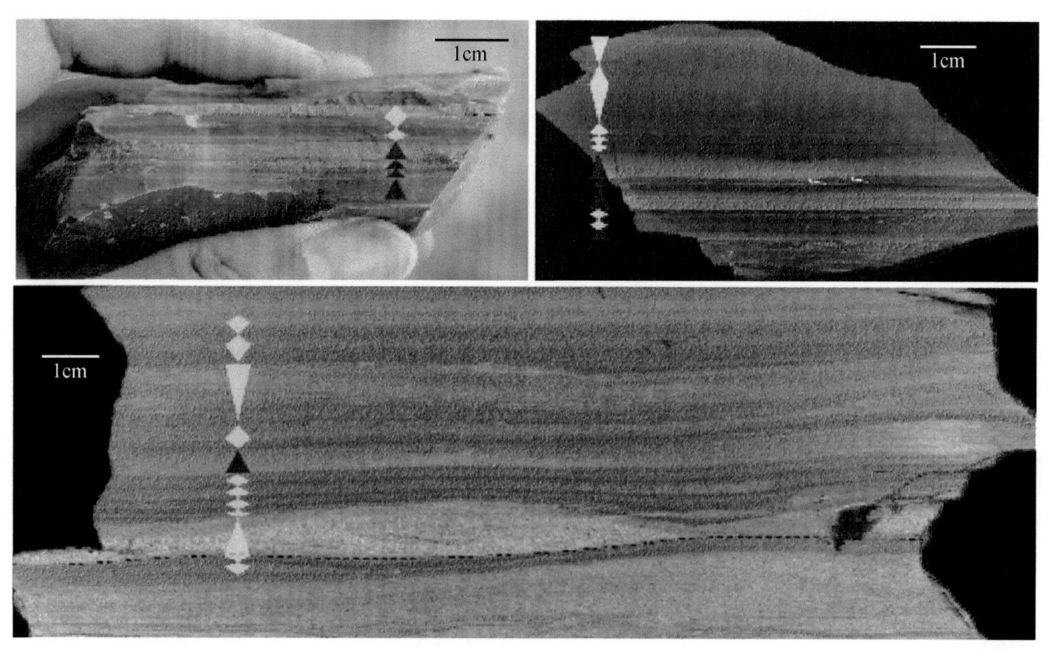

图 3.10 美国犹他州白垩系 Ferron 页岩中典型的异重流沉积层（可见多个对称性粒序层. 据 Li et al.，2015 修改）

3. 浪控沉积物重力流沉积过程与特征

浪控沉积物重力流是由异轻流或者异重流（近三角洲区域）等沉积下来的沉积物在风浪和底流的作用下进行二次搬运和沉积（Bentley，2003；Friedrichs and Scully，2007；Ogston et al.，2008；Bhattacharya and MacEachern，2009）（图 3.5）。由于有风浪和底流作用的助力，该流体搬运所需的坡度相对较小，最小可为 0.03°（Bentley，2003；Friedrichs and Scully，2007；Ogston et al.，2008）。

浪控沉积物重力流的沉积搬运机制表现为在风暴浪或者底流的搅动下，大量细粒沉积物悬浮起来形成高密度流体向下坡搬运，波浪的搅动使沉积物保持悬浮状态，斜坡产生的重力作用使沉积物以平流的状态向远岸搬运，纵向上表现为牵引搬运→沉积物重力流→悬浮沉积的转换过程，因此，其沉积整体上也是一套正粒序层理（Martin et al.，2008；Bhattacharya and MacEachern，2009）（图 3.11）。其识别标志表现为顶面多见生物潜穴。内部分为三个纹层组，iii为富黏土级纹层，具有正粒序变化；ii 为多见极薄的曲状或波状层理，由粉砂级递变成黏土级，顶部为渐变接触；i 为富粉砂、均质，具有不明显的粒序特征，顶部为渐变接触。底面为侵蚀面，界面弯曲，低起伏（图 3.11）（Macquaker et al.，2010）。

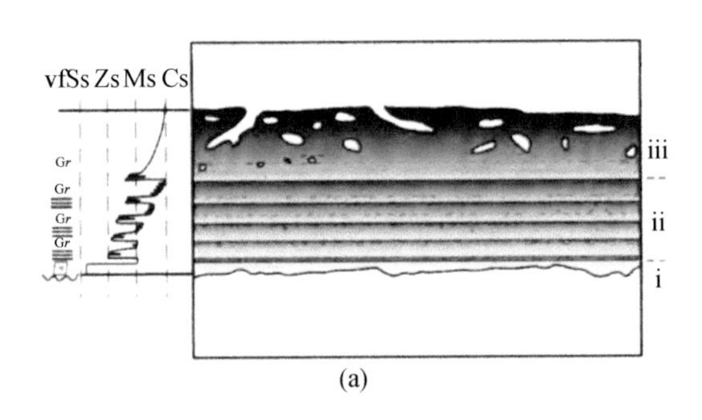

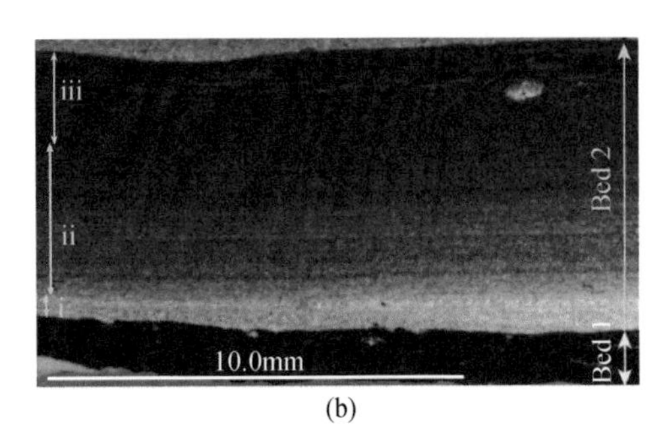

图 3.11　浪控沉积物重力流沉积序列示意图（a）（Lazar et al.，2015b）和美国怀俄明州 Mowry 页岩中的浪控沉积物重力流层理（b）（Macquaker et al.，2010）

4. 风暴流沉积过程与特征

风暴流是指在风暴浪的作用下，在岸线形成了一个离岸方向运动的底流，风暴作用下形成的细粒沉积物主要沉积在远岸区域（Aigner and Reineck，1982；Swift and Nummedal，1987；Arnott and Southard，1990）（图 3.6）。风暴流搬运沉积物所需的最小坡脚为 0.03°。与上述的沉积物重力流不同，风暴流的搬运动力主要为沿岸的下降流，重力的作用相对较小。然而，当该流体远离岸线时，其搬运能力逐渐降低，沉积物搬运机制表现为由混合流的侵蚀和牵引搬运向悬浮沉积的转换。因此，沉积序列也表现为正粒序特征（图 3.12）。识别标志表现为顶面多见生物潜穴，可见风浪改造；内部整体上向上逐渐变细，纹层在底部为弯曲状，向上变平直；底部的纹层上超于侵蚀面，并充填下凹处；上部的纹层层理多模糊；底面为侵蚀面，呈弯曲状-波状，高起伏，常见小型沟槽。

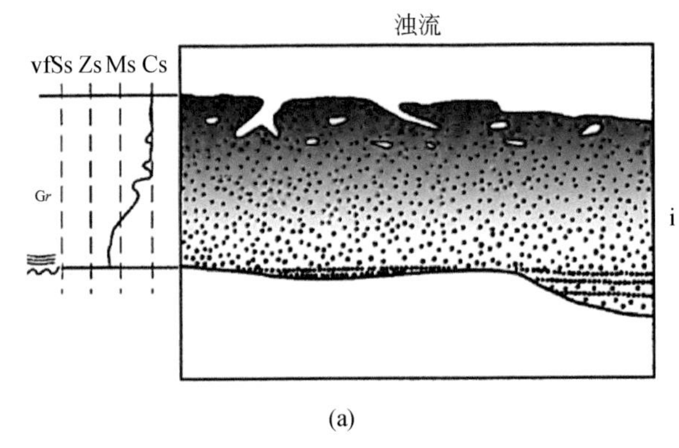

图 3.12　泥质风暴流沉积序列示意图（a）（Lazar et al.，2015b）和四川井研地区筇竹寺组页岩中的风暴流层理（b）

（四）远岸底流

前文所述的细粒沉积物搬运与沉积过程主要分布在陆棚海区域，其搬运的最远距离可达上百千米；搬运所需的最小坡度为0.03°。相较而言，陆表海的延伸范围更广，可达上千千米，坡度更缓，大部分区域坡度在0.001°～0.005°。显然，广大陆表海区域的细粒沉积物无法被上述的水动力能量所搬运（Shaw，1964；Johnson and Baldwin，1996）。近年研究表明，广大陆表海区域的细粒沉积物搬运机制主要为在潮汐作用或者季风作用下形成的远岸底流（Lazar et al.，2010）。

水槽实验显示，在底流作用下，细粒沉积物会形成砂级大小的絮凝状颗粒，以推移载荷的形式向前搬运，形成流水波纹（Schieber et al.，2007；Schieber and Southard，2009；Schieber and Yawar，2009）。流水波纹的识别特征如下：顶面为不对称波峰，顶超或者削截；内部为具有一定角度的前积层（＜27°），下超于底界面；较粗粒纹层与较细粒纹层之间分界明显；底面为突变面或者侵蚀面，弯曲至平直。

然而，这种典型的流水波纹层理特征在古代海相泥页岩中并不明显，多在相对粗粒的粗粉砂层段出现，但在水槽实验中则可以看到较为明显的流水波纹现象（Schieber et al.，2007；Schieber and Southard，2009；Schieber and Yawar，2009）。出现这一反差现象主要是因为细粒沉积物的含水率很高，可达80%以上，早期形成的流水波纹在后期的压实作用下会形成“平行”层理或者低角度斜层理。在古代陆表海泥页岩中广泛分布的“平行”层理或者低角度斜层理都可能是底流作用下形成的流水波纹，有代表性的是我国上扬子地区上奥陶统—下志留统页岩段（五峰组-龙马溪组）（Li et al.，2017）[图3.13（a）]，以及北美上泥盆统页岩（Conant and Swanson，1961）和上白垩统页岩（Hampson，2010）[图3.13（b）]。近期的水槽实验显示，流水波纹的形态差异（层厚及前积层角度）主要受控于流体速度和沉积速率（Yawar and Schieber，2017）。

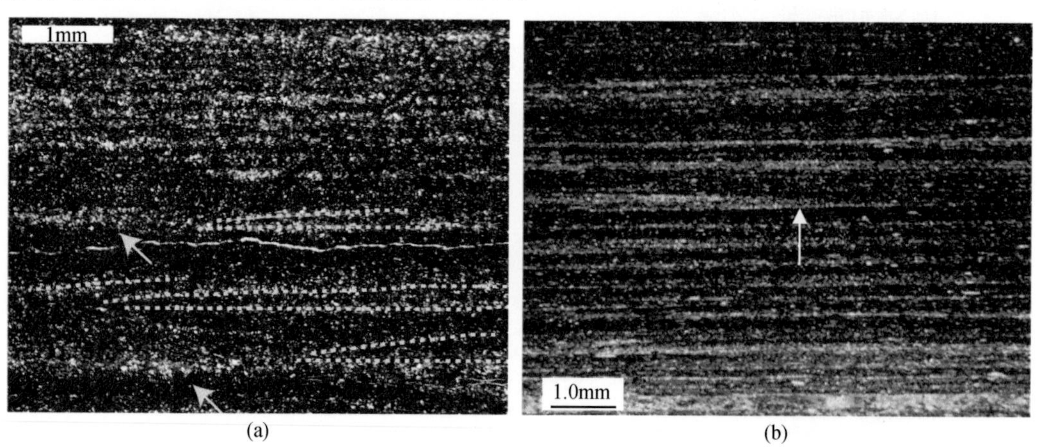

图3.13　贵州习水地区龙马溪组页岩中的流水波纹（a）（黄色虚线标识）和美国犹他州Mowry页岩中的流水波纹（b）（Lazar et al.，2015b）

（五）其他常见沉积特征

1. 生物扰动特征

泥页岩中的生物扰动大多比较模糊，一般较少见到清晰的遗迹化石，经过抛光处理的样品其现象会相对明显。底栖生物的潜穴较少，其多在高含水的泥质沉积物中游动，扰乱原始的沉积结构；区域沉积环境对生物扰动指数有明显的控制作用；生物潜穴多受压实作用影响，变得模糊。生物扰动指数是有效指示生物扰动程度的参数，前人将其分为 5 级（Taylor and Goldring，1993）（图 3.14）。根据生物扰动指数，可以有效地判断沉积环境。一般来说，较高的生物扰动指数可能代表了低能、浅水及有氧的沉积环境。早期研究一直认为富有机质页岩形成于厌氧环境，然而，在美国泥盆系查塔努加（Chattanooga）黑色页岩中发现了丰富的生物扰动现象，生物扰动指数在 4 级以上，这说明富有机质页岩可在相对富氧的环境中形成（Lobza and Schieber，1999）[图 3.15（a）]。此外，五峰组的黑色页岩一直也被认为是在厌氧环境中形成的，然而，在五峰组底部已发现丰富的生物扰动现象，生物扰动指数至少可达 4 级，说明五峰组沉积早期应为有氧环境（Yawar and Schieber，2017）[图 3.15（b）]。

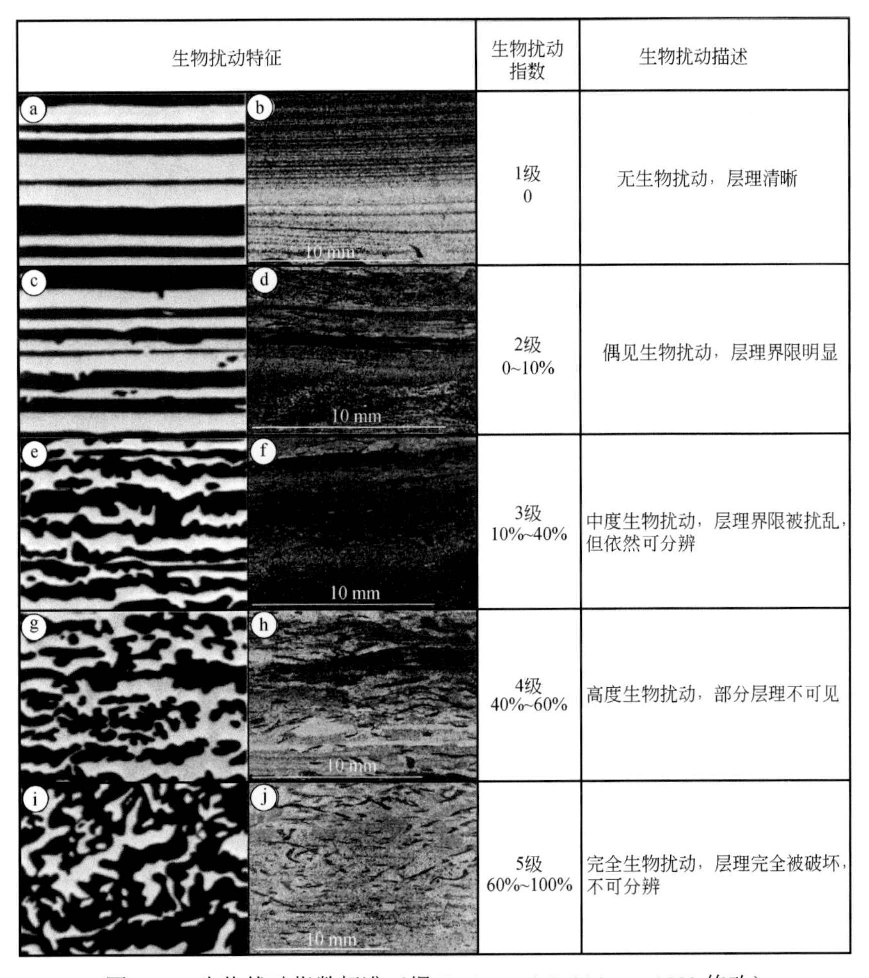

图 3.14 生物扰动指数标准（据 Taylor and Goldring，1993 修改）

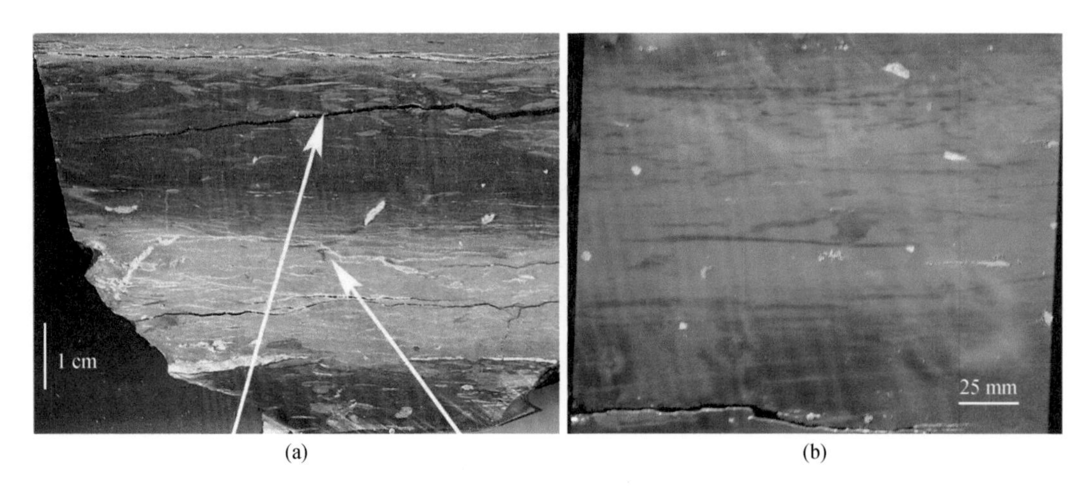

图 3.15　美国田纳西州泥盆系 Chattanooga 黑色页岩中的生物扰动特征（a）（Lobza and Schieber，1999）和四川威远地区五峰组底部的生物扰动现象（b）

2. 滞留沉积层

滞留沉积层是指下伏地层被侵蚀和淘洗过程中残留下来的粗粒聚积层（图 3.16）。高能滞留沉积层：骨架层、砂质层、黄铁矿层、厚粉砂层，指示低频高能风暴（百年–万年级）改造作用，多与相对海平面下降时期的改造有关。低能滞留沉积层：粉砂质层、牙形石层和舌形贝

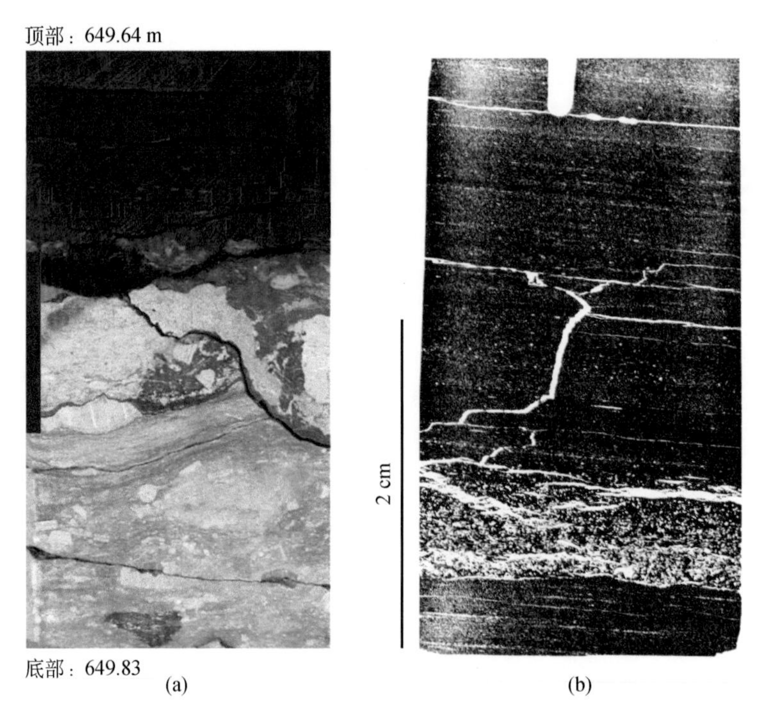

图 3.16　美国新奥尔巴尼（New Albany）页岩中的高能滞留沉积层（a）和美国 Chattanooga 页岩中的低能滞留沉积层（b）

（a）厚度达 1cm（红色标识），成分主要为黄铁矿、海百合碎片及碳酸盐岩岩屑（Lazar，2007）；（b）成分主要为腕足类碎片（Li and Schieber，2015）

层，指示高频风暴（十年-百年级）（Schieber，1998）。并非所有侵蚀面上都有滞留沉积。

3. 浪成波纹

当细粒沉积物受到风浪作用改造，会形成浪成波纹。在泥页岩中，浪成波纹的厚度一般在 0.5～30mm，其识别特征如下：顶面表现为对称波峰，常被后续流体削截；内部为纹层向两侧下超，部分纹层表现为向上凸起；较粗粒纹层与较细粒纹层之间分界明显；纹层倾斜角度小于休止角度；上下纹层组之间倾斜方向具有一定的对称性；底面为弯曲不平行，有明显的侵蚀现象［图 3.17（a）］；部分小型浪成波纹具有明显的透镜状特征［图 3.17（b）］。

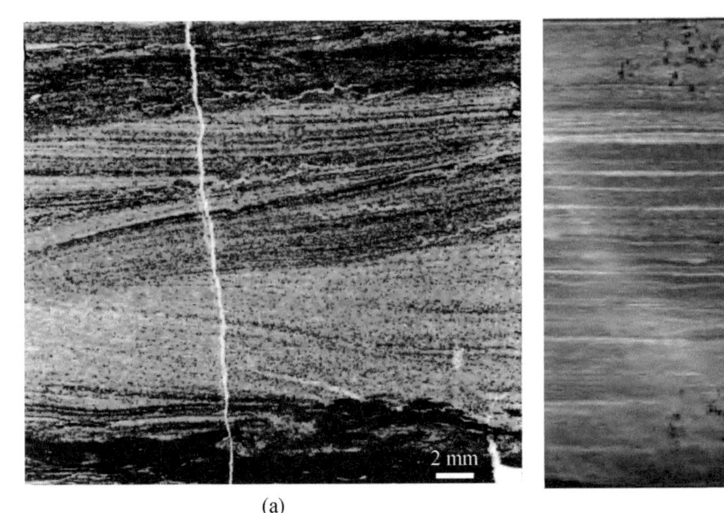

(a)

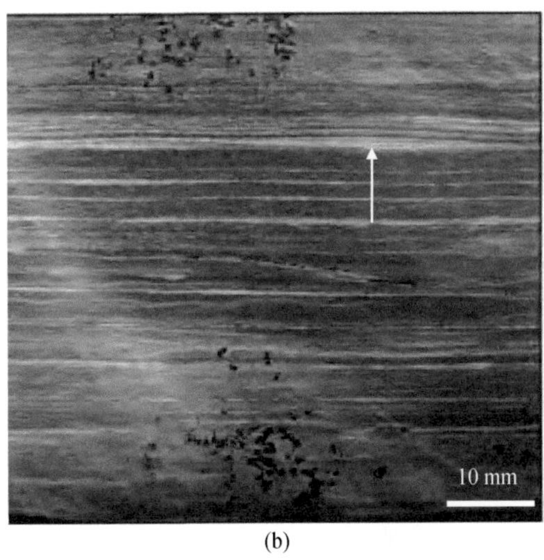

(b)

图 3.17　美国犹他州黑鹰（Blackhawk）组中的浪成波纹（a）（Lazar et al.，2015a）和美国 New Albany 页岩中的浪成波纹（白色箭头）（b）（Lazar et al.，2015a）

第二节　页岩中有机质特征与富集

泥页岩中的有机质主要来自古代植物（如浮游藻类和高等植物）和微生物，这些有机质在成岩过程中转化为具有大分子结构的干酪根，在温度和压力作用下生成油气。在页岩油气勘探开发过程中，页岩中有机质的富集机理、数量、类型和成熟度以及有机孔隙的发育程度都是重要的研究内容。以泥页岩中分散有机质为重点，本节系统总结泥页岩中有机质的干酪根类型与显微组分类型及其对应关系，全面分析有机质生成的水体表层初级生产力和底部水体保存条件的控制因素。

一、页岩中有机质特征

（一）页岩中有机质数量

泥页岩中的有机质分散在矿物基质中，因此被称作分散有机质。泥页岩中有机质的数量、类型和热成熟度是烃源岩评价的关键参数（Tissot and Welte，1984；Peters and Cassa，

1994；卢双舫和张敏，2008；Passey et al.，2010；Jarvie，2012a，2012b；Hackley and Cardott，2016；Mastalerz et al.，2018；Qiu and Zou，2020；邱振和邹才能，2020；Liu et al.，2022；刘贝，2023）。高有机质含量是保证页岩具有足够油气生成的基础。页岩中有机质含量一般用总有机碳含量来表征。TOC 含量的分析主要有两种方法：一种是利用碳硫分析仪；另一种是利用岩石热解方法（Behar et al.，2001）。两种方法得到的 TOC 含量相近，但利用碳硫分析仪得到的 TOC 含量相对更准确。值得注意的是，页岩中有机质含量要比 TOC 含量高，因为沉积有机质中还有 H、N、S 和 O 等原子（Vandenbroucke and Largeau，2007）。未成熟烃源岩的生烃潜力与 TOC 含量的关系如表 3.1 所示。页岩厚度可以在一定程度上弥补 TOC 含量低的不足，降低优质烃源岩 TOC 含量的下限。

表 3.1　未成熟烃源岩的不同生烃潜力与 TOC 含量的关系（据 Peters and Cassa，1994）

烃源岩潜力	TOC 含量/%
差	0～0.5
一般	0.5～1
好	1～2
非常好	2～4
优质	＞4

（二）页岩中有机质类型

1. 干酪根类型

烃源岩中的有机质主要由 C 和 H 构成，此外还有一定量的 N、S 和 O 等杂原子。根据 van Krevelen 图，可以依据有机质的 H/C 和 O/C 原子比或岩石热解（rock-eval）的氢指数（HI）和氧指数（OI），将泥页岩中的有机质划分为四种干酪根类型：Ⅰ型、Ⅱ型、Ⅲ型和Ⅳ型（图 3.18）（Peters and Cassa，1994）。不同类型干酪根的化学结构不同，生烃潜力和生烃动力学也相差较大（Jarvie and Lundell，2001；Peters et al.，2006）。Ⅰ型干酪根 H 含量最高，生烃能力也最高。Ⅱ型干酪根生烃能力中等，而Ⅲ型干酪根主要以生气为主，Ⅳ型干酪根基本无生烃能力。van Krevelen 图最早用于表征煤中的有机质（van Krevelen，1961），随后被 Tissot 等（1974）应用于分析沉积岩中有机质类型。

2. 显微组分分类

显微组分（maceral）是指显微镜下可以区分的有机组分（韩德馨，1996；Taylor et al.，1998）。应用光学显微镜研究烃源岩中有机质的方法主要有两种：一种是基于全岩的煤岩学方法，在反射光和荧光下观察有机质；另一种是基于干酪根的孢粉学方法，在透射光和荧光下鉴定显微组分（肖贤明和金奎励，1990）。其中煤岩学方法最为常用，因为透射光下观察到的有机质特征在反射光下均可以观察到，而且孢粉学方法需要分离干酪根，破坏了有机质与矿物的接触关系，容易导致显微组分鉴定不准确。

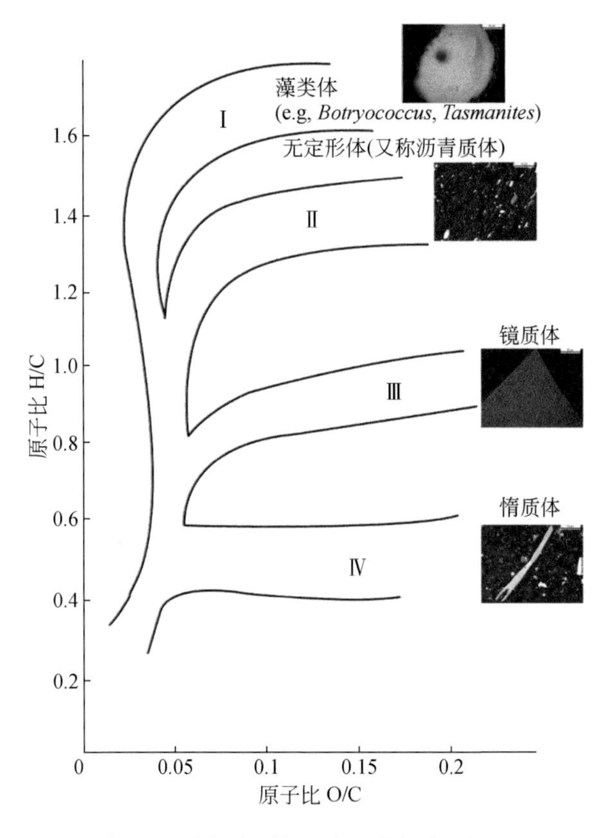

图 3.18　van Krevelen 图显示干酪根类型与对应显微组分（据 Peters and Cassa，1994）

煤岩显微组分分类可参考 ICCP（1998，2001）、Pickel 等（2017）、代世峰等（2021a，2021b，2021c）以及我国国家标准《烟煤显微组分分类》（GB/T 15588—2013）。国内外学者针对泥页岩中分散有机质也建立了不同的分类方案（Teichmüller，1986；肖贤明和金奎励，1990；王飞宇等，1993；刘大锰等，1995；秦胜飞等，1996；涂建琪和王淑芝，1998；涂建琪等，2012；罗情勇等，2023）。我国有石油天然气行业标准《全岩光片显微组分鉴定及统计方法》（SY/T 6414—2014）用于反射光和荧光下显微组分鉴定。国际上，根据有机质的反射率、形态、结构、成因以及荧光性，通常将泥页岩中分散有机质划分为 5 个显微组分组：镜质体、惰质体、类脂体、动物碎屑和次生有机质，每个显微组分组包含多种显微组分（表 3.2）（Potter et al.，1998；Stasiuk et al.，2002；Hackley and Cardott，2016；Flores and Suárez-Ruiz，2017；Mastalerz et al.，2018；Liu et al.，2022）。与石油天然气行业标准《全岩光片显微组分鉴定及统计方法》（SY/T 6414—2014）中的显微组分分类不同的是，藻类体和沥青质体被划分到类脂体，因为这两种显微组分的成分主要为脂类化合物，而《全岩光片显微组分鉴定及统计方法》（SY/T 6414—2014）标准将这两种显微组分单独划分为一个显微组分组。此外，《全岩光片显微组分鉴定及统计方法》（SY/T 6414—2014）将矿物沥青基质单独划分为一个显微组分组，而国际上普遍认为矿物沥青基质和沥青质体与无定形体是同一种显微组分（Kus et al.，2017）。沥青质体在平行层理面上呈现出矿物沥青基质的特征。

表 3.2　泥页岩中分散有机质的显微组分分类方法（据 Stasiuk et al.，2002；Mastalerz et al.，2018；代世峰等，2021a；Liu et al.，2022；刘贝，2023）

显微组分组	显微组分
镜质体	镜质结构体
	胶质结构体
	镜质碎屑体
	胶质碎屑体
	团块凝胶体
	凝胶体
惰质体	丝质体
	半丝质体
	真菌体
	粗粒体
	分泌体
	微粒体
	惰质碎屑体
类脂体	藻类体
	沥青质体
	类脂碎屑体
	孢子体
	角质体
	木栓质体
	树脂体
	叶绿素体
动物碎屑	笔石
	几丁虫
	虫颚
	有孔虫内衬
次生有机质	固体沥青
	焦沥青
	油

国内外不同学者提出了透射光和荧光下显微组分鉴定方法（Burges，1974；肖贤明和金奎励，1990；涂建琪和王淑芝，1998；涂建琪等，2012），我国有石油天然气行业标准《透射光—荧光干酪根显微组分鉴定及类型划分方法》（SY/T 5125—2014）分别用于透射光—荧光下显微组分鉴定。

不同显微组分的来源不同，化学组成与结构也不同，导致生烃能力也存在差异（Tissot and Welte，1984；肖贤明和金奎励，1991）。根据有机岩石学特征划分的显微组分可与根据元素分析划分的干酪根类型建立对应关系（图 3.18）：藻类体生烃能力最高，主要为 I 型干酪根；沥青质体/无定形体生烃能力中等到偏高（取决于细菌降解程度），为 I 型或 II 型干酪根；镜质体生烃能力中等到偏低，为III型干酪根；惰质体基本无生烃能力，属IV型干酪根（Peters and Cassa，1994；Liu et al.，2022）。

1）镜质体

镜质体是一个显微组分组（ICCP，1998；代世峰等，2021a），包含多个显微组分（表 3.2）。镜质体主要来自陆源高等植物，由植物的木质部分经凝胶化而形成（韩德馨，1996；Taylor et al.，1998）。泥页岩中的镜质体通常以颗粒状分散在基质中（图 3.19）。由于泥页岩中镜质体含量较少，且粒径较小，识别不同的显微组分非常困难。因此，不适合将镜质体再细划分显微组分，可统称镜质体（Mastalerz et al.，2018）。对于镜质体含量较高的页岩，仍可根据镜质体分类方案（ICCP System 1994）（ICCP，1998；代世峰等，2021a）划分出不同的显微组分。

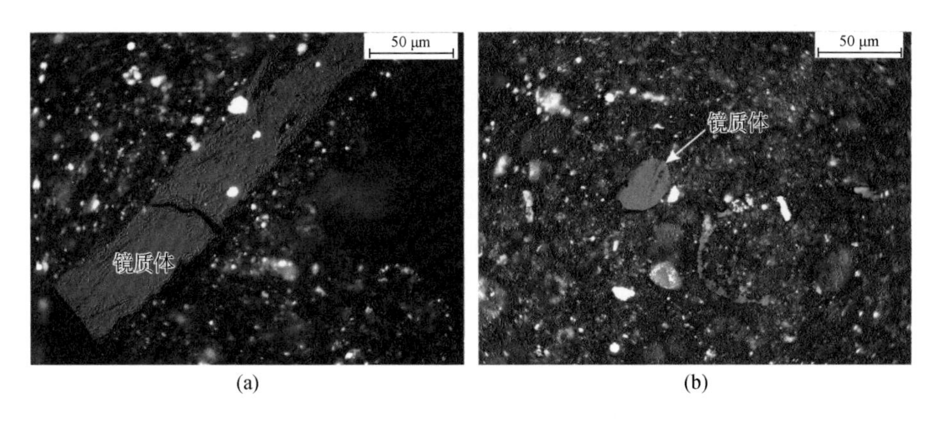

图 3.19 页岩中镜质体显微照片

油浸反射光，美国 Illinois 盆地 New Albany 页岩，R_o 0.55%

2）惰质体

惰质体是一个显微组分组（ICCP，2001；代世峰等，2021b），包含多个显微组分（表 3.2）。同镜质体一样，惰质体也来自陆源高等植物，不同的是惰质体在沉积之前通常经历火焚或氧化，碳含量较高，基本无生烃能力（韩德馨，1996；Taylor et al.，1998）。惰质体的赋存状态同镜质体一样，呈分散颗粒状存在于页岩基质中，常见细胞结构（图 3.20），但胞腔通常被成岩矿物（如自生石英、黄铁矿）充填（Liu et al.，2017；Liu et al.，2022）。页岩中的惰质体由于活性低，且不容易被分解，通常较镜质体含量高。同镜质体一样，页岩中惰质体含量较少，且粒径较小，通常没有必要再细划分显微组分，可统称惰质体。如果页岩中惰质体含量较高，可根据惰质体分类方案（ICCP System 1994）（ICCP，2001；代世峰等，2021b）划分不同的显微组分。

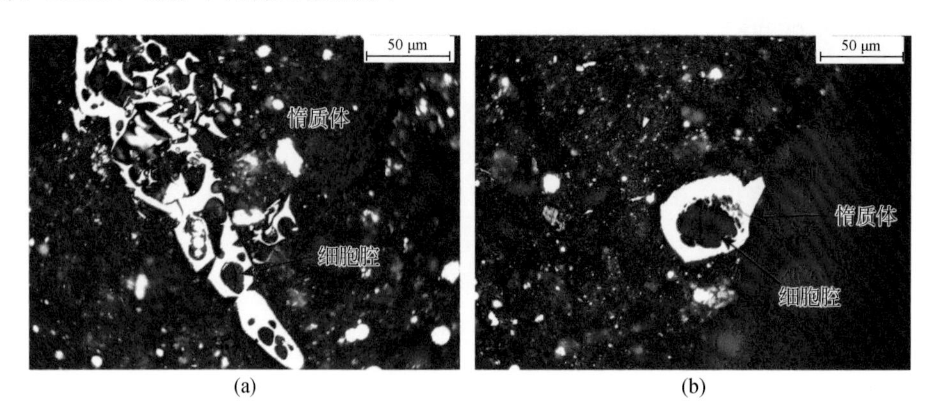

(a)　(b)

图 3.20　页岩中惰质体显微照片

油浸反射光，美国 Illinois 盆地 New Albany 页岩，$R_0$0.55%

3）类脂体

类脂体是一个显微组分组（Pickel et al.，2017；代世峰等，2021b），包含多个显微组分（表 3.2），这些显微组分是泥页岩中主要的生烃贡献者。藻类体、沥青质体和类脂碎屑体是泥页岩中最常见的类脂体，而孢子体、角质体和树脂体等来自陆源高等植物的组分在泥页岩中，尤其在海相页岩中并不常见（Mastalerz et al.，2018；Liu et al.，2022；刘贝，2023）。

藻类体来自浮游藻类，生烃潜力较高，在生烃之前具有荧光性（图 3.21），且随着成熟度的增加，荧光表现出红移的特征（Hackley et al.，2017；Liu et al.，2019）。沥青质体又称无定形体、无定形有机质或矿物沥青基质，指的是显微镜下观察到的没有固定生物结构的显微组分（图 3.22），通常认为是细菌降解浮游植物的产物（Kus et al.，2017；Teng et al.，2021）。沥青质体（bitiminite）与固体沥青（solid bitumen）的区别在于沥青质体是原生有机质，而固体沥青是次生有机质。沥青质体最早由 Teichmüller（1971）提出，来描述烃源岩中的无定形分散有机质，随后被 Teichmüller（1974）与 Teichmüller 和 Ottenjann（1977）

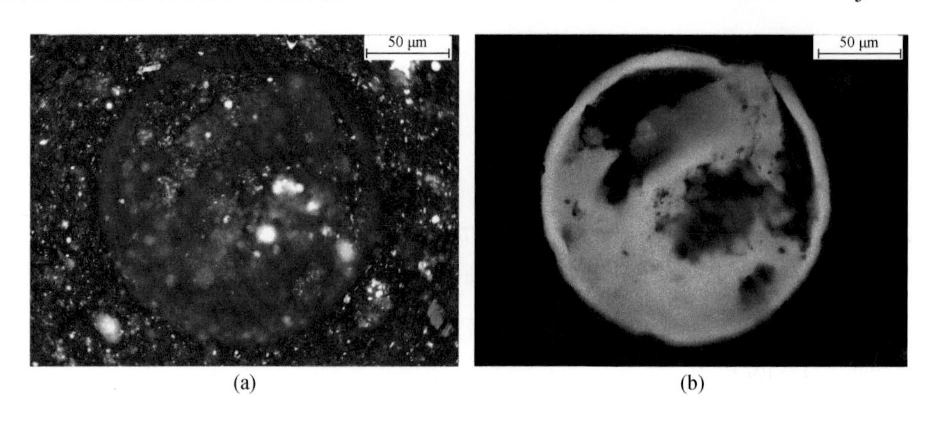

(a)　(b)

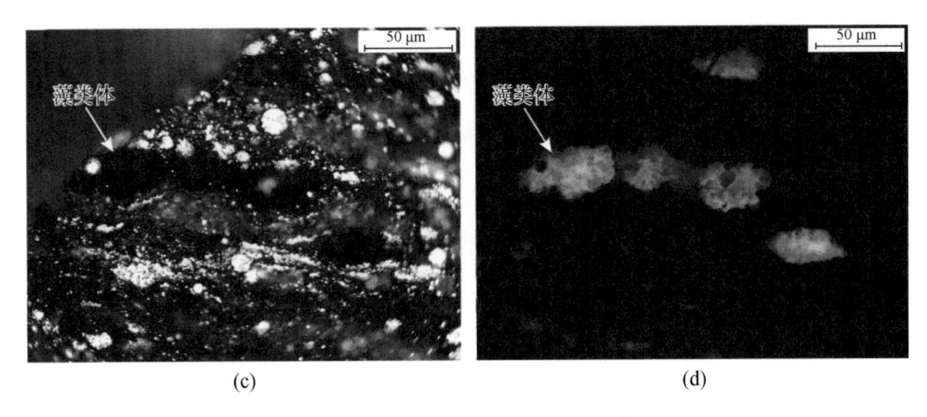

图 3.21　页岩中藻类体显微照片

（a）、（c）为油浸反射光；（b）、（d）为荧光；（a）、（b）为美国 Illinois 盆地 New Albany 海相页岩，R_o0.55%；（c）、（d）为鄂尔多斯盆地延长组长 7 段湖相页岩，R_o 0.70%

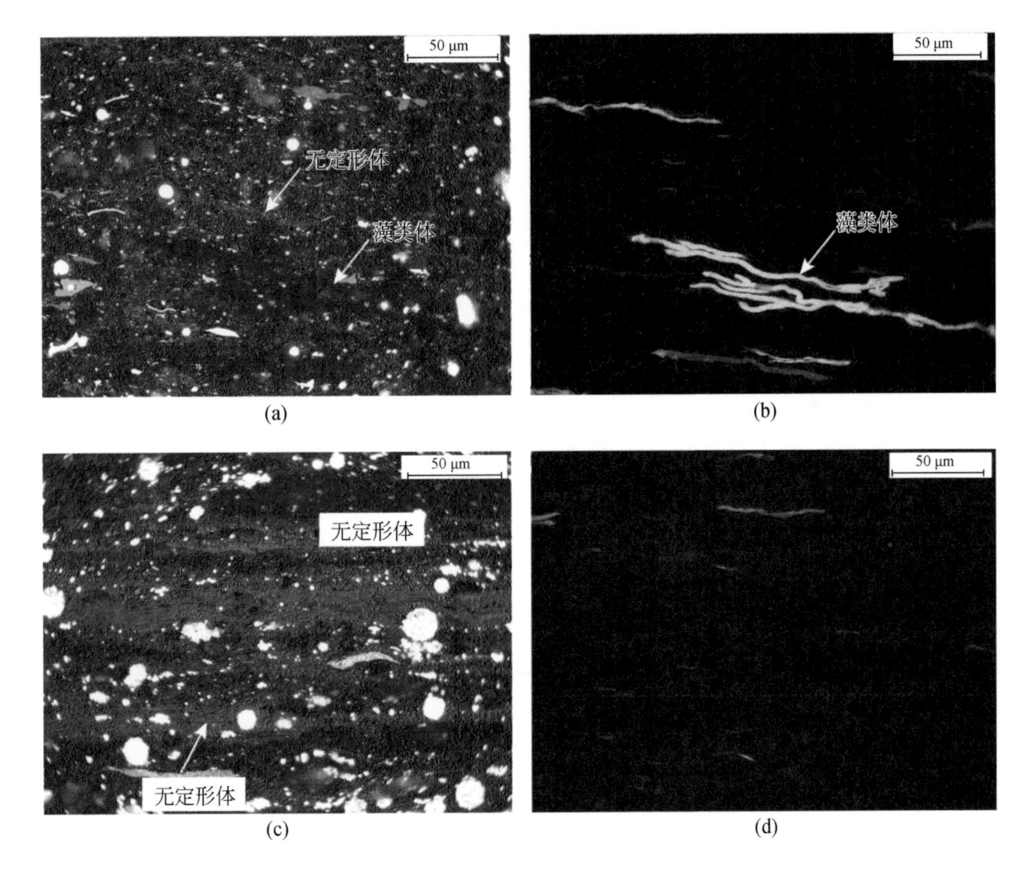

图 3.22　页岩中无定形体显微照片

（a）、（c）为油浸反射光；（b）、（d）为荧光；（a）、（b）为美国 Illinois 盆地 New Albany 海相页岩，R_o0.55%；（c）、（d）为鄂尔多斯盆地延长组长 7 段湖相页岩，R_o0.70%

用来描述煤和烃源岩中的无定形有机质。ICCP 使用了这个名字来描述煤和其他沉积岩中的无定形有机质（Taylor et al.，1998），并将它归为类脂体（ICCP，2001；代世峰等，2021b）。

4）动物碎屑

泥页岩中可以识别的动物碎屑主要包括笔石、几丁虫、虫颚和有孔虫内衬（表 3.2）。动物碎屑的生烃潜力较低，以气态烃产物为主，基本不生油（王勤等，2017）。以笔石为例，未成熟的页岩（T_{max}=418℃）中分离出的笔石的 HI 为 200mg HC/g TOC（İnan et al.，2016）。动物碎屑的反射率随成熟度的增加而升高，因此可以用作成熟度指标，在前泥盆系页岩中应用广泛（Bertrand and Héroux，1987；Goodarzi and Norford，1989；Bertrand，1990；Petersen et al.，2013）。例如，在我国四川盆地五峰组-龙马溪组页岩中（图 3.23），笔石反射率通常用来评价页岩热成熟度（Luo et al.，2016；仰云峰，2016；Luo et al.，2017；王晔等，2019；Wang et al.，2019；Luo et al.，2020；Teng et al.，2022）。

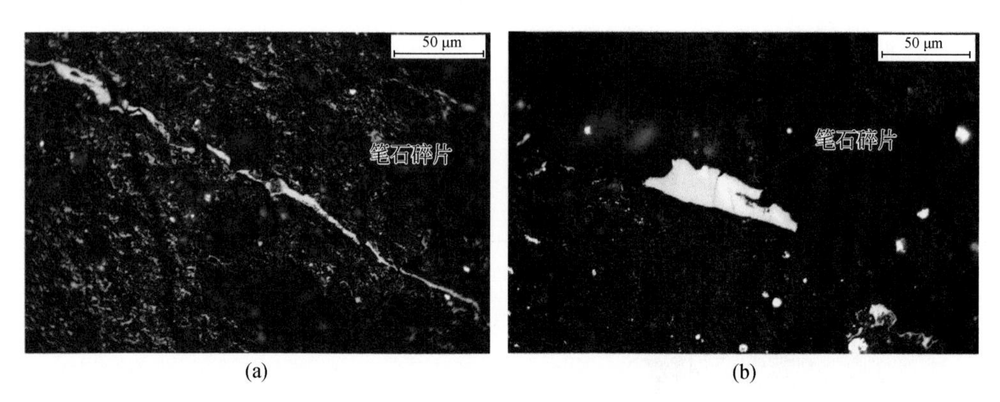

图 3.23　页岩中的笔石碎片显微照片

油浸反射光，四川盆地五峰组-龙马溪组页岩，等效镜质组反射率 EqR_o3.07%

5）次生有机质

次生有机质是生油型有机质（如藻类体和沥青质体）在热演化过程中形成的，包括固体沥青、焦沥青和油（表 3.2）。焦沥青和固体沥青的成熟度临界值为固体沥青反射率 1.5%。对于含硫有机质，该临界值为 1.3%（Mastalerz et al.，2018）。生油高峰（R_o=0.8%～1.0%）之后，泥页岩中主要的有机质为固体沥青或焦沥青（图 3.24）（Hackley and Cardott，2016；

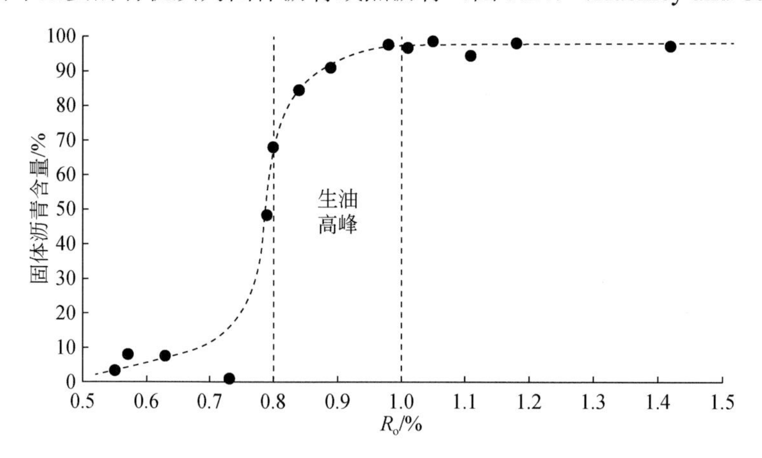

图 3.24　美国 Illinois 盆地 New Albany 页岩中固体沥青含量随成熟度变化

Mastalerz et al.，2018；Liu et al.，2019；Sanei，2020；Liu et al.，2022）。因此，在过成熟页岩中，识别出生油型藻类体和沥青质体是不太可能的。在我国四川盆地五峰组-龙马溪组页岩中，有机质主要为焦沥青和笔石碎片（Luo et al.，2016，2017；王晔等，2019；Yang et al.，2020；Teng et al.，2022）。固体沥青和焦沥青主要赋存在矿物颗粒间，也可赋存在钙质或硅质生物碎屑（如放射虫）中，表现出充填特征（图 3.25）。

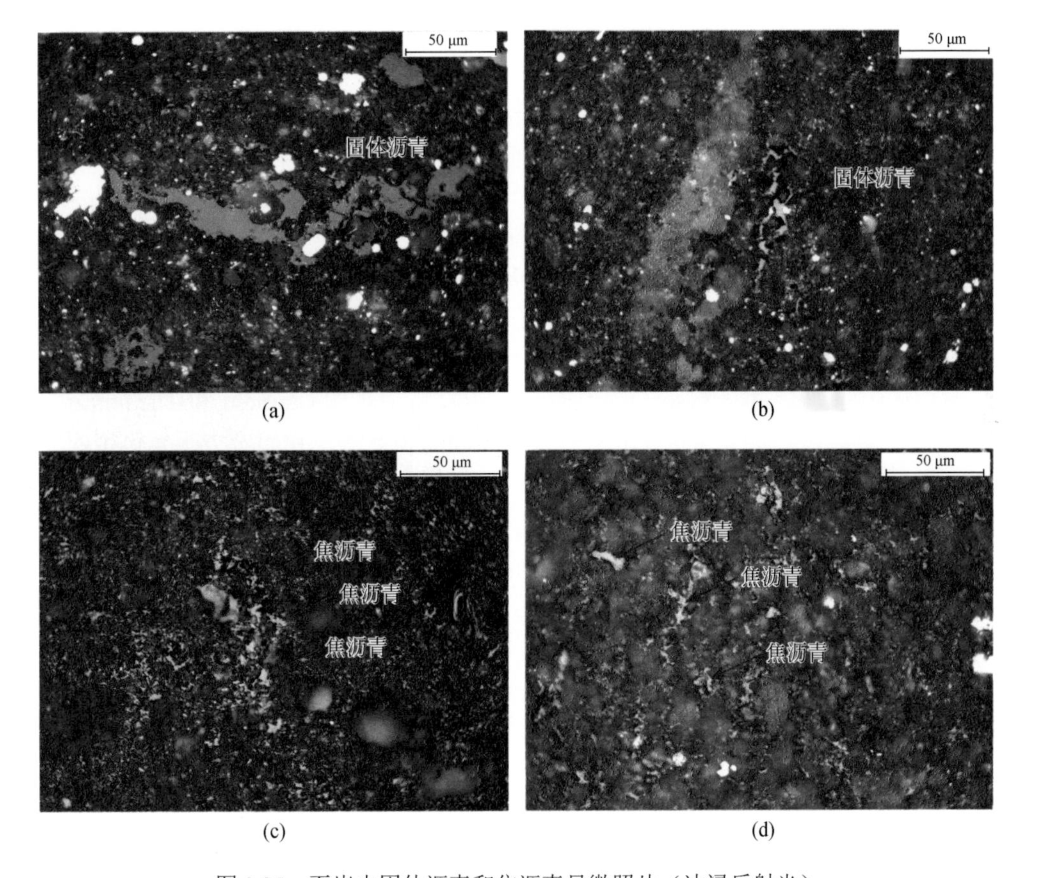

图 3.25 页岩中固体沥青和焦沥青显微照片（油浸反射光）

（a）为美国 Illinois 盆地 New Albany 页岩，R_o 0.80%；（b）为美国 Illinois 盆地 New Albany 页岩，R_o 1.42%；（c）为四川盆地五峰组-龙马溪组页岩，等效镜质组反射率 EqR_o 1.93%；（d）为美国 Appalachian 盆地 Marcellus 页岩，R_o 2.41%

二、页岩中有机质富集

黑色页岩中有机质的沉积过程，即表层水体浮游生物从死亡至埋藏的过程，利用光合作用形成的初级生产力是有机碳埋藏的基础和决定性因素，但在有机碳的沉降和埋藏过程中，有机质的分解起着关键作用。在氧化水体环境和缺氧水体环境中，有机质的保存程度存在着明显的差异。在地质历史过程中，各种地质作用对初级生产力和保存条件的改变使得有机质的埋藏和保存过程复杂化。在研究地质作用的背景下，讨论这两个关键的直接因素在沉积有机质埋藏过程中的相互作用和效应，有助于理解有机质富集过程与机理。

（一）沉积有机质富集影响因素

1. 初级生产力与保存条件

沉积物一般含有一定量的有机质，如果总有机碳（TOC）含量小于 0.5%，可称为贫有机质沉积物（Tyson，1995），TOC 含量大于 1%可称为富有机质沉积物（Algeo and Ingall，2007），Tyson（1995）认为 TOC 含量大于 3%～6%则可称为异常高有机质沉积物。将 TOC 含量大于 3%，且样品 TOC 含量平均值大于 6%的沉积物称为异常高有机质富集沉积。由于有机碳呈分散状分布在沉积物中，因而富有机质沉积物一般表现出暗颜色，称为黑色岩系。黑色岩系一般是由大量有机质输入海（湖）底，或者（和）底部水体出现强还原，如缺氧、硫化环境所形成的。

底部水体氧化还原条件一般是指海底沉积物之上 0.5～1.0m 的水柱范围的含氧水平（Tyson，1995）。当底部水体的氧含量大于 2.0mL/L O_2 时，水体为氧化的环境；当水体的氧含量为 0.2～2.0mL/L O_2 时，水体为贫氧环境；当水体的氧含量为 0～0.2mL/L O_2 时，水体为弱氧环境；当水体的氧含量为 0mL/L O_2 时，为缺氧环境，而缺氧的同时水体含游离态的硫化氢时，则成为硫化环境（Tyson and Pearson，1991）。但正如 Canfield 和 Thamdrup（2009）在他们专辑社论文章中指出“弱氧术语带来很多混乱和迷惑，我们希望不要再用弱氧这个术语”。他们认为虽然弱氧带以锰和铁还原为特征，但在很多环境中，弱氧带实际上以缺氧的水体为主，这会带来很大的迷惑性。

从本质上来讲，沉积水体的溶解氧含量取决于垂向与侧向上氧的供应以及有机质分解对氧的消耗两个方面（Sarmiento et al.，1988；Keeling et al.，2010）。这两者的动态平衡调节沉积水体的氧化还原状态。垂向上氧的供应主要与表层水体溶解的氧含量以及波浪水动力能量大小有关。在水动力条件的辅助下，表层水体高浓度的氧向深部水体扩展输入。侧向上的氧供应主要与等深流或（和）海洋温盐环流带来的氧气供应有关。沉积有机质的分解消耗水体中的氧气或氧化物，可以造成水体氧气的消耗，引发水体的缺氧。从极端条件来说，仅仅是垂向或侧向上氧气输入的减少也可以形成水体氧的亏损。相反，仅仅是依靠高有机质的输入引发有机质分解消耗氧的增加也能引起水体氧的亏损。然而，一般来说，在特定水动力和地理因素决定的水体氧气的输入条件下，水体还原程度一般取决于表层水体生物初级生产力（即光合作用碳合成速率）（Tyson，1995），初级生产力越高，有机质沉淀埋藏过程中消耗的氧气越多，沉积水体越缺氧。由于沉积水体一般都具有一定的初级生产力水平（即使是极低生产力水平条件下），形成有机质在分解过程中消耗水体一定量的氧，此时水动力和地理因素限制的水体循环越弱，沉积水体含氧量越低。在水动力引起底部水体氧气供应较高的条件下，需要异常高的有机质输入（即极高的初级生产力）才能引起底部水体的缺氧（Emeis et al.，1991；Howell and Thunell，1992）。

因此，从有机质聚集埋藏的角度来看，在营养水平较低且其初级生产力水平也较低的条件下，由水动力和地理或其他因素引起的水体循环变弱引发水体缺氧，此时虽然有利于有机质的聚集，但不会形成异常高有机质（TOC 含量大于 3%～6%）富集［图 3.26（a）］。相反，在水动力循环较强、氧气输入较高的条件下，表层水体通过光合作用形成的有机质，在沉降埋藏过程中大部分被分解了，要形成较高的有机质聚集，需要异常高的初级生产力条件［图 3.26（b）］，这种情况下需要异常高的营养物质的输入。营养物质的输入主要包括陆地来源以及盆地沉积水体内部来源两个部分。陆地输入较高的营养物质一般与高陆地化学风化或（和）严重水土流失有关。盆地沉积水体内部来源的营养物质一般与洋流上涌和（或）热液活动有关。因此，异常高的营养物质输入主要受持续时间较短的地质事件影响，由此而形成的异常高有机质富集一般持续的时间也会较短。在已形成水体循环不畅的环境下（如海湾环境、潟湖环境、局限陆棚环境），水体氧气的供应少，有机质的埋藏聚集可能与初级生产力大小呈现线性相关关系［图 3.26（c）］。此时较高的初级生产力条件能够形成异常高的有机质富集。

不可否认的是，异常高有机质富集表面上往往伴随着缺氧甚至硫化环境（Richards，1976；Slater and Kroopnick，1984；Raiswell et al.，1988；Lash and Blood，2014）。但是水动力条件的改变对缺氧甚至硫化环境形成的贡献很可能只是一小部分。缺氧、硫化环境的形成可能只是高初级生产力形成高碳输入消耗氧而引发的一个“症状”而已。然而，难以严格区分缺氧、硫化环境是由高碳输入引起还是由于水动力条件引起的。因为初级生产力形成的碳输入可能会消耗水体中的氧，导致初级生产力指标与氧化还原指标存在一定的相关性。其相关性达到何种程度可表明水体氧化还原条件主要受水动力条件或初级生产力的影响目前尚未有定论和判断。不过，这两种成因的区分可能会影响油气勘探的策略（Tyson，1987）。

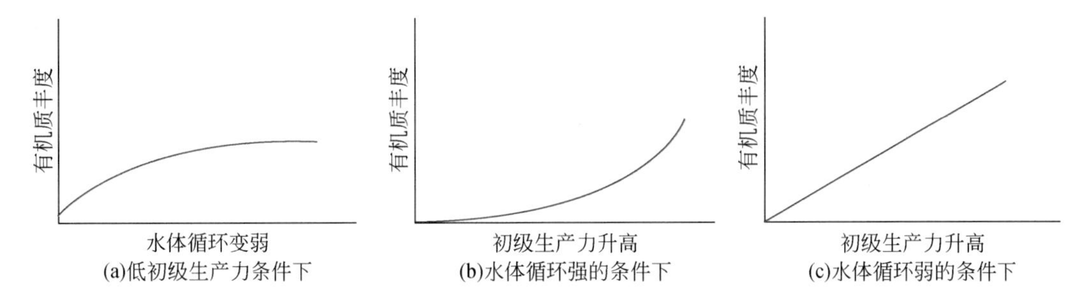

图 3.26　异常高有机质沉积富集过程的三种概念性假设

（a）低的初级生产力背景下，水体循环减弱（缺氧发育）环境可发育异常高有机质沉积，但难以大规模富集；（b）水体循环较强（氧化-贫氧）环境背景下，随初级生产力水平逐步提高可形成大规模异常高有机质沉积富集；（c）水体循环较弱（贫氧-缺氧）环境背景下，随初级生产力水平逐步提高更易形成大规模异常高有机质沉积富集

虽然缺氧不是异常高有机质富集的决定性因素，但相对氧化环境而言，缺氧环境更加有利于异常高有机质富集。在不同的氧化还原结构模式中，异常高有机质富集的位置有所不同。常见的氧化还原结构模式包括最小氧化带模式（Schulte et al.，1999；Karstensen et al.，2008；Schulte et al.，2013）、硫化楔模式（Li et al.，2010）以及黑海模式（Glenn and Arthur，1984）。前两者都具有中层水体含氧水平最低、而其上下层水体含氧量逐渐升高的特点，缺氧扩张是由中层水体最小含氧带向下扩大。黑海模式也就是滞留盆地水体分层缺氧模式，也可称为缺氧盆地模式，分层面氧化还原界面以下的水体均为缺氧环境，缺氧的扩张是由盆地海底向上扩张的模式。对于最小含氧带模式和硫化楔模式来讲，异常高有机质富集一般出现在最小含氧带与海底相接触的地带。该地带的向陆或向海一侧水体还原程度较弱，

不利于异常高有机质富集，所以异常高有机质富集常常出现在外陆棚斜坡带。而对于缺氧盆地模式，异常高有机质富集一般出现在分层水体以下的深水斜坡和盆地环境。其中斜坡环境与氧化还原界面相接触的地带有机碳通量最高。且较浅的水深避免了在深水沉降过程中有机质的厌氧分解，并能快速地埋藏下来。如果该盆地总体缺乏物源输入，则斜坡与盆地环境的岩性较为统一（如均为页岩相），斜坡环境沉积物有机质受到稀释作用影响较少，其有机质丰度比盆地环境还要高。闭塞的海湾、潟湖环境的有机质富集与缺氧盆地模式类似。因此，有机质富集的空间分布特点与古水体氧化还原结构模式及其变化是密切相关的。

2. 沉积速率

氧化还原条件对于易分解有机质的降解速率影响很小（Westrich and Berner，1984），但氧化环境对难分解的有机质或者异地搬运而来的有机质具有更强的降解能力（Kristensen et al.，1995；Hulthe et al.，1998）。那些具有方向结构的高聚化合物，如木质素在缺氧环境下很少被分解（Berner et al.，1984）。所以在沉积速率较快的地方，如斜坡环境以及近岸生态系统，有机质暴露在氧化或缺氧水体中的时间较短，水体的氧化还原条件对其影响不大。而在沉积速率较慢的地方，如洋盆、深湖盆环境，由于有机质在水柱沉降以及沉积物-水界面停留时间较长，水体的氧化还原条件对有机质的分解程度影响较大。沉积速率在海洋陆棚或非深湖环境的变化能跨越不同的数量级（Middleburg et al.，1997），所以沉积速率被认为是调控有机质埋藏的主要因素之一（Sageman et al.，2003）。尽管如此，沉积速率在有机质埋藏过程中的作用需要辩证地分析。如果沉积速率是由于岩性变化（如页岩变为石灰岩或砂岩）所引起的，那么沉积速率与有机质丰度之间就不一定存在相关性（Nielsen et al.，2004）。例如，页岩变为石灰岩所引起的沉积速率的升高不会引起有机质丰度的升高，因为碳酸盐岩颗粒或者砂岩颗粒沉积的加大并没有引起有机质埋藏量的升高，反而起到稀释作用。另外，如果沉积速率加快的同时岩性几乎没有发生变化，比如页岩变为泥岩，岩石的物质成分并没有发生大的变化，只是沉积构造发生了变化。此时较高的沉积速率缩短了有机质在沉积物表面发生细菌分解的时间，从而提高有机质的质量和丰度。

沉积速率通过控制有机质接受氧化和细菌分解的时间长短来控制有机质埋藏聚集的规模。沉积速率对有机质聚集的影响虽然不是决定性的，但却扮演着重要角色。海洋表层通过光合作用制造的初级生物总量，由于有机体的分解作用只有很小的一部分被保存下来（Cebrian，2002），也即只有 0.4%～6%的藻类有机质生物总量以及 10%～17%的高等植物生物总量能被保存下来（Duarte and Cebrian，1996）。有机质分解程度随着水深的加深而升高（Tyson，1995）。海洋表层浮游微型藻类死亡后成为细小的单细胞有机颗粒，在海洋环境缓慢的沉降过程中被逐渐分解，分解程度较高，而在陆棚环境（小于 200m 水深）水柱中沉降接受分解的程度较低。因此，有机质富集一般出现在陆棚浅水环境中，异常有机质富集有时候出现在水体很浅的沼泽、潟湖环境中。当然，水深并不是影响有机质聚集埋藏的主要控制因素，在大部分深水环境的海底沉积物中，仍然存在大量可代谢分解的有机质（Jahnke，1990）。说明仍然有大量的有机质在沉积物-水界面的停留过程中被分解，这个过程显然受到沉积速率高低的影响，可代谢有机质组分含量是沉积速率的函数（Morse and Berner，1995）。有机质的富集，特别是异常高有机质的富集一般不会出现在很缓慢的沉积环境当中。Tyson（2001）的建模研究认为沉积速率在 5cm/ka 时最有利于有机质的埋藏聚集；而小于 5 cm/ka 时，有机质丰度会随着沉积速率的下降而降低。在一定的沉积速率下，异常高有机质富集层段一般缺乏陆源碎屑的稀释或生物骨骼的自我稀释作用，形成“饥饿”沉积。因此，该层段的厚度一般较薄，其成因一般与多种因素的耦合有关。需要指出的是，沉积速率大小也是研究缺氧增强有机质保存作用的一个重要的考虑因素。在高沉积速率（如大于 35cm/ka）条件下，缺氧的保存作用退居次要地位（Tyson，2001），而在低沉积速率（如小于 10cm/ka）条件下，缺氧的保存作用就显得尤为重要。关键的是，在比较缺氧与氧化环境对有机质聚集的影响时，需要在低沉积速率的条件下进行对比（Tyson，1995）。同样要注意的是，虽然初级生产力是异常高有机质富集的决定性因素，但是在沉积速率很缓慢的条件下，如果水体的缺氧主要通过有机质持续分解消耗外部水动力循环带来的氧。此时即使表层水体具有极高的初级生产力，也不一定能形成异常高有机质富集，因为建立缺氧环境需要持续消耗较多的新鲜有机质，成岩分解消耗海底沉积物有机质可达 88%（Müller，1977；McArthur et al.，1992）。

（二）有机质富集影响因素的表征

富有机质沉积物一般含有较高的有机碳以及自生营养元素和微量（痕量）元素含量（Piper and Calvert，2009）。这些元素的富集可以通过生物营养的摄取、锰和铁氧化物的吸附、有机金属配合物、不溶硫化物相的形成或者被还原为难溶相沉淀等方式来完成（Vine and Tourtelot，1970；Jacobs et al.，1985；Crusius et al.，1996；Tribovillard et al.，2006）。海水中的元素一般以溶解态或吸附态存在，其沉淀过程包括生物或非生物过程。生物过程主要涉及浮游植物对营养元素的摄取。水体表层浮游植物在光合作用进行生长过程中，摄取营养元素（如 P、Fe、Si、Cu、Zn、Cd 等），降低其在水体中的浓度。随着颗粒有机质在水体沉降过程中发生部分分解，这些营养元素一部分被释放到水体中，重新参与循环。而另一部分则随着颗粒有机质沉降至海底沉积物进一步接受细菌的分解而重新释放到上覆水体中，残留的部分则被埋藏保存下来。元素的非生物作用沉淀在氧化环境中表现得不明显。但是在贫氧和缺氧等还原环境中，一些痕量金属元素（Mo-U 和 V）沿着氧化还原梯度从上覆水体穿过沉积物-水界面聚集在沉积物中（图 3.27）（Tribovillard et al.，2006）。

1. 生产力指标的表征

1）磷（P）

磷是核酸的主要组分，也是所有生命形态新陈代谢不可缺少的成分（Correll，1998）。从长期来看，磷作为主要营养元素，是海洋生物初级生产力水平变化的最终限制因素（Holland，1978；Broecker and Peng，1982；Tyrrell，1999），同时也是温室气候时期深海黑色页岩形成的控制因素（Tsandev and Slomp，2009）。海水溶解态磷的浓度与陆地磷的输入及其最终在沉积物的埋藏以及周围水体氧化还原状态有关。后者决定磷的埋藏与再生的比率（Van Cappellen and Ingall，1994；Wallmann，2003；Slomp and van Capellen，2007）。陆地上硅酸盐、碳酸盐岩和泥页岩等的风化作用形成正磷酸盐、羟基磷灰石以及有机磷（Spivakov et al.，1999）。河流系统将这些溶解磷和颗粒磷带入海洋后，颗粒磷释放出磷酸盐和有机磷酸盐溶解到海水中。水体中各种形态的磷化合物可以转变成可被细菌、藻类和植物吸收利用的正磷酸盐（如 $H_2PO_4^-$ 和 HPO_4^{2-}）（Correll，1998）。磷的循环主要涉及三种

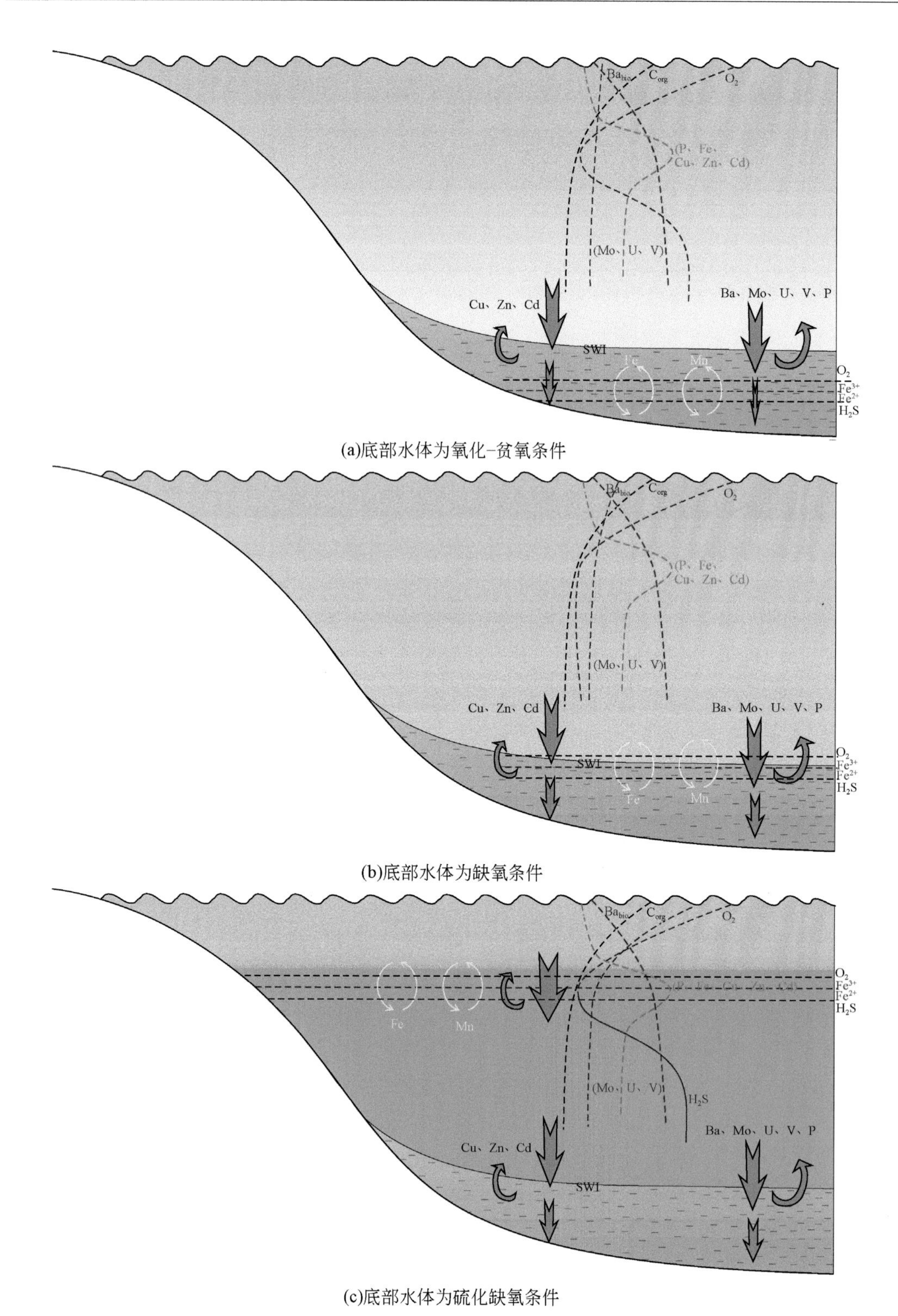

(a)底部水体为氧化-贫氧条件

(b)底部水体为缺氧条件

(c)底部水体为硫化缺氧条件

图 3.27　异常高有机质富集的过程中元素富集模式

水体中元素曲线变化向左为减小，向右为增大；SWI 为沉积物-水体界面组分磷的释放与埋藏，即有机磷（P_{org}）、铁氧化物磷（P_{Fe}）以及自生磷灰石磷（P_{Ca}）（Spivakov et al.，1999）。沉积物中这些磷组分的埋藏动力学主要与有机质矿化过程中的氧化还原反应有关（Ruttenberg，2003）。

虽然有机质是磷从表层水体向海底沉积物传送的主要载体，但沉积物中的有机磷在总活性磷中的比例不到 25%（Ruttenberg，1992）。有机磷埋藏与表层水体生物生产力及其磷含量呈正相关（Tsandev and Slomp，2009）。有机质的微生物分解（如硫酸盐还原菌厌氧分解）会释放出颗粒和溶解态的有机磷（Ingall et al.，1993；Slomp et al.，2002）。有机质磷的再生在缺氧条件下表现得很明显，且释放的磷酸盐通过参与内部循环来促进表层水体的初级生产力，增强底部水体有机质的输入，从而维持水体的还原环境（van Cappellen and Ingall，1994；Mort et al.，2007；Tsandev and Slomp，2009）。这个过程能将有机磷的埋藏量减少 75%（Tsandev and Slomp，2009）。

在微生物作用下，有机质矿物释放出的磷酸盐可以吸附到无定形的含水铁氧化物或锰氧化物颗粒表面（Correll，1998）。这种结合能力可以将磷酸盐聚集或释放在沉积物表面的孔隙水中。当氧化还原界面出现在海底沉积物表面以下，即沉积水体为氧化-贫氧环境，沉积物表层铁的氧化物吸附有机质矿物释放出来的磷酸盐，从而被有效地埋藏下来。反之，如果氧化还原界面出现在沉积物-水界面以上，即沉积水体为缺氧或硫化环境，沉积物表面细菌硫酸盐还原反应释放出来的硫化物将三价铁还原为二价铁，促使铁氧化物的溶解（Jensen et al.，1995），有机质矿物释放的磷酸盐扩散进入上覆水体（McMannus et al.，1997），从而降低铁氧化物磷的埋藏量。因此，铁氧化物磷的埋藏与底部水体溶解氧浓度有着直接的线性相关关系（Komar and Zeebe，2017）。随着底部水体溶解氧浓度的下降，通过与铁氧化物相结合的磷埋藏量逐渐降低（Tsandev and Slomp，2009）。沉积水体为氧化和贫氧的环境下，沉积物中铁氧化物磷含量较高，而在沉积水体为缺氧环境下，其含量很低，甚至缺失（Morte et al.，2007）。

在氧化环境中被铁氧化物吸附扣留的磷酸盐和氟化物，在进入缺氧带以后，磷酸盐和氟化物被释放出来，从而形成氟磷灰石（McManus et al.，1997）。相对于氧化环境，在底部水体溶解氧浓度较低的还原环境下，沉积物活性磷的再生作用更加强烈（Ingall and Jahnke，1994）。在底部水体为缺氧环境下，沉积物有机质重新矿化释放出来的溶解态磷酸盐有高达 90%的比例无法通过自生磷灰石的形式被埋藏保存下来（Tsandev and Slomp，2009）。但是，由于自生磷灰石磷的埋藏输入同样受控于磷酸盐的再生，在强还原环境，如缺氧和硫化环境下，磷酸盐再生率升高，自生磷灰石磷的埋藏量反而随着还原程度的升高而升高（Komar and Zeebe，2017）。因此，在沉积水体为缺氧环境下，沉积物磷的埋藏主要是自生磷灰石磷以及前文提到的有机磷（Schenau and de Lange，2000；Ruttenberg，2003；Slomp and van Cappellen，2007）。

总磷的埋藏可简化地看成是上述三种主要磷组分的埋藏通量。在有机质聚集过程中，由缺氧环境所引起的磷再生作用，释放大部分磷进入上覆水体中，作为内部来源的营养物质重新参与循环。这种内部来源的磷营养物质对提高初级生产力水平的重要性与陆地输入的外部来源磷营养物质的重要性是一样的（Tessin et al.，2016）。大洋缺氧事件中持续沉积富有机质的黑色页岩与沉积物磷再循环的增强有着密切的关系（Mort et al.，2007；Tsandev and Slomp，2009；Kraal et al.，2010）。甚至，缺氧事件以及黑色岩系沉积的结束很可能与水体中磷被大量地埋藏有关（Kraal et al.，2010）。

2）铁（Fe）

铁分为活性铁与惰性铁，后者牢牢固定在晶格中，在早期成岩过程中不活跃（Canfield et al.，1996）。而活性铁在有机质埋藏过程中起着重要的作用。活性铁的评估与计算主要有两种方法，一种是通过各种铁组分的抽提（包括铬还原法抽提铁硫化物以及程序萃取法分离其他铁组分）来准确计算活性铁含量（Poulton and Canfield，2005；Lyons and Severmann，2006；Raiswell and Canfield，2012；Algeo and Li，2020）；另一种是通过总铁含量减去铝硅酸盐晶格中惰性铁来评估，即 $Fe_{过量}=Fe_{总}-(Al_{样品}\times Fe/Al_{上地壳})$（Tribovillard et al.，2015），其中 $Fe/Al_{上地壳}$值为 0.44（McLennan，2001）。$Fe_{过量}$组分可以大致评估沉积时活性铁相对含量（Scholz et al.，2014）。

铁的氧化和氢氧化物在氧化水体中能轻易地与化学组分结合，在沉淀过程中可吸附大量的 Mo 元素（Crusius et al.，1996；Chappaz et al.，2008；Algeo and Tribovillard，2009；Helz et al.，2011；Kashiwabara et al.，2011；Martin et al.，2013），并结合 P 和 As 元素（Tribovillard et al.，2015）。铁的氧化和氢氧化物进而结合到飘落的颗粒有机质或黏结到黏土矿物上，并最终沉降到海底沉积物表面。如果底部水体为贫氧或弱氧环境，那么在沉积物表面的这些铁氧化和氢氧化物被还原，释放出被结合的 Mo 和 P 等元素的同时，也释放出溶解态的铁进入上覆水体中，通过扩散的方式进入上层氧化水体形成铁的氧化和氢氧化物，参与新一轮的循环。如果底部水体为氧化环境，海底沉积物中铁的氧化物或氢氧化物随着埋藏进入缺氧带时释放出溶解态铁进入孔隙水中；而如果底部水体为缺氧甚至硫化环境，硫酸盐还原反应产生的硫化氢与铁反应生成固态黄铁矿或其他铁的硫化物，从而随沉积物埋藏下来。在这个过程中，铁清除水柱中的 Mo 和 P 等元素，并将这些元素传输到海底沉积物中，扮演着微粒“搬运工”的角色（Tribovillard et al.，2015）。这个过程也称为铁的微粒搬运效应（particulate shuttle effect）（Algeo and Lyons，2006；Goldberg et al.，2009；Scott and Lyons，2012；Scholz et al.，2013）。

在海洋环境中，活性铁通过改变海水生物的初级生产力水平与有机质的保存条件来影响有机质的富集（Tessin et al.，2016）。在现代海洋高营养水平、低叶绿素的海域，活性铁含量的升高能刺激海洋浮游植物的生长，提高海洋生物初级生产力水平（Boyd et al.，2000）。在铁的生物地球化学循环过程中，铁扮演一种“收集磷”的角色，通过影响磷的循环来影响海洋初级生产力水平（Raiswell and Canfield，1996；Meyers，2007）。当活性铁含量较低或者铁供应受限时，铁氧化物或氢氧化物结合磷被埋藏下来的数量减少，大量的磷被重新释放到水体中以维持海洋表层水体较高的营养水平，从而提高海洋初级生产力，有利于有机质的富集。反之，活性铁含量较高时，将大量的磷从水体中带走并埋藏下来，降低海洋初级生产力水平，不利于有机质的富集（Tessin et al.，2016）。在实际应用中，可以通过对比铁含量与 C/P 值的变化来评估铁化学变化如何影响磷的聚集。高频化学地层表明硫化与铁化条件频繁出现的情况下，海洋铁化时期活性铁将磷大量地埋藏，降低了海洋营养水平，进而降低初级生产力水平（Mäz et al.，2008）。

另一方面，铁也可以通过影响硫循环来影响有机质的保存与富集（Canfield，1989；

Raiswell and Canfield，1996）。活性铁通过与细菌硫酸盐还原反应产生的硫化氢发生反应，生成铁的硫化物矿物，如黄铁矿、单硫化铁，以此来减缓硫化条件的形成（Meyers，2007）。当活性铁缺失，孔隙水硫化氢能迅速地堆积聚集（Meyers et al.，2005），形成不利于生物生存的恶劣条件，进而减少生物扰动，减少有机质暴露在氧化条件的机会，从而增强有机质的保存（Kristensen，2000；Zonneveld et al.，2010）。同时，由于铁缺失产生的过量硫化氢能通过改变有机质官能团（如酯类和糖类）将有机质进行硫化。该过程会让有机质对微生物的分解有更强的抵抗能力，从而促进有机质的保存（Tessin et al.，2016）。当然，仅仅靠铁缺失这个条件还无法造成有机质的富集，它需要几种条件互相协调起作用。例如，初级生产力水平要大于最低门槛值、氧化还原界面出现在海底沉积物浅层或水体中，这样有利于形成硫化物，进而硫化有机分子如酯类和糖类（Tribovillard et al.，2015）。

3）C_{org}/P 值

有机碳与总磷的比值（C_{org}/P）可以将有机碳和磷的埋藏联系起来（Komar and Zeebe，2017），是评估沉积环境底部水体氧化还原条件的可靠指标（Algeo and Ingall，2007；Tsandev and Slomp，2009；Algeo and Li，2020）。C_{org}/P 是一个摩尔比值，其单位为 mol/mol，具体计算公式为 $C_{org}/P=(TOC/12)/(P/30.97)$，其中 12 和 30.97 分别是 C 和 P 的摩尔质量（Algeo and Li，2020）。值得注意的是，C_{org}/P 也可以用有机碳与活性磷的比值（C_{org}/P_{reac}）以及有机碳与有机磷的比值（C_{org}/P_{org}）来代替研究，后两个比值也能指示氧化还原条件（Mort et al.，2010）。但是，C_{org}/P_{org} 值会在成岩作用过程中逐渐升高，而 C_{org}/P_{reac} 值则不会。同时 C_{org}/P_{org} 值随沉积速率变化较大，在高沉积速率条件下，氧化环境和缺氧环境的 C_{org}/P_{org} 值差别较小（van Cappellen and Slomp，2002）。因此，C_{org}/P_{reac} 值能更加准确地评估磷的再生作用（Algeo and Ingall，2007）。由于非活性磷（也即碎屑组分磷）只是总磷的一小部分（约 13%），总磷可以近似代替活性磷（Algeo and Ingall，2007）。

C_{org}/P 值随着有机质固有的磷和碳组成，以及早成岩过程磷再生作用引起磷-碳含量的变化而变化。海洋浮游植物主要由约 75%的蛋白质以及各占 5%～10%的核酸、油脂类和糖类组成（Cauwet，1978；Libes，1992；Hedges et al.，2002）。其中油脂类的磷含量最高（为 2%～3%），其次为蛋白质和糖类（含量均为 0.5%～1.0%）。海洋浮游植物的 C_{org}/P 值约为 106（即 Redfield 比值）（Redfield，1958；Redfield et al.，1963），实际上该比值为 50～150（Ryther and Dunstan，1971；Martin and Knauer，1973；Broecker and Peng，1982；DeMaster et al.，1996；Hedges et al.，2002；Li and Peng，2002；Van der Zee et al.，2002），平均值接近 117（Anderson and Sarmiento，1994）。在水体表层浮游植物死亡沉降过程中，发生各种有机质细菌分解作用，细菌倾向于分解富磷的化合物，如蛋白质和核酸，剩余有机质富含那些贫磷的糖类（Cauwet，1978；Peng and Broecker，1987；Clark et al.，1999）。该过程能引起有机质的 C_{org}/P 值比浮游植物的比值升高 2～10 倍（Toth and Lerman，1977；Krom and Berner，1981；Haddad and Martens，1987；Martens，1993；Li and Peng，2002）。有机质分解释放出来的磷可以通过吸附作用、络合作用、微生物存储多磷酸盐以及形成自生磷酸盐矿物埋藏保存下来，其埋藏程度取决于沉积时期底部水体的氧化还原条件（Froelich et al.，1988；Glenn et al.，1994；Jarvis，1994；DeMaster et al.，1996；Hensen et al.，1998；Sannigrahi and Ingall，2005）。在缺氧环境中，C_{org}/P 值一般大于 100，平均值为 150～

200，最高值能达到1000；贫氧环境下 C_{org}/P 值平均为75～130；氧化环境下 C_{org}/P 值小于50，平均值为40，最低值可以小于10（Algeo and Ingall，2007；Algeo and Li，2020）。在实际应用 C_{org}/P 值来分析氧化还原条件时，个别样品 C_{org}/P 值经常会出现异常变化（Algeo and Ingall，2007）。因此，针对个别样品的 C_{org}/P 值来分氧化还原条件不是很可靠。这就需要统计多个 C_{org}/P 值的平均值，如一个岩性一致层段的 C_{org}/P 值的平均值一般能很好地指示氧化还原条件。也就是说，C_{org}/P 值主要反映底部水体氧化还原条件持续时间的平均值（Algeo and Ingall，2007）。这是因为这个参数主要反映海底表层沉积物早期成岩化学反应与底部水体溶解氧含量长时间（几百年）相互作用的结果（Algeo and Li，2020）。

由于磷决定了海洋营养水平，生物的 C_{org}/P 值也能反映水体营养物质的浓度。当营养水平较高时，浮游植物勃发的早期，每个有机碳单元都能吸收较高的磷，造成 C_{org}/P 值降低。这种效应被称为营养的"高消费"（Droop，1973；Thomas et al.，1999）。相反，当水体营养水平较低时，生物的 C_{org}/P 值升高。古代海洋浮游植物的 C_{org}/P 值可能指示当时海水的营养水平，但存在争议（Algeo and Ingall，2007）。这可能是由于地质时期的沉积有机质经历沉积和成岩分解之后难以分辨水体氧化还原因素以及表层水体营养水平因素对有机质 C_{org}/P 值的影响。某些指示快速沉积并能很好保存有机质使其免受分解的"沉积体"或许能提供新的证据。

4）铜（Cu）、锌（Zn）和镉（Cd）

相对于主量营养元素（P、N、Si），痕量金属微营养元素（Cn、Zn、Cd）在海水的浓度很低，生物生命功能的活动对其需求量也很低，但它们在海洋浮游植物光合作用过程中却扮演着关键的角色（Vance et al.，2019）。这些微营养元素是光合作用生理过程的必需组分，也是酶催化的辅助因子，能影响浮游植物的生长（Boyd et al.，2007；Bruland et al.，2014）。现代海水Cu、Zn、Cd浓度随水深度变化的趋势均表现出海洋营养水平垂向分布特征，也即浅层水体的浓度低，最小含氧带和底部水体的浓度高（Boyle et al.，1977；Bruland，1980；Takano et al.，2014；John and Conway，2014）。这主要与浅层水体浮游植物生长摄取营养物质，而深部水体特别是海底沉积物有机质重新矿化的再生作用释放Cu、Zn和Cd元素有关。因此，Cu、Zn和Cd与水体表层生物初级生产力密切相关（Saito et al.，2002；Calvert and Pedersen，2007）。

海洋中Cu的浓度分布在0.5～6nmol/L（Boyle et al.，1977）。在氧化的海水中，Cu大部分吸附在有机配体上，一小部分以自由 $CuCl^+$ 的形式存在（Coale and Bruland，1988；Calvert and Pedersen，1993；Whitfield，2002；Algeo and Maynard，2004）。沉积水体中的Cu通过生物生长摄取、有机质的络合作用以及铁锰氧化或氢氧化物的吸附作用沉降并富集在海底沉积物中（Sun and Puttmann，2000；Nameroff et al.，2004；Naimo et al.，2005）。随着有机质的分解以及（或者）铁锰氧化或氢氧化物的还原溶解，Cu可能被释放到孔隙水中。黄铁矿和自生绿脱石黏土矿物的沉淀能将溶解态的Cu聚集起来并有效地保存在沉积物中（Pedersen et al.，1986）。另外，在还原环境中，Cu^{2+} 可以被还原为 Cu^+，可能与黄铁矿结合形成固溶体，也可能与硫化氢形成铜的硫化物CuS和 CuS_2（Huerta-Diaz and Morse，1990，1992）。总体而言，Cu主要与有机质一起沉淀埋藏下来，是指示有机质输入通量的有效参数（Shaw et al.，1990；Tribovillard et al.，2006），Cu浓度大小与生物初级生产力水平呈正相关关系（Pinedo-Gondzalez et al.，2015）。但是需要注意的是，过高的 Cu 浓度通过竞争性抑制铁、锌和锰的摄取和代谢来减少某些微型浮游植物的繁殖率，从而产生毒化作用（Brand et al.，1986；Paytan et al.，2009）。对 Cu 的毒化作用最敏感的浮游植物是蓝藻细菌，其次为颗石藻和鞭毛藻类，最不敏感的是硅藻（Brand et al.，1986）。Cu 对某些浮游植物的毒化作用可见于洋流上涌或者垂向混合的水体中（Brand et al.，1986）。

Zn 在氧化环境中大部分以腐殖或富里酸络合物的形式存在，也可能以 Zn^{2+} 或者 $ZnCl^{+}$ 的形式存在（Calvert and Pedersen，1993；Algeo and Maynard，2004），或者吸附到铁锰氧化或氢氧化物表面（Fernex et al.，1992）。当有机质分解时，Zn 被重新释放到孔隙水中。在还原环境中 Zn 以 ZnS 的形式与黄铁矿形成固溶体，一小部分的 Zn 还可能形成锌的硫化物闪锌矿（Huerta-Diaz and Morse，1992；Daskaladis and Helz，1993；Morse and Luther，1999）。作为微营养元素，Zn 是多种金属酶（如碳酸酐酶、碱性磷酸酶和酒精脱氢酶）不可分割的一部分，也是调节这些金属酶活性的催化剂，因而是具有生命功能的痕量金属元素（Moore and Ramamoorthy，1984）。Zn 通过调节碳酸酐酶的催化作用来控制光合作用碳合成过程中某个生化反应的速率（Goldman and Horne，1983），进而影响浮游植物生长（Goldman，1965）。海洋和湖泊水体中 Zn 浓度的升高会刺激浮游植物的生长和勃发（Elder，1974；Brand et al.，1983；Sunda and Huntsman，1995；Wang and Guo，2000）。另外，在现代海洋沉积物中，Zn 与 P 具有强烈的正相关关系（John and Conway，2014）。因此，Zn 可用来重构古海洋的生物生产力，如部分学者用 Zn/Ca 值来分析古水体营养水平（Marchitto et al.，2002；Marchitto et al.，2005）。

Cd 在水体和沉积物中以 Cd^{2+} 形式存在，表现出类似营养元素的化学行为（Morford and Emerson，1999）。Cd 主要与有机质结合共同沉降到海底沉积物中（Piper and Perkins，2004），并随着有机质的分解释放到沉积物孔隙水中，释放出来的部分 Cd 与硫化氢形成不溶物（CdS）（Huerta-Diaz and Morse，1992）。此外 Cd 还可以与还原硫组分结合形成可溶的络合物（Huerta-Diaz and Morse，1990，1992）。这些可溶的络合物可以增强 Cd 在缺氧沉积物中的迁移性，使其重新释放到上覆水体中（Tribovillard et al.，2006）。Cd 还可以羟磷灰石晶格中的 Ca，致使其在磷质沉积物中富集，从而表现出与磷相似的富集方式（Middleburg and Comans，1991；Jarvis，1994）。现代海水 Cd 浓度随水深的变化趋势与 P 浓度的变化趋势类似（Boyle et al.，1976；Bruland，1980）。Cd 的分布特征总体上与主量营养元素 N 和 P 类似（John and Conway，2014）。因此，Cd 的浓度变化主要反映营养水平波动，可以用来重构古海洋的初级生产力，如部分学者用 Cd/Ca 值来分析古水体营养水平（Boyle，1992；Marchitto et al.，2002）。

5）钡（Ba）

海洋溶解 Ba 随水深的分布与营养元素类似，都是表层水体浓度低，深层水体浓度高（Chan et al.，1977；Collier and Edmond，1984）。与营养元素 P、Cu、Cd 等元素被浮游植物摄取不同，Ba 并不是营养元素，不能诱发生物生产力勃发，大多数海洋生物并没有真正摄取并沉淀 Ba（Paytan and Griffith，2007）。Ba 的富集与沉淀与有机质沉淀输入海底沉积物有关。海底沉积物重晶石 Ba 的富集涉及上层海水溶解 Ba 转变为颗粒态 Ba 的过程。海水中存在的颗粒态 Ba 的主要形态是重晶石晶体（Bishop，1988；Dehairs et al.，1991）。

关于重晶石形成过程主要有非生物成因和生物成因两种观点，前者受到多数人的认可。非生物成因认为，虽然海水对于重晶石来说是未饱和的（Monnin et al.，1999），水体中有机质氧化分解导致沉降有机质絮凝体（如浮游植物细胞、粪球粒）中形成“微环境”。有机质所含的不稳定硫组分在微环境中分解和氧化形成过量的硫酸盐（Chow and Goldberg，1960；Dehairs et al.，1980；Bishop，1988），同时有机质的分解也会释放出 Ba（Dehairs et al.，1980）。因此，在这种“微环境”中，释放的 Ba^{2+}和 SO_4^{2-} 的浓度升高，局部地增加了重晶石饱和度，并在“微环境”中沉淀下来（Bishop，1988；Griffith and Paytan，2012）。据此，海洋上层水体通过重晶石的沉淀将溶解 Ba 移出水体，并与颗粒有机质一起沉降到海底沉积物中（Dymond et al.，1992）。生物成因认为 Ba 之所以在降解有机质中富集是因为生物在原生质中沉淀重晶石晶体（Schmitz，1987）。由于未见浮游生物直接沉淀重晶石的现象，该观点一直没有受到重视（Klump et al.，2000）。

在沉积物-水界面，重晶石的溶解以及富 Ba 不稳定颗粒的成岩作用将 Ba 重新释放到上覆水体中。在氧化贫氧的沉积物中，孔隙水对重晶石是饱和的（Church and Wolgemuth，1972），而在缺氧的沉积物中，由于硫酸盐还原细菌的作用，在硫酸盐还原带底部硫酸盐是亏损的，从而造成孔隙水 $BaSO_4$ 的不饱和，进而溶解重晶石，释放 Ba^{2+}（Dymond et al.，1992）。也就是说，在沉积水体为氧化或贫氧的环境中，海底浅层沉积物（该层沉积物孔隙水与上覆水体互通）是氧化或贫氧条件，此时孔隙水重晶石是饱和的，Ba 能很好地保存下来。尽管海底深层沉积物的细菌硫酸盐还原带会造成重晶石溶解，但由于微生物硫酸盐还原作用（BSR）带较深重晶石溶解释放的 Ba^{2+}不能重新扩散释放进入上覆水体，Ba^{2+}仍然能埋藏保存下来。而在沉积水体为缺氧或硫化的环境中，海底浅层沉积物是缺氧的，细菌硫酸盐还原作用致使孔隙水重晶石未饱和而溶解，释放出来的 Ba^{2+}在浓度梯度差的驱使下重新扩散进入上覆水体，造成 Ba^{2+}的流失，此时 Ba 不再适合作为古生产力指标使用（Dymond et al.，1992）。需要强调的是，在沉积物硫酸盐还原带，细菌硫酸盐还原作用消耗硫酸盐，如果硫酸盐的供应不畅，部分重晶石会溶解，释放的硫酸盐参与硫酸盐还原反应，孔隙水的 Ba 离子浓度会升高。在硫酸盐还原带的底部，Ba^{2+}浓度出现急剧的升高（Bolze et al.，1973；Brumsack and Gieskes，1983；Torres et al.，1996），是因为硫酸盐还原带的底部硫酸盐浓度很低，重晶石的溶解程度会升高。

总体而言，海洋中 Ba 的循环主要涉及上层水体溶解 Ba 生成重晶石（Dehairs et al.，1980；Bishop，1988；Dehairs et al.，1991），以及海底沉积物重晶石的部分溶解及重新活化（McManus et al.，1994）。虽然如此，但沉降到海底的生源 Ba 仍然有高达 30%的比例可以在沉积物中被保存下来（Dymond et al.，1992）。沉积物生源 Ba 含量的大小与沉积物有机碳通量存在强烈的正相关关系（Dehairs et al.，1980；Dymond and Collier，1996；Van Beek et al.，2002；Paytan and Griffith，2007；Griffith and Paytan，2012）。现代海洋研究表明，海洋表层水体光合作用碳合成速率（初级生产力）与硫酸钡的聚集速率或者沉积物生源 Ba 含量呈良好的正相关关系（Dymond et al.，1992；Francois et al.，1995；Paytan et al.，1996；Eagle et al.，2003；Griffith and Paytan，2012）。因此，海洋沉积物生源 Ba 的堆积速率或含量大小是指示古海洋初级生产力大小的良好指标（Dymond et al.，1992；Gingele and Dahmke，1994；Francois et al.，1995；Paytan et al.，1996；Schoepfer et al.，2015）。但沉

积物水体缺氧环境下 Ba 的成岩活化限制了 Ba 作为生产力指标的应用（Brumsack，1989；Von Breymann et al.，1992）。在缺氧环境中，生源 Ba 的富集指示高生产力，这是可以肯定的，但较低的生源 Ba 含量不一定指示低生产力。然而在氧化和贫氧环境中，生源 Ba 含量大小是指示初级生产力大小的可靠指标。

上述论述 Ba 富集主要是生源 Ba，生源 Ba 的计算有多种方法。全岩元素化学分析能利用下列公式定量地估算生源 Ba 的大小（Dymond et al.，1992）：

$$Ba_{bio}=Ba_T-（Al\times Ba/Al_{detri}）$$

式中，Ba_{bio}、Ba_T 和 Ba/Al_{detri} 分别为全岩样品生源 Ba、总 Ba 以及铝硅酸盐 Ba 与 Al 的比值。

该公式假设沉积物中所有的 Al 均是铝硅酸盐来源（Dymond et al.，1992），实际上 Al 绝大部分来自陆源碎屑硅酸盐，一小部分具有生物成因（Dymond et al.，1997）。陆源铝硅酸盐的 Ba/Al_{detri} 值等同于研究区对应的物源区域陆源碎屑的 Ba/Al_{detri} 值。然而在估算或计算该比值的过程中，存在较大的问题（Klump et al.，2000）。由于大部分地区的 Ba/Al_{detri} 值无法获得，该比值仅仅只是一个估计值。常规的做法是利用上地壳岩石元素来计算 Ba/Al 值，这个比值的分布范围是 0.005～0.01（Dymond et al.，1992），一般采用 Ba/Al_{detri}=0.0075 来进行计算，但不同地区可以进行适当的调整（Dymond et al.，1992；Wei et al.，2012）。例如，当研究区样品 Ba/Al 值已经小于 0.0075，此时不能用 0.0075 来计算，需要选取更小的值，比如 0.005 或采用其他办法（见下文）。如果利用澳大利亚后太古宙平均页岩（PAAS）来计算 Ba/Al 值，则比值为 0.0065（Taylor and McLennan，1985）。需要注意的是，采用 0.0075 或 0.0065 来计算的时候，上述计算公式中的 Al 的单位要转变为 ppm①。利用这些“全球平均值”来计算某个地区的生源 Ba 会存在很大的误差，最好的方法是利用研究区的物源地区铝硅酸盐的 Ba/Al_{detri} 值来计算生源 Ba（Dean et al.，1997；Nürnberg et al.，1997；Wei et al.，2015；Steiner et al.，2017）。物源区碎屑岩的 Ba/Al_{detri} 值可以直接利用物源区未受海水影响的河流碎屑岩或沉积物来计算，比如可以用河流三角洲泛滥平原的泥岩或古土壤来计算。当物源区铝硅酸盐的 Ba/Al 值无法获得时，有两种方法可以评估出接近 Ba/Al_{detri} 的比值。第一种方法为水深外推法（Klump et al.，2000），也就是对各种水深的 Ba/Al_T 值进行回归曲线拟合，将该拟合曲线外推至水深为 0m，此时 0m 处对应的 Ba/Al_T 值即为陆源碎屑的 Ba/Al_{detri} 值（图 3.28）。该方法缺点在于应用到古代沉积岩时，古水深的评估误差比较大。第二种方法为全岩 Ba-Al 交汇法（Wei et al.，2015）。由于总 Ba_T 主要包含生源 Ba_{bio} 和陆源碎屑 Ba_{detri}，$Ba_T/Al=（Ba_{bio}+Ba_{detri}）/Al=Ba_{bio}/Al+Ba/Al_{detri}$，那么在 Al 与 Ba_T 的交汇图（图 3.29）中，斜率 Ba_T/Al 肯定大于 Ba/Al_{detri}（Klump et al.，2000），Ba/Al_{detri} 直线出现在数据点的最下方。如果数据点下方部分数据呈现线性关系，则反映总 Ba_T 中所占比例不变的碎屑组分 Ba_{detri} 与 Al 的线性关系，也即陆源碎屑成因的背景值，此时拟合的回归曲线斜率接近于物源区碎屑岩 Ba/Al_{detri} 值。这种方法需要统计研究区多种环境（包括滨岸、浅水、深水环境）Ba 与 Al 的数据，才能形成较好的回归曲线。

最近，House 和 Norris（2020）改进并建立了生源 Ba 的程序萃取实验方法。他们用二乙烯三胺五乙酸（DTPA）定量溶解沉积物样品中的重晶石。实验过程包括：①利用 0.25～

① $1ppm=10^{-6}$。

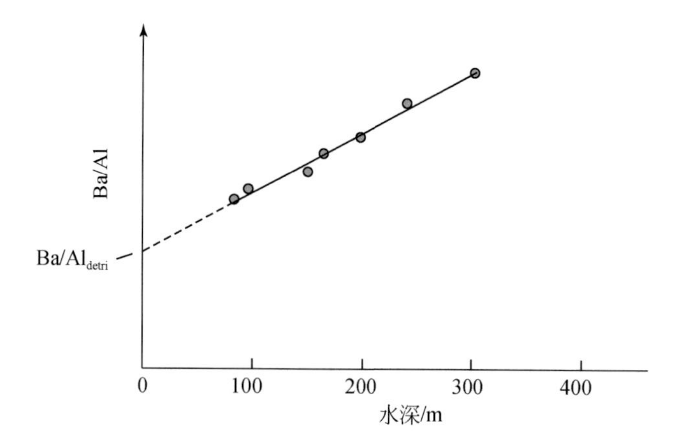

图 3.28 利用水深与全岩总 Ba 与总 Al 比值（Ba/Al）的概念性交汇图反推碎屑 Ba/Al$_{detri}$ 值（据 Klump et al.，2000 修改）

回归曲线反推与 *Y* 轴交点近似 Ba/Al$_{碎屑}$值

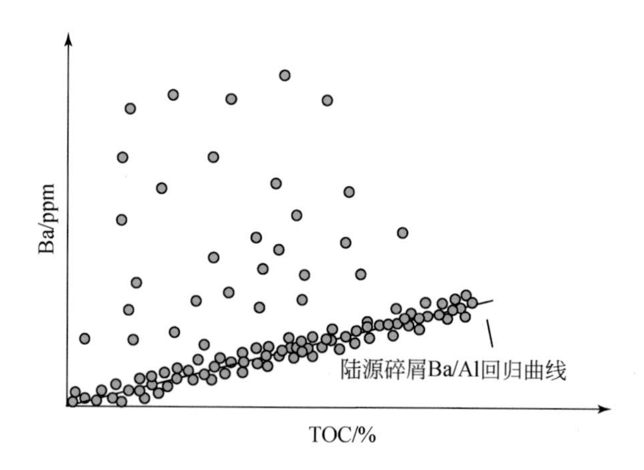

图 3.29 全岩 Al 与 Baw 含量的概念性交汇图（据 Piper et al.，2007；Piper and Calvert，2009；Wei et al.，2015 修改）

数据点下方的数据呈线性关系，代表总 Ba 中铝硅酸盐所含的 Ba 与 Al 的关系，因而其回归曲线接近陆源碎屑 Ba/Al 值，也代表岩性成因的最大值。在回归直线之上的数据点代表生源成因

2g 烘干的粉末样品与 4N 乙酸反应 12～24h 以消除碳酸盐及其所包含的 Ba 和 Ca（Ca 与 Ba 一样能与 DTPA 络合），之后离心并倒掉上层清液，利用去离子水重复 3 次；②将足够的 NaOH 加入到 DTPA 溶液中，从而溶解配位体，并将 pH 升高到 11.5～12.0，配成 0.2mol/L 的 DTPA 溶液；③将 0.2M 的 DTPA 溶液加入样品中发生反应（溶液的需求量按照 20mL 溶液/g 样品的比例），超声 3h，之后放入恒温（60℃）水浴振荡器中至少反应 6h；④利用 0.45μm 滤膜过滤后，取 50μL 溶液加入到 4mL 2%的稀硝酸中，并利用 ICP-OES（或 ICP-MS）测量 Ba 的浓度。并据此计算生源 Ba 在样品中的含量。他们将这种方法称为 DTPA 淋滤法。这个方法测量出来的重晶石含量可能比真实值偏低，但能定量地计算出生源 Ba，从而用于古生产力的评估，具有广泛的应用前景。

2. 氧化还原条件的表征

1）钼（Mo）、铀（U）和钒（V）

Mo 和 U 元素在浮游植物中含量很低，沉积物富集 U 和 Mo 一般是由于元素的自生富集。在氧化的海水中，Mo 以稳定且不活泼的钼酸根离子（MoO_4^{2-}）形式存在。自生 Mo 在氧化环境下的聚集很有限，现代大陆边缘海底沉积物中的浓度仅为 1～5ppm（Zheng et al.，2000；Morford et al.，2009a）。在缺氧-硫化条件下，当硫化氢达到一定浓度（50～250μM）时 Mo 变得活泼，促使钼酸根转变为硫代钼酸根（$MoO_xS_{(4-x)}^{2-}$，x=0～3）（Helz et al.，1996；Zheng et al.，2000）。后者被硫化有机物质或铁的硫化物相作用所沉淀（Tribovillard et al.，2004）。

在氧化条件下，U 主要以可溶的六价态铀酰碳酸盐络合物形式存在，表现为化学惰性（Langmuir，1978；Klinkhammer and Palmer，1991；Calvert and Pedersen，1993）。自生 U 的富集在氧化环境下较为有限，现代大陆边缘海底沉积物中 U 的浓度仅为 1～5ppm（Morford et al.，2009b）。在缺氧条件下，六价态的 U（Ⅵ）被还原为四价态的 U（Ⅳ），形成高溶性的铀酰离子（UO_2^+）或者弱溶的铀氟化物络合物。U（Ⅵ）的还原作用并没有发生在水体中，而是发生在沉积物中（Anderson et al.，1989；McManus et al.，2005），这表明其还原作用可能发生在颗粒表面，由铁和硫酸盐还原细菌酶催化进行（Barnes and Cochran，1990；Zheng et al.，2002a；Morford et al.，2009a）。在还原条件下，沉积物中自生 U 的吸收聚集可能是通过形成腐殖酸的有机金属配位体或者通过形成沥青油矿（UO_2）晶体或沥青油矿的不稳定母质来完成的（Klinkhammer and Palmer，1991；Zheng et al.，2002a）。U 的还原作用出现在 Fe^{2+}-Fe^{3+}氧化还原界面，还原作用的进行可能受控于微生物调节的铁氧化还原反应而不是硫氢根 HS^-的出现（Zheng et al.，2002a）。在 Fe^{2+}-Fe^{3+}界面（界面之下是含硫化氢带），三价铁被还原为二价铁，同时可溶的六价态 U（Ⅵ）被还原为难溶的四价态 U（Ⅳ），与有机质结合形成有机金属配位体。通过这个过程，海水的 U 穿过沉积物-水界面被迁移到沉积物中（Tribovillard et al.，2012）。因此，与自生 Mo 的富集条件相比，自生 U 富集的开始出现在相对缓和的强还原条件以及沉积物中较浅的深度（Morford et al.，2009a）。

Mo 和 U 在还原环境下化学行为方式不同：①自生 U 的生成和沉淀发生在 Fe^{2+}和 Fe^{3+}氧化还原界面（Zheng et al.，2002a，2002b），比自生 Mo 的生成沉淀要早，因为自生 Mo 的生成需要 H_2S 的出现（Helz et al.，1996；Zheng et al.，2000）；②锰、铁氧化或氢氧化物微粒向沉积物的传送能加速自生 Mo 向沉积物的输入（Murray，1975；Crusius et al.，1996），但不能影响自生 U 向沉积物的输入。锰铁氢氧化物微粒在氧化水体中吸收钼酸根并下沉。到达沉积物-水界面，这些微粒被还原溶解时释放出钼酸根离子，重新回到上覆水体或者被其他相态的物质清扫保存在沉积物中（Morford and Emerson，1999；Morford et al.，2005）。尽管微粒吸收 Mo 可以发生在水体中（Berrang and Grill，1974；Francois，1988），但大部分 Mo 的吸收可能出现在海底沉积物表面或沉积物中（Francois，1988；Emerson and Huested，1991；Crusius et al.，1996；Zheng et al.，2000；Morford et al.，2009a）。这可能与微粒在沉积物中停留时间更长有关，也可能与沉积物中硫化氢浓度更高有关（Meyers et al.，2005）。

锰、铁氧化物或氢氧化物微粒的传送作用对自生 Mo 富集的影响取决于氧化还原界面的深度位置（Algeo and Tribovillard，2009）。

（1）在氧化的水体中，固相锰和铁的氢氧化物吸收钼酸根离子，并下沉到底水为氧化或贫氧的沉积物-水界面。此时氧化还原界面在沉积物-水界面之下，锰和铁氢氧化物在沉积物还原环境中被还原而释放出钼酸根进入孔隙水中。此时由于孔隙水缺乏硫化氢，钼酸根扩散进入上覆水体，因而 Mo 并没有随之被永久地埋藏下来（Johnson et al.，1992；Morford and Emerson，1999）。因此在氧化环境下沉积物 Mo 的浓度较低。

（2）在持续硫化的分层缺氧盆地（如黑海）中，氧化还原界面出现在水体中。上层氧化水体锰和铁的氢氧化物清扫钼酸盐下沉到沉积物水界面时，锰和铁的氢氧化物被还原而溶解释放出钼酸盐，Mo 被重新释放进入水体中。虽然钼酸盐能被还原为硫代钼酸根，后者被颗粒有机质吸附而沉淀下来。但由于颗粒有机质在水体中停留时间较短，Mo 聚集到海底沉积物的数量不是很大。

（3）但是在底部水体为弱氧化至弱硫化环境中，特别是在氧化还原条件变化频繁（如季节性变化）的时候，氧化还原界面在沉积物-水界面频繁地下沉和上升。在氧化还原界面下沉至沉积物表层时，沉积水体中锰和铁的氢氧化物清扫钼酸盐，下沉至海底沉积物之中，并一起保存在沉积物之中。随之，氧化还原界面从沉积物上升至底部水体，沉积物中锰和铁氧化物被还原溶解，钼酸根以及锰和铁均重新释放到底部水体之中，锰和铁通过扩散重新参与清扫钼酸盐的清扫循环（Algeo and Lyons，2006）。而释放的钼酸根在底部水体硫化氢的作用下被还原为硫代钼酸根，后者被有机质吸附而保存下来。由于该过程发生在沉积物水界面附近，有机质颗粒停留时间较长，Mo 的聚集过程较长而造成大量的 Mo 堆积（Murray，1975；Crusius et al.，1996）。

反过来，Mo 的浓度也能指示古环境（Scott and Lyons，2012）。Mo 的浓度大于地壳平均值且小于 25ppm，反映古环境的沉积物孔隙水中含溶解的硫化氢，浅层沉积物发育硫酸盐还原带；Mo 浓度超过 100ppm，说明沉积水体含硫化氢以及丰富的溶解态 Mo。这是因为 Mo 在硫化环境中的埋藏速率比氧化环境中的埋藏速率高 2～3 个数量级（Bertine and Turekian，1973；Scott et al.，2008）。硫化水体环境中富集的 Mo 浓度往往能达到数百 ppm 的水平（Werne et al.，2002；Lyons et al.，2003；Cruse and Lyons，2004；Algeo and Lyons，2006）。在开放海环境中，底部硫化水体中的 Mo 能源源不断地从上部水体补充进来，Mo 在海底的富集能达到大于 60ppm 至数百 ppm 的水平（Scott and Lyons，2012）。Mo 的浓度在 25～100ppm 可能反映间歇性硫化，也可能反映高沉积速率的稀释作用或者水体滞留分层引发的底部水体 Mo 亏损现象。因为在滞留分层的水体中，下部水体硫化环境中快速清扫沉淀硫代钼酸根会造成下部水体 Mo 的亏损，如黑海下部水体 Mo 的浓度仅为上部水体的约 3%（Algeo，2004；Algeo and Lyons，2006；Scott et al.，2008；Pearce et al.，2009），此时 Mo 的富集较为有限，其浓度可能为 20～60ppm（Scott and Lyons，2012）。

痕量金属元素 Mo 和 U 的上述化学行为特征表明其可用作评估古水体氧化还原条件的指标。2000 年以前的研究主要从痕量金属元素的原始浓度以及两个元素的比值来分析（Jones and Manning，1994。近年的研究偏向于利用 Al 标准化的富集系数来评估古水体氧化还原条件（Tribovillard et al.，2006；Algeo and Tribovillard，2009；Algeo and Li，2020）。

富集系数的计算公式为

$$X_{EF}=(X/Al)_{sample}/(X/Al)_{UCC}$$

式中，X 和 Al 代表元素 X 和 Al 的质量浓度，样品用上地壳岩石（UCC）进行标准化（McLennan，2001），U/Al_{UCC} 值为 0.35×10^{-4}，Mo/Al_{UCC} 值为 0.19×10^{-4}。也可以用澳大利亚后太古宙平均页岩（PAAS）来标准化（Taylor and McLennan，1985），U/Al_{PAAS} 和 Mo/Al_{PAAS} 值分别为 0.11×10^{-4} 和 0.12×10^{-4}；或者用世界平均页岩（WSA）来标准化（Wedepohl，1971；Wedepohl，1991），U/Al_{WSA} 值和 Mo/Al_{WSA} 值分别为 0.34×10^{-4} 和 0.15×10^{-4}。上地壳、澳大利亚后太古宙平均页岩以及平均页岩部分元素数据见表 3.3。元素富集系数大于 3 代表可见性的自生富集，而富集系数大于 10 代表大规模的自生富集。

表 3.3　痕量元素和 Al 的地球化学数据（据 Tribovillard et al.，2006）

元素	平均海水浓度 /nM	海水居留时间 /ka	平均上地壳 /ppm[a]	澳大利亚后太古宙平均页岩（PAAS）/ppm[b]	世界平均页岩 /ppm[c]
Mn	0.36	0.06	600	1400	850
Ba	109	10	550	650	650
Cd	0.62	50	0.1	0.1	0.3
Co	0.02	0.34	17	20	19
Cr	4.04	8	83	100	90
Cu	2.36	5	25	75	45
Mo	105	800	1.5	1	1.3
Ni	8.18	6	44	60	68
U	13.4	400	2.8	0.91	3
V	39.3	50	107	140	130
Zn	5.35	50	71	80	95
Al			80400	84000	88900

a 引自 McLennan（2001）；b 引自 Taylor 和 McLennan（1985）；c 引自 Wedepohl（1971，1991）。

Algeo 和 Tribovillard（2009）利用 U 和 Mo 地球化学行为的不同，通过 U_{EF} 和 Mo_{EF} 富集模式变化图来展示 U-Mo 谐变方式与具体的氧化还原条件以及海洋沉积系统的关系（图 3.30）。相比现代海水的 Mo/U 值（SW），贫氧环境下的沉积物 Mo/U 值一般较低（约 0.3×SW），弱缺氧环境下的 Mo/U 值中等（约 1×SW），而强硫化环境下 Mo/U 值较高（约 3×SW）（Tribovillard et al.，2012）。所以还原程度较高的水体之下的沉积物更加富集 U 和 Mo，但 Mo 的吸收速率比 U 更快。总体上，U_{EF} 与 Mo_{EF} 交汇图表现出以下三种方式。

（1）在开放海环境下，氧化相不富集自生 Mo 和 U；贫氧相表现为适度的自生 Mo 和 U 富集，富集系数均小于 10，一般 U_{EF} 大于 Mo_{EF}，自生 Mo/U 值小于海水值，分布在海水中的 Mo/U 值为 0.2～0.5；缺氧相表现为强烈富集自生 Mo 和 U，富集系数均大于 10，一般 Mo_{EF} 大于 U_{EF}，自生 Mo/U 值逐渐升高至大于 3 倍海水比值。缺氧至硫化环境下 Mo 的更加富集主要是因为开放海环境能持续地向低氧的底部水体补充 Mo，且硫化氢的出现有利于钼酸根向硫代钼酸根转变，从而富集自生 Mo（Algeo and Tribovillard，2009）。

（2）轻微局限的盆地环境发生的短暂（＜5a）缺氧环境能在短时间内大量富集自生 Mo（Zheng et al.，2000），造成自生 Mo/U 值很高。这主要与锰铁氢氧化物微粒的传送作用有关。在 U_{EF} 和 Mo_{EF} 富集模式变化图中（图 3.30），弱局限环境下的微粒传送区域与开放海环境的硫化区域互相靠近，这或许反映了硫化环境下不管水体循环是否通畅，微粒传送过程对于自生 Mo 的富集显得愈发重要（Tribovillard et al.，2012）。

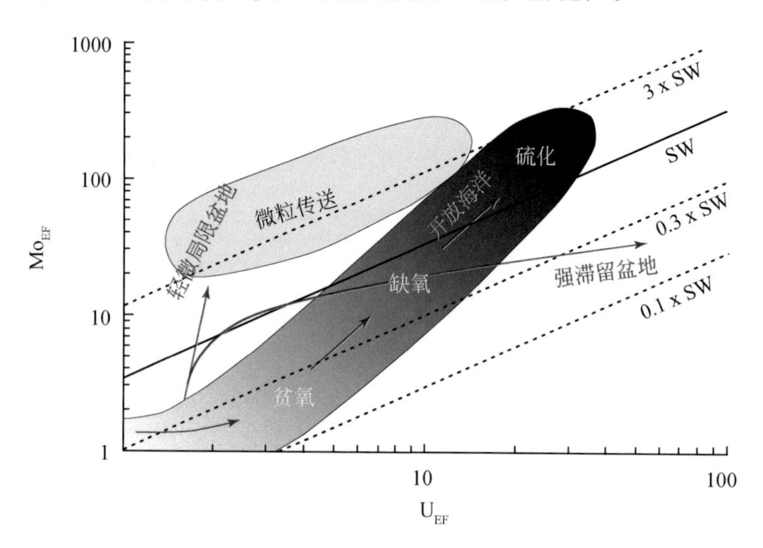

图 3.30　自生 U_{EF} 和 Mo_{EF} 富集模式变化图（据 Algeo and Tribovillard，2009；Tribovillard et al.，2012 修改）

（3）在滞留分层缺氧的盆地环境中，氧化还原界面出现在水体中，铁锰氧化还原循环也出现在水体中，由铁锰氢氧化物微粒在氧化水体清扫的 Mo 在氧化还原界面附近重新释放进入上层水体中，造成深部水体的 Mo 浓度偏低，从而造成 Mo 的富集程度不高。但自生 U 不受铁锰氧化还原循环影响，且缺氧环境有利于痕量金属元素的富集，因而 U 的富集程度很高。此时，随着自生 U 逐渐富集以及富集系数的升高，自生 Mo/U 值逐渐降低（小于海水 SW 的比值）。

需要注意的是，在某种未明的特殊情况下，局限滞留盆地深部水体受“盆地蓄水库效应”的影响而亏损 U，造成 Mo 和 U 均不富集，利用 U_{EF} 和 Mo_{EF} 富集模式变化图来判断水体判别水体开放程度就会产生偏差，投落到了氧化或贫氧区域（Tribovillard et al.，2012），此时要利用 Mo 与 TOC 交汇图（图 3.31）或直接沉积地质证据来加以辅助分析。同时，底部水体为氧化至贫氧环境之下的沉积物在早成岩作用过程中生成较多的草莓状黄铁矿时，此类黄铁矿可以通过吸收 Mo 而引起沉积物对 Mo 的富集（Tribovillard et al.，2008），此时仅仅用 Mo 来判断氧化还原条件可能会造成偏差。此外，富集系数计算公式中样品的 Al 一般代表陆源碎屑 Al 的丰度。当研究的沉积岩不是碎屑岩，而是生物成因沉积岩，如碳酸盐岩或硅质岩等，且此类岩石的碎屑组分如果小于 3%～5%时，可能存在部分非碎屑来源的 Al，如吸附在生物颗粒表面的氢氧化铝（Murray and Leinen，1996；Dymond et al.，1997；Yarincik et al.，2000；Kryc et al.，2003），以及自生黏土矿物的 Al（Timothy and Calvert，1998）。这部分非碎屑来源的 Al 与碎屑来源的 Ti 作交汇图时会偏离回归直线，指示与 Ti

不同来源的 Al（Kryc et al.，2003）。此时，采用 Al 来进行标准化就会存在较大的误差。关于富集系数计算公式还需要注意平均页岩标准化带来的偏差。由于平均页岩（或者上地壳或 PAAS）无法代表研究区当地或区域沉积物，利用平均页岩作为分母来对比无法真实地反映自生元素的富集系数（Van der Weijden，2002）。由此而计算的自生富集系数难于准确地进行定量分析，因此，最好将分析的焦点放在富集系数的地层变化趋势上（Tribovillard et al.，2006）。

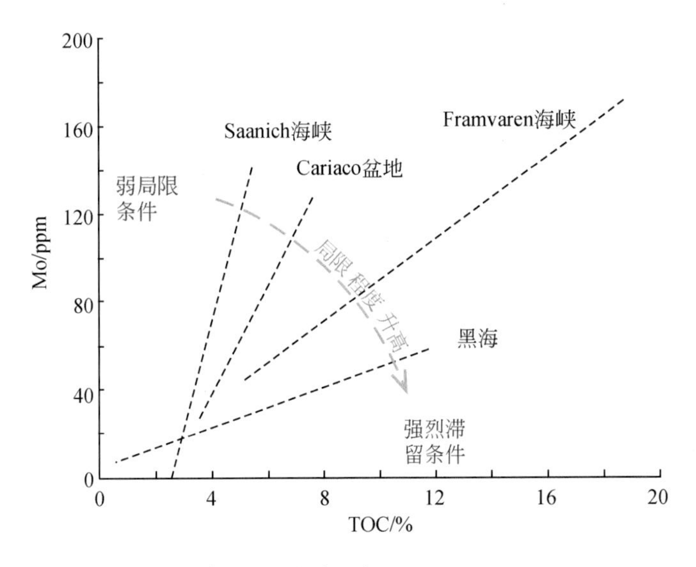

图 3.31　Mo 与 TOC 交汇图解译缺氧盆地局限程度（据 Algeo and Lyons，2006；Tribovillard et al.，2012 修改）

海洋环境中生物成因的 V 较少，浮游植物中 V 的平均丰度小于 2～3ppm。在氧化的水体中，V 以五价态的钒酸根（HVO_4^{2-} 和 $H_2VO_4^-$）形式存在，是一种不活泼、保守的离子。在轻度还原条件下，五价态的 V 被还原为四价态的 V，形成 VO^{2+}，与羟基组分 $VO(OH)_3^-$ 和不溶的氢氧化物 $VO(OH)_2$ 有关（Tribovillard et al.，2006）。在海洋环境，四价态的钒离子组分可通过吸附或形成有机金属配位体从水体迁移到沉积物中（Emerson and Huested，1991；Morford and Emerson，1999），也可以通过黏土矿物的吸附埋藏下来（Breit and Wanty，1991）。在中等弱氧条件下，V 被还原为具有强吸附性的 $VO(OH)_3^-$，导致 V 从还原的海水沉淀富集到海底沉积物中（Emerson and Huested，1991）。实验结果表明硫化氢的出现将钒进一步还原为三价态的钒，以便被地质卟啉吸收，或者以固相氧化物 V_2O_3 或氢氧化物 $V(OH)_3$ 沉淀（Breit and Wanty，1991；Wanty and Goldhaber，1992）。在强还原环境下，V 出现在高稳定的四吡咯结构中（如卟啉），后者起源于叶绿素并偏向于保存在厌氧条件中（Lewan and Maynard，1982）。长时间暴露于氧化条件中的有机质一般含较低的四吡咯，因此 V 的浓度也较低。V 的迁移富集一般出现在氢氧化锰还原带或氢氧化铁还原带之下（Shaw et al.，1990；Kato et al.，1995；Hastings et al.，1996），与锰铁氢氧化物（Calvert and Piper，1984）或锰铁氧化物（Kato et al.，1995）一起沉淀下来。

2）铁组分

铁组分是目前约束细粒沉积岩古沉积水体氧化还原条件最有力的指标。现代海洋沉积学的研究表明，缺氧或硫化的底部水体之下的沉积物中富含铁元素（Raiswell and Canfield，1998；Wijsman et al.，2001；Lyons et al.，2003）。铁元素根据活性可以分为高活性铁（Fe_{HR}）和惰性铁（Fe_U），这两者之和即是总铁（Fe_T）。其中，高活性铁包括黄铁矿中的铁（Fe_{py}）和利用连二亚硫酸盐提取出来的铁（Fe_D）。后者包括磁铁矿中的铁（Fe_{mag}）、氧化铁（Fe_{ox}）和碳酸盐铁（Fe_{carb}）。Fe_{HR}/Fe_T 值、Fe_{py}/Fe_{HR} 值和 Fe_T/Al 值是记录古代细粒碎屑沉积物古沉积水体硫化环境的最值得信赖的无机地球化学指标（Lyons and Severmann，2006）。

Raiswell 和 Canfield（1998）认为惰性铁主要来自硅酸盐，在氧化环境中 Fe_U/Fe_T 值为 0.38～0.50，而在缺氧环境中 Fe_{HR}/Fe_T 值一般都大于 0.4。这主要与铁在海盆的输送方式有关：在缺氧的水体中，活性铁由于被硫化氢等物质利用结合形成黄铁矿而亏损，原地铁浓度与周围形成浓度差，氧化环境的浅海近源的活性铁源源不断地输送到铁亏损的水体中，造成原地水底沉积物不断聚集铁的硫化物、氧化物等。针对现代海洋和古代海相沉积物的大量研究表明，在氧化水体之下的正常沉积物中，Fe_{HR}/Fe_T 值不会超过 0.38（Raiswell and Canfield，1998；Poulton and Raiswell，2002）。古代沉积物中氧化相沉积岩的 Fe_{HR}/Fe_T 值平均值为 0.14±0.08（Poulton and Raiswell，2002）。因此，Poulton 和 Canfield（2011）认为 0.38 是氧化沉积物中的上限值，Fe_{HR}/Fe_T 值≥0.38 代表缺氧环境（图 3.32），Fe_{HR}/Fe_T 值≤0.22 代表氧化环境，Fe_{HR}/Fe_T 值为 0.22～0.38 仍然指示缺氧环境，但可能由于沉积速率过快（如浊流环境）（Raiswell and Canfield，1998；Poulton et al.，2004），或一部分非硫化矿物成岩/变质转变为片状硅酸盐矿物（Poulton and Raiswell，2002；Lyons and Severmann，2006；Poulton et al.，2010），导致铁的富集不明显。需要指出的是，如果铁的富集仅仅只是由于热液活动形成的，那么沉积物活性铁含量升高不能简单地认为就是古海洋的缺氧（Poulton and Canfield，2011）。

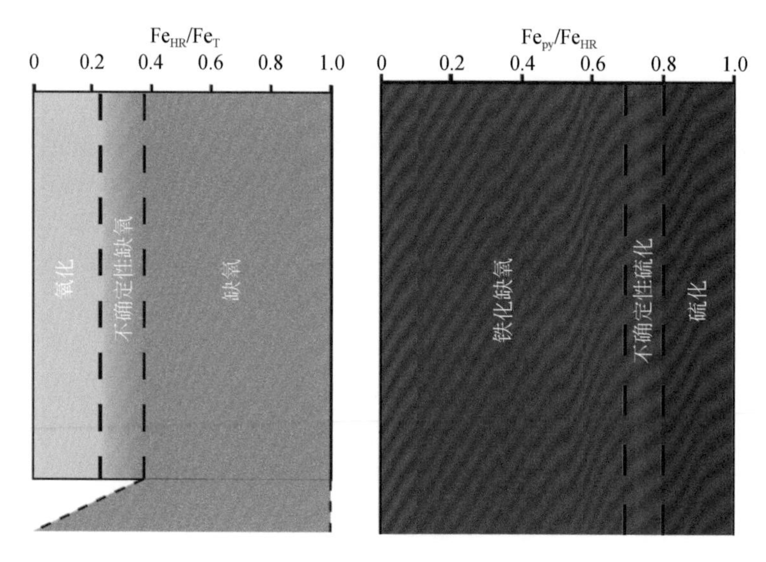

图 3.32 铁组分参数评估海洋氧化还原条件的概念模式（据 Poulton and Canfield，2011）

在硫化环境中，由于存在大量的硫化氢，还原的二价铁大部分被转化为铁的硫化物。因此，根据铁的硫化程度 Fe_{py}/Fe_{HR}，可以区分古沉积水体的铁化和硫化（Poulton et al.，2004，2010；Li et al.，2010）（图 3.32）。当 Fe_{py}/Fe_{HR} 值大于 0.8 时，指示沉积水体是硫化环境；当 Fe_{py}/Fe_{HR} 值小于 0.8、Fe_{HR}/Fe_{T} 值≥0.38 时，指示沉积水体是铁化环境（Poulton et al.，2004）。

铁在盆地内的富集原理在于铁存在从浅水陆棚向盆地传送运移的过程，最终在盆地硫化环境中以形成同生黄铁矿的形式聚集下来（Canfield et al.，1996；Lyons，1997）。在盆地深水硫化环境下沉积物中增加的铁的富集会引起总铁含量的升高。利用 Fe_{T}/Al 值可降低因碳酸盐或二氧化硅稀释作用所引发的指标复杂性，因而碎屑岩 Fe_{T}/Al 值可以评估铁的富集程度，进而指示水体的氧化还原条件（Lyons and Severmann，2006）。在现代海洋中非硫化环境水体中，其下的沉积物的 Fe_{T}/Al 值一般为 0.5～0.6，与平均页岩值（0.5）（Taylor and McLennan，1985）非常相似。当盆地深水环境中 Fe_{T}/Al 值大于研究区近岸浅水氧化环境中的背景值（约 0.5）时，说明存在外部浅水来源的活性铁的增加，这种情况一般发生在深水硫化环境中（不管是持续的硫化还是间歇性的硫化）。此时铁与区域性硅质碎屑输入（即沉积物 Al 含量）存在清晰的解耦关系，铁含量较低时，Fe_{T}/Al 值反而更高。硫化环境 Al 与 Fe_{T} 交汇图的截距正值指示解耦的铁，即从外部浅水输送来的额外的铁。

一般来说，较高的 Fe_{T}/Al 值与沉积水体的硫化环境生成黄铁矿有关。但是，较高的 Fe_{T}/Al 值有时候却与较低的 Fe_{py}/Fe_{HR} 值同时出现（图 3.32），这说明较高的 Fe_{T}/Al 值不一定指示硫化环境。Lyons 和 Severmann（2006）在针对奥卡盆地（Orca Basin）的研究后指出，高 Fe_{T}/Al 值（0.85～1）可能与化跃界面带接触海底有关。他们认为如果沉积地点正好是化跃界面与海底的碰触之地，强烈的密度分层导致下部水体为还原状态，还原态水体中的二价铁源源不断地向上变为三价铁，形成氧化铁胶体沉淀，导致活性铁的总量升高，但由于该地海底正好与化跃面接触，并不是硫化环境，活性铁转化为黄铁矿铁的概率不高，因而 Fe_{py}/Fe_{HR} 值也不高。此外，活性铁转化为黄铁矿铁的比例较低的原因还有可能与形成黄铁矿的限制因素有关，如有机碳含量较低，或者硫酸盐浓度较低，这两者均会带来硫酸盐还原反应生成的硫化氢较少，进而与黄铁矿结合的数量就较低。西藏北部羌塘盆地毕洛错地区数据表明，曲色组黑色页岩沉积时期为强烈缺氧环境，Fe_{T}/Al 值大部分均大于 0.5，说明存在额外来源的活性铁沉淀（图 3.33）。这可能与该地区与当时大洋最小氧化带与海底的接触有关，也可能与当时古海洋硫酸盐的浓度较低有关。

综上所述，从以上多种元素沉积机制来看，水体的营养水平、生物初级生产力以及底部水体的氧化还原条件影响和调节元素的沉淀聚集过程。反过来，可以根据沉积物元素的丰度来推断古沉积水体的营养水平、初级生产力以及底部水体的氧化还原条件等沉积环境。其中营养水平决定初级生产力大小，反映营养水平的元素参数也能够指示初级生产力大小（Elderfield and Rickaby，2000）。但是由于高元素丰度不是高营养水平、高初级生产力和强还原状态这三个环境参数的充分必要条件，元素的丰度与环境参数还受到多种因素的影响，因而仅利用一个参数来反推解释沉积环境是不可靠的（Tribovillard et al.，2006），需要用多种参数来共同约束一种古环境条件。某些元素（如 Ba、Cu、Zn、Cd、Mo、U、V）作为环境参数的前提是生源成因，因而需要在讨论之前需要评估元素的来源。一个简单的方法是将元素与 Al（或 Ti）作相关性分析。如果相关性较好，说明元素的主要来源是陆源碎屑，不能用作环境的参数（Tribovillard et al.，1994；Tribovillard et al.，2006）。此外，虽然元素地球化学能较好地判别古水体氧化还原条件等环境因素，但由于其判别的方式很多是建立在统计学的基础上的，所以不能过分依赖和相信地球化学的古环境分析。还需要更多地从沉积地质上寻找证据，如古沉积系统中氧化和贫氧相的区分其实应该主要从沉积和古生物方面去判识（Algeo and Li，2020）。

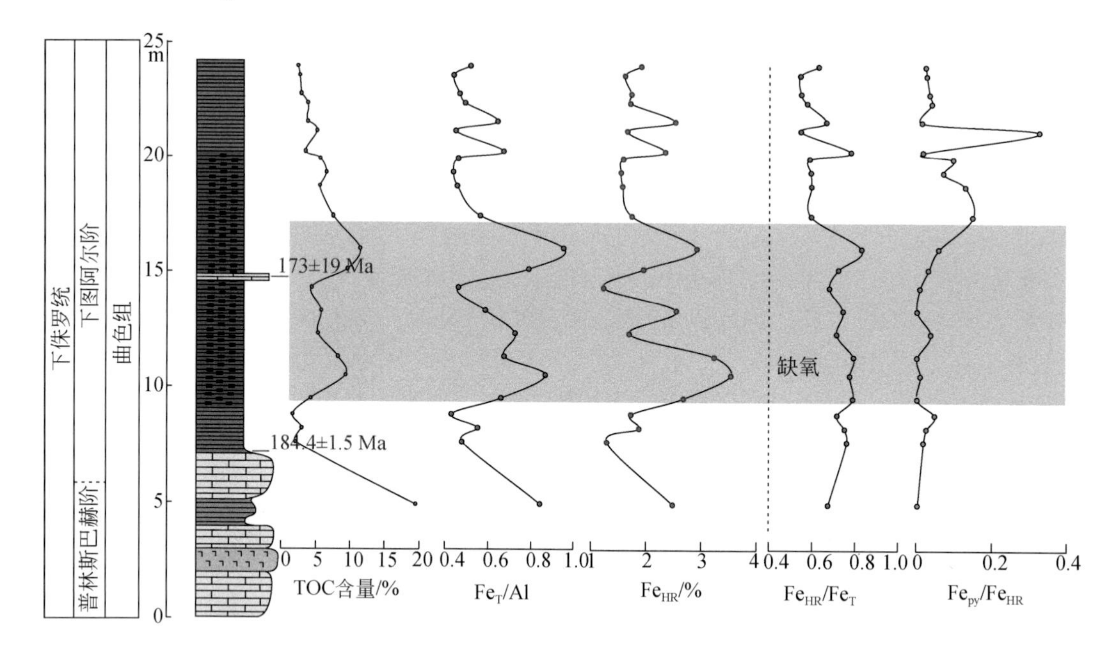

图 3.33　西藏北部羌塘盆地毕洛错剖面曲色组黑色页岩铁组分分析

第三节　粉细砂岩沉积

粉细砂岩也是一种重要的非常规油气储层。通常，它们作为致密砂岩储层，以低渗透为主要特征，不包括天然裂缝渗透率，其气体渗透率小于 0.1mD（$1mD=1\times10^{-3}\mu m^2$）（Holditch，2006）。砂和泥同时沉积时，泥质杂基填充颗粒之间的孔隙空间，导致砂岩的渗透性降低，形成致密砂岩储层。因此，沉积成因的致密砂岩可能为近源沉积的未成熟粉细砂岩，它们与泥质碎屑流、混合流或异重流等密切相关（Talling et al.，2004）。但致密砂岩也发育在更广泛的沉积环境中（如河流、浅海和深水环境）（Shanley et al.，2004）。然而，致密砂岩的形成并不仅受到沉积过程的控制。成岩作用可进一步改变它们的孔隙度和渗透性，导致更广泛的致密砂岩形成。例如，美国的致密砂岩储层多是沉积在高能沉积环境中的净砂岩，填隙物是自生胶结物而非泥质杂基（Dutton et al.，1993）。致密砂岩储层的形成还需要相对稳定的构造环境和区域上连续砂质沉积。后期的构造改变，如断层和压裂，以及油气生成引起的超压，可以改善致密砂岩储层的品质（Sonnenberg and Pramudito，2009）。

深水重力流是全球范围内最重要的沉积物输送机制之一（Talling et al.，2007），可以在海底斜坡、深海平原和深湖区产生厚层块状粗粒砂体以及细粒沉积物（Yang et al.，2019）。厚层块状粗粒砂体通常紧邻优质烃源岩，烃源岩产生的油气可以就近运移到它们之中，形成高产的岩性或致密油气藏（Yang et al.，2019）。而深水重力流产生的细粒沉积物通常富含有机质，是非常规油气体系中潜在的“甜点区（段）”（Yang et al.，2019）。

参考文献

代世峰，唐跃刚，姜尧发，等. 2021a. 煤的显微组分定义与分类（ICCP system 1994）解析Ⅰ：镜质体. 煤炭学报，46（6）：1821-1832.

代世峰，王绍清，唐跃刚，等. 2021b. 煤的显微组分定义与分类（ICCP system 1994）解析Ⅱ：惰质体. 煤炭学报，46（7）：2212-2226.

代世峰，赵蕾，唐跃刚，等. 2021c. 煤的显微组分定义与分类（ICCP system 1994）解析Ⅳ：类脂体. 煤炭学报，46（9）：2965-2983.

郭彤楼，刘若冰. 2013. 复杂构造区高演化程度海相页岩气勘探突破的启示：以四川盆地东部盆缘JY1井为例. 天然气地球科学，24（4）：643-651.

韩德馨. 1996. 中国煤岩学. 徐州：中国矿业大学出版社.

姜在兴，梁超，吴靖，等. 2013. 含油气细粒沉积岩研究的几个问题. 石油学报，34（6）：1031-1039.

刘贝. 2023. 泥页岩中有机质：类型、热演化与有机孔隙. 地球科学，48（12）：4641-4657.

刘大锰，金奎励，艾天杰. 1995. 塔里木盆地海相烃源岩显微组分的分类及其岩石学特征. 沉积学报，13：124-133.

卢双舫，张敏，2008. 油气地球化学. 北京：石油工业出版社.

罗情勇，钟宁宁，李美俊，等. 2023. 前寒武纪—早古生代沉积岩显微组分分类、成因及演化. 石油与天然气地质，44（5）：1084-1101.

秦胜飞，钟宁宁，秦勇，等. 1996. 碳酸盐岩有机显微组分分类. 石油实验地质，18（3）：325-330.

邱振，邹才能. 2020. 非常规油气沉积学：内涵与展望. 沉积学报，38（1）：1-29.

邱振，韦恒叶，刘翰林，等. 2021. 异常高有机质沉积富集过程与元素地球化学特征. 石油与天然气地质，42（4）：931-948.

冉波，刘树根，孙玮，等. 2016. 四川盆地及周缘下古生界五峰组-龙马溪组页岩岩相分类. 地学前缘，23（2）：96-107.

苏文博，李志明，Ettensohn F R，等. 2007. 华南五峰组-龙马溪组黑色岩系时空展布的主控因素及其启示. 地球科学：中国地质大学学报，32（6）：819-827.

涂建琪，王淑芝. 1998. 干酪根有机质类型划分的若干问题的探讨. 石油实验地质，20（2）：187-191.

涂建琪，陈建平，张大江，等. 2012. 湖相碳酸盐岩烃源岩有机显微组分分类及其岩石学特征——以酒西盆地为例. 岩石学报，28（3）：917-926.

王飞宇，傅家谟，刘德汉. 1993. 煤和陆源有机质烃源岩特点和有机组分分类术. 科学通报，38（23）：2164-2168.

王勤，钱门辉，蒋启贵，等. 2017. 中国南方海相烃源岩中笔石生烃能力研究. 岩矿测试，36（3）：258-264.

王晔，邱楠生，仰云峰，等. 2019. 四川盆地五峰-龙马溪组页岩成熟度研究. 地球科学，44（3）：953-971.

肖贤明，金奎励. 1990. 中国陆相源岩显微组分的分类及其岩石学特征. 沉积学报，8（3）：22-34.

肖贤明，金奎励. 1991. 显微组分的成烃作用模式. 科学通报，（3）：208-211.

仰云峰. 2016. 川东南志留系龙马溪组页岩沥青反射率和笔石反射率的应用. 石油实验地质，38（4）：466-472.

邹才能，董大忠，王社教，等. 2010. 中国页岩气形成机理、地质特征及资源潜力. 石油勘探与开发，37（6）：641-653.

Aigner T，Reineck H E. 1982. Proximality trends in modern storm sands from the Helgoland Bight（North Sea）and their implications for basin analysis. Senckenbergia Maritima，14：183-215.

Algeo T J. 2004. Can marine anoxic events draw down the trace element inventory of seawater?. Geology，32：1057-1060.

Algeo T J，Ingall E. 2007. Sedimentary corg：P ratios，paleocean ventilation，and Phanerozoic atmospheric pO_2. Palaeogeography，Palaeoclimatology，Palaeoecology，256：130-155.

Algeo T J，Li C. 2020. Redox classification and calibration of redox thresholds in sedimentary systems. Geochimica et Cosmochimica Acta，287：8-26.

Algeo T J，Lyons T W. 2006. Mo-total organic carbon covariation in modern anoxic marine environments：implication for analysis of paleoredox and paleohydrographic conditions. Paleoceanography，21（1）：1-23.

Algeo T J，Maynard J B. 2004. Trace-element behavior and redox facies in core shales of Upper Pennsylvanian Kansas-type cyclothems. Chemical Geology，206：289-318.

Algeo T J，Tribovillard N. 2009. Environmental analysis of paleoceanographic systems based on molybdenum-uranium covariation. Chemical Geology，268：211-225.

Anderson L A，Sarmiento J L. 1994. Refield ratios of remineralization determined by nutrient data analysis. Global Biogeochemical Cycles，8：65-80.

Anderson R F，Fleischer M Q，LeHuray A P. 1989. Concentration，oxidation state and particle flux of Uranium in the Black Sea. Geochimica et Cosmochimica Acta，53：2215-2224.

Aplin A C，Macquaker J H S. 2021. Mudstone diversity：origin and implications for source，seal，and reservoir properties in petroleum systems. AAPG Bulletin，95（12）：2031-2059.

Arnott R W，Southard J B. 1990. Exploratory flow-duct experiments on combined-flow bed configurations，and some implications for interpreting storm-event stratification. Journal of Sedimentary Research，60：211-219.

Barnes C E，Cochran J K. 1990. Uranium removal in oceanic sediments and the oceanic U balance. Earth and Planetary Science Letters，97：94-101.

Behar F，Beaumont V，Penteado H L D. 2001. Rock-Eval 6 technology：performances and developments. Oil & Gas Science and Technology，56（2）：111-134.

Bentley S J. 2003. Wave-current dispersal of fine-grained fluvial sediments across continental shelves：the significance of hyperpycnal plumes//Scott E D，Bouma A H，Bryant W R. Siltstones，Mudstones and Shales：Depositional Processes and Characteristics. Tulsa：SEPM/GCAGS Joint Publication.

Berner R，Maccubbin A E，Hodson，R E. 1984. Anaerobic biodegradation of the lignin and polysaccharide components of lignocellulose and synthetic lignin by sediment microflora. Applied Environmental Microbiology，47：998-1004.

Berrang P G，Grill E V. 1974. The effect of manganese oxide scavenging on molybdenum in Saanich Inlet，British Columbia. Marine Chemistry，2：125-148.

Bertine K K，Turekian K K. 1973. Molybdenum is marine deposits. Geochimica et Cosmochimica Acta，37：1415-1434.

Bertrand R. 1990. Correlations among the reflectances of vitrinite，chitinozoans，graptolites and scolecodonts. Organic Geochemistry，15：565-574.

Bertrand R，Héroux Y. 1987. Chitinozoan，graptolite，and scolecodont reflectance as an alternative to vitrinite and pyrobitumen reflectance in Ordovician and Silurian strata，Anticosti Island，Quebec，Canada. AAPG Bulletin，71：951-957.

Bhattacharya J P，MacEachern J A. 2009. Hyperpycnal rivers and prodeltaic shelves in the Cretaceous seaway of North America. Journal of Sedimentary Research，79（4）：184-209.

Bishop J K B. 1988. The barite-opal-organic carbon association in oceanic particulate matter. Nature，332：341-343.

Bohacs K M，Lazar O R，Demko T M. 2014. Parasequence types in shelfal mudstone strata-quantitative observations of lithofacies and stacking patterns，and conceptual link to modern depositional regimes. Geology，42（2）：131-134.

Bolze C E，Malone P G，Smith M J. 1973. Microbial mobilization of barite. Chemical Geology，13：141-143.

Bouma A H，Kuenen P H，Shepard F P. 1962.Sedimentology of Some Flysch Deposits：A Graphic Approach to Facies Interpretation. New York：Elsevier.

Boyd P W，Watson A J，Law C S，et al. 2000. A mesoscale phytoplankton bloom in the polar Southern Ocean stimulated by iron fertilization. Nature，407：695-702.

Boyd P W，Jickells T，Law C S，et al. 2007. Mesoscale iron enrichment experiments 1993-2005：synthesis and future directions. Nature，315：612-617.

Boyle E A. 1992. Cadmium and δ^{13}C paleochemical ocean distributions during the stage 2 glacial maximum. Annual Review of Earth and Planetary Sciences，20：245-287.

Boyle E A，Sclater F R，Edmond J M. 1976. On the marine geochemistry of cadmium. Nature，263：42-44.

Boyle E A，Sclater F R，Edmond J M. 1977. The distribution of dissolved copper in the Pacific. Earth and Planetary Science Letters，37：38-54.

Brand L E，Sunda W G，Guillard R R L. 1983. Limitation of marine phytoplankton reproductive rates by zinc，manganese and iron. Limnology and Oceanography，28：1182-1198.

Brand L E，Sunda W G，Guillard R R L. 1986. Reduction of marine phytoplankton reproduction rates by copper cadmium. Journal of experimental marine biology and ecology，96（3）：225-250.

Breit G N，Wanty R B. 1991. Vanadium accumulation in carbonaceous rocks：a review of geochemical controls during deposition and diagenesis. Chemical Geology，91：83-97.

Broecker W S，Peng T H. 1982. Tracers in the Sea. New York：Eldigio Press.

Bruland K W. 1980. Oceanographic distribution of cadmium，zinc，nickel，and copper in the North Pacific. Earth and Planetary Science Letters，47（2）：176-198.

Bruland K W，Middag R，Lohan M C. 2014. Controls of trace metals in seawater. Treatise on Geochemistry（2nd edition），8：19-51.

Brumsack H J. 1989. Geochemistry of recent TOC-rich sediments from the Gulf of California and the Black Sea. Geologische Rundschau，78：851-882.

Brumsack H J，Gieskes J M. 1983. Interstitial water trace-metal chemistry of laminated sediments from the Gulf of California，Mexico. Marine Chemistry，14：80-106.

Burges J D. 1974. Microscopic examination of kerogen（dispersed organic matter）in petroleum exploration//Duncher R R，Hacquebard P A，Shop J M，et al. Carbonaceous Materials as Indicators of Metamorphism. Geological Society of America Special Paper，153：19-30.

Calvert S E，Pedersen T F. 1993. Geochemistry of recent oxic and anoxic marine sediments：implications for the geological record. Marine Geology，113：67-88.

Calvert S E，Pedersen T. 2007. Elemental proxies for paleoclimatic and palaeoceanographic variability in marine sediments：interpretation and application//Hillaire-Marcel C，Vernal A. Developments in Marine Geology. Proxies in Late Cenozoic Paleoceanography，1：568-644.

Calvert S E，Piper D Z. 1984. Geochemistry of ferromanganese nodules from DOMES Site A，Northern Equatorial Pacific：multiple diagenetic metal sources in the deep sea. Geochimica et Cosmochimica Acta，48：1913-1928.

Campbell C V. 1967. Lamina，laminaset，bed and bedset. Sedimentology，8（1）：7-26.

Canfield D E. 1989. Reactive iron in marine sediments. Geochimica et Cosmochimica Acta，53：619-623.

Canfield D E，Thamdrup B O. 2009. Towards a consistent classification scheme for geochemical environments，or，why we wish the term 'suboxic'would go away. Geobiology，7（4）：385-392.

Canfield D E，Lyons T W，Raiswell R. 1996. A model for iron deposition to euxinic Black Sea sediments. American Journal of Sciences，296：818-834.

Cauwet G. 1978. Organic chemistry of sea water particulates：concepts and developments. Oceanol Acta，1：99-105.

Cebrian J. 2002. Variability and control of carbon consumption，export and accumulation in marine communities. Limnology and Oceanography，47：11-22.

Chan L H，Drummond D，Edmond J M，et al. 1977. On the barium data from the Atlantic GEOSECS Expedition. Deep Sea Research，24：613-649.

Chappaz A，Gobeil C，Tessier A. 2008. Geochemical and anthropogenic enrichments of Mo in sediments from perennially oxic and seasonally anoxic lakes in Eastern Canada. Geochimica et Cosmochimica Acta，72：170-184.

Chow T J，Goldberg E D. 1960. On the marine geochemistry of barium. Geochimica et Cosmochimica Acta，20：192-198.

Church T M，Wolgemuth K. 1972. Marine barite saturation. Earth and Planetary Science Letters，15：35-44.

Clark L L，Benner R，Ingall E D. 1999. Marine organic phosphorus cycling：novel insights from nuclear magnetic resonance. American Journal of Science，299：724-737.

Coale K H，Bruland K W. 1988. Copper complexation in the Northeast Pacific. Limnol Oceanogr，33（5）：1084-1101.

Collier R，Edmond J. 1984. The trace element geochemistry of marine biogenic particulate matter. Progress in oceanography，13（2）：113-199.

Conant L C，Swanson V E. 1961. Chattanooga shale and related rocks of central Tennessee and nearby areas. Reston：Geological Survey Professional Paper.

Correll D L. 1998. The role of phosphorus in the Eutrophication of receiving waters：a review. Journal of environmental quality，27：261-266.

Cruse A M，Lyons T W. 2004. Trace metal records of regional paleoenvironmental variability in Pennsylvanian（Upper Carboniferous）black shales. Chemical Geology，206：319-345.

Crusius J，Calvert S E，Pedersen T F，et al. 1996. Rhenium and molybdenum enrichments in sediments as indicators of oxic，suboxic and anoxic conditions of deposition. Earth and Planetary Science Letters，145：65-78.

Daskaladis K D，Helz G R. 1993. The solubility of sphalerite in sulfidic solutions at 25℃ and 1 atm pressure. Geochimica et Cosmochimica Acta，57：4923-4931.

Dean W E，Gardner J V，Piper D Z. 1997. Inorganic geochemical indicators of glacial-interglacial changes in productivity and anoxia on the California continental margin. Geochimica et Cosmochimica Acta，61：4507-4518.

Dehairs F，Chesselet R，Jedwab J. 1980. Discrete suspended particles of barite and the barium cycle in the open ocean. Earth and Planetary Science Letters，49：528-550.

Dehairs F，Stroobants N，Goeyens L. 1991. Suspended barite as a tracer of biological activity in the Southern Ocean. Marine Chemistry，35：399-410.

DeMaster D J，Ragueneau O，Nittrouer C A. 1996. Preservation efficiencies and accumulation rates for biogenic silica and organic C，N，and P in high-latitude sediments：the Ross Sea. Journal of Geophysical Research：Oceans，101：18501-18518.

Droop M R. 1973. Some thoughts on nutrient limitation in algae. Journal of Phycology，9：264-272.

Duarte C M，Cebrian J. 1996. The fate of marine autotrophic production. Limnology and Oceanography，41：1759-1766.

Duke W L. 1990. Geostrophic circulation or shallow marine turbidity currents? The dilemma of paleoflow patterns in strom-influenced prograding shoreline systems. Journal of Sedimentary Research，60：870.

Dutton S P，Clift S J，Hamilton D S，et al. 1993. Major low-permeability-sandstone gas reservoirs in the continental United States. Austin：University of Texas at Austin，Bureau of Economic Geology.

Dymond J，Collier R. 1996. Particulate barium fluxes and their relationships to biological productivity. Deep Sea Research，43：1283-1308.

Dymond J，Suess E，Lyle M. 1992. Barium in deep-sea sediment：a geochemical proxy for paleoproductivity. Paleoceanography，7：163-181.

Dymond J，Collier R，McManus J. 1997. Can the aluminum and titanium contents of ocean sediments be used to determine the paleoproductivity of the ocean?. Paleoceanography，12（4）：586-593.

Eagle M，Paytan A，Arrigo K R，et al. 2003. A comparison between excess barium and barite as indicators of carbon export. Paleoceanography，18（1）：1-13.

Elder J F. 1974. Trace Metals from Ward Creek and Their Influence Upon Phytoplankton Growth in Lake Tahoe. Davis：University of California.

Elderfield H，Rickaby R E M. 2000. Oceanic Cd/P ratio and nutrient utilization in the glacial Southern Ocean. Nature，405：305-310.

Emeis K C，Camerlenghi A，McKenzie J A，et al. 1991. The occurrence and significance of Pleistocence and Upper Pliocene sapropels in the Tyrrhenian Sea. Marine Geology，100：155-182.

Emerson S R，Huested S S. 1991. Ocean anoxia and the concentrations of molybdenum and vanadium in seawater. Marine Chemistry，34：177-196.

Ettensohn F R. 1985. The Catskill Delta complex and the Acadian Orogeny：a model. Geological Society of America Bulletin，201：39-50.

Falcieri F M，Benetazzo A，Sclavo M，et al. 2014. Po River plume pattern variability investigated from model data. Continental Shelf Research，87：84-95.

Fernex F，Fevrier G，Benaim J，et al. 1992. Copper，lead and zinc trapping in Mediterranean deep-sea sediments：probable coprecipitation with manganese and iron. Chemical Geology，98：293-308.

Flores D，Suárez-Ruiz I. 2017. The Role of Organic Petrology in the Exploration of Conventional and Unconventional Hydrocarbon Systems. Sharjah：Bentham Science Publishers.

Folk R L. 1980. Petrology of sedimentary rocks. Austin：Hemphill Publishing Company.

Föllmi K B. 2016. Sedimentary condensation. Earth-Science Reviews，152：143-180.

Francois R. 1988. A study on the regulation of the concentrations of some trace metals（Rb，Sr，Zn，Pb，Cu，V，Cr，Ni，Mn and Mo）in Saanich Inlet sediments，British Columbia，Canada. Marine Geology，83：285-308.

Francois R，Honjo S，Manganini S，et al. 1995. Biogenic barium fluxes to the deep sea：implications for paleoproductivity reconstruction. Global Biogeochemistry Cycles，9：289-303.

Friedrichs C T，Scully M E. 2007. Modeling deposition by wave-supported gravity flows on the Po River prodelta：from seasonal floods to prograding clinoforms. Continental Shelf Research，27（3/4）：322-337.

Froelich P N，Arthur M A，Bernett W C，et al. 1988. Early diagenesis of organic matter in Peru continental margin sediments：phosphorites precipitation. Marine Geology，80：309-343.

Gingele F，Dahmke A. 1994. Discrete barite particles and barium as tracers of paleoproductivity in South Atalantic sediments. Paleoceanography，9：151-168.

Glenn C R，Arthur M A. 1984. Sedimentary and geochemical indicators of productivity and oxygen contents in modern and ancient basins：the Holocene Black Sea as the "type" anoxic basin. Chemical Geology，48：325-354.

Glenn C R，Föllmi K B，Riggs S R，et al. 1994. Phosphorus and phosphorites：sedimentology and environments of formation. Eclogae Geologicae Helvetiae，87：747-788.

Goldberg T，Archer C，Vance D，et al. 2009. Mo isotope fractionation during adsorption to Fe（oxyhydr）oxides. Geochimica et Cosmochimica Acta，73：6502-6516.

Goldman C R. 1965. Micronutrient limiting factors and their detection in natural phytoplankton populations. Primary Productivity in Aquatic Environments，18：121-135.

Goldman C R，Horne A J. 1983. Limnology. New York：McGraw-Hill.

Goodarzi F，Norford B S. 1989. Variation of graptolite reflectance with depth of burial. International Journal of Coal Geology，11：127-141.

Griffith E，Paytan A. 2012. Barite in the ocean-occurrence，geochemistry and palaeoceanographic applications. Sedimentology，59：1817-1835.

Hackley P C，Cardott B J. 2016. Application of organic petrography in North American shale petroleum systems：a review. International Journal of Coal Geology，163：8-51.

Hackley P C，Walters C C，Kelemen S R. 2017. Organic petrology and micro-spectroscopy of Tasmanites microfossils：applications to kerogen transformations in the early oil window. Organic Geochemistry，114：23-44.

Haddad R I，Martens C S. 1987. Biogeochemical cycling in an organic-rich coastal margin basin：9. Sources and accumulation rates of vascular plant-derived organic material. Geochimica et Cosmochimica Acta，51：2991-3001.

Hampson G J. 2010. Sediment dispersal and quantitative stratigraphic architecture across an ancient shelf. Sedimentology，57（1）：96-141.

Hastings D，Emerson S，Mix A. 1996. Vanadium in foraminiferal calcite as a tracer for changes in the areal extent of reducing sediments. Paleoceanography，11：665-678.

Hedges J I，Baldock J A，Gelinas Y，et al. 2002. The biochemical and elemental compositions of marine plankton：a NMR perspective. Marine Chemistry，78：47-63.

Helz G R，Miller C V，Charnock J M，et al. 1996. Mechanisms of molybdenum removal from the sea and its concentration in black shales：EXAFS evidences. Geochimica et Cosmochimica Acta，60：3631-3642.

Helz G R，Bura-Nakic E，Mikac N，et al. 2011. New model for molybdenum behavior in euxinic waters. Chemical Geology，284：323-332.

Hensen C，Landenberger H，Zabel M，et al. 1998. Quantification of diffusive benthic fluxes of nitrate，phosphate，and silicate in the southern Atlantic Ocean. Global Biogeochemical Cycles，12：193-210.

Hill P S，Voulgaris G，Trowbridge J H. 2001. Controls on floc size in a continental shelf bottom boundary layer. Journal of Geophysical Research：Oceans，106：9543-9549.

Holditch S A. 2006. Tight gas sands. Journal of Petroleum Technology，58（6）：86-93.

Holland H D. 1978. The Chemistry of the Atmosphere and Oceans. Princeton：Princeton University Press.

House B M，Norris R D. 2020. Unlocking the barite paleoproductivity proxy：a new high-throughput method for quantifying barite in marine sediments. Chemical Geology，552：119664.

Howell M H，Thunell R C. 1992. Organic carbon accumulation in Bannock Basin：evaluating the role of productivity in the formation of eastern Mediterranean sapropels. Marine Geology，103：461-471.

Huerta-Diaz M A，Morse J W. 1990. A quantitative method for determination of trace metal concentrations in sedimentary pyrite. Marine Chemistry，29：119-144.

Huerta-Diaz M A，Morse J W. 1992. Pyritisation of trace metals in anoxic marine sediments. Geochimica et Cosmochimica Acta，56：2681-2702.

Hulthe G，Hulth S，Hall P O J. 1998. Effect of oxygen on degradation rate of refractory and labile organic matter in continental margin sediments. Geochimica et Cosmochimica Acta，62：1319-1328.

ICCP. 1998. The new vitrinite classification（ICCP System 1994）. Fuel，77：349-358.

ICCP. 2001. The new inertinite classification（ICCP System 1994）. Fuel，80：459-471.

İnan S，Goodarzi F，Mumm A S. 2016. The silurian Qusaiba hot shales of Saudi Arabia：an integrated assessment of thermal maturity. International Journal of Coal Geology，159：107-119.

Ingall E D，Jahnke R A. 1994. Evidence for enhanced phosphorus regeneration from marine sediments overlain by oxygen-depleted waters. Geochimica et Cosmochimica Acta，58：2571-2575.

Ingall E D，Bustin R M，Van Cappellen P. 1993. Influence of water column anoxia on the burial and preservation of carbon and phosphorus in marine shales. Geochimica et Cosmochimica Acta，57：303-316.

Jacobs L，Emerson S，Skei J. 1985. Partitoning and transport of metals across the O_2/H_2S interface in a permanently anoxic basin：Framvaren Fjord，Norway. Geochimica et Cosmochimica Acta，49：1433-1444.

Jahnke R A. 1990. Early diagenesis and recycling of biogenic debris at the seafloor，Santa Monica Basin，California. Journal of Marine Research，48：413-436.

Jarvie D M. 2012a. Shale resource systems for oil and gas：Part 1—Shale-gas resource systems//Shale Reservoirs— Giant Resources for the 21st Century. AAPG Memoir，97：69-87.

Jarvie D M. 2012b. Shale resource systems for oil and gas：Part 2—Shale-oil resource systems//Shale Reservoirs—Giant Resources for the 21st Century. AAPG Memoir，97：89-119.

Jarvie D M，Lundell L L. 2001. Amount，type，and kinetics of thermal transformation of organic matter in the Miocene Monterey Formation//Caroline M I，Jürgen R. The Monterey Formation：From Rocks to Molecules. New York：Columbia University Press.

Jarvis I. 1994. Phosphorite geochemistry：state-of-the-art and environmental concerns. Eclogae Geologicae Helvetiae，87：643-700.

Jensen H S，Mortensen P B，Anderson F O，et al. 1995. Phosphorus cycling in a coastal marine sediment，Aarhus Bay，Denmark. Lim Ocean，40：908-917.

John S G，Conway T M. 2014. A role for scavenging in the marine biogeochemical cycling of zinc and zinc isotopes. Earth and Planetary Science Letters，394：159-167.

Johnson H D，Baldwin C T. 1996. Shallow clastic seas//Reading H G. Sedimentary environments：Processes，Facies and Stratigraphy. Oxford：Blackwell.

Johnson K S，Berelson W M，Coale K H，et al. 1992. Manganese flux from continental margin sediments in a transect through the oxygen minimum zone. Science，257：1242-1245.

Jones B，Manning D A C. 1994. Comparison of geochemical indices used for the interpretation of palaeoredox conditions in ancient mudstones. Chemical Geology，111：111-129.

Karstensen J，Stramma L，Visbeck M. 2008. Oxygen minimum zones in the eastern tropical Atlantic and Pacific oceans. Progress in Oceanography，77：331-350.

Kashiwabara T，Takahashi Y，Tanimizu M，et al. 2011. Molecular-scale mechanisms of distribution and isotopic fractionation of molybdenum between seawater and ferromanganese oxides. Geochimica et Cosmochimica Acta，75：5762-5784.

Kato Y，Tanase M，Minami H，et al. 1995. Remobilization of transition elements in pore water of continental slope sediments. Biogeochemical Processes and Ocean Flux in the Western Pacific，312（3/4）：443-452.

Keeling R F，Körtzinger A，Gruber N. 2010. Ocean deoxygenation in a warming world. Annual review of marine science，2：199-229.

Kidwell S M，Fürsich F T，Aigner T. 1986. Conceptual Framework for the Analysis and Classification of Fossil Concentrations. Palaios，12：228-238.

Klinkhammer G P，Palmer M R. 1991. Uranium in the oceans：where it goes and why. Geochimica et Cosmochimica Acta，55：1799-1806.

Klump J，Hebbeln D，Wefer G. 2000. The impact of sediment provenance on barium-based productivity estimates. Marine Geology，169：259-271.

Komar N，Zeebe R E. 2017. Redox-controlled carbon and phosphorus burial：a mechanism for enhanced organic carbon sequestration during the PETM. Earth and Planetary Science Letters，479：71-82.

Kraal P，Slomp C P，Forster A，et al. 2010. Phosphorus cycling from the margin to abyssal depths in the proto-Atlantic during oceanic anoxic event 2. Palaeogeography，Palaeoclimatology，Palaeoecology，295：42-54.

Kranck K. 1973. Flocculation of suspended sediment in the sea. Nature，246：348-350.

Kristensen E. 2000. Organic matter diagenesis at the oxic/anoxic interface in coastal marine sediments，with emphasis on the role of burrowing animals. Hydrobiologia，426：1-24.

Kristensen E，Ahmed S I，Devol A H. 1995. Aerobic and anaerobic decomposition of organic matter in marine sediment：which is fastest?. Limnology and Oceanography，40：1430-1437.

Krom M D，Berner R A. 1981. The diagenesis of phosphorus in a nearshore marine sediment. Geochimica et Cosmochimica Acta，45：207-216.

Kryc K A，Murray R W，Murray D W. 2003. Al-to-oxide and Ti-to-organic linkage in biogenic sediments：relationship to paleo-export production and bulk Al/Ti. Earth and Planetary Science Letters，211：125-141.

Kus J，Araujo C V，Borrego A G，et al. 2017. Identification of alginite and bituminite in rocks other than coal. 2006，2009，and 2011 round robin exercises of the ICCP Identification of Dispersed Organic Matter Working Group. International Journal of Coal Geology，178：26-38.

Lamb M P，Mohrig D. 2009. Do hyperpycnal-flow deposits record river-flood dynamics?. Geology，37（12）：1067-1070.

Lamb M，Myrow P，Lukens C，et al. 2008. Deposits from wave-influenced turbidity currents：pennsylvanian minturn formation，Colorado，USA. Journal of Sedimentary Research，78：480-498.

Langmuir D. 1978. Uranium solution-mineral equilibria at low temperature with applications to sedimentary ore deposits. Geochimica et Cosmochimica Acta，42：547-569.

Lash G G，Blood D R. 2014. Organic matter accumulation，redox，and diagenetic history of the Marcellus Formation，southwestern Pennylvanian，Appalachian basin. Marine And Petroleum Geology，57：244-263.

Lazar O R. 2007. Redefinition of the New Albany Shale of the Illinois basin：an integrated，stratigraphic，sedimentologic，and geochemical study. Indiana：Indiana University.

Lazar O R，Bohacs K，Macquaker J，et al. 2010. Fine-grained rocks in outcrops：classification and description guidelines//Sedimentology and Stratigraphy of Shales：AAPG 2010 Annual Convention and Exhibition，Field Guide for Post-Convention Field Trip.

Lazar O R，Bohacs K M，Macquaker J H S，et al. 2015a. Capturing key attributes of fine-grained sedimentary rocks in outcrops，cores，and thin sections：nomenclature and description guidelines. Journal of Sedimentary Research，85（3）：230-246.

Lazar O R，Bohacs K M，Schieber J，et al. 2015b. Mudstone primer：lithofacies variations，diagnostic criteria，and sedimentologic-stratigraphic implications at lamina to bedset scales. Tulsa：SEPM Concepts in Sedimentology and Paleontology，12：198.

Leckie D A，Krystinik L F. 1989. Is there evidence for geostrophic currents preserved in the sedimentary record of inner to middle-shelf deposits. Journal of Sedimentary Research，59：862.

Lewan M D，Maynard J B. 1982. Factors controlling the enrichment of vanadium and nickel in the bitumen of organic sedimentary rocks. Geochimica et Cosmochimica Acta，46：2547-2560.

Li C，Love G D，Lyons T W，et al. 2010. A stratified redox model for the Ediacaran ocean. Science，328：80-83.

Li L，Liu Z，Sun P，et al. 2020. Sedimentary basin evolution，gravity flows，volcanism，and their impacts on the formation of the Lower Cretaceous oil shales in the Chaoyang Basin，northeastern China. Marine And Petroleum Geology，119：104472.

Li Y F，Schieber J. 2015. On the origin of a phosphate enriched interval in the Chattanooga Shale（Upper Devonian）of Tennessee—a combined sedimentologic，petrographic，and geochemical study. Sedimentary Geology，329：40-61.

Li Y F，Schieber J，Fan T L，et al. 2017. Regional depositional changes and their controls on carbon and sulfur cycling across the Ordovician-Silurian boundary，northwestern Guizhou，South China. Palaeogeography，Palaeoclimatology，Palaeoecology，485：816-832.

Li Y H，Peng T H. 2002. Latitudinal change of remineralization ratios in the oceans and its implication for nutrient cycles. Global Biogeochemical Cycles，16：1130-1145.

Li Z，Bhattacharya J，Schieber J. 2015. Evaluating along-strike variation using thin-bedded facies analysis，Upper Cretaceous Ferron Notom Delta. Utah Sedimentology，62（7）：2060-2089.

Li Z，Schieber J. 2018. Detailed facies analysis of the Upper Cretaceous Tununk shale member，Henry Mountains Region，Utah：implications for mudstone depositional models in epicontinental seas. Sedimentary Geology，364：141-159.

Liang C，Jiang Z X，Zhang C M，et al. 2014. The shale characteristics and shale gas exploration prospects of the Lower Silurian Longmaxi shale，Sichuan Basin，South China. Journal of Natural Gas Science and Engineering，21：636-648.

Libes S M. 1992. An Introduction to Marine Biogeochemistry. New York：John Wiley & Sons.

Lillis P G. 2013. Review of oil families and their petroleum systems of the Williston Basin. Mountain Geologist，50（1）：5-31.

Liu B，Schieber J，Mastalerz M. 2017. Combined SEM and reflected light petrography of organic matter in the New Albany Shale（Devonian-Mississippian）in the Illinois Basin：a perspective on organic pore development with thermal maturation. International Journal of Coal Geology，184：57-72.

Liu B，Schieber J，Mastalerz M. 2019. Petrographic and micro-FTIR study of organic matter in the Upper Devonian New Albany Shale during thermal maturation：Implications for kerogen transformation//Camp W，Milliken K，Taylor K，et al. Mudstone Diagenesis：Research Perspectives for Shale Hydrocarbon Reservoirs，

Seals，and Source Rocks. AAPG Memoir，120：165-188.

Liu B，Mastalerz M，Schieber J. 2022. SEM petrography of dispersed organic matter in black shales：a review. Earth-Science Reviews，224：103874.

Lobza V，Schieber J. 1999. Biogenic sedimentary structures produced by worms in soupy，soft muds：observations from the Chattanooga Shale（Upper Devonian）and experiments. Journal of Sedimentary Research，69（5）：1041-1049.

Loutit T S，Hardenbol J，Vail P R. 1988. Condensed sections：the key to age determination and correlation of continental margin sequences//Wilgus C K，Hastings B S，Ross C A，et al.Sea-level changes：an integrated approach. SEPM Special Publication，42：183-213.

Luo Q，Zhong N，Dai N，et al. 2016. Graptolite-derived organic matter in the Wufeng-Longmaxi Formations（Upper Ordovician-Lower Silurian）of southeastern Chongqing，China：implications for gas shale evaluation. International Journal of Coal Geology，153：87-98.

Luo Q，Hao J，Skovsted C B，et al. 2017. The organic petrology of graptolites and maturity assessment of the Wufeng-Longmaxi Formations from Chongqing，China：insights from reflectance cross-plot analysis. International Journal of Coal Geology，183：161-173.

Luo Q，Fariborz G，Zhong N，et al. 2020. Graptolites as fossil geo-thermometers and source material of hydrocarbons：an overview of four decades of progress. Earth-Science Reviews，200：103000.

Lyons T W. 1997. Sulfur isotope trends and pathways of iron sulfide formation in the upper Holocene sediments of the anoxic Black Sea. Geochimica et Cosmochimica Acta，61：3367-3382.

Lyons T W，Severmann S. 2006. A critical look at iron paleoredox proxies based on new insights from modern euxinic marine basins. Geochimica et Cosmochimica Acta，70：5698-5722.

Lyons T W，Werne J P，Hollander D J，et al. 2003. Contrasting sulfur geochemistry and Fe/Al and Mo/Al ratios across the last oxic-to-anoxic transition in the Cariaco Basin，Benezuela. Chemical Geology，195：131-157.

Macquaker J H S，Taylor K G. 1996. A sequence-stratigraphic interpretation of a mudstone-dominated succession：the Lower Jurassic Cleveland Ironstone Formation，UK. Journal of the Geological Society，153：759.

Macquaker J H S，Adams A E. 2003. Maximizing information from fine-grained sedimentary rocks：an inclusive nomenclature for mudstones. Journal of Sedimentary Research，73（5）：735-744.

Macquaker J H S，Bohacs K M. 2007. Geology-on the accumulation of mud. Science，318（5857）：1734-1735.

Macquaker J H S，Bentley S J，Bohacs K M. 2010. Wave-enhanced sediment-gravity flows and mud dispersal across continental shelves：reappraising sediment transport processes operating in ancient mudstone successions. Geology，38（10）：947-950.

Macquaker J H S，Taylor K G，Keller M，et al. 2014. Compositional controls on early diagenetic pathways in fine-grained sedimentary rocks：implications for predicting unconventional reservoir attributes of mudstones diagenesis of organic-rich mudstones. AAPG Bulletin，98（3）：587-603.

Mallik L，Mazumder R，Mazumder B S，et al. 2012. Tidal rhythmites in offshore shale：a case study from the Palaeoproterozoic Chaibasa shale，eastern India and implications. Marine And Petroleum Geology，30（1）：43-49.

Mangini A，Schlosser P. 1986. The formation of eastern Mediteranean sapropels. Marine Geology，72：115-124.

Marchitto T M，Oppo D W，Curry W B. 2002. Paired benthic foraminiferal Cd/Ca and Zn/Ca evidence for a greatly increased presence of southern Ocean water in the glacial North Atlantic. Paleoceanography，17（3）：1-18.

Marchitto T M，Lynch-Stieglitz J，Hemming S R. 2005. Deep pacific $CaCO_3$ compensation and glacial-interglacial atmospheric CO_2. Earth and Planetary Science Letter，231：317-336.

Martens C S. 1993. Recycling efficiencies of organic carbon，nitrogen，phosphorus and reduced sulfur in rapidly depositing coastal sediments//Wollast R，Mackenzie FT，Chou L. Interactions of C，N，P and S Biogeochemical Cycles and Global Change. NATO ASI Ser. I，Springer，Berlin，4：379-400.

Martin D P，Nittrouer C A，Ogston A S，et al. 2008. Tidal and seasonal dynamics of a muddy inner shelf environment，Gulf of Papua. Journal of Geophysical Research，113（F1）：F01S07.

Martin J H，Knauer G A. 1973. The elemental composition of plankton. Geochimica et Cosmochimica Acta，37：1639-1653.

Martin P，van der Loeff M R，Cassar N，et al. 2013. Iron fertilization enhanced net community production but not downward particule flux during the Southern Ocean iron fertilization expermients experiments LOHAFFEX. Global Biogeochemical Cycles，27：871-881.

Mastalerz M，Drobniak A，Stankiewicz A B. 2018. Origin，properties，and implications of solid bitumen in source-rock reservoirs：a review. International Journal of Coal Geology，195：14-36.

Mäz C，Poulton S W，Beckmann B，et al. 2008. Redox sensitivity of P cycling during marine black shale formation：dynamics of sulfidic and anoxic，non-sulfidic bottom waters. Geochimica et Cosmochimica Acta，72（15）：3703-3717.

McArthur J M，Tyson R V，Thomson J，et al. 1992. Early diagenesis of marine organic matter：alteration of the carbon isotopic composition. Marine Geology，105：51-61.

McLennan S M. 2001. Relationships between the trace element composition of sedimentary rocks and upper continental crust. Geochemistry，Geophysics，Geosystems，2（4）：1-24.

McManus J，Berelson W M，Klinkhammer G P，et al. 1994. Remobilization of barium in continental margin sediments. Geochimica et Cosmochimica Acta，58：4849-4907.

McManus J，Berelson W M，Coale K H，et al. 1997. Phosphorus regeneration in continental margin sediments. Geochimica et Cosmochimica Acta，61（14）：2891-2907.

McManus J，Berelson W M，Klinkhammer G P，et al. 2005. Authigenic uranium：relationship to oxygen penetration depth and organic carbon rain. Geochimica et Cosmochimica Acta，69：95-108.

Mehta A J，Hayter E J，Parker W R. 1989. Cohesive sediment transport. I：Process Description. Journal of Hydraulic Engineering，115：1076-1093.

Meyers S R. 2007. Production and preservation of organic matter：the significance of iron. Paleoceanography，22：PA4211.

Meyers S R，Sageman B B，Lyons T. 2005. Organic carbon burial rate and the molybdenum proxy：theoretical framework and application to Cenomanian-Turonian OAE II. Paleoceanography，20（2）：PA2002.

Middleburg J J，Comans R J N. 1991. Sorption of cadmium on hydroxyapatite. Chemical Geology，90：45-53.

Middleburg J J，Soetaert K，Herman P M J. 1997. Empirical relationships for use in global diagenetic models.

Deep-sea Research I，44：327-344.

Middleton N J，Goudie A S. 2001. Saharan dust：sources and trajectories. Transactions of the Institute of British Geographers，26（2）：165-181.

Minisini D，Eldrett J，Bergman S C，et al. 2018. Chronostratigraphic framework and depositional environments in the organic-rich，mudstone-dominated Eagle Ford Group，Texas，USA. Sedimentology，65（5）：1520-1557.

Monnin C，Jeandel C，Cattaldo T，et al. 1999. The marine barite saturation state of the world's oceans. Marine chemistry，65：253-261.

Moore J W，Ramamoorthy S. 1984. Organic chemicals in natural waters：applied monitoring and impact assessment. Journal of Hydrology，80（1）：192-193.

Morford J L，Emerson S. 1999. The geochemistry of redox sensitive trace metals in sediments. Geochimica et Cosmochimica Acta，63：1735-1750.

Morford J L，Emerson S R，Breckel E J，et al. 2005. Diagenesis of oxyanions（V，U，Re，and Mo）in pore waters and sediments from a continental margin. Geochimica et Cosmochimica Acta，69：5021-5032.

Morford J L，Martin W R，Carney C M. 2009a. Uranium diagenesis in sediments underlying bottom waters with high oxygen content. Geochimica et Cosmochimica Acta，73：2920-2937.

Morford J L，Martin W R，Francois R，et al. 2009b. A model for uranium，rhenium，and molybdenum diagenesis in marine sediments based on results from coastal locations. Geochimica et Cosmochimica Acta，73：2938-2960.

Morse J W，Berner R A. 1995. What determines sedimentary C/S ratios?. Geochimica et Cosmochimica Acta，59：1073-1077.

Morse J W，Luther III G W. 1999. Chemical influences on trace metal-sulfide interactions in anoxic sediments. Geochimica et Cosmochimica Acta，63：3373-3378.

Mort H P，Adatte T，Follmi K B，et al. 2007. Phosphorus and the roles of productivity and nutrient recycling during oceanic anoxic event 2. Geology，35：483-486.

Mort H P，Slomp C P，Gustafsson B G，et al. 2010. Phosphorus recycling and burial in Baltic Sea sediments with contrasting redox conditions. Geochimica et Cosmochimica Acta，74：1350-1362.

Mulder T，Alexander J. 2001. The physical character of subaqueous sedimentary density flows and their deposits. Sedimentology，48（2）：269-299.

Mulder T，Syvitski J P M. 1995. Turbidity currents generated at river mouths during exceptional discharges to the world oceans. The Journal of Geology，103（3）：285-299.

Mulder T，Syvitski J P M，Migeon S，et al. 2003. Marine hyperpycnal flows，initiation，behavior and related deposits：A review. Marine and Petroleum Geology，20：861-882.

Müller P J. 1977. C/N ratios in Pacific deep-sea sediments：effects of inorganic ammonium and organic nitrogen compounds sorbed by clays. Geochimica et Cosmochimica Acta，41：765-776.

Murray J W. 1975. The interaction of metal ions at the manganese dioxide-solution interface，Geochimica et Cosmochimica Acta，42：1011-1026.

Murray R W，Leinen M. 1996. Scavenged excess aluminium and its relationship to bulk titanium in biogenic sediment from the Centralm equatorial Pacific Ocean. Geochimica et Cosmochimica Acta，60，3869-3878.

Naimo D，Adamo P，Imperato M，et al. 2005. Mineralogy and geochemistry of a marine sequence，Gulf of Salerno，Italy. Quaternary International，140-141：53-63.

Nameroff T J，Calvert S E，Murray J W. 2004. Glacial-interglacial variability in the eastern tropical North Pacific oxygen minimum zone recorded by redox-sensitive trace metals. Paleoceanography，19：PA1010.

Nielsen S L，Pedersen M F，Banta G T. 2004. Attempting a synthesis—plant/nutrient interactions//Nielsen S L，Banta G T，Pedersen M F. Estuarine Nutrient Cycling：The Influence of Primary Producers. London：Kluwer Academic Publishers.

Nürnberg C C，Bohrmann G，Schlüter M，et al. 1997. Barium accumulation in the Atlantic sector of the Southern Ocean：results from 190000-year records. Paleoceanography，12（4）：594-603.

Ogston A S，Sternberg R W，Nittrouer C A，et al. 2008. Sediment delivery from the Fly River tidally dominated delta to the nearshore marine environment and the impact of El Nino. Journal of Geophysical Research，113（F1）：F01S11.

Passey Q R，Bohacs K M，Esch W L et al. 2010. From oil-prone source rock to gas-producing shale reservoir-geologic and petrophysical characterization of unconventional shale-gas reservoirs. Beijing：Chinese Petroleum Society/Society of Petroleum Engineers International Oil and Gas Conference and Exhibition.

Pattison S A J. 2005. Storm-influenced prodelta turbidite complex in the Lower Kenilworth member at Hatch Mesa，Book Cliffs，Utah，USA：implications for shallow marine facies models. Journal of Sedimentary Research，75（3）：420-439.

Paytan A，Griffith E. 2007. Marine barite：recorder of variations in ocean export productivity. Deep Sea Research Part II：Topical Studies in Oceanography，54：687-705.

Paytan A，Kastner M，Chavez F P. 1996. Glacial to interglacial fluctuation in productivity in the Equitorial Pacific as indicated by marine barite. Science，274：1355-1357.

Paytan A，Mackey K R M，Chen Y，et al. 2009. Toxicity of atmospheric aerosols on marine phytoplankton. Proceedings of the National Academy of Sciences of USA，106（12）：4601-4605.

Pearce C R，Cohen A S，Coe A L，et al. 2009. Molybdenum isotope evidence for global ocean anoxia coupled with perturbations to the carbon cycle during the Early Jurassic. Geology，36：231-234.

Pedersen T F，Vogel J S，Southon J R. 1986. Copper and manganese in hemipelagic sediments：diagenetic contrasts. Geochimica et Cosmochimica Acta，50：2019-2031.

Peng T H，Broecker W S. 1987. C：P ratios in marine detritus. Global Biogeochemical Cycles，1：155-162.

Peters K E. 1986. Guidelines for evaluating petroleum source rock using programmed pyrolysis. AAPG Bulletin，70（3）：318-329.

Peters K E，Cassa M R. 1994. Applied source rock geochemistry//Magoon L B，Dow W G. The Petroleum System—From Source to Trap. AAPG Memoir，60：93-120.

Peters K E，Walters C C，Mankiewicz P J. 2006. Evaluation of kinetic uncertainty in numerical models of petroleum generation. AAPG Bulletin，90（3）：387-403.

Petersen H I，Schovsbo N H，Nielsen A T. 2013. Reflectance measurements of zooclasts and solid bitumen in Lower Paleozoic shales，southern Scandinavia：correlation to vitrinite reflectance. International Journal of Coal Geology，114：1-18.

Picard M D. 1971. Classification of fine-grained sedimentary rocks. Journal of Sedimentary Research，41（1）：179-195.

Pickel W，Kus J，Flores D，et al. 2017. Classification of liptinite-ICCP System 1994. International Journal of Coal Geology，169：40-61.

Pinedo-Gonzalez P，West A J，Tovar-Sanchez A，et al. 2015. Surface distribution of dissolved trace metals in the oligotrophic ocean and their influence on phytoplantonic biomass and productivity. Global Biogeochemistry Cycles，29（10）：1763-1781.

Piper D Z，Calvert S E. 2009. A marine biogeochemical perspective on black shale deposition. Earth-Science Reviews，95：63-96.

Piper D Z，Perkins R B. 2004. A modern vs. Permian black shale—the hydrography，primary productivity，and water-column chemistry of deposition. Chemical Geology，206：177-197.

Piper D Z，Perkins R B，Rowe H D. 2007. Rare-earth elements in the Permian Phosphoria Formation：paleo proxies of ocean geochemistry. Deep Sea Research，54：1396-1413.

Plint A G，Macquaker J H S，Varban B L. 2012. Bedload transport of mud across a wide，storm-influenced ramp：Cenomanian-Turonian Kaskapau Formation，Western Canada Foreland Basin. Journal Of Sedimentary Research，82（11）：801-22.

Potter J，Stasiuk L D，Cameron A R. 1998. A Petrographic Atlas of Canadian Coal Macerals and Dispersed Organic Matter. Calgary：Canadian Society for Coal Science and Organic Petrology-Geological Survey of Canada（Calgary）-Canmet Energy Technology Centre.

Potter P E，Maynard J B，Pryor W A. 1980. Sedimentology of shale：study guide and reference source. New York：Springer-Verlag.

Potter P E，Maynard J B，Depetris P J. 2005. Mud and mudstones：introduction and overview. Berlin，Heidelberg：Springer-Verlag.

Poulton S W，Canfield D E. 2005. Development of a sequential extraction procedure for iron：implications for iron partitioning in continentally derived particulates. Chemical Geology，214：209-221.

Poulton S W，Raiswell R. 2002. The lowtemperature geochemical cycle of iron：From continental fl uxes to marine sediment deposition. American Journal of Science，302：774-805.

Poulton S W，Canfield D E. 2011.Ferruginous conditions：a dominant feature of the ocean through Earth's history. Elements，7：107-112.

Poulton S W，Fralick P W，Canfield D E，et al. 2004. The transition to a sulphidic ocean ～1.84 billion years ago. Nature，431：173-177.

Poulton S W，Fralick P W，Canfield D E，et al. 2010. Spatial variability in oceanic redox structure 1.8 billion years ago. Nature Geoscience，3：486-490.

Qiu Z，Zou C. 2020. Controlling factors on the formation and distribution of "sweet-spot areas" of marine gas shales in south China and a preliminary discussion on unconventional petroleum sedimentology. Journal of Asian Earth Sciences，194：103989.

Qiu Z，Zou C，Wang H，et al. 2020. Discussion on the characteristics and controlling factors of differential enrichment of shale gas in the Wufeng-Longmaxi formations in south China. Journal of Natural Gas

Geoscience，5（3）：117-128.

Qiu Z，Liu B，Lu B，et al. 2022. Mineralogical and petrographic characteristics of the Ordovician-Silurian Wufeng-Longmaxi shale in the Sichuan Basin and implications for depositional conditions and diagenesis of black shales. Marine And Petroleum Geology，135：105428.

Raiswell R.1988. Evidence for surface reaction-controlled growth of carbonate concretions in shales. Sedimentology，35：571-575.

Raiswell R，Canfield D E. 1996. Rates of reaction between silicate iron and dissolved sulfide in Peru Margin sediments. Geochimica et Cosmochimica Acta，60：2777-2787.

Raiswell R，Canfield D E. 1998. Sources of iron for pyrite formation in marine sediments. American Journal of Science，298：219-245.

Raiswell R，Canfield D E. 2012. The iron biogeochemical cycle past and present. Geochemical perspectives，1：1-186.

Raiswell R，Fisher Q J. 2000. Mudrock - hosted carbonate concretions：a review of growth mechanisms and their influence on chemical and isotopic composition. Journal of the Geological Society，157：239-251.

Raiswell R，Buckley F，Berner R A，et al. 1988. Degree of pyritization of iron as a paleoenvironmental indicator of bottom-water oxygenation. Journal of Sedimentary etrology，58（5）：812-819.

Redfield A C. 1958. The biological control of chemical factors in the environment. American scientist，46：205-222.

Redfield A C，Ketchum B H，Richards F A. 1963. The influence of organisms on the composition of seawater//Hill M N. The Sea. Wiley，2：26-77.

Richards F A. 1976. The enhanced preservation of organic matter in anoxic marine environments//Hood D W. Organic Matter in Natural Waters. Occasional Publication of the Institute of Marine Science，University of Alaska，1：399-411.

Rose W I，Durant A J. 2009. Fine ash content of explosive eruptions. Journal of Volcanology and Geothermal Research，186（1/2）：32-39.

Ruttenberg K C. 1992. Development of a sequential extraction method for different forms of phosphorus in marine sediments. Limnol. Oceanogr，37：1460-1482.

Ruttenberg K C. 2003. The Global Phosphorus Cycle//Turekian K K，Holland H D. Treatise on Geochemistry. Elsevier，8：585-643.

Ruttenberg K C，Berner R A. 1993. Authigenic apatite formation and burial in sediments from non-upwelling，continental margin environments. Geochimica et Cosmochimica Acta，57：991-1007.

Ryther J H，Dunstan W M. 1971. Nitrogen，phosphorus and eutrophication in the coastal marine environment. Science，171：1008-1013.

Sageman B B，Murphy A E，Werne J P，et al. 2003. A tale of shales：the relative roles of production，decomposition，and dilution in the accumulation of organic-rich strata，Middle-Upper Devonian，Appalachian basin. Chemical Geology，195：229-273.

Saito M，Moffett J，Chisholm S，et al. 2002. Cobalt limitation and uptake in Prochlorococcus. Limnology and Oceanography，47：1629-1636.

Sanei H. 2020. Genesis of solid bitumen. Scientific Reports，10：1-10.

Sannigrahi P，Ingall E. 2005. Polyphosphates as a source of enhanced P fluxes in marine sediments overlain by anoxic waters：evidence from ^{31}P NMR. Geochemical Transactions，6（3）：52-59.

Sarmiento J L，Herbert T D，Toggweiler J R. 1988. Causes of anoxia in the world ocean. Global Biogeochemical Cycles，2：115-128.

Schenau S J，de Lange G J. 2000. A novel chemical method to quantify fish debris in marine sediments. Limnology and Oceanography，45：963-971.

Schieber J. 1998. Sedimentary features indicating erosion，condensation，and hiatuses in the Chattanooga Shale of Central Tennessee：Relevance for sedimentary and stratigraphic evolution//Schieber J，Zimmerle W，Sethi P V. Shales and Mudstones Volume 1：Basin Studies，Sedimentology and Paleontology. Stuttgart：Schweizerbart' sche Verlagsbuchhandlung.

Schieber J. 2009. Discovery of agglutinated benthic foraminifera in Devonian black shales and their relevance for the redox state of ancient seas. Palaeogeography，Palaeoclimatology，Palaeoecology，271：292-300.

Schieber J. 2016. Mud re-distribution in epicontinental basins-Exploring likely processes. Marine And Petroleum Geology，71：119-133.

Schieber J，Southard J B. 2009. Bedload transport of mud by floccule ripples-direct observation of ripple migration processes and their implications. Geology，37（6）：483-486.

Schieber J，Yawar Z. 2009. A new twist on mud deposition-mud ripples in experiment and rock record. The Sedimentary Record，7（2）：4-8.

Schieber J，Lazar R. 2010. Outcrop description，central Kentucky（Stops 7-9）M //Schieber J，Lazar R，Bohacs K. Sedimentology and stratigraphy of Shales：Expression and correlation of depositional sequences in the Devonian of Tennessee，Kentucky and Indiana. AAPG 2010 Annual Convention in New Orleans，Field Guide for Post-Convention Field Trip，10：116-142.

Schieber J，Krinsley D，Riciputi L. 2000. Diagenetic origin of quartz silt in mudstones and implications for silica cycling. Nature，406（6799）：981-985.

Schieber J，Southard J，Thaisen K. 2007. Accretion of mudstone beds from migrating floccule ripples. Science，318（5857）：1760-1763.

Schmitz B. 1987. Barium，equatorial high productivity，and the northward wandering of the Indian continent. Paleoceanography，2（1）：63-77.

Schoepfer S D，Shen J，Wei H，et al. 2015. Total organic carbon，organic phosphorus，and biogenic barium fluxes as proxies for paleomarine productivity. Earth Science Reviews，149：23-52.

Scholz F，McManus J，Sommer S. 2013. The manganese and iron shuttle in a modern euxinic basin and implications for molybdenum cycling at euxinic ocean margins. Chemical Geology，335：56-68.

Scholz F，Severmann S，McManus J，et al. 2014. Beyond the Black Sea paradigm：the sedimentary fingerprint of an open-marine shuttle. Geochimica et Cosmochimica Acta，127：368-380.

Schulte P，Schwark L，Stassen P，et al. 2013. Black shale formation during the Latest Danian Event and the Paleocene-Eocene Thermal Maximum in central Egypt：two of a kind?. Palaeogeography，Palaeoclimatology，Palaeoecology，371：9-25.

Schulte S，Rostek F，Bard E，et al. 1999. Variations of oxygen-minimum and primary productivity recorded in sediments of the Arabian Sea. Earth and Planetary Science Letters，173：205-221.

Scott C，Lyons T W. 2012. Contrasting molybdenum cycling and isotopic properties in euxinic versus non-euxinic sediments and sedimentary：refining the paleoproxies. Chemical Geology，324-325：19-27.

Scott C，Lyons T W，Bekker A，et al. 2008. Tracing the stepwise oxygenation of the Proterozoic ocean. Nature，452：456-460.

Shanley K W，Cluff R M，Robinson J W. 2004. Factors controlling prolific gas production from low-permeability sandstone reservoirs：implications for resource assessment，prospect development，and risk analysis. AAPG Bulletin，88（8）：1083-1121.

Shaw A B. 1964. Time in Stratigraph. New York：McGraw-Hill.

Shaw T J，Gieskes J M，Jahnke R A. 1990. Early diagenesis in differing depositional environments：the response of transition metals in pore water. Geochimica et Cosmochimica Acta，54（5）：1233-1246.

Shchepetkina A，Gingras M K，Pemberton S G. 2018. Modern observations of floccule ripples：petitcodiac river estuary，New Brunswick，Canada. Sedimentology，65（2）：582-596.

Slater R D. Kroopnick R. 1984. Controls on the dissolved oxygen distribution and organic carbon deposition in the Arabian Sea//Haq B U，Milliman J D. Marine Geology and Oceanography of Arabian Sea and Coastal Pakistan. New York：Van Nostrand Reinhold.

Slomp C，Van Cappellen P. 2007. The global marine phosphorus cycle：sensitivity to oceanic circulation. Biogeosciences，4：155-171.

Slomp C P，Thompson J A，de Lange G J. 2002. Enhanced regeneration of phosphorus during formation of the most recent eastern Mediterranean sapropel（S1）. Geochimica et Cosmochimica Acta，66：1171-1184.

Sonnenberg S A，Pramudito A. 2009. Petroleum geology of the giant Elm Coulee field，Williston Basin. AAPG Bulletin，93（9）：1127-1153.

Spivakov B Y，Maryutina T A，Huntau H. 1999. Phosphorus speciation in water and sediments. Pure and Applied Chemistry，71：2161-2176.

Stasiuk L D，Burgess J，Thompson-Rizer C，et al. 2002. Status report on TSOP-ICCP dispersed organic matter classification working group. The Society for Organic Petrology Newsletter，19（3）：14.

Steiner Z，Lazar B，Torfstein A，et al. 2017. Testing the utility of geochemical proxies for paleoproductivity in oxic sedimentary marine settings of the Gulf of Aqaba，Red Sea. Chemical Geology，473：40-49.

Sternberg R W，Berhane I，Ogston A S. 1999. Measurement of size and settling velocity of suspended aggregates on the northern California continental shelf. Marine Geology，154：43-53.

Stow D A，Shanmugam G. 1980. Sequence of structures in fine-grained turbidites：comparison of recent deep-sea and ancient flysch sediments. Sedimentary Geology，25：23-42.

Sun Y Z，Puttmann W. 2000. The role of organic matter during copper enrichment in Kupferschiefer from the Sangerhausen Basin，Germany. Organic Geochemistry，31：1143-1161.

Sunda W G，Huntsman S A. 1995. Cobalt and zinc interreplacement in marine phytoplankton：biological and geochemical implications. Limnology and Oceanography，40：1404-1417.

Swift D J P，Nummedal D A G. 1987. Hummocky cross-stratification，tropical hurricanes and intense winter storms. Sedimentology，34：338-344.

Syvitski J P M，Asprey K W，Leblanc K W G. 1995. In-situ characteristics of particles settling within a deep-water estuary. Deep Sea Research Part Ⅱ：Topical Studies in Oceanography，42：223-256.

Takano S，Tanimizu M，Hirata T，et al. 2014. Isotopic constraints on biogeochemical cycling of copper in the ocean. Nature Communication，5：5663.

Talling P J，Amy L A，Wynn R B，et al. 2004. Beds comprising debrite sandwiched within co-genetic turbidite：origin and widespread occurrence in distal depositional environments. Sedimentology，51（1）：163-194.

Talling P J，Wynn R B，Masson D G，et al. 2007. Onset of submarine debris flow deposition far from original giant landslide. Nature，450（7169）：541-154.

Talling P J，Masson D G，Sumner E J，et al. 2012. Subaqueous sediment density flows：Depositional processes and deposit types. Sedimentology，59：1937-2003.

Taylor A M，Goldring R. 1993. Description and analysis of bioturbation and ichnofabric. Journal of the Geological Society，150（1）：141-148.

Taylor G H，Teichmüller M，Davis A，et al. 1998. Organic Petrology. Berlin-Stuttgart：Gebrüder Borntraeger.

Taylor K G，Macquaker J H S. 2014. Diagenetic alterations in a silt- and clay-rich mudstone succession：an example from the Upper Cretaceous Mancos Shale of Utah，USA. Clay Minerals，49：213-227.

Taylor S R，McLennan S M. 1985. The Continental Crust：Its Composition and Evolution. Blackwell：Blackwell，Malden，Mass.

Teichmüller M. 1971. Anwendung kohlenpetrographischer Methoden bei der Erdöl- und Erdgasprospektion. Erdöl und Kohle，24：69-74.

Teichmüller M. 1974. Über neue Macerale der Liptinit-Gruppe und die Entstehung des Micrinits. Fortschritte in der Geologie von Rheinland und Westfalen，24：37-64.

Teichmüller M. 1986. Organic petrology of source rocks，history and state of the art. Organic Geochemistry，10：581-599.

Teichmüller M，Ottenjann K. 1977. Art und diagenese von liptiniten und lipoiden stoffen in einem Erdölmuttergestein auf grund fluoroeszenzmikroskopischer Untersuchungen. Erdöl und Kohle- Erdgas，30（9）：387-398.

Teng J，Liu B，Mastalerz M，et al. 2022. Origin of organic matter and organic pores in the overmature Ordovician-Silurian Wufeng-Longmaxi Shale of the Sichuan Basin，China. International Journal of Coal Geology，253：103970.

Teng J，Mastalerz M，Liu B. 2021. Petrographic and chemical structure characteristics of amorphous organic matter in marine black shales：insights from Pennsylvanian and Devonian black shales in the Illinois Basin. International Journal of Coal Geology，235：103676.

Tessin A，Sheldon N D，Hendy I，et al. 2016. Iron limitation in the western Interior Seaway during the Late Cretaceous OAE 3 and its role in phosphorus recycling and enhanced organic matter preservation. Earth and Planetary Science Letters，449：135-144.

Thomas H，Ittekkot V，Osterroht C，et al. 1999. Preferential recycling of nutrients-the ocean's way to increase new production and to pass nutrient limitation?. Limnology and Oceanography，44：1999-2004.

Timothy D A，Calvert S E. 1998. Systematics of variations in excess Al and Al/Ti in sediments from the central equatorial Pacific. Paleoceanography，13（2）：127-130.

Tissot B，Durand B，Espitalie J，et al. 1974. Influence of nature and diagenesis of organic matter in formation of petroleum. AAPG Bulletin，58（3）：499-506.

Tissot B P，Welte D H. 1984. Petroleum Formation and Occurrence，2nd ed. Berlin：Springer-Verlag.

Torres M E，Brumsack H J，Bohrmann G，et al. 1996. Barite fronts in continental margin sediments：a new look at barium remobilization in the zone of sulfate reduction and formation of heavy barites in diagenetic fronts. Chemical Geology，127：125-139.

Toth D J，Lerman A. 1977. Organic matter reactivity and sedimentation rates in the ocean. American Journal of Science，277：465-485.

Tribovillard N，Desprairies A，Lallier-Vergès E，et al. 1994. Geochemical study of organic-rich cycles from the Kimmeridge Clay Formation of Yorkshire（G.B.）：productivity vs. anoxia. Palaeogeography，Palaeoclimatology，Palaeoecology，108：165-181.

Tribovillard N，Riboulleau A，Lyons T，et al. 2004. Enhanced trapping of molybdenum by sulfurized organic matter of marine origin as recorded by various Mesozoic formations. Chemical Geology，213：385-401.

Tribovillard N，Algeo T J，Lyons T W，et al. 2006. Trace metals as paleoredox and paleoproductivity proxies：an update. Chemical Geology，232：12-32.

Tribovillard N，Lyons T W，Riboulleau A，et al. 2008. A possible capture of molybdenum during early diagenesis of dysoxic sediments. Société Géologique de France Bulletin，179：3-12.

Tribovillard N，Algeo T J，Baudin F，et al. 2012. Analysis of marine environmental conditions based on molybdenum-uranium covariation—Applications to Mesozoic paleoceanography. Chemical Geology，324：46-58.

Tribovillard N，Hatem E，Averbuch O，et al. 2015. Iron availability as a dominant control on the primary composition and diagenetic overprint of organic-matter-rich rocks. Chemical Geology，401：67-82.

Tsandev I，Slomp C P. 2009. Modeling phosphorus cycling and carbon burial during Cretaceous Oceanic Anoxic Events. Earth and Planetary Science Letters，286：71-79.

Tyrrell T. 1999. The relative influences of nitrogen and phosphorus on ocean primary production. Nature，400：525-531.

Tyson R V. 1987. The genesis and palynofacies charateristics of marine petroleum source rocks//Brooks J，Fleet A J. Marine Petroleum Source Rocks. Geological Society Special Publication，26：47-67.

Tyson R V. 1995. Organic matter preservation：the effects of oxygen deficiey//Tyson R V. Sedimentary Organic Matter：Organic Facies and Palynofacies. Chapman and Hall.

Tyson R V. 2001. Sedimentation rate，dilution，preservation and total organic carbon：some results of a modelling study. Organic Geochemistry，32：333-339.

Tyson，R V，Pearson，T H. 1991. Modern and ancient continental shelf anoxia：an overview//Tyson R V，Pearson T H. Modern and Ancient Continental Shelf Anoxia. Geological Society Special Publication，58：1-24.

Van Beek P，Reyss J，Paterne M，et al. 2002. 226Ra in barite：absolute dating of Holocene Southern Ocean and reconstruction of sea-surface reservoir ages. Geology，30：731-734.

Van Cappellen P，Ingall E D. 1994. Benthic phosphorus regeneration，net primary production，and ocean anoxia: a model of the coupled marine biogeochemical cycle of carbon and phosphorus. Paleoceanography，9（5）：677-692.

Van Cappellen P，Slomp C P. 2002. Phosphorus burial in marine sediments. Proceedings of the Sixth International Symposium on the Geochemistry of the Earth's Surface. Hawaii：Internat Assoc Geochem Cosmochem.

Van der Weijden C H. 2002. Pitfalls of normalization of marine geochemical data using a common divisor. Marine Geology，184：167-187.

Van der Zee C，Slomp C P，Van Raaphorst W. 2002. Authigenic P formation and reactive P burial in sediments of the Nazare canyon on the Iberian margin（NE Atlantic）. Marine Geology，185：379-392.

Van Krevelen D W. 1961. Coal. New York：Elsevier.

Vance D，de Souza G F，Zhao Y，et al. 2019. The relationship between zinc，its isotopes，and the major nutrients in the North-East Pacific. Earth and Planetary Science Letters，525：115748.

Vandenbroucke M，Largeau C. 2007. Kerogen origin，evolution and structure. Organic Geochemistry，38（5）：719-833.

Vine J D，Tourtelot E B. 1970. Geochemistry of black shale deposits—a summary report. Economic Geology，65：253-272.

Von Breymann M T，Emeis K C，Suess E. 1992. Water depth and diagenetic constraints on the use of barium as a palaeoproductivity indicator//Summerhayes C P，Prell W L，Emeis K C. Upwelling Systems：Evolution Since the Early Miocene. Geological Society，London，Special Publications，64：273-284.

Wallmann K. 2003. Feedbacks between oceanic redox states and marine productivity：a model perspective focused on benthic phosphorus cycling. Global Biogeochemical Cycles，17（3）：1084.

Wallmann K. 2010. Phosphorus imbalance in the global ocean?. Global Biogeochemical Cycles，24（4）：GB4030.

Wang W X，Guo L. 2000. Bioavailability of colloid-bound Cd，Cr and Zn to marine plankton. Marine Ecology Progress Series，Inter-Research Science Publisher，Oldendorf/Luhe，202：41-49.

Wang Y，Qiu N，Borjigin T. 2019. Integrated assessment of thermal maturity of the upper Ordovician-lower Silurian Wufeng-Longmaxi shale in Sichuan Basin，China. Marine And Petroleum Geology，100：447-465.

Wanty R B，Goldhaver R. 1992. Thermodynamics and kinetics of reactions involving vanadium in natural systems：accumulation of vanadium in sedimentary rock. Geochimica et Cosmochimica Acta，56：171-183.

Warrick J A，DiGiacomo P M，Weisberg S B，et al. 2007. River plume patterns and dynamics within the southern California Bight. Continental Shelf Research，27（19）：2427-2448.

Wedepohl K H. 1971. Environmental influences on the chemical composition of shales and clays//Ahrens L H，Press F，Runcom S K，et al. Physics and Chemistry of the Earth. Oxford：Pergamon.

Wedepohl K H. 1991. The composition of the upper Earth's crust and the natural cycles of selected metals//Merian E. Metals and their Compounds in the Environment. Weinheim：VCH-Verlagsgesellschaft.

Wei H，Chen D，Wang J，et al. 2012. Organic accumulation in the lower Chiahsia Formation（Middle Permian）of South China：Constraints from pyrite morphology and multiple geochemical proxies. Palaeogeography，Palaeoclimatology，Palaeoecology，353-355：73-86.

Wei H，Shen J，Schoepfer S D，et al. 2015. Environmental controls on marine ecosystem recovery following mass extinctions，with an example from the Early Triassic. Earth-Science Reviews，149：108-135.

Weight R W R，Anderson J B，Fernandez R. 2011. Rapid mud accumulation on the central Texas shelf linked to climate change and sea- level rise. Journal of Sedimentary Research，81（10）：743-764.

Werne J P，Sageman B B，Lyons TW，et al. 2002. An integrated assessment of a “type euxinic” deposit：evidence for multiple controls on black shale deposition in the Middle Devonian Oatka Creek Formation. American Journal of Science，302：110-143.

Westrich J T，Berner R A. 1984. The role of sedimentary organic matter in bacterial sulfate reduction：the G model tested. Limnology and Oceanography，29：236-249.

Whitfield M. 2002. Interactions between phytoplankton and trace metals in the ocean. Advances in Marine Biology，41：3-120.

Wijsman，J W M，Middleburg，et al. 2001. Reactive iron in Black Sea sediments：implications for iron cycling. Marine Geology，172：167-180.

Wilson R D，Schieber J. 2015. Sedimentary facies and depositional environment of the Middle Devonian Geneseo Formation of New York，U.S.A. Journal of Sedimentary Research，85：1393-1415.

Wright L D，Wiseman W J，Bornhold B D，et al. 1988. Marine dispersal and deposition of Yellow River silts by gravity-driven underflows. Nature，332（6165）：629-632.

Yang C，Xiong Y，Zhang J. 2020. A comprehensive re-understanding of the OM-hosted nanopores in the marine Wufeng-Longmaxi shale formation in South China by organic petrology，gas adsorption，and X-ray diffraction studies. International Journal of Coal Geology，218：103362.

Yang T，Cao Y，Liu K，et al. 2019. Genesis and depositional model of subaqueous sediment gravity-flow deposits in a lacustrine rift basin as exemplified by the Eocene Shahejie Formation in the Jiyang Depression. Eastern China Marine Aand Petroleum Geology，102：231-257.

Yarincik K M，Murray R W，Peterson L C. 2000. Climatically sensitive eolian and hemipelagic deposition in the Cariaco Basin，Venezuela，over the past 578，000 years：results from Al/Ti and K/Al. Paleoceanography，15：210-228.

Yawar Z，Schieber J. 2017. On the origin of silt laminae in laminated shales. Sedimentary Geology，360：22-34.

Zagorski W A，Wrightstone G R，Bowman D C. 2012. The Appalachian Basin Marcellus gas play：its history of development，geologic controls on production，and future potential as a world-class reservoir//Breyer J A. Shale Reservoirs—Giant Resources for the 21st Century. AAPG Memoir.

Zelt F B. 1985. Natural gamma-ray spectrometry，lithofacies，and depositional environments of selected upper Cretaceous marine mudrocks，Western United States，including tropic shale and Tununk Member of Mancos Shale. Princeton：Princeton University.

Zheng Y，Anderson R F，van Geen A，et al. 2000. Authigenic molybdenum formation in marine sediments：a link to pore water sulfide in the Santa Barbara Basin. Geochimica et Cosmochimica Acta，64：4165-4178.

Zheng Y，Anderson R F，van Geen A，et al. 2002a. Preservation of non-lithogenic particulate uranium in marine sediments. Geochimica et Cosmochimica Acta，66：3085-3092.

Zheng Y，Anderson R F，van Geen A，et al. 2002b. Remobilization of authigenic uranium in marine sediments by bioturbation. Geochimica et Cosmochimica Acta，66：1759-1772.

Zonneveld K A F，Versteegh G J M，Kasten S，et al. 2000. Selective preservation of organic matter in marine environments；processes and impact on the sedimentary record. Biogeosciences，7：483-511.

第四章　非常规油气沉积体系中的成岩过程

非常规油气的储层品质受原始沉积物组成和成岩改造的共同控制。一般而言，砂岩、碳酸盐岩及泥页岩的成岩过程包括压实作用、胶结作用和重结晶作用等。富有机质泥页岩的成岩作用还包括有机质热演化（Liu et al.，2019）和黏土矿物转化（Bjørlykke，1998）。泥页岩的成岩演化过程受到岩相的影响，不同沉积环境下沉积作用为其后期成岩改造提供了物质基础。因此，系统研究非常规储层的沉积与成岩作用，有助于评价和预测非常规油气“甜点区（段）”的形成与分布。

第一节　页岩成岩作用阶段与特征

早在20世纪70年代就开始了成岩作用对砂岩和碳酸盐岩储层影响的研究（Bathurst，1972；Schmidt et al.，1977；Curtis，1978），经历了近50年的发展，已在多方面开展了广泛的研究，特别是在含油气盆地储层成岩作用、黏土矿物和有机质成岩演化等领域都取得了令人瞩目的进展（Bathurst，1972；Hower et al.，1976；Tissot and Welte，1984；Surdam et al.，1989；Morad et al.，2000；Seewald，2003；Bernard et al.，2012；Löhr et al.，2015），逐渐从早期的定性描述向建立数学模型定量预测储层质量转变（Boudreau，1991；Taylor et al.，2010；王瑞飞等，2011），大大地推动了油气勘探和开发的进展。与砂岩和碳酸盐岩相比，由于泥页岩粒度小，观察难度大，同时受微观实验条件的限制，其沉积和成岩作用是沉积学界乃至于地质学界的研究薄弱领域（姜在兴等，2013；Macquaker et al.，2014）。目前，页岩油气革命深刻地改变了油气勘探的理念，石油工业正处于常规到非常规转换的新阶段，而泥页岩成为非常规油气研究的主角，极大地推进了对泥页岩成岩作用的探索（Curtis et al.，2012；Loucks et al.，2012；Milliken，2014；王秀平等，2015）。

页岩油气作为源-储一体型资源，成岩作用不仅控制着油气的生成和运移，同时对物质组成、微观结构、储层物性和力学性质都具有重要的影响。近十几年来，扫描电镜等新技术的应用，揭开了泥页岩纳米级尺度结构的面纱（Camp et al.，2013），发现了大量自生矿物（胶结和交代）的存在，追踪到了有机质不同演化阶段的性质，促进了泥页岩中有机和无机成岩作用及其对储层质量控制的理解。研究进展概括起来主要体现在以下几个方面：①无机矿物成岩演化；②有机质成岩演化与有机质孔的发育；③泥页岩成岩作用的驱动机制及其物性响应；④泥页岩成岩作用对力学性质的影响。

成岩作用的驱动机制及其演化路径是成岩作用研究最重要的理论基础和永恒的主题（李忠和刘嘉庆，2009）。泥页岩成岩作用受控于物理、化学和生物因素演变的制约（图4.1），成岩作用驱动机制受实际地质条件与复合因素的叠加影响而复杂多变。

早期成岩作用阶段（图4.1），有机质在微生物作用下发生的氧化降解是成岩过程的主要驱动力（Arning et al.，2016），区别于地表其他自然沉积过程的一个显著特点是微生物几

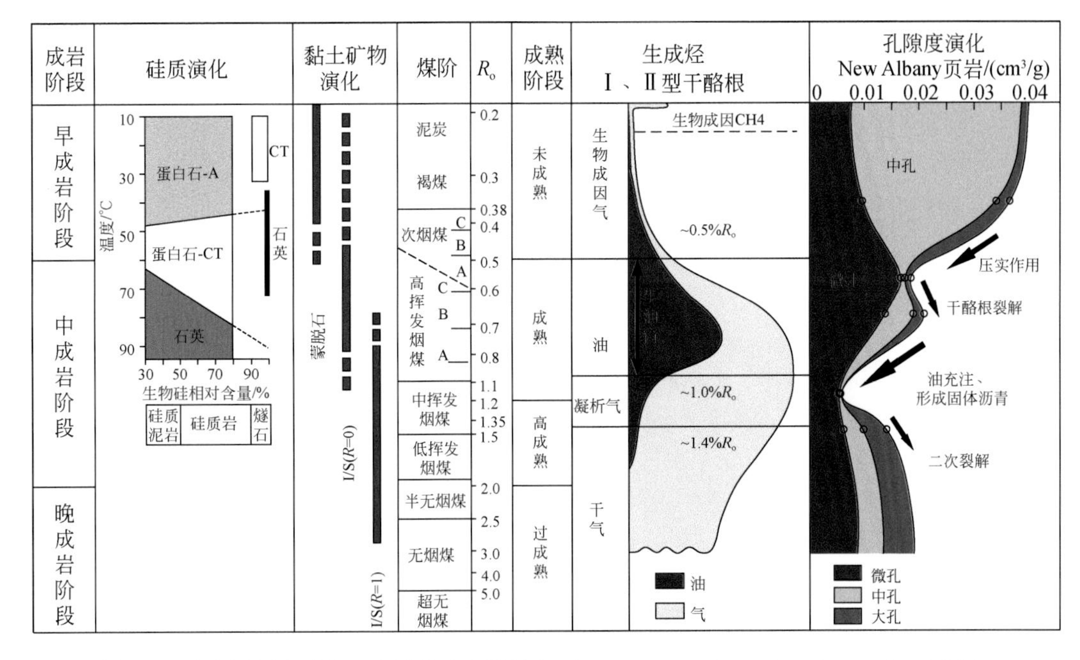

图 4.1　成岩过程中矿物、有机质和孔隙演化（Pollastro，1993；Mastalerz et al.，2013）

乎参与了所有的成岩过程，因而是典型的生物地球化学过程。有机质分解过程释放二氧化碳、甲烷、氢分子、乙酸等低分子有机酸导致孔隙水化学性质发生变化，从而会打破原始矿物与孔隙水之间的化学平衡，促使矿物溶解以及次生矿物的沉淀，引发多种有机-无机反应（Helgeson et al.，1993；Seewald，2003；Prochnow et al.，2006；Burdige，2011）。有机-无机相互作用遵循有机质依次为 O_2、NO_3^{2-}、Fe^{3+}、SO_4^{2-} 氧化的基本理论框架，不同沉积环境中各主要氧化剂的优势还原作用具有分带特征（Berner，1981）。多种次生矿物这一过程中形成，如磷酸盐矿物（Arning et al.，2012）、碳酸盐矿物（Chow et al.，2000）、硫化物（Raiswell and Canfield，1998）、纳米级硅球（Raiswell and Canfield，1998）、氧化钛等（Schulz et al.，2016）。从早期成岩过程中继承下来的特征会影响中期和晚期成岩作用的进程，从而影响非常规油气储层的物理性质和力学性质（Macquaker et al.，2014）。

中期和晚期成岩作用阶段（图 4.1），温度和压力的驱动作用是目前成岩作用理论认识比较成熟的领域（Emerson et al.，1980；Heydari and Wade，2002；Morse，2003；Worden and Burley，2003）。有机质演化和矿物之间的转化都是在热力学驱动下达到一个稳定状态的过程。有机质生烃和黏土矿物的转化过程及其引起的一系列化学反应是泥页岩典型的成岩作用特征。有机质生烃作用不仅可以提供油气初次运移的动力和形成油气初次运移的路径，残留的沥青还可以为有机质孔隙形成提供载体（Loucks et al.，2012），同时生烃过程中产物对矿物的溶解和沉淀也具有重要的影响。泥页岩内部有机质生烃、黏土矿物脱水以及流体热膨胀作用产生的超压会导致超压缝的形成，从而为油气的运移提供通道，同时也为矿物生长提供了空间。此外，压力对有机质演化还会产生复杂的影响（Heydari，1999），郝芳（2005）指出超压对有机质演化的抑制程度与有机质类型和含量、超压发育的时间和幅度、超压地层中地层水的含量等因素有关。

泥页岩成岩作用的驱动机制及其物性响应的研究不仅在完善成岩理论方面具有意义，在指导页岩油气勘探开发上同样具有重要的实践价值。受控于复杂的实际地质条件，特别是中期和晚期成岩作用阶段物质的传输过程及其传输机制研究的限制，成岩作用的驱动机制和演化路径研究相对薄弱，成岩作用对泥页岩孔隙演化的控制机制异常复杂，相关研究仍然是该领域学科发展的主流。

第二节　有机质与有机孔隙演化

黑色页岩中的有机质是常规和非常规油气体系中油气的主要物质来源（Tissot and Welte，1984；Peters and Cassa，1994；Mastalerz et al.，2018；Liu et al.，2019），黑色页岩中的分散有机质由不同成因的显微组分组成（Hackley and Cardott，2016；Mastalerz et al.，2018；Liu et al.，2019）。在热演化过程中，生油型显微组分（如沥青质体和藻类体）首先通过沥青化过程转变为前油沥青。前油沥青很少发生运移，易在生油窗和湿气窗阶段转化为油气和后油沥青（Mastalerz et al.，2018；Liu et al.，2019；Sanei，2020；Liu et al.，2022）。后油沥青在干气阶段继续转化为干气和焦沥青。早期生成的油也可以在干气阶段二次裂解成气体和焦沥青（图 4.2）（Mastalerz et al.，2018；Sanei，2020；Liu et al.，2022）。生气型显微组分（如镜质体）、惰性显微组分（如惰质体）和动物碎屑（如笔石）生烃潜力较低，在热演化过程中其形态不发生明显变化（Liu et al.，2019；Liu et al.，2022），即使在高成熟阶段仍可观察到。

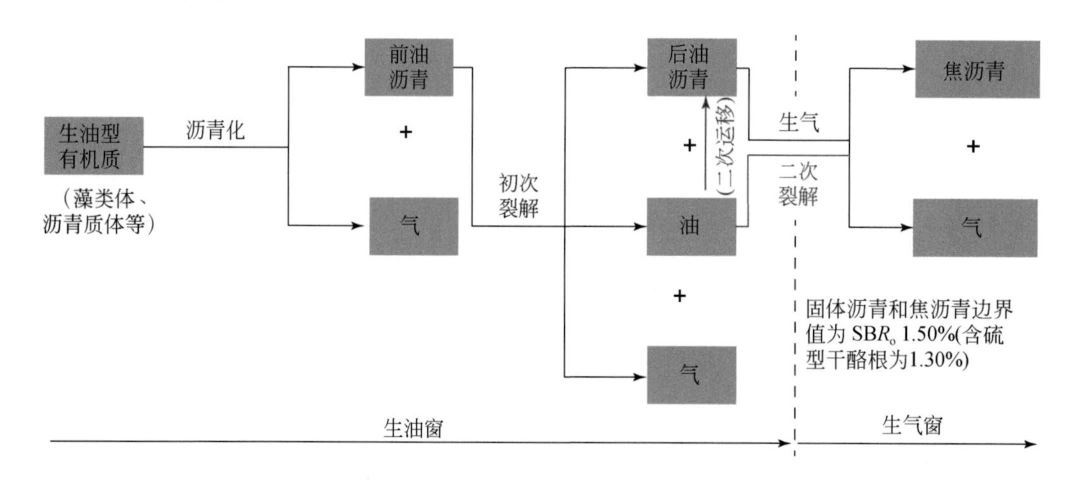

图 4.2　热演化过程中生油型有机质的演化路径

当热成熟度达到生油高峰时（镜质组反射率为 0.8%～1.0%），随着有机质生成油气，次生显微组分固体沥青成为页岩中主要的有机质（Hackley and Cardott，2016；Mastalerz et al.，2018；Liu et al.，2019；Sanei，2020；Liu et al.，2022）。固体沥青以斑点状、细束状赋存在页岩中，且以相互连通的形式出现在粒间孔和粒内孔中（图 4.3）（Loucks and Reed，2014；Milliken，2014）。由于固体沥青早期为高黏度流体，故在高成熟阶段可能会形成三维空间上相互连通的有机质孔隙网络，可储存甲烷，并提高储层孔隙度（Cardott et al.，2015；

Mastalerz et al., 2018; Liu et al., 2022)。

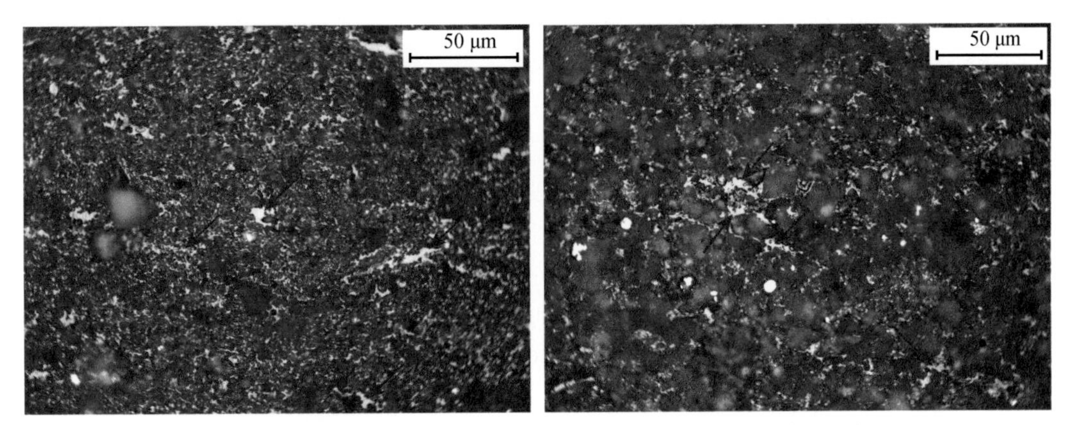

(a)五峰组-龙马溪组页岩
(等效镜质体反射率EqR_o=3.07%，四川省长宁县)

(b)马塞勒斯页岩
(等效镜质体反射率EqR_o=2.41%，美国纽约州卡纳斯托塔)

图 4.3　黑色页岩中焦沥青（红色箭头）的显微照片（油浸反射光）

有机质孔的发现改变了人们对油气储集空间的认识（Loucks et al., 2009），同时极大地促进了有机质成岩演化的研究。页岩中的有机孔隙一般被认为是生油型有机质生烃和排烃的产物，是页岩储层孔隙系统的重要组成部分，其发育程度在很大程度上决定了页岩的含气量、甲烷吸附能力和孔隙度。有机孔隙的发育受控于有机质类型和热成熟度。

一、有机质热成熟度评价

泥页岩的热成熟度反映了其在埋藏过程中所经历的热史。镜质组反射率是最常用的热成熟度指标（Mukhopadhyay and Dow, 1994）。R_o 为 0.5%一般标志生油窗的开始，也是褐煤和烟煤的成熟度分界线；R_o 为 0.8%～1.0%指示生油高峰；而 R_o 为 1.4%～1.5%指示干气窗的开始（图 4.4）。Barker 和 Pawlewicz（1994）根据流体包裹体均一化温度与 R_o 的关系，建立了埋藏过程中岩石所经历的最高温度与 R_o 之间的关系：T_{peak}=（lnR_o+1.68）/0.0124，该公式可以用于计算泥页岩所经历的最高温度。

在缺乏镜质体的泥页岩中，尤其是在前泥盆系泥页岩中，固体沥青反射率（BR_o）和动物碎屑反射率可用来指示热成熟度。前人研究根据不同盆地、不同时代的样品，总结了多项 BR_o 与等效镜质组反射率（EqR_o）的转化公式（表 4.1 和图 4.5）。在 R_o≤1.0%时，固体沥青颜色较镜质体深，BR_o 一般小于 EqR_o；而当 R_o ＞1.0%后，BR_o 与 EqR_o 趋于一致（Jacob, 1989; Liu et al., 2019）。动物碎屑（如笔石）的反射率可以用来指示热成熟度，目前存在多个公式可以用来计算 EqR_o（表 4.2 和图 4.6）。此外，几丁虫和虫颚的反射率也可用来计算 EqR_o，并据此评价热成熟度（表 4.3 和图 4.7）（Goodarzi, 1985; Goodarzi and Higgins, 1987; Bertrand, 1990; Tricker et al., 1992; Bertrand and Malo, 2001; Reyes et al., 2018）。值得注意的是，由于每套页岩的有机质类型和成烃生物存在差异，每套页岩都应该有特定的热成熟度转化公式，应当慎用从其他页岩中得到的热成熟度转化公式。

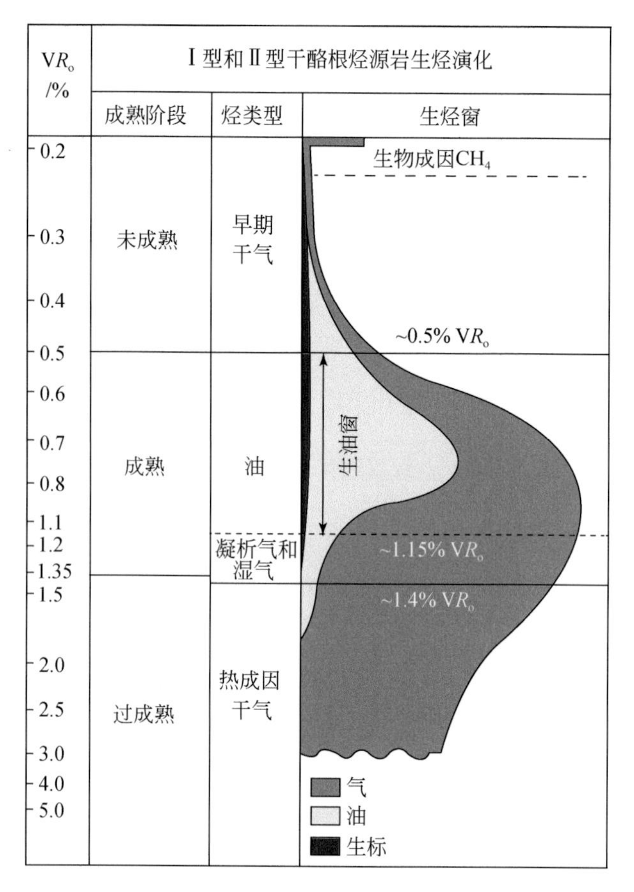

图 4.4　I 型和 II 型干酪根烃源岩生烃演化模式（据 Mastalerz et al.，2013）

表 4.1　等效镜质组反射率（EqR_o）与固体沥青反射率（BR_o）的转化公式

公式	文献	BR_o 范围/%
$EqR_o=0.6569\times BR_o+0.3364$	丰国秀和陈盛吉（1988）	0.5～4.0
$EqR_o=0.618\times BR_o+0.4$	Jacob（1989）	0.1～3.0
$EqR_o=(BR_o+0.03)/0.96$	Bertrand（1990）	0.4～2.0
$EqR_o=(BR_o-0.13)/0.87$	Bertrand（1993）	0.3～6.0
$EqR_o=0.618\times BR_o+0.4$（Jacob，1989）	Riediger（1993）	0.1～0.52
$EqR_o=0.277\times BR_o+0.57$		0.52～1.4
$EqR_o=0.668\times BR_o+0.346$	刘德汉和史继扬（1994）	0.3～6.0
$EqR_o-(BR_o+0.41)/1.09$	Landis 和 Castaño（1995）	0.2～4.6
$EqR_o=(BR_o-0.059)/0.936$	Bertrand 和 Malo（2001）	0.4～6.5
$EqR_o=(BR_o+0.2443)/1.0495$	Schoenherr 等（2007）	0.1～4.6
$BR_{max}=-0.519+1.341(EqR_{max})-0.0977(EqR_{max})^2+0.0151(EqR_{max})^3$	Mählmann 和 Le Bayon（2016）	0.1～2.5

续表

公式	文献	BR_o范围/%
$EqR_o=0.5992\times BR_o+0.3987$	Liu 等（2019）	0.35～1.71
$EqR_o=0.938\times BR_o+0.3145$	Schmidt 等（2019）	0.1～6.0
$EqR_o=0.8798\times BR_o+0.1145$	徐学敏等（2019）	0.58～3.18
$EqR_o=1.125\times BR_o-0.2062$	王晔等（2020）	1.21～3.37

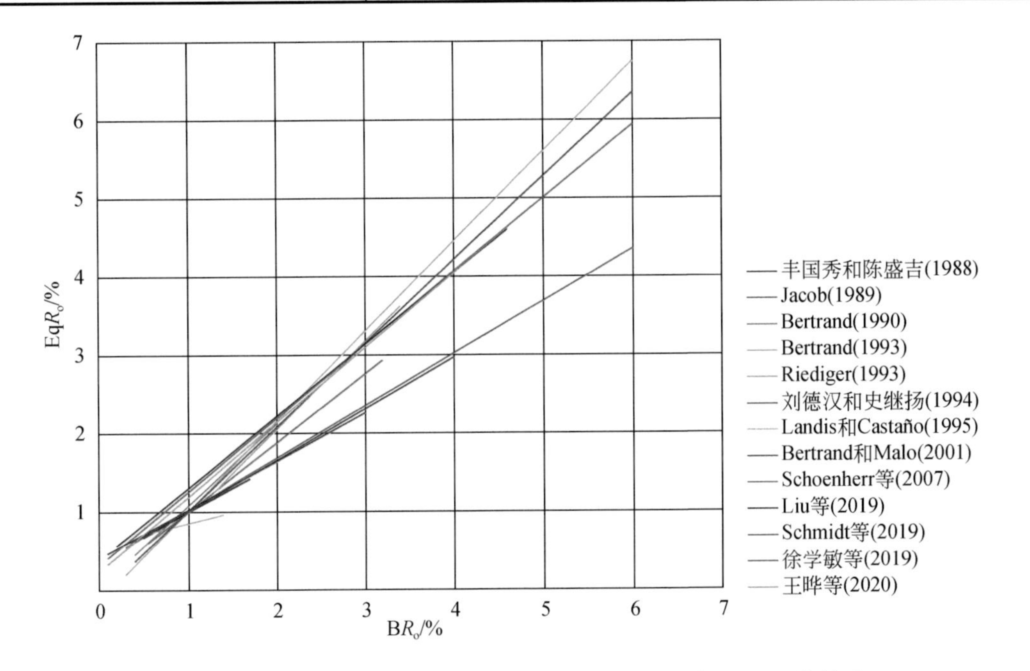

图 4.5　等效镜质组反射率（EqR_o）与固体沥青反射率（BR_o）的关系

表 4.2　等效镜质组反射率（EqR_o）与随机笔石反射率（GR_o）的转化公式

公式	文献	GR_o范围/%
$EqR_o=0.9499\times GR_o+0.1248$	Bertrand（1990）	0.4～3.1
$EqR_o=0.882\times GR_o-0.366$	钟宁宁和秦勇（1995）	1.8～4.9
$EqR_o=0.73\times GR_o+0.16$	Petersen 等（2013）	0.5～3.0
$EqR_o=0.785\times GR_o+0.05$	Colţoi 等（2016）	
$EqR_o=0.499\times GR_o+0.232$	Synnott 等（2018）	0.59～1.02
$EqR_o=1.055\times GR_o-0.053$	Luo 等（2018）	0.65～4.03
$EqR_o=0.79\times GR_o$	Reyes 等（2018）	0.5～1.4
$EqR_o=0.97\times GR_o-0.2$	Wang 等（2019）	2.19～3.5
$EqR_o=0.22\times GR_o+2.55$		>3.5
$EqR_o=0.99\times GR_o+0.08$	Luo 等（2020）	0.5～5.0

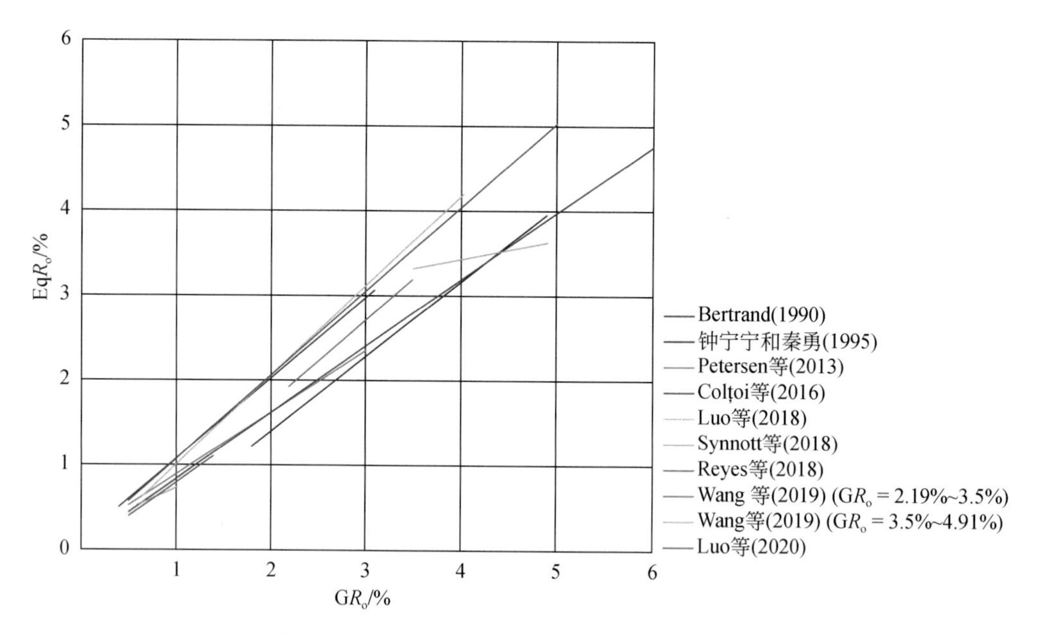

图 4.6　等效镜质组反射率（EqR_o）与随机笔石反射率（GR_o）的关系

表 4.3　等效镜质组反射率（EqR_o）与几丁虫反射率（ChR_o）和虫颚反射率（ScR_o）的转化公式

公式	文献	ChR_o/ScR_o 范围/%
EqR_o=0.9009×GR_o+0.1036	Bertrand（1990）	～0.4～3.3
EqR_o=（ChR_o–0.08）/1.52	Tricker 等（1992）	～0.5～5.0
EqR_o=0.77×ChR_o	Reyes 等（2018）	～0.5～1.4
EqR_o=1.0447×ScR_o+0.3192	Bertrand（1990）	～0.2～2.7

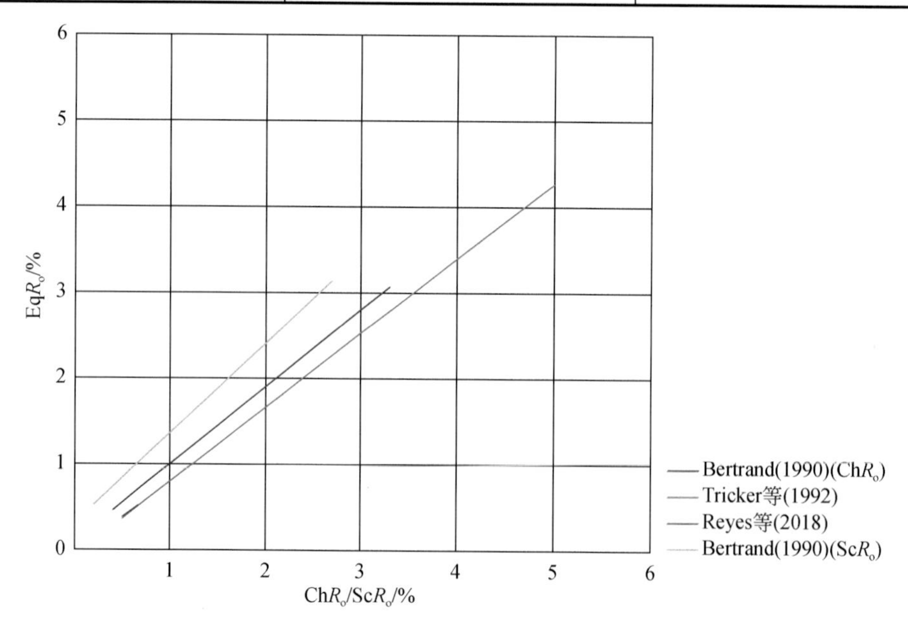

图 4.7　等效镜质组体反射率（EqR_o）与几丁虫反射率（ChR_o）和虫颚反射率（ScR_o）的关系

岩石热解（T_{max}）也可用来指示热成熟度，其原理是随着成熟度的增加，剩余有机质热解生烃所需要的温度逐渐升高（Katz and Lin，2021）。目前存在多个 T_{max} 与 EqR_o 的转化公式（表 4.4 和图 4.8），其中最常用的是 Jarive 的公式：EqR_o= 0.018×T_{max}−7.16，该公式是根据北美 Fort Worth 盆地 Barnett 岩样品建立的（Jarvie and Lundell，2001）。值得注意的是，应用 T_{max} 计算 EqR_o 时，S2 峰不应过低，一般大于 0.2mg HC/g 岩石，且 TOC 含量最好大于 1%。因此，在高成熟页岩中应用 T_{max} 计算 EqR_o 时，可靠性较差，因为残余干酪根已经基本无生烃潜力，导致 S2 峰较低或根本不出现。

表 4.4　等效镜质组反射率（EqR_o）或沥青反射率（BR_o）与岩石热解 T_{max} 的转化公式

公式	文献	T_{max} 范围/℃
EqR_o=0.018×T_{max}−7.16	Jarvie 和 Lundell（2001）	
BR_o=0.0149×T_{max}−5.85	Wüst 等（2013）	415～474
EqR_o=0.01867×T_{max}−7.306	Laughrey（2014）	425～510
EqR_o=0.0151×T_{max}−5.9127	Mastalerz 等（2015）	
EqR_o=0.0121×T_{max}−4.5461	Abarghani 等（2019）	419～453

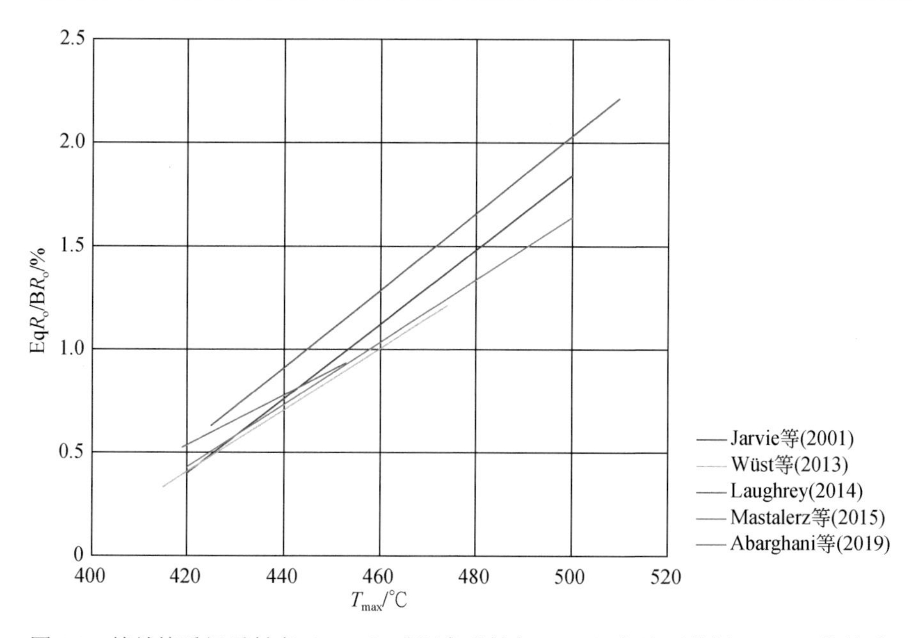

图 4.8　等效镜质组反射率（EqR_o）或沥青反射率（BR_o）与岩石热解（T_{max}）的关系

有机质的激光拉曼光谱特征也可用来评价热成熟度。拉曼光谱的一阶振动峰包括 D 峰和 G 峰，D 峰被称为无序峰，反映了有机质的晶格结构缺陷；G 峰被称为有序峰，反映了有机质的石墨化程度。（刘德汉等，2013；肖贤明等，2020）。但目前仍没有统一的标准或程序来通过拉曼光谱特征计算 EqR_o。

除以上参数外，类脂体（如藻类体和孢子体）的荧光特征和基于有机质在透射光下颜色的热变指数（thermal alteration index，TAI）也可用来指示热成熟度（Staplin，1969；Teichmüller and Durand，1983；Mastalerz et al.，2016；Liu et al.，2019；Hackley et al.，2020）。

类脂体的荧光在生油高峰之后（R_0为 1.0%～1.1%）便消失，因此应用类脂体荧光特征评价有机质热成熟度只限于生油窗之内（Teichmüller and Wolf，1977；Teichmüller and Durand，1983；Liu et al.，2019）。

二、有机孔隙演化

页岩储层中的孔隙包括粒间孔、粒内孔和有机孔隙（Schieber，2010；Loucks et al.，2012）。有机孔隙（图 4.9）是页岩储层中最重要的孔隙类型之一（Loucks et al.，2009，2012；Schieber，2010；Mastalerz et al.，2013；Katz and Arango，2018；腾格尔等，2021；Liu et al.，2022；张慧等，2022），尤其在高成熟度页岩中，对页岩的含气量和孔隙度具有重要的控制作用（Ross and Bustin，2009；Hao et al.，2013；邱振和邹才能，2020；Liu et al.，2021）。Loucks

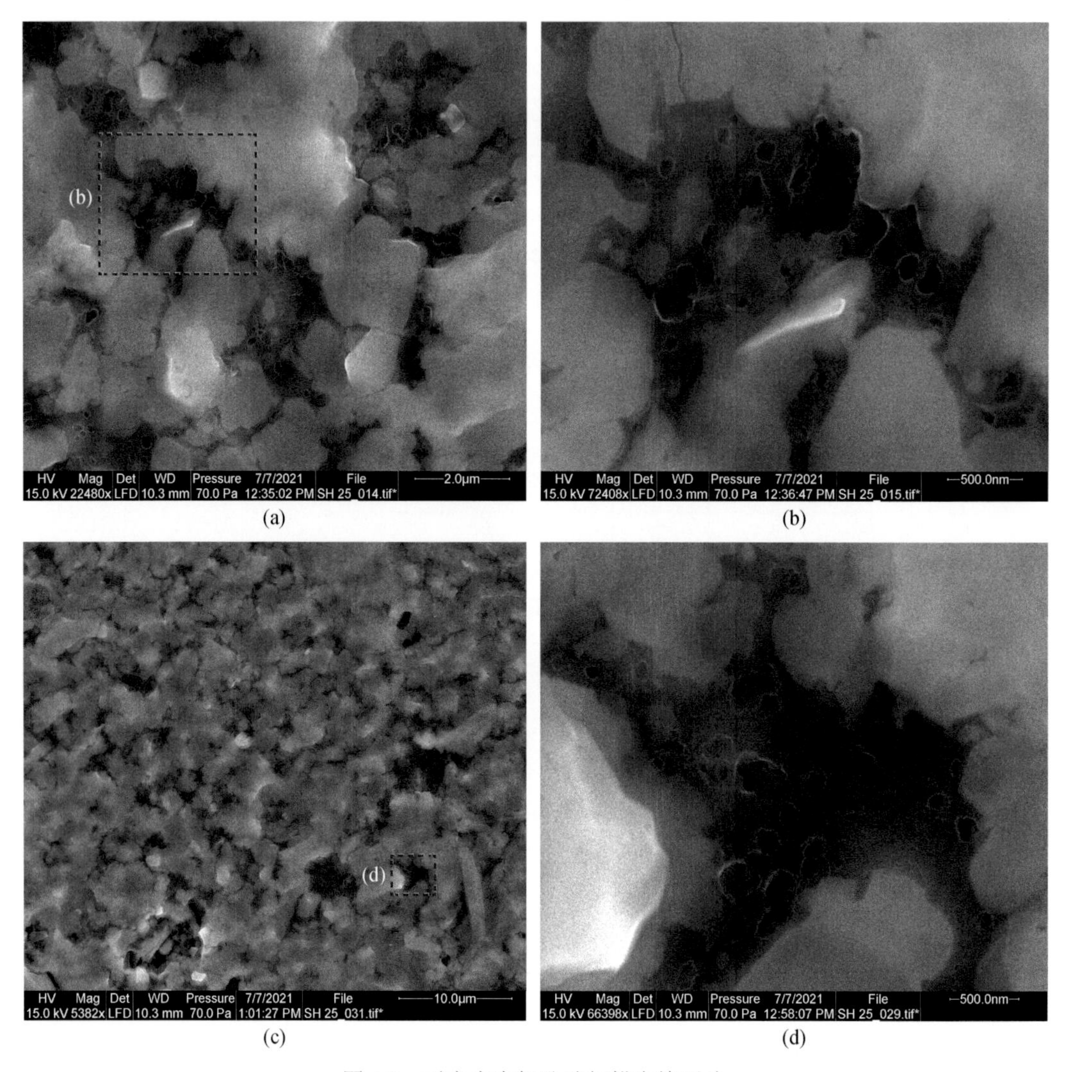

图 4.9　页岩中有机孔隙扫描电镜照片

（b）和（d）分别是（a）和（c）中红色方框区域放大图像。四川盆地五峰组-龙马溪组页岩，等效镜质组反射率 EqR_0=3.07%

等（2009）首次报道了北美 Fort Worth 盆地 Barnett Shale 页岩中的有机孔隙。近年来，对有机孔隙的成因、发育、保存和演化已进行了大量研究（Schieber，2010；Curtis et al.，2012；Loucks et al.，2012；Mastalerz et al.，2013；Katz and Arango，2018；腾格尔等，2021；Liu et al.，2022）。

页岩中的有机孔隙包括原生孔隙和次生孔隙，原生孔隙主要来自植物的细胞结构，但这些孔隙通常被成岩矿物充填，对页岩孔隙度贡献较小，而次生孔隙是有机质生烃和排烃过程中产生的，主要赋存在固体沥青或焦沥青中，对页岩孔隙度贡献较大（Cardott et al.，2015；Katz and Arango，2018；Liu et al.，2022）。因为次生有机孔隙是有机质生烃和排烃的产物，其发育程度受制于有机质类型和热成熟度，而其保存取决于岩石的矿物组成、有机质含量、热成熟度和孔隙压力等多种因素（Liu et al.，2017，2022；Ardakani et al.，2018；Katz and Arango，2018；Qiu et al.，2020；王濡岳等，2020；高之业等，2020；刘贝，2023）。总体上，页岩硬度越高，孔隙压力越大，有机孔隙越容易在埋藏过程中得到保存。

目前，有机质孔隙的演化可总结为以下几个阶段：在未成熟阶段，继承性的孔隙通常存在于结构有机质和部分无定形有机质的原始结构中（Löhr et al.，2015；Pommer and Milliken，2015）（图 4.10）。在成熟阶段早期，干酪根降解形成的烃类充填在干酪根原始的结构孔隙中，只有当生成的烃类超过了干酪根的吸附能力（R_0 约为 0.8%），烃类才会从干酪根中排出。伴随着成熟度的增加，这个过程中干酪根分子结构会重新调整（体积收缩、密度增加），同时干酪根中的孔隙会再度出现（Löhr et al.，2015）。在高成熟和过成熟阶段，干酪根和液态石油裂解生气，形成有机质孔隙大量发育的固体沥青（Bernard and Horsfield，2014）。在国内外大量的高成熟-过成熟页岩中，固体沥青中孔隙提供了主要的有机质孔，贡献了主要的孔隙度（Loucks et al.，2012；Milliken et al.，2013；Lu et al.，2015；Liu et al.，2022）。总体上，有机质的热演化和烃类的形成被认为是控制富有机质页岩孔隙度形成和演化的主要因素，但是有机质成熟度和孔隙度之间并不是一个简单的线性关系（Mastalerz et al.，2013；Hackley and Cardott，2016）。例如，在相同的成熟度条件下，有机质类型的差异会导致不同的有机质孔隙演化模式。有机质的含量及其与矿物骨架之间的配置关系也是影响有机质孔隙发育的重要因素，脆性矿物骨架能够为有机质提供坚固的支撑条件，降低有机质的压实程度，有利于有机质孔的保存；与黏土矿物结合形成的有机黏土复合结构，受黏土矿物催化作用的影响，有机质孔通常较为发育（Zhao et al.，2017）。

不同显微组分的生烃潜力不同，其孔隙发育程度也存在差异（Liu et al.，2017，2022）。页岩中镜质体生烃能力较低，基本不发育次生孔隙。惰质体无生烃能力，不发育次生孔隙，但存在原生胞腔孔（Liu et al.，2017；Liu et al.，2022）。动物碎屑的生烃能力一般较镜质体低，基本不发育次生孔隙（Ardakani et al.，2018；Yang et al.，2020；Teng et al.，2022），但前人研究表明，我国四川盆地五峰组-龙马溪组页岩中一些笔石中存在孔隙，对页岩气富集具有控制作用（Luo et al.，2016；Nie et al.，2018；邱振等，2018）。

有机孔隙的定性描述一般利用扫描电镜对氩离子抛光的页岩表面进行观察，自然断面一般不适合观察页岩中的孔隙。扫描电镜下观察到的孔隙一般大于 5nm，微孔（<2nm）和较小的中孔（2～5nm）无法在扫描电镜下观察到（Mastalerz et al.，2018）。值得注意的是，虽然扫描电镜可以观察有机质的显微结构以及孔隙，但不能准确区分有机质类型（Liu

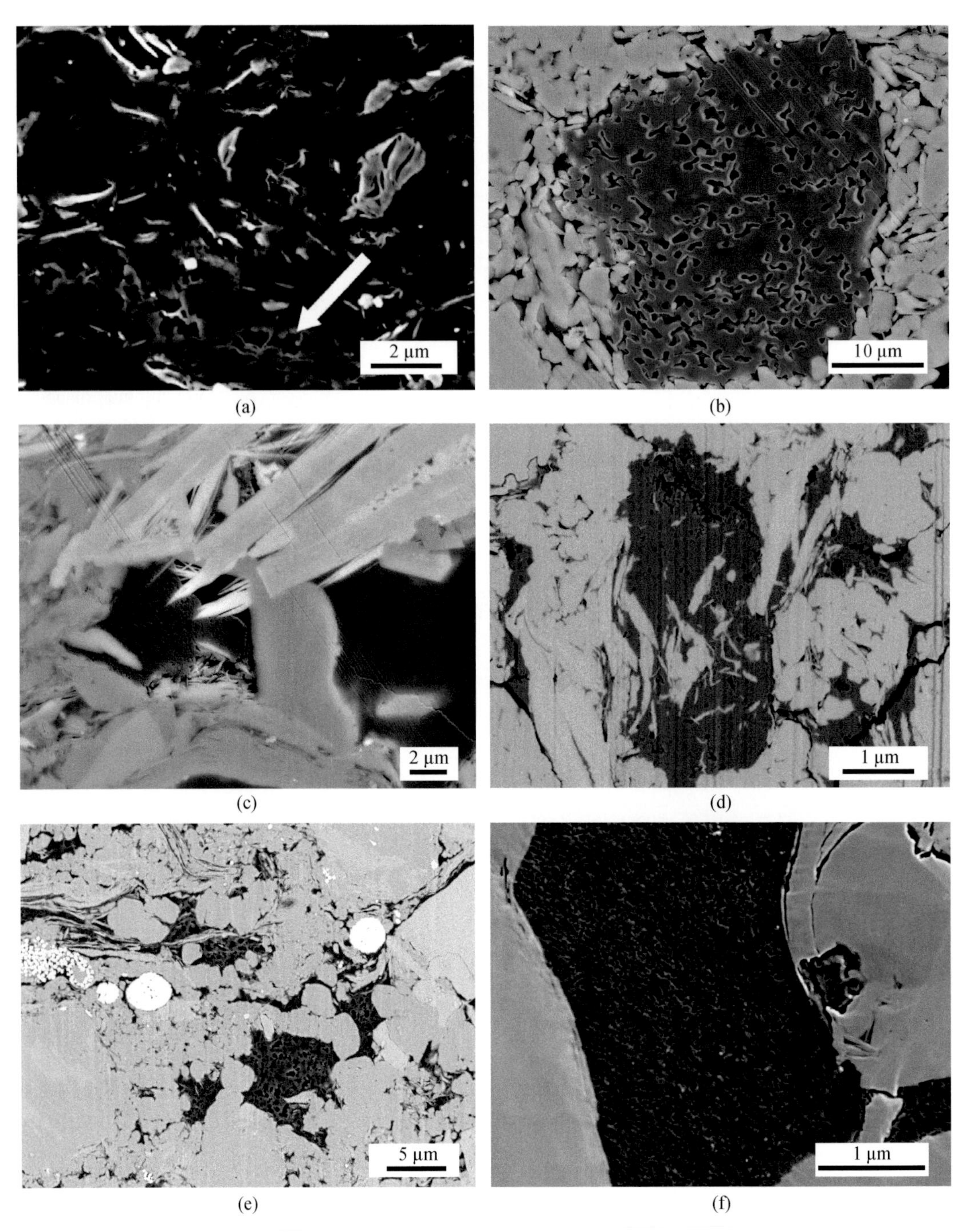

图 4.10　不同成熟度泥页岩中有机质孔隙发育特征

（a）Monterey 泥页岩中无定形有机质发育大量有机质孔隙（箭头），R_o<0.35%（Löhr et al.，2015）；（b）Wilcox 泥页岩中有机质内部发育大量的蠕虫状孔隙，R_o=0.51%（Reed，2017）；（c）鄂尔多斯盆地长 7 段泥页岩中有机质孔隙发育特征，R_o=1.12%（Ko et al.，2017）；（d）Woodford 页岩有机质孔隙发育特征，R_o=1.67%（Cardott et al.，2015）；（e）四川盆地龙马溪组页岩有机质孔隙发育特征，R_o=2.67%，JY2；（f）四川盆筇竹寺组页岩有机质孔隙发育特征，R_o=3.09%，HY1 et al.，2017；Liu et al.，2022）。页岩中有机质类型的确定仍然需要依靠有机岩石学方法。然而，根据扫描电镜下有机质的形貌、结构特征、与矿物的接触关系、热成熟度以及沉积背景等相关资料，扫描电镜下可以区分出部分有机质类型（Liu et al.，2022；张慧等，2022）。

有机孔隙的定量表征一般是通过 N_2 和 CO_2 吸附实验对泥页岩中分离的有机质进行分析（Rexer et al.，2014；曹涛涛等，2015；Bousige et al.，2016；Liu et al.，2021）。有机质的 BET 比表面积随热成熟度的增加而增大，在 R_o 为 2.5%～3.0%时达到最大值（约为 $300m^2/g$）（图 4.11）（Liu et al.，2022）。此时，单位质量有机质的比表面积和孔容远远大于黏土矿物（伊利石比表面约为 $30m^2/g$），这也就解释了为什么过成熟页岩的含气量、甲烷吸附能力和孔隙度与 TOC 含量呈正相关关系。当 R_o＞3.0%后，有机质的比表面积和孔容随成熟度的增加而减少，其原因是有机质石墨化导致有机质大分子结构中芳香环单元堆积得更加致密，微孔减少（Liu et al.，2022；张琴等，2022）。沉积有机质的最终演化产物石墨的 BET 比表面积小于 $20m^2/g$（Gonciaruk et al.，2021）。

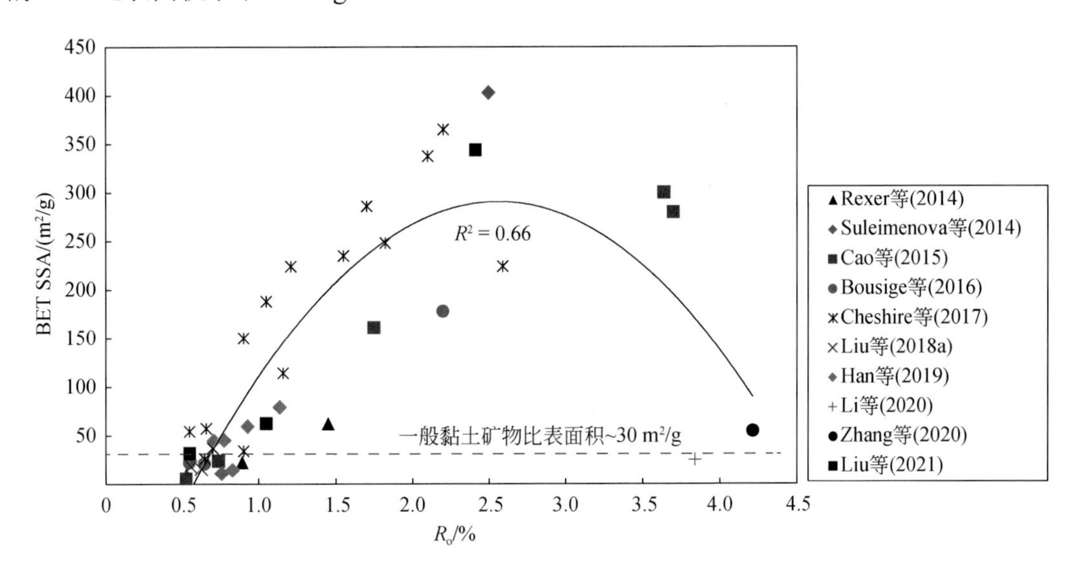

图 4.11　页岩中有机质的 BET 比表面积随镜质组反射率（R_o）的变化

第三节　矿物成岩演化与优质储层

一、矿物成岩演化

脆性矿物含量控制着岩石的可压裂性，是页岩油气能否商业开发的关键。研究发现，典型的页岩油气储层内黏土矿物并不是主要矿物类型，而是以石英、长石及碳酸盐矿物及其混合为主导。随着微区分析技术的进步，矿物的微观结构、来源和成因机制的研究逐渐成为泥页岩成岩作用研究的热点。泥页岩成岩作用类型多样，同时涉及有机质的成岩演化，导致成岩作用的研究异常复杂，下面就目前泥页岩中研究相对集中的几种主要矿物的成岩演化过程加以总结论述。

石英作为富有机质泥页岩中的主要的脆性组分，除了陆源成因外，在成岩过程中形成的各种类型的自生石英组分也是不容忽视的（图 4.12），其含量可远远高于陆源供给的碎屑石英（Schieber et al.，2000）。更重要的是，由于不同成因，石英的形成时间、结晶习性和赋存方式（孔隙充填、交代结构、次生加大）均存在差异，其带来的储层物性和力学性质的响应也必然具有差异性，这将直接影响页岩的含气量和水力压裂储层改造的实施效果。

Schieber 等（2000）和 Milliken 等（2013）通过扫描电镜-阴极发光观察认为美国 Chattanooga 页岩、Barnett 页岩和 Moway 页岩中硅质生物骨架的溶解再沉淀形成了充填粒间孔隙/生物腔体的微晶自生石英；Peltonen 等（2009）通过研究发现 Møre 盆地和 Vøring 盆地白垩系泥页岩中黏土矿物转化过程中释放的硅质沉淀形成了板片状自生石英；Dowey 和 Taylor（2017）认为碎屑石英颗粒的压溶作用和黏土矿物转化过程导致了美国 Haynesville 页岩中石英次生加大边的广泛发育；Jiao 等（2018）认为生物和热液作用共同促进了三塘湖盆地二叠系页岩中粉砂级石英颗粒的形成。其中，硅质生物骨架的溶解再沉淀和黏土矿物转化形成自生石英的研究在近几年页岩油气储层的研究中受到广泛的关注，是页岩中自生石英形成的主要机制（赵建华等，2016；Zhao et al.，2017）。

在低温条件下（≤50℃）受动力学障碍的影响，自生石英的成核和生长受到限制（Walderhaug，1996），当孔隙流体中硅的浓度达到蛋白石的饱和度时，通常以燧石和玉髓的形式沉淀（Walderhaug，1996）。当温度超过 50℃，流体中硅的浓度低于蛋白石的饱和度时，石英成核和生长表现出阿伦纽斯（Arrhenius）行为，需要以先前存在的干净的石英表面作为成核部位，使得这一过程复杂化（Cecil and Heald，1971；Heald and Larese，1974；Pittman et al.，1992；Jahren and Ramm，2000）。自生石英形成还受到晶体的控制，一旦生长最慢的晶面控制了晶体表面，生长速度就会减慢。在泥页岩中由于成核表面非常小，最慢的生长速度可能支配大多数晶体的生长过程（Lander et al.，2008；Milliken，2019）。黏土矿物能够抑制蛋白石-A 向蛋白石-CT 转化（Hinman，1990），而方解石具有促进蛋白石-CT 成核速度的功能，从而加速其向石英转化（Isaacs，1982）。碱性环境有利于蛋白石-CT 的形成（Canfield，1993），同时也利于早期形成的石英交代碳酸盐矿物（Chen et al.，2016）。最近，Milliken（2019）基于质量平衡理论对比分析了富含硅质生物与富含陆源碎屑的泥页岩中自生石英的形成差异，强调石英沉淀的成核点和形成石英胶结物的孔隙空间受压实状态的限制。富含生物硅质的泥页岩易于在早成岩低温阶段形成微晶石英；而富含陆源碎屑的泥页岩由于缺少硅质生物组分，自生石英主要形成于高温阶段，此时受压实作用的影响，成核部位和空间限制了自生石英的形成，并且对黏土矿物转化过程的中释放的硅质是否最终以石英的形式沉淀提出了质疑。Longman 等（2020）在泥盆纪 Woodford 页岩和白垩纪 Mowry 页岩中发现了大量的与寒武系 Athel 石英岩相似的纳米级硅球（Stolper et al.，2017），认为这一硅化过程中纳米级硅球的形成与微生物（特别是硫酸盐还原菌）的活动有关，但是关于这一时期硅质的来源依旧是一个谜题。由此可见，泥页岩中自生石英的成因机制仍然存在诸多争论，亟待下一步深入攻关研究，这对于深化泥页岩成岩作用具有重要意义。

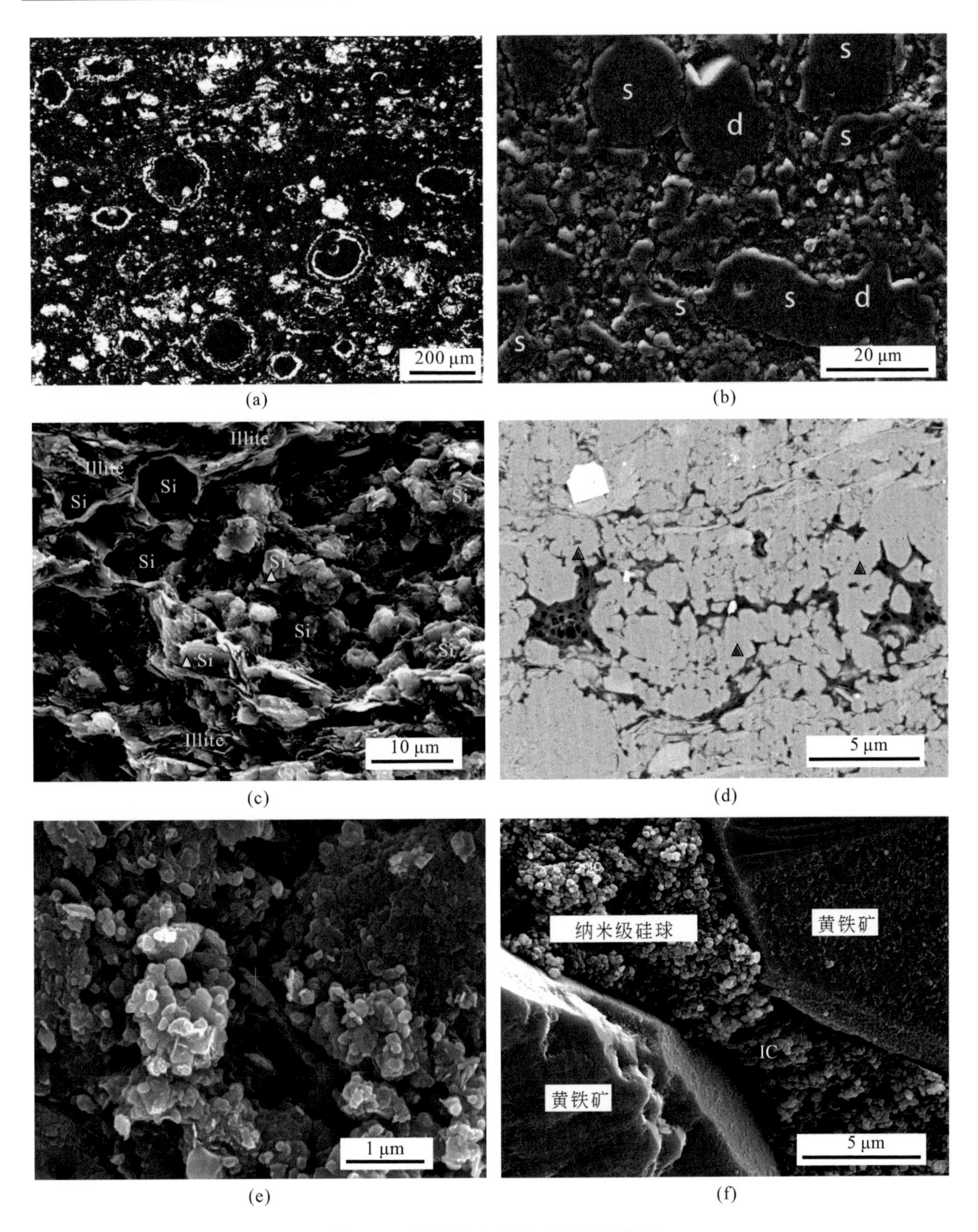

图 4.12　泥页岩中自生石英典型特征

(a) 龙马溪组页岩中发育大量放射虫化石，石柱冷水溪剖面，四川盆地；(b) Barnett 页岩（密西西比纪）中石英交代海绵骨针(s)，见少量白云石；得克萨斯州，福特沃斯盆地（Milliken.，2014）；(c) Woodford 页岩（密西西比纪）中纳米级自生石英颗粒（红色三角）和片状自生石英（黄色三角），得克萨斯州，二叠纪盆地（赵建华等，2021）；(d) 龙马溪组页岩中微米级自生石英聚集体（红色三角），JY2 井；(e)、(f) Mowry 页岩（白垩纪）纳米级石英晶体和黄铁矿，怀俄明州，粉河盆地（Longman et al.，2020）

方解石胶结、交代和重结晶现象在泥页岩中普遍存在（图 4.13），其中针对成岩过程中方解石重结晶和脉体成因机制的研究一直以来受到了广泛的关注（Israelson et al.，1996；Hilgers et al.，2001；Rodrigues et al.，2009；Cobbold et al.，2013；Zanella et al.，2015）。钙质生物组分（有孔虫）、藻类的周期性勃发形成的碳酸盐季节性沉积、生物作用、化学作用和机械破碎、磨蚀作用形成的灰泥溶解提供了成岩过程中形成重结晶方解石的主要物质来源。亮晶方解石通常出现在富有机质泥页岩中，并主要分布在有机质纹层边缘，指示亮晶方解石与有机质生烃作用的密切关系（图 4.13）。有机质在生烃过程中形成的 CO_2 溶解和有机酸会使得碳酸盐矿物溶解（Barth and Bjørlykke，1993），形成的流体在压力梯度或浓度梯度下通过渗透或扩散的方式在孔隙及裂缝中短距离运移，同时解除 Mg^{2+} 的束缚，使得碳酸盐矿物就近沉淀结晶，形成粒状方解石晶体（Heydari and Wade，2002；Liang et al.，2018）。在全球不同时代的沉积盆地中（寒武纪—古近纪），纤维状方解石脉在海相和陆相泥页岩层系中广泛发育（Cobbold et al.，2013）。纤维状方解石脉体是一种具有平行于层理、

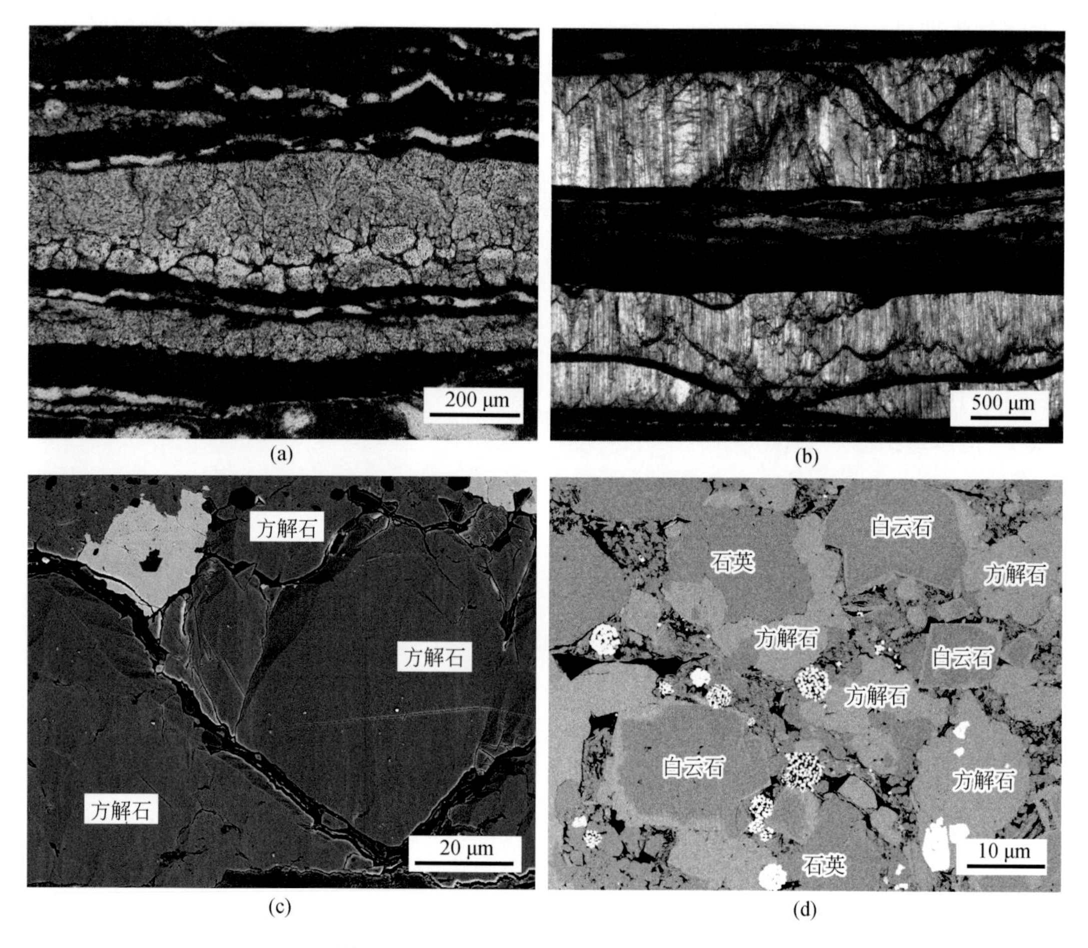

图 4.13　泥页岩成岩过程中形成的方解石

（a）纹层状灰质泥页岩中泥晶方解石重结晶形成亮晶方解石，古近系沙四上，NX55 井，渤海湾盆地；（b）叠锥结构方解石脉体，古近系沙四上，NX55 井，渤海湾盆地；（c）重结晶方解石颗粒，古近系沙四上，NX55 井，渤海湾盆地；（d）早成岩阶段形成的方解石胶结，龙马溪组页岩，WY1 井，四川盆地

晶体延长方向垂直于边缘的独特构造，并以中线为轴的对称分布。这种构造早在 19 世纪 20 年代就被学者观察到，尤其是在泥页岩中发育十分常见，被称作“牛肉”构造（beef）（Webster，1826）；另一种类型被称为叠锥状结构（cone-in-cone），是指单独具有厘米级并且可以形成聚集体的圆锥结构（Gresley，1894）。纤维状方解石主要形成于成岩阶段，与由构造作用、孔隙流体压力和岩石组构共同作用产生的顺层裂缝，以及与方解石结晶生长过程密切相关。然而，针对方解石脉体的形成时间存在不同观点，多数学者认为形成于烃源岩生油阶段，方解石晶体充填裂缝（王冠民等，2005；Zhang et al.，2016），但在方解石脉体内部缺少油气包裹体广泛发育的佐证，部分方解石脉体的同沉积变形特征说明也可能形成于早成岩阶段（Cobbold，2013）。近年来，由方解石重结晶作用控制脉体形成的观点屡被提及（王冠民等，2005；Zhang et al.，2016），认为纤维状矿物的结晶动力是改变岩石局部应力状态的重要因素（Taber，1916，1918；Shovkun and Espinoza，2018）。Bons 和 Montenari（2005）基于溶质浓度变化与应力关系建立了结晶动力的数学模型，并得到了物理实验模拟和数值模拟证实（Means and Li，2001；Nollet et al.，2005；Nollet et al.，2006），甚至证明了方解石脉体可以在没有裂缝存在的条件下形成。

黏土矿物是与油气勘探关系最为密切的矿物类型之一，早在 20 世纪四五十年代，美国黏土矿物学家 Grim（1947）和化学家 Brooks（1952）就指出了酸性黏土矿物对有机质的生烃反应有催化作用。随后，黏土矿物成岩演化及其与有机质之间的相互作用得到了广泛的关注（Williams et al.，2005；Kennedy et al.，2014）。蒙脱石经历伊蒙混层后（R0-R1-R3）最终转化成伊利石最为熟知的泥页岩成岩作用类型，但是关于这个过程的转化机制依旧存在争议（Wilson et al.，2016）。固态转化机制认为结构层内及层间化学成分渐变，涉及蒙脱石夹层固定 K^+，同时硅氧四面体中 Si^{4+}被 Al^{3+}置换（Hoffman and Hower，1979；Bethke and Altaner，1986；Lindgreen and Hansen，1991；Cuadros and Altaner，1998；Dainyak et al.，2006）。溶解重结晶机制认为蒙脱石逐渐溶解，生成数量不断增加的伊利石晶体（Buatier et al.，1992；Dong and Peacor，1996；Środoń et al.，2000）。不管哪种转化机制，对于蒙脱石向伊利石转化各个阶段的温度基本达成共识，蒙脱石开始向伊蒙混层转化的温度范围是 70～95℃（Freed and Peacor，1992；Pollastro，1993），Merriman 和 Frey（1998）认为在 20～200℃有大约 95%蒙脱石转化成伊利石。这一过程除了与温度有关外，还受控于层间溶液的化学成分和地层压力等条件。李颖莉和蔡进功（2015）通过热模拟实验分析了有机质对黏土矿物转化的影响，认为蒙脱石伊利石化过程对应两种转化机制，在 200～350℃范围内，层间有机质的支撑作用使得此阶段对应固态转化机制；而 400～600℃区间，层间有机质排出，推测有机质以有机酸的形式，造成晶体稳定性变差，硅氧四面体及铝氧四面体部分溶解，初步认为此阶段为溶解-重结晶机制。然而，Wilson 等（2016）通过对北美古生代—新生代的泥页岩中黏土矿物的研究，对中生代以前的地层中的伊利石和高有序度伊蒙混层是否由蒙脱石转化而来提出了质疑，并指出泥页岩中自生伊利石的形成并不一定以蒙脱石为前体。因此，关于黏土矿物在成页岩过程中的演化依旧存在诸多未解决的谜题。

黄铁矿是富有机质泥页岩中普遍发育的矿物，不同形态的黄铁矿在沉积和成岩阶段均可形成（图 4.14）。在现代硫化水体环境沉积物中，草莓状黄铁矿（<10μm）可以在氧化还原界面之下的海水中迅速生成，并沉降到海底。成岩过程中形成的黄铁矿主要与微生物

硫酸盐还原作用、热化学硫酸盐还原作用、铁还原作用和有机质氧化作用等过程相关（Berner，1985）。草莓状黄铁矿的形成和形态对氧化还原条件敏感，常常被用来指示沉积环境，自被发现以来，近百年的时间里来科学家对其形成机制的研究热情从未消减（Wilkin et al.，1996；Wignall and Newton，1998；Bond and Wignall，2010；Raiswell et al.，2011；Macquaker et al.，2014）。但是，对于草莓状黄铁矿的成因一直存在“生物成因”和“非生物成因”之争，本书在此不再赘述。早成岩阶段，位于沉积物与水界面以下的硫酸盐还原速率高，孔隙水中 FeS 和 FeS_2 均达到饱和，草莓状黄铁矿通过中间产物 FeS 在孔隙流体中沉淀；随着铁离子的消耗以及硫酸盐还原速率的降低，孔隙水中的 FeS 浓度降低，处于未饱和状态，此时自形的黄铁矿晶体直接沉淀（Raiswell，1982；Wilkin et al.，1996；Wignall and Newton，1998）。在自然界中，封闭的成岩环境和慢反应速率更有利于自形黄铁矿的形成（Wignall and Newton，1998）。在成岩过程中，草莓状黄铁矿通过内部微晶的连续生长，可形成自形黄铁矿（Ye et al.，2017）。热化学硫酸盐还原作用形成的黄铁矿晶体通常较大，同时还会导致早期形成的黄铁矿发生重结晶作用并交代其他矿物（图 4.14）（Ardakani et al.，2016；Fishman et al.，2020）。

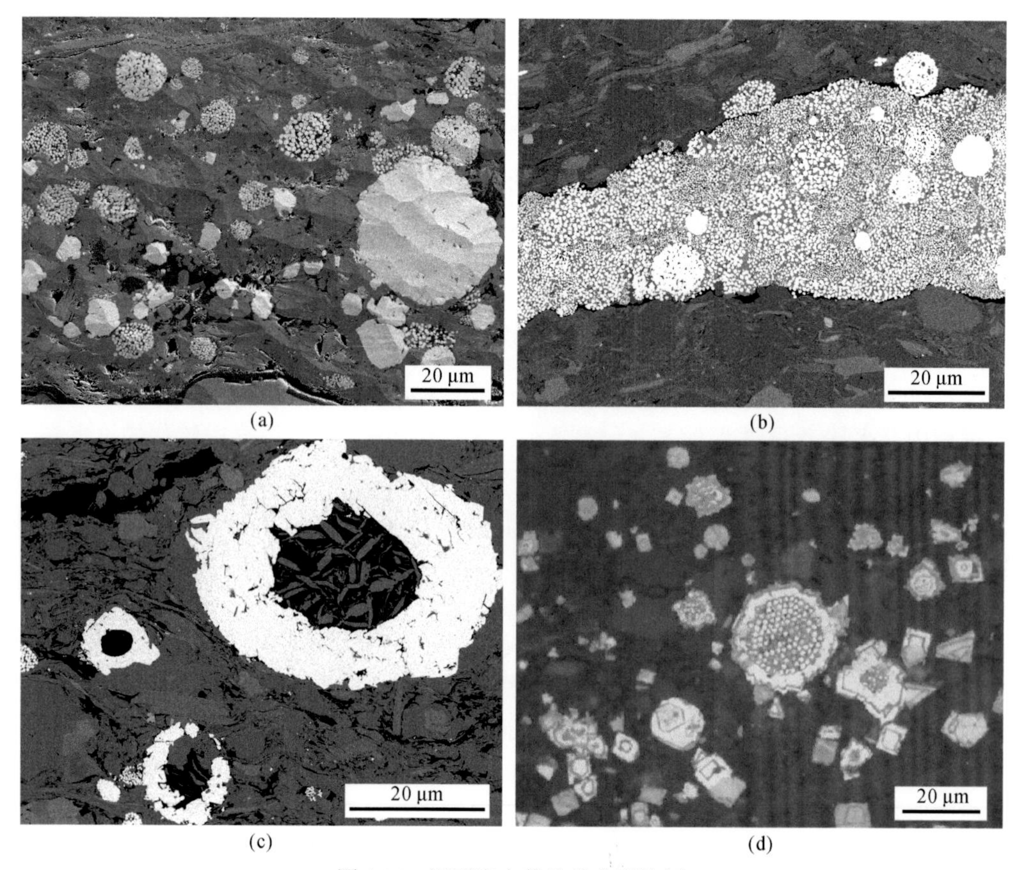

图 4.14 泥页岩中黄铁矿典型特征

（a）泥页岩中不同粒径的草莓状、自形和他形黄铁矿，龙马溪组页岩，WY1，四川盆地；（b）密集分布的草莓状黄铁矿和分散状自形晶体，龙马溪组页岩，YY1，四川盆地；（c）黄铁矿交代放射虫，龙马溪组页岩，HY1，湘鄂西地区；（d）草莓状和自形黄铁矿自生加大边，寒武纪 Alum 页岩，瑞士（Fishman et al.，2020）

黄铁矿是当前地球科学和微生物学交叉研究的典型矿物之一，成岩过程中形成的黄铁矿记录了有机-无机相互作用的重要信息，但是对于黄铁矿的成因机制以及在成岩过程中的演化方面的研究有待加强。随着现代微束技术的进步，特别是纳米粒子探针分析技术在显著提高空间分辨能力的同时，兼具高的分析精度（杨蔚等，2015；LaFlamme et al.，2016；Baumgartner et al.，2019），有望在揭示泥页岩中黄铁矿在成岩过程中的演化机制中发挥重要作用。

二、对孔隙及力学性质影响

（一）孔隙演化

页岩微观孔隙发育控制因素复杂多变，沉积环境、构造背景、岩性及矿物组分、有机碳含量和干酪根类型、成岩演化或有机质演化程度等因素，均不同程度地对微观孔隙的发育起着控制作用，各种类型孔隙发育机制较为复杂。

原始沉积组分控制泥页岩成岩演化路径，从而影响泥页岩的孔隙演化。泥质松散沉积物初始的孔隙度可达75%～80%，受压实作用影响，在埋藏50m的范围内孔隙度迅速降低（Baldwin and Butler，1985），当埋藏达到300m时脱水作用终止孔隙度减少至一半；随后塑性矿物发生变形，当埋藏至3000m左右时，孔隙度减小至10%～15%（Burst，1976）。早期成岩作用阶段形成的自生矿物尽管降低了孔隙度，但是可以有效抑制后期的压实作用（图4.1），特别是硅质泥页岩中自生纳米级硅球聚集体内部可保留接近15%的孔隙度（Longman et al.，2020）。中期和晚期成岩作用阶段是生烃过程中形成酸性流体溶蚀不稳定矿物形成溶蚀孔隙和有机质孔隙发育的主要阶段。长石、碳酸盐矿物、生物骨架等组分遭受溶蚀后可形成粒内孔、粒间孔及铸模孔，从而增加页岩孔隙度（Loucks et al.，2012）。溶蚀孔隙在以碳酸盐矿物为主的纹层状泥页岩中可以作为重要的存储和运移油气的孔隙类型（Schieber，2013；Wang et al.，2018）。有机质生烃是形成有机质孔的主要机制，Woodford页岩中有机质面孔率可达50%（Curtis et al.，2012），是大部分页岩气储层的主要孔隙类型。此外，在成岩过程中，受压力和应力的影响，形成不同尺度的裂缝不仅可以储存油气，也可以作为油气运移的主要通道，极大改善了泥页岩储层的渗透性。

Jarvie等（2007）在对得克萨斯州中北部的密西西比Barnett页岩进行的热成因页岩气评价研究认为，有机质孔隙度随着生烃量的增加而增高。Mastalerz等（2013）通过研究泥盆系和密西西比系New Albany页岩孔隙结构特征，提出了一个富有机质泥页岩孔隙结构的演化概略图（图4.1）。他们认为有机质从早成熟阶段向晚成熟阶段演化过程中，总孔隙度出现大幅度下降。而当R_o为1.15%～1.41%时，出现了新的孔隙致使孔体积大幅增加并伴随着相应孔径的重排，即从低熟到成熟页岩的转变使微孔相对富集孔径较大的孔，而中孔等有下降的趋势，在成熟到过熟页岩的演化过程中又形成中孔。新孔隙的产生和有机质在早期成熟阶段的转化与烃类有关，在高成熟阶段则与烃类二次裂解有关，而孔隙度的间歇性下降则被解释为石油和沥青填充孔隙，减少了孔隙空间。王飞宇等（2013）认为当R_o为1.3%～2.0%时，富有机质泥页岩孔隙度总体随成熟度升高而增加；而当R_o＞2.0%时，有机质孔隙度随埋深增加而降低。此外，Chen和Xiao（2014）将有机质孔的发育与变化划分为三个阶段：当R_o为0.6%～2.0%时，生油窗内油气对有机质孔的充填以及沥青裂解导致孔隙度呈现先下降后上升的趋势；当 R_o 为 2.0%～3.5%时，焦沥青中形成大量的海绵状孔隙，有机质孔进一步发育；当 R_o＞3.5%时，有机质孔出现破坏和转化，相对小尺度的孔隙向相对大尺度的孔隙转化。刘文平等（2017）认为四川盆地龙马溪组页岩孔隙度演化经历五个阶段：未熟快速压实阶段（R_o 为＜0.7%）、成熟生烃溶蚀阶段（R_o 为 0.7%～1.3%）、高成熟孔隙封闭阶段（R_o 为 1.3%～2.2%）、过成熟二次裂解阶段（R_o 为 2.2%～2.7%）、过成熟缓慢压实阶段（R_o 为＞2.7%）。其中，成熟生烃溶蚀阶段和过成熟二次裂解阶段是最有利的页岩孔隙发育阶段。

页岩储层无机矿物的孔隙度随热演化程度的增加而逐渐降低。综合众多学者关于总孔隙的演化过程认为：①R_o＜0.5%，页岩处于未熟-低成熟阶段，页岩孔隙受机械压实作用影响明显减少。②R_o 为 0.5%～1.2%，有机质处于成熟阶段生油高峰期，孔隙体积整体表现为增加或者保持不变，一方面有机质热成熟作用形成有机孔；另一方面，有机质热解产物充填在新生成的有机孔内或原生孔隙中，并且压实作用持续进行，所以在该阶段既有新生成的孔隙空间，也有原生孔隙空间或新生成的孔隙空间被热解产物充填堵塞。③R_o 为 1.2%～2.0%，有机质处于高成熟阶段热裂解生气期，有机质生气形成了大量的次生储集空间，孔隙中的液态烃也开始大量裂解成气，释放了一定量的孔隙空间，所以在该阶段孔隙整体表现为增加趋势。④R_o＞2.0%，有机质处于过成熟生干气阶段，孔隙演化整体表现为减少或稳定不变。减少的原因在于过成熟阶段有机质发生炭化，芳构化加剧，造成部分孔隙堵塞。另外，由于后期有机质生烃作用结束，页岩受围压压实作用明显，强烈的压实作用导致孔隙破坏、合并或坍塌。因此，关于未熟-低成熟阶段和高成熟阶段页岩孔隙演化过程的认识相对统一，而在成熟和过成熟阶段，页岩孔隙演化相对比较复杂，认识不统一（Gao et al.，2020）。

（二）力学性质的影响

泥页岩的力学性质是决定压裂效果的关键因素，受控于矿物组成和岩石的微观结构。目前大多数关于页岩力学性质的研究主要基于矿物组成，认为脆性矿物含量越高，岩石的脆性越强。但是脆性矿物的含量（脆性指数）与岩石的力学性质参数（杨氏模量和泊松比）并没有非常好的相关性。相同矿物组成的岩石的力学性质会表现出较大的差异，造成这种现象的内在因素是成岩作用（压实、胶结、重结晶等）导致的岩石微观结构的差异，涉及颗粒和孔隙的再排（Yoon et al.，2020）。Hall（2020）对比了两种不同成岩演化路径的泥页岩的力学性质差异（Marcellus 和 Woodford 泥页岩），指出陆源石英及成岩过程中黏土矿物转化形成的石英对泥页岩脆性的贡献有限，而早成岩作用阶段生物成因的石英胶结大大提高了泥页岩的脆性（图 4.15）（Hall，2020）。值得注意的是，成岩演化过程不仅仅是单方向增加岩石的脆性，而且沉积盆地中泥页岩的脆性和延性随着压力和温度条件的变化可以相互转化。很多学者对围压与岩石变形机制进行了实验研究，认为随着围压的增加，岩石出现了由脆性向延性转变的特征，并得到了不同岩性的转化临界围压值。袁玉松等（2018）依据固结压力、OCR 门限值和脆-延转化临界围压确定了四川盆地川东鄂西地区龙马溪组页岩脆性带深度为 1940～2763m，延性带顶界深度大约为 4470±230m，并指出在脆延转化带内是页岩气勘探开发的最佳深度带。岩石发生脆延转化是多方面因素共同作用的结果，除压力外，岩石的力学性质、流动特性、岩石的物理性质，特别是成岩演化过程中岩石微观结构的变化等对岩石脆延特性转化都具有重要的影响，岩石脆延特性转化机理的研究仍然是薄弱的一个环节。

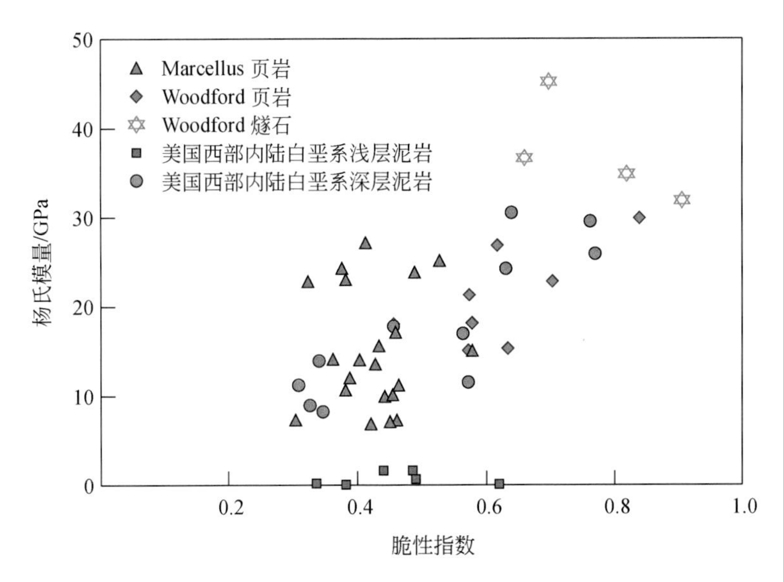

图 4.15 美国典型泥页岩脆性指数与杨氏模量相关性图（Hall，2020）

参考文献

曹涛涛，宋之光，王思波，等. 2015. 不同页岩及干酪根比表面积和孔隙结构的比较研究. 中国科学：地球科学，45（2）：139-151.

丰国秀，陈盛吉. 1988. 岩石中沥青反射率与镜质体反射率之间的关系. 天然气工业，8（3）：20-25.

高之业，范毓鹏，胡钦红，等. 2020. 川南地区龙马溪组页岩有机质孔隙差异化发育特征及其对储集空间的影响. 石油科学通报，5（1）：1-16.

郝芳. 2005. 超压盆地生烃作用动力学与油气成藏机理. 北京：科学出版社.

姜在兴，梁超，吴靖，等. 2013. 含油气细粒沉积岩研究的几个问题. 石油学报，34（6）：1031-1039.

李颖莉，蔡进功. 2015. 有机质对蒙脱石伊利石化作用的影响：来自热模拟实验的证据//中国矿物岩石地球化学学会第 15 届学术年会论文摘要集（4）. 长春：中国矿物岩石地球化学学会.

李忠，刘嘉庆. 2009. 沉积盆地成岩作用的动力机制与时空分布研究若干问题及趋向. 沉积学报，27（5）：837-848.

刘德汉，史继扬. 1994. 高演化碳酸盐烃源岩非常规评价方法探讨. 石油勘探与开发，21（3）：113-115.

刘德汉，肖贤明，田辉，等. 2013. 固体有机质拉曼光谱参数计算样品热演化程度的方法与地质应用. 科学通报，58（13）：1228-1241.

刘文平，张成林，高贵冬，等. 2017. 四川盆地龙马溪组页岩孔隙度控制因素及演化规律. 石油学报，38（2）：175-184.

邱振，邹才能. 2020. 非常规油气沉积学：内涵与展望. 沉积学报，38（1）：1-29.

邱振，邹才能，李熙喆，等. 2018. 论笔石对页岩气源储的贡献——以华南地区五峰组-龙马溪组笔石页岩为例. 天然气地球科学，29（5）：606-615.

腾格尔，卢龙飞，俞凌杰，等. 2021. 页岩有机质孔隙形成、保持及其连通性的控制作用. 石油勘探与开发，48（4）：687-699.

王飞宇，关晶，冯伟平，等. 2013. 过成熟海相页岩孔隙度演化特征和游离气量. 石油勘探与开发，40（6）：764-768.

王冠民，任拥军，钟建华，等. 2005. 济阳拗陷古近系黑色页岩中纹层状方解石脉的成因探讨. 地质学报，79（6）：834-838.

王民，Li Z. 2020. 激光拉曼技术评价沉积有机质热成熟度. 石油学报，37（9）：1129-1136.

王濡岳，聂海宽，胡宗全. 2020. 压力演化对页岩气储层的控制作用——以四川盆地五峰组-龙马溪组为例. 天然气工业，40（10）：1-11.

王瑞飞，沈平平，赵良金. 2011. 深层储集层成岩作用及孔隙度演化定量模型：以东濮凹陷文东油田沙三段储集层为例. 石油勘探与开发，38（5）：552-559.

王秀平，牟传龙，王启宇，等. 2015. 川南及邻区龙马溪组黑色岩系成岩作用. 石油学报，36（9）：1035-1047.

王晔，邱楠生，马中良，等. 2020. 固体沥青反射率与镜质体反射率的等效关系评价. 中国矿业大学学报，49（3）：563-575.

肖贤明，周秦，程鹏，等. 2020. 高-过成熟海相页岩中矿物-有机质复合体（MOA）的显微激光拉曼光谱特征. 中国科学：地球科学，50（9）：1228-1241.

徐学敏，孙玮琳，汪双清，等. 2019. 南方下古生界海相页岩有机质成熟度评价. 地球科学，44（11）：3717-3724.

杨蔚，胡森，张建超，等. 2015. 纳米离子探针分析技术及其在地球科学中的应用. 中国科学：地球科学，45（9）：1335-1346.

袁玉松，刘俊新，周雁. 2018. 泥页岩脆-延转化带及其在页岩气勘探中的意义. 石油与天然气地质，39（5）：899-906.

张慧，焦淑静，张燕茹，等. 2022. 龙马溪组页岩的扫描电镜研究. 北京：地质出版社.

张琴，赵群，罗超，等. 2022. 有机质石墨化及其对页岩气储层的影响——以四川盆地南部海相页岩为例. 天然气工业，42（10）：25-36.

赵建华，金之钧，金振奎，等，2016. 四川盆地五峰组-龙马溪组含气页岩中石英成因研究. 天然气地球科学，27（2）：377-386.

钟宁宁，秦勇. 1995.碳酸盐岩有机岩石学：显微组分特性、成因、演化及其与油气关. 北京：科学出版社.

Abarghani A，Ostadhassan M，Gentzis T，et al. 2019. Correlating Rock-EvalTM T_{max} with bitumen reflectance from organic petrology in the Bakken Formation. International Journal of Coal Geology，205：87-104.

Ardakani O H，Chappaz A，Sanei H，et al. 2016. Effect of thermal maturity on remobilization of molybdenum in black shales. Earth and Planetary Science Letters，449：311-320.

Ardakani O H，Sanei H，Ghanizadeh A，et al. 2018. Do all fractions of organic matter contribute equally in shale porosity? A case study from Upper Ordovician Utica Shale，southern Quebec，Canada. Marine and Petroleum Geology，92：794-808.

Arning E T，Van Berk W，Schulz H M. 2012. Quantitative geochemical modeling along a transect off Peru:

Carbon cycling in time and space, and the triggering factors for carbon loss and storage. Global Biogeochemical Cycles, 26（4）: GB4012.

Arning E T, Van Berk W, Schulz H M. 2016. Fate and behaviour of marine organic matter during burial of anoxic sediments: testing CH_2O as generalized input parameter in reaction transport models. Marine Chemistry, 178: 8-21.

Baldwin B, Butler C O. 1985. Compaction curves. AAPG Bulletin, 69（4）: 622-626.

Barker C E, Pawlewicz M J. 1994. Calculation of vitrinite reflectance from thermal histories and peak temperatures: a comparison of methods//Mukhopadhyay P K, Dow W G. Washington, DC: Vitrinite Reflectance as a Maturity Parameter, Applications and Limitations. American Chemical Society Symposium Series.

Barth T, Bjørlykke K. 1993. Organic acids from source rock maturation: generation potentials, transport mechanisms and relevance for mineral diagenesis. Applied Geochemistry, 8（4）: 325-337.

Bathurst R G. 1972. Carbonate Sediments and Their Diagenesis. Berlin: Elsevier.

Baumgartner R J, Van Kranendonk M J, Wacey D, et al. 2019. Nano-porous pyrite and organic matter in 3.5-billion-year-old stromatolites record primordial life. Geology, 47（11）: 1039-1043.

Bernard S, Horsfield B. 2014. Thermal Maturation of Gas Shale Systems. Annual Review of Earth and Planetary Sciences, 42: 635-651.

Bernard S, Horsfield B, Schulz H M, et al. 2012. Geochemical evolution of organic-rich shales with increasing maturity: a STXM and TEM study of the Posidonia Shale（Lower Toarcian, northern Germany）. Marine and Petroleum Geology, 31（1）: 70-89.

Berner R A. 1981. A new geochemical classification of sedimentary environments. Journal of Sedimentary Research, 51（2）: 359-365.

Berner R A. 1985. Sulphate reduction, organic matter decomposition and pyrite formation. Philosophical Transactions of the Royal Society A, 315（1531）: 25-38.

Bertrand R. 1990. Correlations among the reflectances of vitrinite, chitinozoans, graptolites and scolecodonts. Organic Geochemistry, 15: 565-574.

Bertrand R. 1993. Standardization of solid bitumen reflectance to vitrinite in some Paleozoic sequences of Canada. Energy Sources, 15: 269-287.

Bertrand R, Héroux Y. 1987. Chitinozoan, graptolite, and scolecodont reflectance as an alternative to vitrinite and pyrobitumen reflectance in Ordovician and Silurian strata, Anticosti Island, Quebec, Canada. AAPG Bulletin, 71: 951-957.

Bertrand R, Malo M. 2001. Source rock analysis, thermal maturation and hydrocarbon generation in the Siluro-Devonian rocks of the Gaspé Belt basin, Canada. Bulletin of Canadian Petroleum Geology, 49: 238-261.

Bethke C M, Altaner S P. 1986. Layer-by-layer mechanism of smectite illitization and application to a new rate law. Clays and Clay Minerals, 34（2）: 136-145.

Bjørlykke K. 1998. Clay mineral diagenesis in sedimentary basins-a key to the prediction of rock properties. Examples from the North Sea Basin. Clay Miner, 33（1）: 15-34.

Bond D P, Wignall P B. 2010. Pyrite framboid study of marine Permian-Triassic boundary sections: a complex anoxic event and its relationship to contemporaneous mass extinction. GSA Bulletin, 122（7/8）: 1265-1279.

Bons P D，Montenari M. 2005. The formation of antitaxial calcite veins with well-developed fibres，Oppaminda Creek，South Australia. Journal of Structural Geology，27（2）：231-248.

Boudreau B P. 1991. Modelling the sulfide-oxygen reaction and associated pH gradients in porewaters. Geochimica et Cosmochimica Acta，55（1）：145-159.

Bousige C，Ghimbeu C M，Vix-Guterl C，et al. 2016. Realistic molecular model of kerogen's nanostructure. Nature Materials，15：576-582.

Brooks B T. 1952. Evidence of catalytic action in petroleum formation. Industrial & Engineering Chemistry，4（11）：2570-2577.

Buatier M D，Peacor D R，O'Neil J R. 1992. Smectite-illite transition in Barbados accretionary wedge sediments：TEM and AEM evidence for dissolution/crystallization at low temperature. Clays and Clay Minerals，40（1）：65-80.

Burdige D J. 2011. Temperature dependence of organic matter remineralization in deeply-buried marine sediments. Earth and Planetary Science Letters，311（3/4）：396-410.

Burst F J. 1976. Argillaceous sediment dewatering. Annual Review of Earth and Planetary Sciences，4：293-318.

Camp W K，Diaz E，Wawak B. 2013. Electron Microscopy of Shale Hydrocarbon Reservoirs. Tulsa：American Association of Petroleum Geologists.

Canfield D E. 1993. Organic matter oxidation in marine sediments//Wollast R，Mackenzie F T，Chou L. Interactions of C，N，P and S Biogeochemical Cycles and Global Change. Berlin，Heidelberg：Springer.

Cardott B J，Landis C R，Curtis M E. 2015. Post-oil solid bitumen network in the Woodford Shale，USA-A potential primary migration pathway. International Journal of Coal Geology，139：106-113.

Cecil C B，Heald M T. 1971. Experimental investigation of the effects of grain coatings on quartz growth. Journal of Sedimentary Research，41（2）：582-584.

Chen J，Xiao X. 2014. Evolution of nanoporosity in organic-rich shales during thermal maturation. Fuel，129：173-181.

Chen X Y，Chafetz H S，Andreasen R，et al. 2016. Silicon isotope compositions of euhedral authigenic quartz crystals：Implications for abiotic fractionation at surface temperatures. Chemical Geology，423：61-73.

Chow N，Morad S，Al-Aasm I S. 2000. Origin of Authigenic Mn-Fe carbonates and pore-water evolution in marine sediments：evidence from cenozoic strata of the arctic ocean and Norwegian-Greenland Sea（Odp Leg 151）. Journal of Sedimentary Research，70（3）：682-699.

Cobbold P R，Zanella A，Rodrigues N，et al. 2013. Bedding-parallel fibrous veins（beef and cone-in-cone）：worldwide occurrence and possible significance in terms of fluid overpressure，hydrocarbon generation and mineralization. Marine and Petroleum Geology，43：1-20.

Colţoi O，Nicolas G，Safa P. 2016. The assessment of the hydrocarbon potential and maturity of Silurian intervals from eastern part of Moesian Platform-Romanian sector. Marine and Petroleum Geology，77：653-667.

Cuadros J，Altaner S P. 1998. Characterization of mixed-layer illite-smectite from bentonites using microscopic，chemical，and X-ray methods；constraints on the smectite-to-illite transformation mechanism. American Mineralogist，83（7/8）：762-774.

Curtis C D. 1978. Possible links between sandstone diagenesis and depth-related geochemical reactions occurring

in enclosing mudstones. Journal of the Geological Society，135（1）：107-117.
Curtis M E，Cardott B J，Sondergeld C H，et al. 2012. Development of organic porosity in the Woodford Shale with increasing thermal maturity. International Journal of Coal Geology，103：26-31.
Dainyak L G，Drits V A，Zviagina B B，et al. 2006. Cation redistribution in the octahedral sheet during diagenesis of illite-smectites from Jurassic and Cambrian oil source rock shales. American Mineralogist，91（4）：589-603.
Dong H L，Peacor D R. 1996. TEM observations of coherent stacking relations in smectite，I/S and illite of shales：evidence for MacEwan crystallites and dominance of 2M polytypism. Clays and Clay Minerals，44（2）：257-275.
Dowey P J，Taylor K G. 2017. Extensive authigenic quartz overgrowths in the gas-bearing Haynesville-Bossier Shale，USA. Sedimentary Geology，356：15-25.
Emerson S，Jahnke R，Bender M，et al. 1980. Early diagenesis in sediments from the eastern equatorial Pacific，I. Porewater nutrient and carbonate results. Earth and Planetary Science Letters，49（1）：57-80.
Fishman N S，Egenhoff S O，Boehlke A R，et al. 2017. Petrology and diagenetic history of the upper shale member of the Late Devonian-early Mississippian Bakken Formation，Williston Basin，North Dakota. AAPG Bulletin，101（10）：1625-1673.
Fishman N S，Egenhoff S O，Lowers H A，et al. 2020. Pyritization history in the Late Cambrian alum shale，Scania，Sweden：evidence for ongoing diagenetic processes//Camp W K，Milliken K L，Taylor K，et al. Mudstone Diagenesis：Research Perspectives for Shale Hydrocarbon Reservoirs，Seals，and Source Rocks. Tulsa：AAPG Memoir.
Freed R L，Peacor D R. 1992. Diagenesis and the formation of authigenic illite-rich I/S crystals in Gulf Coast shales：TEM study of clay separates. Journal of Sedimentary Research，62（2）：220-234.
Gao Z，Fan Y，Xuan Q，et al. 2020. A review of shale pore structure evolution characteristics with increasing thermal maturities. Advances in Geo-Energy Research，4（3）：247-259.
Gonciaruk A，Hall M R，Fay M W. 2021. Kerogen nanoscale structure and CO_2 adsorption in shale micropores. Scientific Report，11：1-13.
Goodarzi F. 1985. Reflected light microscopy of chitinozoan fragments. Marine and Petroleum Geology，2（1）：72-78.
Goodarzi F，Higgins A C. 1987. Optical properties of scolecodonts and their use as indicators of thermal maturity. Marine and Petroleum Geology，4（4）：353-359.
Gresley W S. 1894. Cone-in-cone：how it occurs in the Devonian；series in Pennsylvania（U.S.A.）；with further details of its structure，varieties，etc. Quarterly Journal of the Geological Society，50（1/2/3/4）：731-739.
Grim R E. 1947. Relation of clay mineralogy to origin and recovery of petroleum. AAPG Bulletin，31（8）：1491-1499.
Hackley P C，Cardott B J. 2016. Application of organic petrography in North American shale petroleum systems：a review. International Journal of Coal Geology，163：8-51.
Hackley P C，Jubb A M，Burruss R C，et al. 2020. Fluorescence spectroscopy of ancient sedimentary organic matter via confocal laser scanning microscopy（CLSM）. International Journal of Coal Geology，223：103445.
Hall C D. 2020. Compositional and diagenetic controls on brittleness in organic siliceous mudrocks//Camp W K，

Milliken K L，Taylor K，et al. Mudstone Diagenesis: Research Perspectives for Shale Hydrocarbon Reservoirs，Seals，and Source Rocks. Tulsa：AAPG Memoir.

Hao F，Zou H Y，Lu Y C. 2013. Mechanisms of shale gas storage: Implications for shale gas exploration in China. AAPG Bulletin，97：1325-1346.

Heald M T，Larese R E. 1974. Influence of coatings on quartz cementation. Journal of Sedimentary Research，44（4）：1269-1274.

Helgeson H C，Knox A M，Owens C E，et al. 1993. Petroleum，oil field waters，and authigenic mineral assemblages are they in metastable equilibrium in hydrocarbon reservoirs. Geochimica et Cosmochimica Acta，57（14）：3295-3339.

Heydari C A D. 1999. A vitrinite reflectance kinetic model incorporating overpressure retardation. Marine and Petroleum Geology，16（4）：355-377.

Heydari E，Wade W J. 2002. Massive recrystallization of low-Mg calcite at high temperatures in hydrocarbon source rocks：implications for organic acids as factors in diagenesis. AAPG Bulletin，86（7）：1285-1303.

Hilgers C，Koehn D，Bons P D，et al. 2001. Development of crystal morphology during unitaxial growth in a progressively widening vein：Ⅱ. Numerical simulations of the evolution of antitaxial fibrous veins. Journal of Structural Geology，23（6/7）：873-885.

Hinman N W. 1990. Chemical factors influencing the rates and sequences of silica phase transitions：effects of organic constituents. Geochimica et Cosmochimica Acta，54（6）：1563-1574.

Hoffman J，Hower J. 1979. Clay mineral assemblages as low grade metamorphic geothermometers: application to the thrust faulted disturbed belt of Montana，U.S.A.//Scholle P A，Schluger P S. Tulsa：Aspects of Diagenesis. SEPM Society for Sedimentary Geology.

Hower J，Eslinger E V，Hower M E，et al. 1976. Mechanism of burial metamorphism of argillaceous sediment: 1. Mineralogical and chemical evidence. GSA Bulletin，87（5）：725-737.

Isaacs C M. 1982. Influence of rock composition on kinetics of silica phase changes in the Monterey Formation，Santa Barbara area，California. Geology，10（6）：304-308.

Israelson C，Halliday A N，Buchardt B. 1996. U-Pb dating of calcite concretions from Cambrian black shales and the Phanerozoic time scale. Earth and Planetary Science Letters，141（1/2/3/4）：153-159.

Jacob H. 1989. Classification，structure，genesis and practical importance of natural solid oil bitumen（“migrabitumen”）. International Journal of Coal Geology，11：65-79.

Jahren J，Ramm M. 2000. The porosity-preserving effects of microcrystalline quartz coatings in Arenitic sandstones：examples from the Norwegian continental shelf//Worden R H，Morad S. Quartz Cementation in Sandstones. Oxford：Blackwell Publishing Ltd.

Jarvie D M，Lundell L L. 2001. Amount，type，and kinetics of thermal transformation of organic matter in the Miocene Monterey Formation//Caroline M I，Jürgen R. The Monterey Formation：From Rocks to Molecules. New York：Columbia University Press.

Jarvie D M，Hill R J，Ruble T E，et al. 2007. Unconventional shale-gas systems：the Mississippian Barnett Shale of north-central Texas as one model for thermogenic shalegas assessment. AAPG Bulletin，91：475-499.

Jiao X，Liu Y Q，Yang W，et al. 2018. Mixed biogenic and hydrothermal quartz in Permian lacustrine shale of

Santanghu Basin，NW China：implications for penecontemporaneous transformation of silica minerals. International Journal of Earth Sciences，107（6）：1989-2009.

Kataoka K S，Nagahashi Y. 2019. From sink to volcanic source：unravelling missing terrestrial eruption records by characterization and high-resolution chronology of lacustrine volcanic density flow deposits，Lake Inawashiro-ko，Fukushima，Japan. Sedimentology，66（7）：2784-2827.

Katz B J，Arango I. 2018. Organic porosity：a geochemist' s view of the current state of understanding. Organic Geochemistry，123：1-16.

Katz B J，Lin F. 2021. Consideration of the limitations of thermal maturity with respect to vitrinite reflectance，T_{max}，and other proxies. AAPG Bulletin，105：695-720.

Kennedy M J，Löhr S C，Fraser S A，et al. 2014. Direct evidence for organic carbon preservation as clay-organic nanocomposites in a Devonian black shale; from deposition to diagenesis. Earth and Planetary Science Letters，388：59-70.

Ko L T，Loucks R G，Milliken K L，et al. 2017. Controls on pore types and pore-size distribution in the Upper Triassic Yanchang Formation，OrdosBasin，China：implications for pore evolution models of lacustrine mudrocks. Interpretation，5：SF127-SF148.

LaFlamme C，Martin L，Jeon H，et al. 2016. In situ multiple sulfur isotope analysis by SIMS of pyrite，chalcopyrite，pyrrhotite，and pentlandite to refine magmatic ore genetic models. Chemical Geology，444：1-15.

Lander R H，Larese R E，Bonnell L M. 2008. Toward more accurate quartz cement models：the importance of euhedral versus noneuhedral growth rates. AAPG Bulletin，92（11）：1537-1563.

Landis C R，Castaño J R. 1995. Maturation and bulk chemical properties of a suite of solid hydrocarbons. Organic Geochemistry，22：137-149.

Laughrey C D. 2014. Introductory geochemistry for shale gas，condensate-rich shales and tight oil reservoirs. Colorado：URTeC Annual Meeting Short Course，Colorado Convention Center，Denver，Colorado.

Liang C，Cao Y C，Liu K Y，et al. 2018. Diagenetic variation at the lamina scale in lacustrine organic-rich shales：implications for hydrocarbon migration and accumulation. Geochimica et Cosmochimica Acta，229：112-128.

Lindgreen H，Hansen P L. 1991. Ordering of illite-smectite in Upper Jurassic claystones from the North Sea. Clay Minerals，26（1）：105-125.

Liu B，Schieber J，Mastalerz M. 2017. Combined SEM and reflected light petrography of organic matter in the New Albany Shale（Devonian-Mississippian）in the Illinois Basin：a perspective on organic pore development with thermal maturation. International Journal of Coal Geology，184：57-72.

Liu B，Schieber J，Mastalerz M. 2019. Petrographic and micro-FTIR study of organic matter in the Upper Devonian New Albany shale during thermal maturation：implications for kerogen transformation//Camp W K，Milliken K L，Taylor K，et al. Mudstone Diagenesis：Research Perspectives for Shale Hydrocarbon Reservoirs，Seals，and Source Rocks. Tulsa：AAPG Memoir.

Liu B，Teng J，Mastalerz M，et al. 2021. Compositional control on shale pore structure characteristics across a maturation gradient：insights from the Devonian New Albany Shale and Marcellus Shale in the eastern United States. Energy & Fuels，35：7913-7929.

Liu B，Mastalerz M，Schieber J. 2022. SEM petrography of dispersed organic matter in black shales：a review.

Earth-Science Review，224：103874.

Löhr S C，Baruch E T，Hall P A，et al. 2015. Is organic pore development in gas shales influenced by the primary porosity and structure of thermally immature organic matter?. Organic Geochemistry，87：119-132.

Longman M W，Drake W R，Milliken K L，et al. 2020. A comparison of silica Diagenesis in the Devonian Woodford shale（central basin platform，west Texas）and cretaceous Mowry shale（Powder River Basin，Wyoming）//Camp W K，Milliken K L，Taylor K，et al. Mudstone Diagenesis：Research Perspectives for Shale Hydrocarbon Reservoirs，Seals，and Source Rocks. Tulsa：AAPG Memoir.

Loucks R G，Reed R M. 2014. Scanning-electron-microscope petrographic evidence for distinguishing organic-matter pores associated with depositional organic matter versus migrated organic matter in mudrock. Gulf Coast Association Geological Societies Journal，3：51-60.

Loucks R G，Reed R M，Ruppel S C，et al. 2009. Morphology，genesis，and distribution of nanometer-scale pores in siliceous mudstones of the Mississippian Barnett shale. Journal of Sedimentary Research，79（12）：848-861.

Loucks R G，Reed R M，Ruppel S C，et al. 2012. Spectrum of pore types and networks in mudrocks and a descriptive classification for matrix-related mudrock pores. AAPG Bulletin，96（6）：1071-1098.

Lu J M，Ruppel S C，Rowe H D. 2015. Organic matter pores and oil generation in the Tuscaloosa marine shale. AAPG Bulletin，99（2）：333-357.

Luo Q，Zhong N，Dai N，et al. 2016. Graptolite-derived organic matter in the Wufeng-Longmaxi Formations（Upper Ordovician-Lower Silurian）of southeastern Chongqing，China：implications for gas shale evaluation. International Journal of Coal Geology，153：87-98.

Luo Q，Hao J，Skovsted C B，et al. 2018. Optical characteristics of graptolite-bearing sediments and its implication for thermal maturity assessment. International Journal of Coal Geology，195：386-401.

Luo Q，Fariborz G，Zhong N，et al. 2020. Graptolites as fossil geo-thermometers and source material of hydrocarbons：an overview of four decades of progress. Earth-Science Reviews，200：103000.

Macquaker J H S，Taylor K G，Keller M，et al. 2014. Compositional controls on early diagenetic pathways in fine-grained sedimentary rocks：implications for predicting unconventional reservoir attributes of mudstones. AAPG Bulletin，98：587-603.

Mählmann R F，Le Bayon R. 2016. Vitrinite and vitrinite like solid bitumen reflectance in thermal maturity studies：correlations from diagenesis to incipient metamorphism in different geodynamic settings. International Journal of Coal Geology，157：52-73.

Mastalerz M，Schimmelmann A，Drobniak A，et al. 2013. Porosity of Devonian and Mississippian New Albany Shale across a maturation gradient：insights from organic petrology，gas adsorption，and mercury intrusion. AAPG Bulletin，97（10）：1621-1643.

Mastalerz M，Hampton L，Drobniak A. 2015. Thermal alteration index（TAI），vitrinite reflectance，and T_{max} through maturation. Yogyakarta：32nd Annual Meeting of the Society for Organic Petrology.

Mastalerz M，Hampton L，Drobniak A. 2016. Evaluating thermal Maturity using transmitted light techniques：color changes in structureless organic matter and palynomorphs. Indiana Geological Survey Occasional Paper，73：1-41.

Mastalerz M，Drobniak A，Stankiewicz A B. 2018. Origin，properties，and implications of solid bitumen in source-rock reservoirs：a review. International Journal of Coal Geology，195：14-36.

Means W D，Li T. 2001. A laboratory simulation of fibrous veins：some first observations. Journal of Structural Geology，23（6/7）：857-863.

Merriman M F，Frey M. 1998. Patterns of very lowgrade metamorphism in metapelitic rocks//Frey M，Robinson D. Low-Grade Metamorphism. Oxford：Blackwell Science.

Milliken K. 2014. A compositional classification for grain assemblages in fine-grained sediments and sedimentary rocks. Journal of Sedimentary Research，84（12）：1185-1199.

Milliken K L. 2019. Compactional and mass-balance constraints inferred from the volume of quartz cementation in mudrocks//Camp W K，Milliken K L，Taylor K，et al. Mudstone Diagenesis：Research Perspectives for Shale Hydrocarbon Reservoirs，Seals，and Source Rocks. Tulsa：AAPG Memoir.

Milliken K L，Rudnicki M，Awwiller D N，et al. 2013. Organic matter-hosted pore system，marcellus formation（Devonian），pennsylvania. AAPG Bulletin，97：177-200.

Morad S，Ketzer J M，de Ros L F. 2000. Spatial and temporal distribution of diagenetic alterations in siliciclastic rocks：implications for mass transfer in sedimentary basins. Sedimentology，47（S1）：95-120.

Morse J W. 2003. Formation and diagenesis of carbonate sediments. Treatise on Geochemistry，7：67-85.

Mukhopadhyay P K，Dow W G. 1994. Vitrinite Reflectance as A Maturity Parameter：Applications and Limitations. Washington：ACS Symposium Series 570，American Chemical Society.

Nie H，Jin Z，Zhang J. 2018. Characteristics of three organic matter pore types in the Wufeng-Longmaxi Shale of the Sichuan Basin，Southwest China. Scientific Reports，8（1），1-11.

Nollet S，Urai J L，Bons P D，et al. 2005. Numerical simulations of polycrystal growth in veins. Journal of Structural Geology，27（2）：217-230.

Nollet S，Hilgers C，Urai J L. 2006. Experimental study of polycrystal growth from an advecting supersaturated fluid in a model fracture. Geofluids，6（2）：185-200.

Peltonen C，Marcussen Ø，Bjørlykke K，et al. 2009. Clay mineral diagenesis and quartz cementation in mudstones：the effects of smectite to illite reaction on rock properties. Marine and Petroleum Geology，26（6）：887-898.

Peters K E，Cassa M R. 1994. Applied source rock geochemistry//Magoon L B，Dow W G. The petroleum system—from source to trap. AAPG Memoir，60：93-120.

Petersen H I，Schovsbo N H，Nielsen A T. 2013. Reflectance measurements of zooclasts and solid bitumen in Lower Paleozoic shales，southern Scandinavia：correlation to vitrinite reflectance. International Journal of Coal Geology，114：1-18.

Pittman E D，Larese R E，Heald M T. 1992. Clay coats：occurrence and relevance to preservation of porosity in sandstones//Houseknecht D W，Pittman E D. Origin，diagenesis，and petrophysics of clay minerals in sandstones. SEPM Society for Sedimentary Geology，241-255.

Pollastro R M. 1993. Considerations and Applications of the Illite/Smectite Geothermometer in Hydrocarbon-Bearing Rocks of Miocene to Mississippian Age. Clays and Clay Minerals，41（2）：119-133.

Pommer M，Milliken K. 2015. Pore types and pore-size distributions across thermal maturity，Eagle Ford Formation，southern Texas. AAPG Bulletin，99（9）：1713-1744.

Prochnow E A，Remus M V D，Ketzer J M，et al. 2006. Organic-inorganic interactions in oilfield sandstones：examples from turbidite reservoirs in the Campos Basin，offshore Eastern Brazil. Journal of Petroleum Geology，29（4）：361-380.

Qiu Z，Liu B，Dong D. 2020. Silica diagenesis in the Lower Paleozoic Wufeng and Longmaxi Formations in the Sichuan Basin，South China：implications for reservoir properties and paleoproductivity. Marine and Petroleum Geology，121：104594.

Raiswell R. 1982. Pyrite texture，isotopic composition and the availability of iron. American Journal of Science，282（8）：1244-1263.

Raiswell R，Canfield D E. 1998. Sources of iron for pyrite formation in marine sediments. American Journal of Science，298（3）：219-245.

Raiswell R，Reinhard C T，Derkowski A，et al. 2011. Formation of syngenetic and early diagenetic iron minerals in the Late Archean Mt. McRae Shale，Hamersley Basin，Australia：new insights on the patterns，controls and paleoenvironmental implications of authigenic mineral formation. Geochimica et Cosmochimica Acta，75（4）：1072-1087.

Reed R M. 2017. Organic-matter pores：new findings from Lower-thermal-maturity mudrocks. GCAGS Journal，6：99-110.

Rexer T F，Mathia E J，Aplin A C，et al. 2014. High-pressure methane adsorption and characterization of pores in Posidonia shales and isolated kerogens. Energy & Fuels，28：2886-2901.

Reyes J，Jiang C，Lavoie D，et al. 2018. Organic petrographic analysis of artificially matured chitinozoan-and graptolite-rich Upper Ordovician shale from Hudson Bay Basin，Canada. International Journal of Coal Geology，199：138-151.

Riediger C L. 1993. Solid bitumen reflectance and Rock-Eval T_{max} as maturation indices：an example from the "Nordegg Member"，Western Canada Sedimentary Basin. International Journal of Coal Geology，22：295-315.

Rodrigues N，Cobbold P R，Loseth H，et al. 2009. Widespread bedding-parallel veins of fibrous calcite（'beef'）in a mature source rock（Vaca Muerta Fm，Neuquén Basin，Argentina）：evidence for overpressure and horizontal compression. Journal of the Geological Society，166（4）：695-709.

Ross D J K，Bustin R M. 2009. The importance of shale composition and pore structure upon gas storage potential of shale gas reservoirs. Marine and Petroleum Geology，26：916-927.

Sanei H. 2020. Genesis of solid bitumen. Scientific Reports，10：1-10.

Schieber J. 2010. Common Themes in the Formation and Preservation of Intrinsic Porosity in Shales and Mudstones-Illustrated with Examples Across the Phanerozoic. Pittsburgh，Pennsylvania：SPE Unconventional Gas Conference.

Schieber J. 2013. SEM observations on ion-milled samples of Devonian black shales from Indiana and New York：the petrographic context of multiple pore types. AAPG Memoir，102：153-171.

Schieber J，Krinsley D，Riciputi L. 2000. Diagenetic origin of quartz silt in mudstones and implications for silica cycling. Nature，406（6799）：981-985.

Schmidt J S，Menezes T R，Souza I V A F，et al. 2019. Comments on empirical conversion of solid bitumen reflectance for thermal maturity evaluation. International Journal of Coal Geology，201：44-50.

Schmidt V，McDonald D A，Platt R L. 1977. Pore geometry and reservoir aspects of secondary porosity in sandstones. Bulletin of Canadian Petroleum Geology，25（2）：271-290.

Schoenherr J，Littke R，Urai J L，et al. 2007. Polyphase thermal evolution in the Infra-Cambrian Ara Group（South Oman Salt Basin）as deduced by maturity of solid reservoir bitumen. Organic Geochemistry，38：1293-1318.

Schulz H M，Wirth R，Schreiber A. 2016. Nano-crystal formation of TiO_2 polymorphs Brookite and Anatase due to organic-inorganic rock-fluid interactions. Journal of Sedimentary Research，86（2）：59-72.

Seewald J S. 2003. Organic-inorganic interactions in petroleum-producing sedimentary basins. Nature，426（6964）：327-333.

Shovkun I，Espinoza D N. 2018. Geomechanical implications of dissolution of mineralized natural fractures in shale formations. Journal of Petroleum Science and Engineering，160：555-564.

Środoń J，Eberl D D，Drits V A. 2000. Evolution of fundamental-particle size during illitization of smectite and implications for reaction mechanism. Clays and Clay Minerals，48（4）：446-458.

Staplin F L. 1969. Sedimentary organic matter，organic metamorphism，and oil and gas occurrence. Bulletin of Canadian Petroleum Geology，17（1）：47-66.

Stolper D A，Love G D，Bates S，et al. 2017. Paleoecology and paleoceanography of the Athel silicilyte，Ediacaran-Cambrian boundary，Sultanate of Oman. Geobiology，15（3）：401-426.

Surdam R C，Crossey L J，Hagen E S，et al. 1989. Organic-inorganic interactions and Sandstone diagenesis. AAPG Bulletin，73（1）：1-23.

Synnott D P，Dewing K，Ardakani O H，et al. 2018. Correlation of zooclast reflectance with Rock-Eval T_{max} values within Upper Ordovician Cape Phillips Formation，a potential petroleum source rock from the Canadian Arctic Islands. Fuel，227：165-176.

Taber S. 1916. The growth of crystals under external pressure. American Journal of Science，S4-41（246）：532-556.

Taber S. 1918. The origin of veinlets in the Silurian and Devonian strata of central New York. The Journal of Geology，26（1）：56-73.

Taylor T R，Giles M R，Hathon L A，et al. 2010. Sandstone diagenesis and reservoir quality prediction：models，myths，and reality. AAPG Bulletin，94（8）：1093-1132.

Teichmüller M，Ottenjann K. 1977. Art und diagenese von liptiniten und lipoiden stoffen in einem Erdölmuttergestein auf grund fluoroeszenzmikroskopischer Untersuchungen. Erdöl und Kohle-Erdgas，30（9）：387-398.

Teichmüller M，Durand B. 1983. Fluorescence microscopical rank studies on liptinites and vitrinites in peat and coals，and comparison with results of the Rock-Eval pyrolysis. International Journal of Coal Geology，2：197-230.

Teng J，Liu B，Mastalerz M，et al. 2022. Origin of organic matter and organic pores in the overmature Ordovician-Silurian Wufeng-Longmaxi Shale of the Sichuan Basin，China. International Journal of Coal Geology，253：103970.

Tissot B P，Welte D H. 1984. Petroleum Formation and Occurrence，2nd ed. Berlin：Springer-Verlag.

Tricker P M，Marshall J E，Badman T D. 1992. Chitinozoan reflectance：a lower Palaeozoic thermal maturity indicator. Marine and Petroleum Geology，9：302-307.

Walderhaug O. 1996. Kinetic modeling of quartz cementation and porosity loss in deeply buried sandstone reservoirs. AAPG Bulletin，80（5）：731-745.

Wang M，Chen Y，Song G Q，et al. 2018. Formation of bedding-parallel，fibrous calcite veins in laminated source rocks of the Eocene Dongying Depression：a growth model based on petrographic observations. International Journal of Coal Geology，200：18-35.

Wang Y，Qiu N，Borjigin T. 2019. Integrated assessment of thermal maturity of the Upper Ordovician-lower Silurian Wufeng-Longmaxi shale in Sichuan Basin，China. Marine and Petroleum Geology，100：447-465.

Webster T. 1826. IV.-Observations on the Purbeck and Portland beds. Transactions of the Geological Society of London，S2-2（1）：37-44.

Wignall P B，Newton R. 1998. Pyrite framboid diameter as a measure of oxygen deficiency in ancient mudrocks. American Journal of Science，298（7）：537-552.

Wilkin R T，Barnes H L，Brantley S L. 1996. The size distribution of framboidal pyrite in modern sediments：an indicator of redox conditions. Geochimica et Cosmochimica Acta，60（20）：3897-3912.

Williams L B，Canfield B，Voglesonger K M，et al. 2005. Organic molecules formed in a “primordial womb”. Geology，33（11）：913-916.

Wilson M J，Shaldybin M V，Wilson L. 2016. Clay mineralogy and unconventional hydrocarbon shale reservoirs in the USA. I. Occurrence and interpretation of mixed-layer R3 ordered illite/smectite. Earth–Science Reviews，158：31-50.

Worden R H，Burley S D. 2003. Sandstone diagenesis：the evolution of sand to stone//Burley S D，Worden R D. Sandstone Diagenesis：Recent and Ancient. Malden：Blackwell.

Wust R A，Nassichuk B R，Brezovski R，et al. 2013. Vitrinite reflectance versus pyrolysis tmax data：assessing thermal maturity in shale plays with special reference to the Duvernay Shale play of the Western Canadian Sedimentary Basin，Alberta，Canada，SPE Unconventional Resources Conference and Exhibition-Asia Pacific. Brisbane：Society of Petroleum Engineers.

Yang C，Xiong Y，Zhang J. 2020. A comprehensive re-understanding of the OM-hosted nanopores in the marine Wufeng-Longmaxi shale formation in South China by organic petrology，gas adsorption，and X-ray diffraction studies. International Journal of Coal Geology，218：103362.

Ye Y T，Wu C D，Zhai L N，et al. 2017. Pyrite morphology and episodic euxinia of the Ediacaran Doushantuo Formation in South China. Science China Earth Sciences，60（1）：102-113.

Yoon H，Ingraham M D，Grigg J，et al. 2020. Impact of depositional and diagenetic heterogeneity on multiscale mechanical behavior of Mancos Shale，New Mexico and Utah，USA//Camp W K，Milliken K L，Taylor K，et al. Mudstone Diagenesis：Research Perspectives for Shale Hydrocarbon Reservoirs，Seals，and Source Rocks. Tulsa：AAPG Memoir.

Zanella A，Cobbold P R，Ruffet G，et al. 2015. Geological evidence for fluid overpressure，hydraulic fracturing and strong heating during maturation and migration of hydrocarbons in Mesozoic rocks of the northern Neuquén Basin，Mendoza province，Argentina. Journal of South American Earth Sciences，62：229-242.

Zhang J G，Jiang Z X，Jiang X L，et al. 2016. Oil generation induces sparry calcite formation in lacustrine mudrock，Eocene of east China. Marine and Petroleum Geology，71：344-359.

Zhao J H，Jin Z K，Jin Z J，et al. 2017. Origin of authigenic quartz in organic-rich shales of the Wufeng and Longmaxi Formations in the Sichuan Basin，South China：implications for pore evolution. Journal of Natural Gas Science and Engineering，38：21-38.

第五章　典型非常规油气层系沉积与重大地质事件

无论是常规油气还是非常规油气，黑色页岩层系中所富含的有机质是大量烃类生成的物质基础，大规模发育黑色页岩层系是油气聚集成藏的前提条件。常规油气研究一般聚焦于整套黑色页岩层系——“烃源层”，是常规油气“圈闭”富集成藏的重要控制因素之一。而非常规油气主要聚集于富有机质沉积“烃源层”之中，研究常聚焦于黑色页岩层系中的异常高有机质段——“甜点段”。在非常规油气等勘探开发过程中，一般认为有机质处于未成熟-低成熟阶段的油页岩“甜点段”的TOC含量≥6.0%（含油率≥3.5）（刘招君等，2009），高成熟-过成熟阶段形成的页岩气“甜点段”的 TOC 含量≥3.0%（含气量≥3.0m^3/t）（图5.1）。这是因为这些资源主要赋存或储存于有机质内，故在特定成熟度条件下，可以通过 TOC 含量变化识别出相关的“甜点段”。对于中-高成熟阶段致密油/页岩油而言，它们的“甜点段”形成过程中存在着石油近源聚集或源内聚集，更注重储集岩内可动油含量（或游离烃含量）评价（Li et al.，2020）。然而，这些“甜点段”一般发育于富有机质泥页岩层系之中，TOC 含量一般高于 5.0%，如美国威利斯顿盆地 Bakken 层系与我国鄂尔多斯盆地长 7 段（杨华等，2013）。故可将 TOC 含量≥3.0%的细粒沉积（物）岩称为异常高有机质沉积，它是形成页岩油气等非常规油气“甜点段”的重要沉积层段。

诸多研究表明，地质历史中主要黑色页岩层系（烃源层）与全球重大地质事件关系密切。非常规油气勘探开发诸多实践已表明，非常规油气资源富集与异常高有机质沉积（TOC含量≥3.0%）密切相关（杨华等，2013；郭旭升等，2016；马永生等，2018；马新华和谢军，2018；焦方正，2019），与重大地质事件的关系更为密切。例如，我国南方四川盆地及周缘五峰组-龙马溪组页岩层系厚度一般可达 300m 以上，但页岩气“甜点段”一般集中发育在该套页岩层系底部，厚度一般为 10～40m，仅为该套页岩层系总厚度的十分之一，对应奥陶纪—志留纪转折期。在这一时期，“甜点段”形成的沉积背景具有一定特殊性，全球与华南扬子地区及周缘发生了一系列重要地质事件：构造抬升与海平面升/降、气候变冷（冈瓦纳冰期）、火山喷发、海水硫化缺氧、生物大灭绝等。另一个典型实例是我国中部鄂尔多斯盆地延长组致密油/页岩油层系。延长组在盆地南部厚度达 1000m 以上，长 7 段、长 6 段为现今鄂尔多斯盆地发现的主要致密油/页岩油富集层段，其中长 7 段厚度仅为 100m 左右，主要为富有机质页岩段，是页岩油的集中发育段。长 7 段沉积时期为中晚三叠世过渡时期，鄂尔多斯盆地及其周缘发生了一系列区域地质事件，如区域性构造运动与湖平面升/降、火山活动、水体缺氧、重力流等。

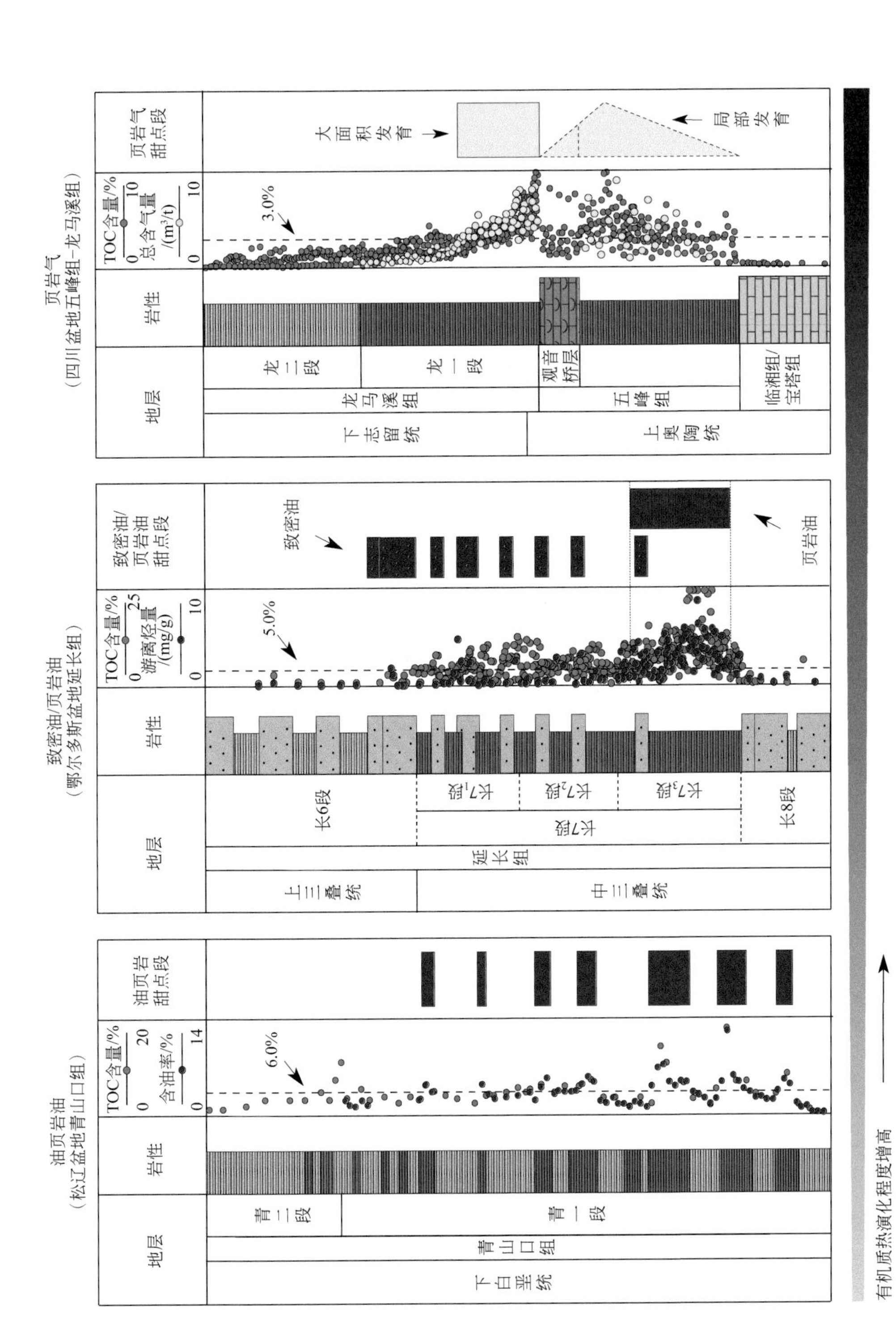

图5.1　中国典型盆地非常规油气沉积层系及其有机质沉积富集示意图

第一节　重大事件沉积研究历程

19世纪以前，与神学论相结合的灾变论是人们普遍接受的自然观念。随着莱伊尔的《地质学原理》（1831年）和达尔文的《生物进化论》（1859年）两部著作的问世，以进化、连续等为特征的“渐变论”逐渐在地学界乃至自然科学界占据统治地位（杜远生，2009）。到20世纪下半叶，地球科学领域中诞生了两件革命性的研究成果。一件是20世纪60年代板块构造学说的提出（Mckenzie and Parker，1967；Le Pichon，1968；Morgan，1968），科学地解释了大陆漂移和海底扩张，成为了地球科学领域的标准模型；另一件是20世纪80年代“灾变论”的复活，其标志性事件之一，是Alvarez等于1980年提出“天外来客”撞击地球，引发了白垩纪—第三纪之交的生物大灭绝，引发了整个地球科学界大讨论。随后显生宙以来五次海洋生物大灭绝事件的提出（Raup and Seploski，1982；Seploski，1984），使得大灭绝事件等相关“灾变论”成为全球自然科学界中最活跃、讨论最热烈的研究主题之一（戎嘉余和黄冰，2014）。近五六十年来，地球科学家逐渐开展了各类地质事件的研究，并已成为当前地球科学中诸多领域的研究热点，如板块构造学的超大陆聚合与裂解（Morgan，1972；Condie，2004；李献华等，2012；Li et al.，2019）、古生物学的“五大灭绝”（Seploski et al.，1984；殷鸿福和宋海军，2013；戎嘉余和黄冰，2014；沈树忠和张华，2017）和沉积学的事件沉积（Bouma，1962；王清晨，1991；Shanmugam，2000；何起祥，2003；王成善，2006；胡修棉和王成善，2007；Talling et al.，2007）等。

地质事件沉积是指各类地质事件相关的沉积记录，具有时间上瞬时性与空间上非常性的特征。由于其对应于以突变、不连续等为特征的“灾变论”，故又称为灾变事件沉积，属于“非常规”沉积。关于事件沉积的研究相对较早，起始于20世纪50、60年代浊流沉积作用研究（Kuenen and Migliorini，1950；Heezen and Ewing，1952；Bouma，1962；Walker，1965）。有人提出鲍马沉积序列代表一次事件沉积，随着20世纪80年代新“灾变论”的复兴迅速成为引人注目的研究热点。如Einsele和Seilacher于1982年主编文集*Cyclic and event stratification*，相对系统地介绍了事件沉积特征；许靖华于1983年指出大规模灾变事件必然会留下沉积记录，并强烈倡议“沉积学家应该将灾变论作为研究哲学”。地质事件沉积研究早期主要针对以小时或天等为单位的瞬时性地质事件的沉积记录，如行星/彗星撞击事件（Alvarez et al.，1980；欧阳自远和管云彬，1992）、海啸风暴事件（龚一鸣，1988；王清晨，1991；Myrow and Southard，1996）和重力流事件（Kuenen and Migliorini，1950；Walker，1965；孙枢和李继亮，1984）等；随后逐渐扩大到以千年或百万年为单位的“相对瞬时”地质事件相关沉积记录的研究，如气候突变事件（冰川/雪球）（郑永飞，2005；王成善，2006；Parrish and Soreghan，2013；Zambito and Benison，2013）、构造巨变事件（大陆聚合/裂解）（李献华等，2012；Li et al.，2019）、地幔柱或大规模火山喷发事件（徐义刚，2002；Condie，2004）、生物事件（灭绝/辐射）（戎嘉余和方宗杰，2004；Shen et al.，2011；谢树成等，2015）、海平面突变事件（上升/下降）（Hallam and Wignall，1999；Miller et al.，2005；Haq and Schutter，2008）和海水缺氧/富氧事件（王成善和胡修棉，2005；Grice et al.，2005；胡修棉，2015；Zhang et al.，2016；Zou et al.，2018a）等。

当前随着理论、技术和方法的发展与创新，对地质事件沉积的研究程度也越来越深。同时，越来越多的研究表明，大陆聚合与裂解（Trabucho-Alexandre et al.，2012）、火山喷发（Lee et al.，2018）、重力流沉积（邹才能等，2009；付金华等，2013）和海水缺氧（Zou et al.，2018a；邱振等，2019），甚至深部热源活动（刘全有等，2019；Tao et al.，2022）等诸多地质事件对优质烃源岩或优质储层发育具有重要控制作用，与页岩油气、致密油等非常规油气资源的沉积富集关系密切。

第二节　中国典型非常规油气层系

一、上奥陶统—下志留统五峰组-龙马溪组页岩气

奥陶纪—志留纪转折时期，华南地区四川盆地受扬子与华夏两板块汇聚拼合作用的影响，其沉积环境由早中奥陶世的浅水碳酸盐岩台地逐渐演化为晚奥陶世—早志留世碎屑陆棚环境，并在四川盆地及其周缘广泛沉积了一套富有机质页岩层系，即五峰组-龙马溪组页岩层系（图 5.2）。自 2010 年在川南地区五峰组-龙马溪组首次发现工业页岩气流后，我国相继在四川盆地及周缘取得页岩气勘探开发突破，逐步形成了威远、长宁、涪陵、昭通四大页岩气商业化示范区及泸州、东溪-丁山、叙永、巫溪等诸多勘探潜力区（王志刚，2015；邹才能等，2015；郭旭升等，2016；马永生等，2018；马新华和谢军，2018；郑述权等，2019；胡伟光等，2019）。我国南方五峰组-龙马溪组页岩气资源丰富，技术可采资源量约 $4.5\times10^{12}m^3$。截至 2022 年底，探明地质储量约 $3.0\times10^{12}m^3$，年产量约 $240\times10^8m^3$，在我国未来天然气产量增长中将发挥着重要作用。

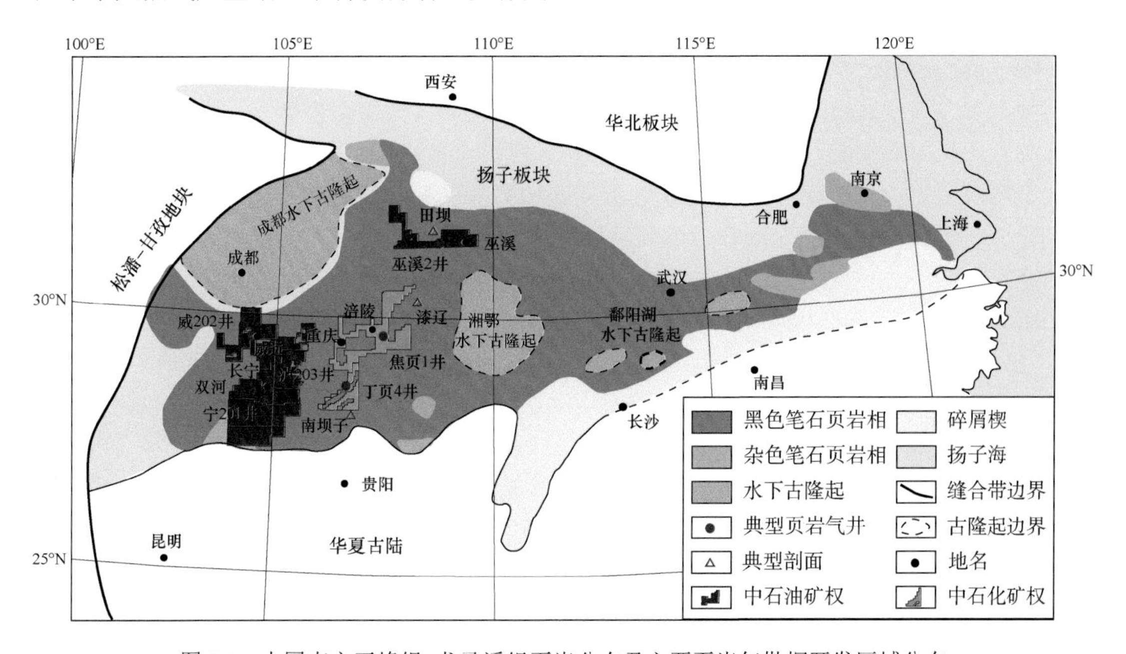

图 5.2　中国南方五峰组-龙马溪组页岩分布及主要页岩气勘探开发区域分布

我国五峰组-龙马溪组页岩气近十年的勘探开发实践表明，五峰组-龙马溪组富有机质沉积是页岩气富集的基础，后期有效保存条件是高产的关键（邹才能等，2015；金之钧等，2016；何治亮等，2016；郭旭升等，2016；翟刚毅等，2017），两者都明显受控于其沉积背景（Qiu and Zou，2020）。针对该套页岩层系沉积学特征，国内外学者发表了大量的研究文章，其中 2010 年以来的文章数量近 6000 篇，这在一定程度上说明沉积学研究对页岩气勘探开发的重要性。有趣的是，在奥陶纪—志留纪转折时期，发生了一系列全球性重要地质事件，如海平面升/降（Brenchley and Newall，1980；Sutcliffe et al.，2000）、气候变冷（冈瓦纳冰期）（Trotter et al.，2008；Vandenbroucke et al.，2010；Finnegan et al.，2011）、火山喷发（Huff，2008；Tao et al.，2020）、海水缺氧（Hammarlund et al.，2012；Zou et al.，2018a，b；Bartlett et al.，2018；Li et al.，2019）和生物大灭绝（Harper et al.，2014；戎嘉余和黄冰，2014）等。同时，在华南扬子地区周缘发生了一些区域性构造抬升、火山喷发等事件（Su et al.，2009；戎嘉余等，2011，2019；陈旭等，2014；卢斌等，2017；徐亚军和杜远生，2018；张元动等，2019；王玉满等，2019；邱振等，2019；戎嘉余和黄冰，2019）。这些地质事件对五峰组-龙马溪组页岩沉积产生了重要影响（图 5.3），它们耦合沉积控制着页岩气“甜点区（段）”形成与分布。

（一）构造与海平面升/降事件

五峰组-龙马溪组沉积时期为奥陶纪—志留纪转折期，是全球重大地质转折期之一，也是罗迪尼亚超大陆裂解晚期与潘基亚超大陆聚合早期的过渡阶段（Blakey，2008；Nance et al.，2014）（图 5.3）。奥陶纪为罗迪尼亚超大陆裂解晚期，全球海平面逐渐上升，在晚奥陶世初期（即凯迪阶早期）达到古生代最高点，高于现代海平面大约 225m；但在凯迪阶晚期和赫南特阶，全球海平面快速下降，随后在早志留世海平面逐渐上升，至中志留世后又逐渐下降（Haq and Schutter，2008）。在潘基亚超大陆聚合早期，以志留纪劳伦古陆与波罗的海古陆碰撞为标志（Blakey，2008；Nance et al.，2014），全球海平面整体上表现为逐渐下降，并在二叠纪末下降至显生宙以来最低点，并低于现代海平面（Haq and Schutter，2008；Nance et al.，2014）。因此，奥陶纪—志留纪转折期全球海平面总体上受控于超大陆的演化，即超大陆聚合时期的海平面相对降低，而裂解时期海平面相对升高。

在奥陶纪—志留纪转折期，华南地区位于冈瓦纳大陆东部北缘（Torsvik and Cocks，2013），可能受原太平洋板块向东冈瓦纳俯冲作用影响，在 460～400 Ma 期间经历了陆内造山作用，即武夷-云开陆内造山带，表现为由南向北的构造抬升，又称广西运动（陈旭等，2014；徐亚军和杜远生，2018）。这一构造运动在华南地区具有明显的阶段性，且在华夏板块与扬子板块具有明显的差异性（舒良树，2012；陈旭等，2014）。晚奥陶世，华夏板块受原太平洋板块俯冲作用影响，发生构造抬升及变形作用并向西北迁移；在凯迪阶晚期（即五峰组沉积时期），遇到稳定扬子板块阻挡，造成扬子板块东南缘发生快速沉降，形成湘鄂西-黔北前陆盆地（马永生等，2009）。而在早志留世，构造抬升作用才逐渐扩展到扬子板块东南缘（如桐梓上升）及内部（如湘鄂水下高地），并在特列奇阶末期达到最大抬升限度（陈旭等，2014；戎嘉余等，2019）。依据扬子地区宝塔组/临湘组、五峰组、龙马溪组等沉积特征，五峰组和龙马溪组分别识别出两个海侵、海退旋回，其中五峰组两个旋回持续约

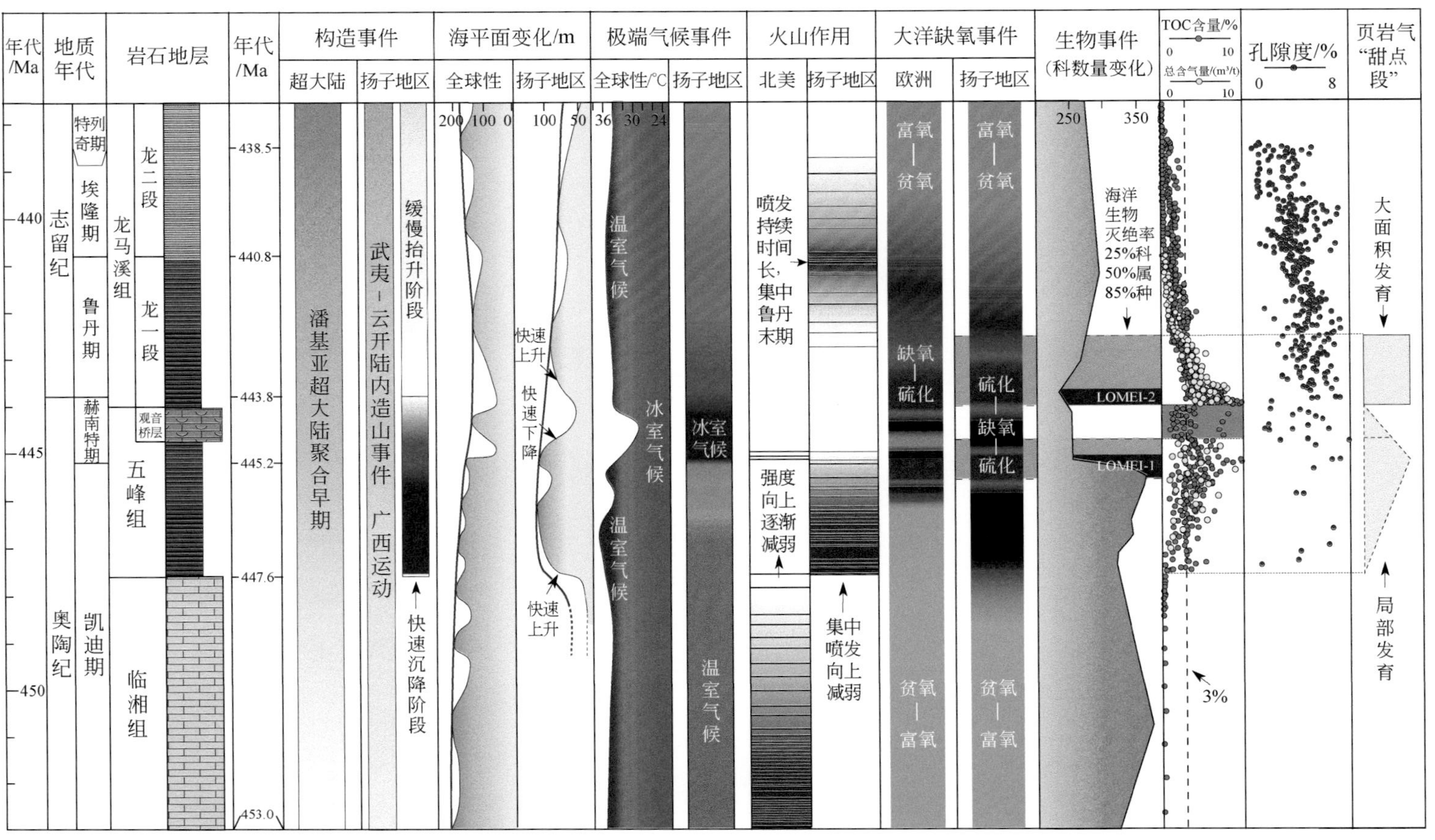

图5.3 奥陶纪—志留纪转折期重大地质事件和四川盆地五峰组-龙马溪组页岩气"甜点段"分布

图中地质年代、岩性地层等据国际地层年代表(2019版)及文献戎嘉余等(2019)、张元动等(2019)；超大陆构造事件据文献Nance等(2014)和Blakey(2008)；华南扬子地区构造事件据文献徐亚军和杜远生(2018)、陈旭等(2014)、戎嘉余和黄冰(2019)；全球海平面变化据文献Haq和Schutter(2008)；扬子地区相对海平面变化曲线(待发表)，其水深数据据文献Zou等(2018a)、戎嘉余和黄冰(2019)；北美地区火山灰层分布特征据文献Huff(2008)；扬子地区火山灰层分布据文献王玉满等(2019)、邱振等(2019)；全球气候变化据文献Finnegan等(2011)；扬子地区数据据文献Zou等(2018a)；欧洲等地区沉积水体缺氧程度据文献Hammarlund等(2012)、Bartlett等(2018)；扬子地区数据据为文献Zou等(2018a)；生物科数量变化曲线据文献Harper等(2014)；其中属、种灭绝数量据文献戎嘉余和黄冰(2014)；五峰组-龙马溪组TOC含量和含气量数据部分引自文献金之钧等(2016)、郭旭升等(2016)、Li等(2019)、Zou等(2018a)、王玉满等(2019)，等等

4Ma，龙马溪组的两个旋回持续约 5Ma（图 5.3）。扬子地区相对海平面在宝塔组/临湘组沉积时期（凯迪阶早中期）相对较低（水深小于 50m），随后受武夷-云开陆内造山事件（广西运动）影响，扬子板块内部快速沉降，五峰组沉积时期相对海平面快速升高（水深 50～200m）（Zou et al.，2018a；戎嘉余等，2019）；基于腕足类生态学研究的最新成果表明（戎嘉余等，2019），凯迪阶末期即笔石带 *P. pacificus* 中晚期，扬子地区总体水深为 100～200m；而在赫南特阶早、中期，受全球海平面下降影响，相对海平面快速降低（水深约 60m）（戎嘉余等，2019），其海平面下降幅度与高纬度地区的较为一致（下降幅度为 70～150m）（Brenchley et al.，2006；Loi et al.，2010）。在赫南特阶晚期及志留纪鲁丹阶早期，扬子地区受全球海泛事件影响，相对海平面快速上升，并随着广西运动上升作用逐步加强，相对海平面呈总体下降趋势（图 5.3）。

（二）气候变冷事件

晚奥陶世末期，冈瓦纳大陆南部发育一定规模冰川作用（Torsvik and Cocks，2013）。关于冰川作用持续时间，一直存在着较大争议，从大约 35Ma（Frakes et al.，1992）到数个百万年（Trotter et al.，2008），甚至不到 1Ma（Brenchley et al.，1994）。但诸多研究证实，这一时期冰川对全球气候影响主要发生在赫南特阶时期（Trotter et al.，2008；Finnegan et al.，2011），常称之为赫南特（Hivnantian）冰川事件。它是显生宙第一次发生冰川事件，与其他冰期相比，Hirnantian 冰期不寻常之处有两点：一是在冰期时仍具有较高的大气 CO_2 分压（pCO_2），是现今 pCO_2 的 5 倍以上（Vandenbroucke et al.，2010），甚至更高（8～16 倍）（Berner，2006）；二是唯一一个与海洋生物大灭绝时间具有耦合的冰期（Finnegan et al.，2011；戎嘉余和黄冰，2014）。

基于碳酸盐多元同位素古温度估算方法，已较为准确地恢复了晚奥陶世—早志留世赤道附近海水表层温度（sea surface temperature，SST）（Finnegan et al.，2011）。在晚奥陶世—早志留世时期（455～435 Ma），SST 总体上变化相对较小，为 32～37℃；而在 Hirnantian 时期，SST 发生快速下降，一般为 28～31℃，下降幅度平均～5℃（Finnegan et al.，2011）（图 5.3）。同时，也有研究表明，中晚奥陶世时期，SST 整体处在现代赤道范围（27～32℃），而在 Hirnantian 冰期，快速下降到 23℃左右（Trotter et al.，2008）。

关于 Hirnantian 冰期发生次数，基于来自低、高纬度两个连续沉积剖面的高分辨率层序地层的认识，有学者提出它存在三个冰期-间冰期旋回，冰期分别为凯迪阶晚期、赫南特阶早中期和赫南特阶中晚期（Ghienne et al.，2014）。然而，由于这两个剖面缺少高分辨率古生物地层约束，三次冰期时间可信度不高。我国学者通过对我国华南扬子地区生物生态分析，并结合全球冰川沉积物报道，认为赫南特冰期主要发生在赫南特早期，即对应于笔石带 *Metabolograptus extraordinarius*；而赫南特中晚期（即间冰期内）可能存在两次小规模的冰期，对应于笔石带 *Metabolograptus persculptus* 中上部（Wang et al.，2019）。

以气候快速变冷为标志的赫南特冰川作用，可以使得高纬度区域的冷水团（富氧）大量涌向低纬度（温、热带）的扬子海域表层，从而对沉积环境及生物群落等均产生重要影响（戎嘉余等，2019）。相对高纬度地区常发育冰川有关沉积，同时受全球海平面下降影响，发育大规模浊流等重力流沉积、海相沉积甚至中断（Brenchley et al.，2006；Harper et al.，

2014）；而在一些低纬度地区如我国扬子地区，几乎缺少冰川沉积物，对应的是以 Hirnantian 动物群为代表的介壳灰岩沉积，即观音桥层段（图 5.4）。

图 5.4　四川盆地及周缘观音桥层段野外露头特征

（三）火山喷发事件

奥陶纪—志留纪时期，北美、欧洲及我国华南等地区火山喷发活动广泛发育，大量火山灰层（蚀变为斑脱岩）被发现于页岩或碳酸盐岩地层之中（Huff，2008；Su et al.，2009；卢斌等，2017）。在北美地区，这一时期火山灰层主要发育在中、晚奥陶世碳酸盐岩地层之中，层数可达 100 层，单层厚度一般为数厘米，其中两个典型火山灰层（Millbrig 层和 Deicke 层）厚度可达 1～2m，被认为是显生宙最大规模火山灰沉积（Bergström et al.，2004；Huff，2008）（图 5.3）。我国华南扬子地区五峰组-龙马溪组页岩层系中广泛分布火山灰层，其中上扬子地区的层数一般在 20 层以上（Su et al.，2009；卢斌等，2017；邱振等，2019；王玉满等，2019），而下扬子地区的火山灰层数可达 100 层以上（Yang et al.，2019a）。整个扬子地区火山灰单层厚度一般低于5cm，以毫米-厘米级为主。这些火山灰层在五峰组内分布最为集中且厚度相对偏厚（图 5.5），如上扬子地区五峰组内火山灰层数超过 20 层，厚度一般在 1cm 以上，最厚者可达 10cm 以上（邱振等，2019）；下扬子地区五峰组内层数超过

(a)五峰组

(b)龙马溪组

图 5.5　四川盆地及周缘五峰组-龙马溪组斑脱岩野外露头特征

60 层，且厚度大于 3cm 的火山灰层均在五峰组内（Yang et al.，2019a）。而龙马溪组内火山灰层集中分布在龙一段上部（鲁丹阶与埃隆阶转折期），在四川盆地重庆石柱、巫溪等地区的层数均为 10 层以上，厚度可达 5cm 以上（邱振等，2019；王玉满等，2019）。因此，奥陶纪-志留纪转折期，华南地区火山喷发主要集中在两个阶段：一个为晚凯迪阶五峰组沉积时期；一个为鲁丹阶与埃隆阶转折期。关于这些火山灰的主要来源地，一直存在着争议，目前被认为主要来自两个地区，即扬子板块东南缘与华夏板块的汇聚拼合带和扬子板块北部商丹洋附近的秦岭岛弧带。

（四）缺氧事件

奥陶纪—志留纪转折期存在两次明显硫化缺氧事件（图 5.3 和图 5.6），第一次为凯迪阶晚期至赫南特阶早期，主要对应笔石带 *Paraorthograptus Pacificus* 中上部；第二次为赫南特阶中晚期—早志留世早期，对应笔石带为 *Metabolograptus persculptus-Akidograptus ascensus*（Yan et al.，2012；Hammarlund et al.，2012；Zou et al.，2018a；Bartlett et al.，2018）。

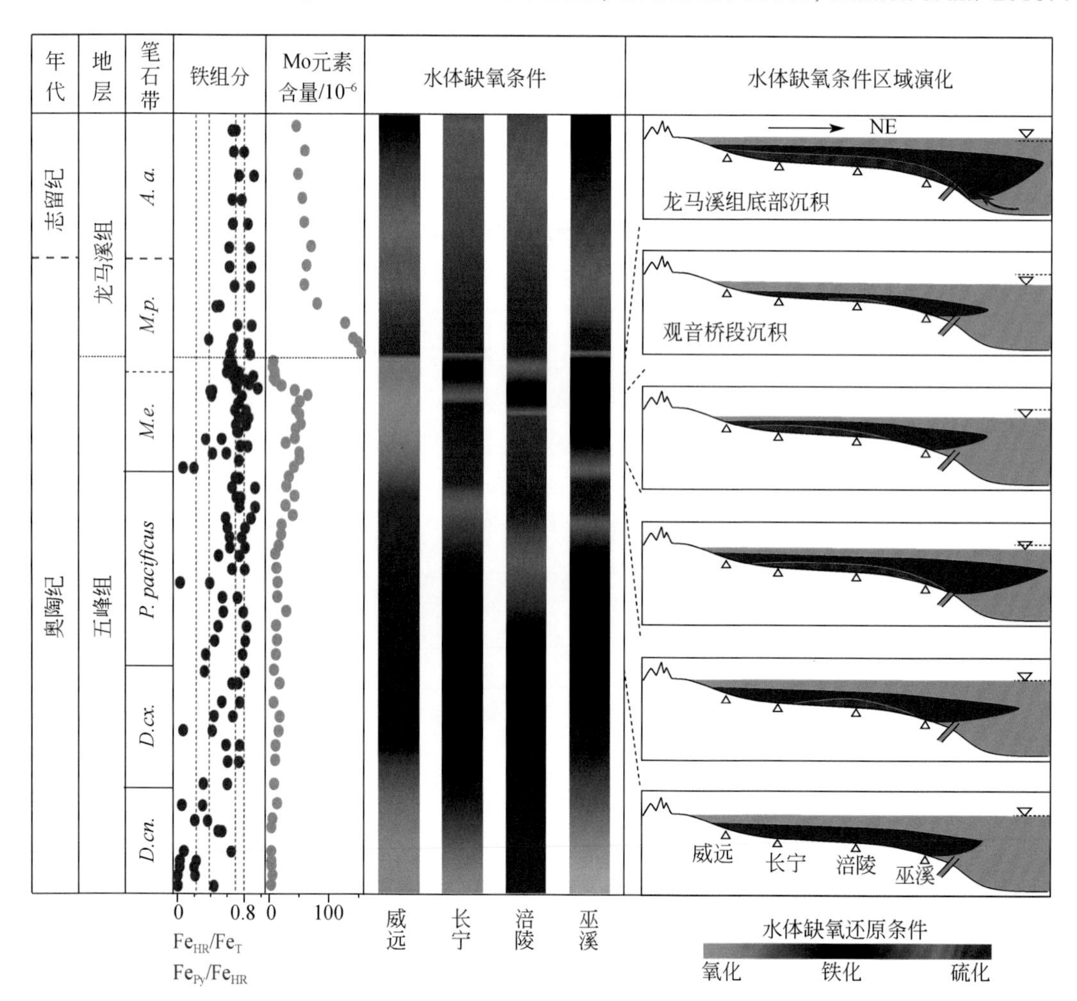

图 5.6　中国南方不同区域五峰组-龙马溪组底部页岩沉积水体缺氧条件演化分布

早期研究主要集中于第二次硫化缺氧事件，后越来越多研究证明了第一次硫化缺氧事件的存在（Yan et al.，2012；Hammarlund et al.，2012；Zou et al.，2018a，2018b；Li et al.，2019）。这两次硫化缺氧事件具有全球性，不同古大陆之间趋势较为一致（Hammarlund et al.，2012；Zou et al.，2018a；Bartlett et al.，2018）。第一次硫化缺氧事件主要分布在陆棚的相对深水地区，与这一时期海平面上升等引发有机碳埋藏增加密切相关（Zou et al.，2018a；Shen et al.，2018）；第二次硫化缺氧事件分布更为广泛，包括陆棚的相对浅水地区，被认为与赫南特冰期消融过程中深部富硫化水体的上涌有关（Rong 和 Harper，1988；Hallam and Wignall，1999）。

值得注意是，在较深水的地区，如大洋盆地，在整个赫南特时期广泛发育缺氧水体（Hammarlund et al.，2012；Ahlm et al.，2017）。这被解释为海平面下降使得有机质沉降过程转移至水体较深的开阔大洋，造成有机质在水体沉降时间变长，从而使得有机质能够充分氧化分解及溶解的无机磷酸盐重新回到水体中；这一过程中能够消耗较多氧气，并增加营养物质输入促使初级生产力增加，进一步消耗水体中氧气，引发最小含氧带（oxygen minimum zone，OMZ）扩张，水体中形成广泛缺氧（Hammarlund et al.，2012；Bartlett et al.，2018）。

（五）生物大灭绝事件

奥陶纪末生物大灭绝是显生宙五次大灭绝中的第一次，发生时间在445Ma左右，造成了海洋生物约25%科、50%属和85%种的消亡（Harper et al.，2014；戎嘉余和黄冰，2014；沈树忠和张华，2017）（图5.3）。本次灭绝由两幕组成，第一幕发生在凯迪阶与赫南特阶过渡时期（笔石带 *Paraorthograptus Pacificus* 顶部至 *Metabolograptus extraordinarius* 底部）；第二幕发生在赫南特阶中晚期（笔石带 *Metabolograptus persculptus* 底部）（戎嘉余和方宗杰，2004；Harper et al.，2014）。第一幕是本次生物灭绝主要时期，海洋底栖动物（如四射珊瑚、横板珊瑚、腕足类、三叶虫和苔藓类）、游泳动物（如牙形石类和笔石类）及浮游藻类均不同程度遭受影响（戎嘉余和方宗杰，2004；Harper et al.，2014）；第二幕主要影响第一幕所存活的生物，造成了凉水腕足类动物整体消亡（Rong and Harper，1988），存活的笔石类和牙形石类相对单一（Chen et al.，2006）。虽然本次生物灭绝量在显生宙五次大灭绝中排第二，但其生态创伤度最低，明显低于二叠纪末，也不如白垩纪末、三叠纪末和晚泥盆世（戎嘉余和黄冰，2014）。目前有新的生物数据报道，第二幕灭绝程度可能被高估，实际上它是在第一幕灭绝后复苏过程中的间断事件（Wang et al.，2019）。这一认识可能是该次生物灭绝生态创伤度低的重要原因之一。

关于奥陶纪末生物灭绝的引发因素很多，早期普遍认为与赫南特时期冈瓦纳冰盖形成与消融引发气候快速变冷-变暖有关（Trotter et al.，2008；Vandenbroucke et al.，2010；Yan et al.，2010；Finnegan et al.，2011），之后又提出海洋水体硫化缺氧（Hammarlund et al.，2012；Zou et al.，2018a，2018b；Bartlett et al.，2018）及火山活动（Gong et al.，2017；Jones et al.，2017）等假说。奥陶纪—志留纪转折期，我国华南地区位于冈瓦纳大陆东部北缘的赤道附近，海相地层连续沉积（图5.3），生物种类丰富（戎嘉余和方宗杰，2004；Wang et al.，2019），且发育赫南特阶全球层型剖面，是研究本次生物灭绝事件的理想地区。

笔石作为华南地区五峰组-龙马溪组页岩中的标志性化石，是该套页岩的重要组成部分，其大量灭绝与繁盛影响着页岩有机质富集及页岩气储集空间，即对页岩气源储的贡献程度，决定着是否有利于页岩气形成。由于五峰组-龙马溪组的富有机质页岩中含有大量笔石生物，常被认为其与页岩中有机质富集关系密切（陈旭等，2015；马施民等，2015）。已有研究表明，笔石体的 C、O 等元素含量较高（马施民等，2015；邱振等，2016c;），其 TOC 含量也明显高于围岩，是页岩有机质的重要贡献者之一（邱振等，2016c）。通过笔石页岩中笔石体与围岩的 TOC 含量测试分析，可以探讨笔石与有机质富集的关系。研究方法具体如下：首先，对长宁地区五峰组-龙马溪组笔石页岩样品的笔石丰度进行系统地统计分析（图 5.7）；然后，按照一定间距，挑选不同笔石丰度的新鲜页岩样品开展有机碳（TOC$_{全岩}$）含量的测试，以此分析样品中笔石丰度与（页岩全岩）TOC$_{全岩}$含量之间的相应关系；在此基础上，进一步优选出不同层位、不同笔石丰度的页岩样品，利用手持牙钻对这些样品进行笔石体与围岩（非笔石体部分）的微区取样；最后，开展同一样品同一层面上笔石体与围岩的 TOC 含量测试分析。

分析结果表明，五峰组-龙马溪组底部的笔石丰度在纵向上变化范围较大，非均质性较强（图 5.7 和图 5.8），且与对应的 TOC$_{全岩}$含量具有较差的相关性（图 5.9）。这指示着页岩中笔石丰度的高低对页岩 TOC$_{全岩}$含量影响不大，需要指出的是，由于笔石多为沿页岩纹层面以叠加式或聚集式堆积（图 5.8），在页岩中其纵向分布具有强烈的非均质性（邱振等，2016c），这可能是造成其与页岩全岩 TOC$_{全岩}$含量相关性差的重要因素。同时，针对不同笔石丰度的页岩样品，开展同一层面上笔石体、围岩及全岩（即笔石体分布纹层，仅包括笔石体和围岩）的 TOC 含量对比研究，能够客观评价页岩中笔石体、围岩及页岩全岩三者之间 TOC 含量的相互关系。综合分析表明，五峰组-龙马溪组笔石页岩中笔石体的 TOC$_{笔石体}$含量相对较高，但与页岩全岩的相关性较差（图 5.10）；而围岩的 TOC$_{围岩}$含量与全岩的相差不多，且两者相关性较好（图 5.10）。这说明页岩全岩的 TOC$_{全岩}$含量高低主要受围岩的控制，而笔石体仅为页岩总有机质提供部分贡献。需要指出的是，在特定沉积环境中（邱振等，2016c），笔石丰度越高（高于 30%），全岩 TOC$_{全岩}$含量总体上也会相应地增高（图 5.10），可能指示着笔石体对页岩中有机质富集的影响增强。

综上所述，五峰组-龙马溪组笔石页岩的全岩，包括笔石体与非笔石体即围岩两个部分，其 TOC 含量主要受其围岩所控制，而受笔石体丰度影响程度较小，指示着笔石对页岩有机质富集即“源”影响程度相对较小。

近两年来，我国一些学者对笔石微观孔隙特征开展研究，识别出笔石局部发育纳米级有机质孔隙（Luo et al.，2016；Ma et al.，2016；腾格尔等，2017），揭示了笔石体具有一定储集能力，但目前对笔石体内的孔隙特征研究相对较少。为了更准确地定性和定量评价页岩中笔石体和围岩（非笔石体部分）的有机质和孔隙发育特征，采用台式扫描电镜和场发射扫描电镜对它们开展微观分析研究。首先，使用 Phenom ProX 台式扫描电镜，在低分辨率条件下与光学照片对比，确定笔石体的具体位置；然后，利用 Helios 650 聚焦离子束扫描电镜分别开展笔石体与围岩中有机质和孔隙的微区高精度分析。

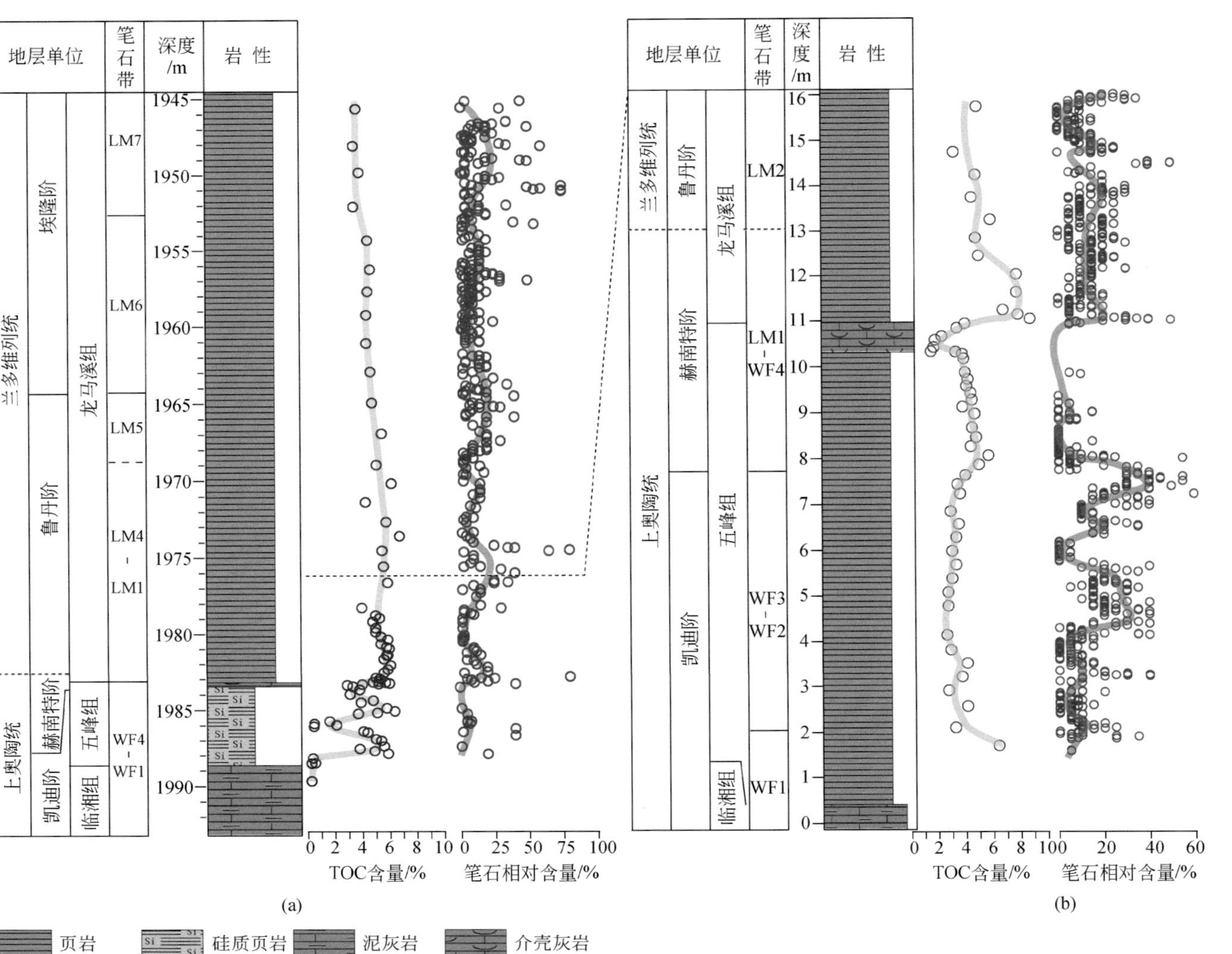

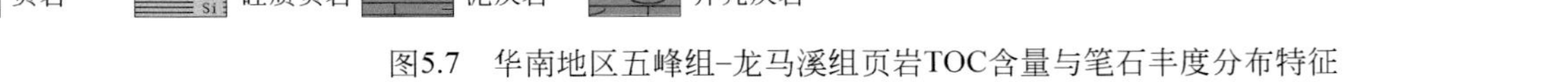
图5.7　华南地区五峰组-龙马溪组页岩TOC含量与笔石丰度分布特征

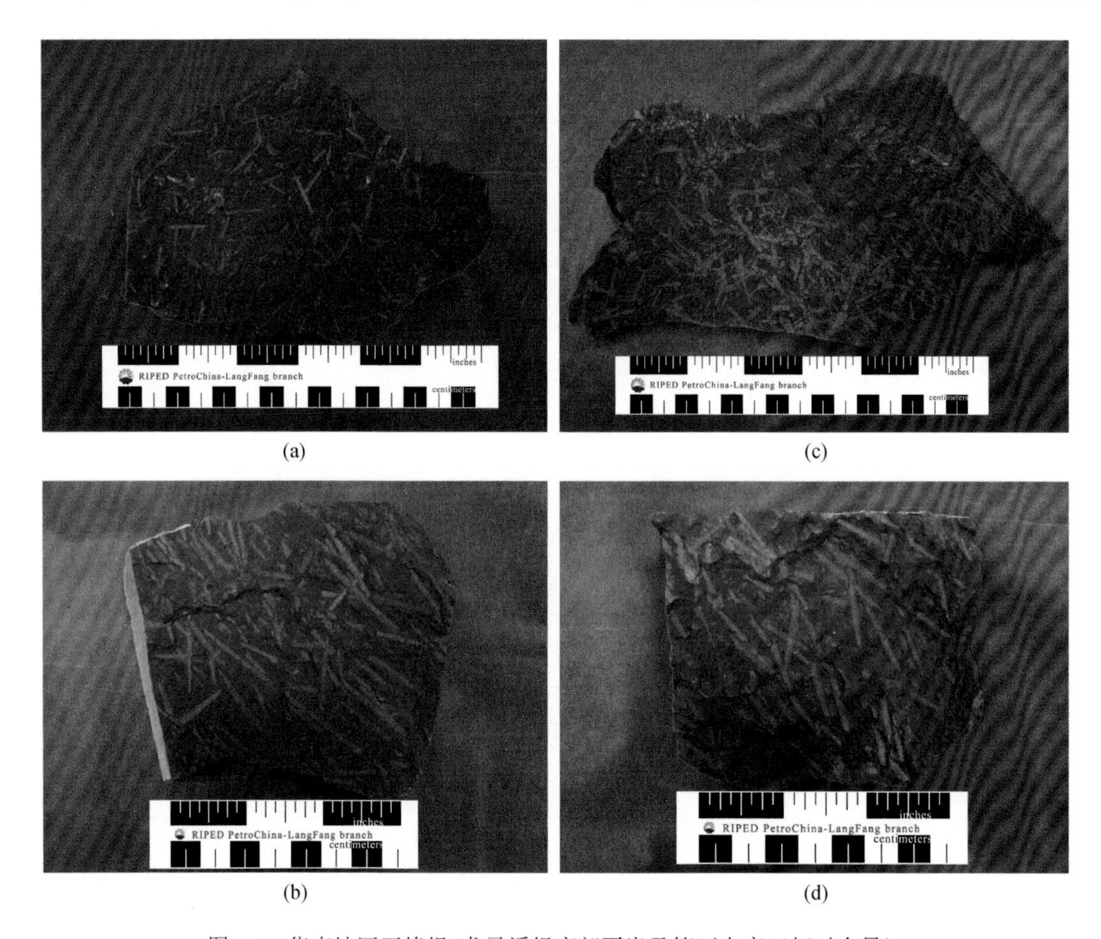

图 5.8　华南地区五峰组-龙马溪组底部页岩及笔石丰度（相对含量）

(a) 笔石相对含量＝20%，TOC $_{全岩}$＝4.7%，TOC $_{笔石体}$＝4.8%，TOC $_{围岩}$＝4.0%；(b) 笔石相对含量＝30%，TOC $_{全岩}$＝4.7%，TOC $_{笔石体}$＝4.4%，TOC $_{围岩}$＝3.9%；(c) 笔石相对含量＝40%，TOC $_{全岩}$＝4.5%，TOC $_{笔石体}$＝5.3%，TOC $_{围岩}$＝4.4%；(d) 笔石相对含量＝45%，TOC $_{全岩}$＝4.8%，TOC $_{笔石体}$＝5.8%，TOC $_{围岩}$＝4.2%

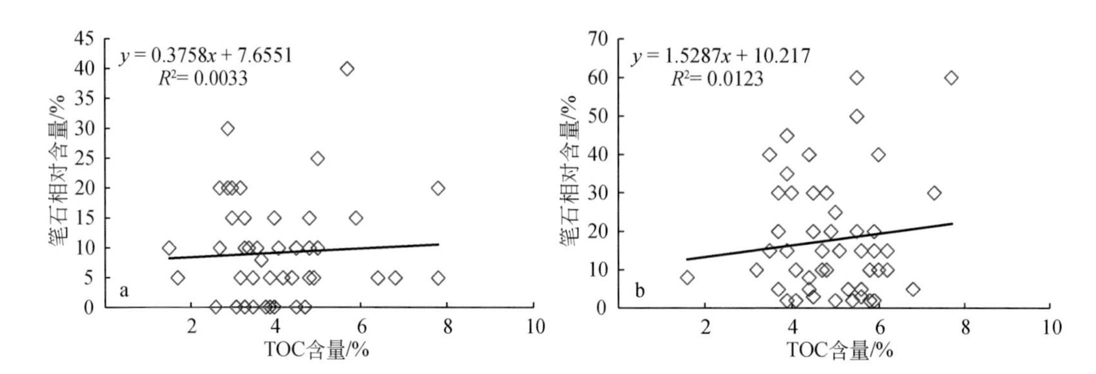

图 5.9　华南地区五峰组-龙马溪组底部页岩笔石丰度（相对含量）与 TOC 含量关系

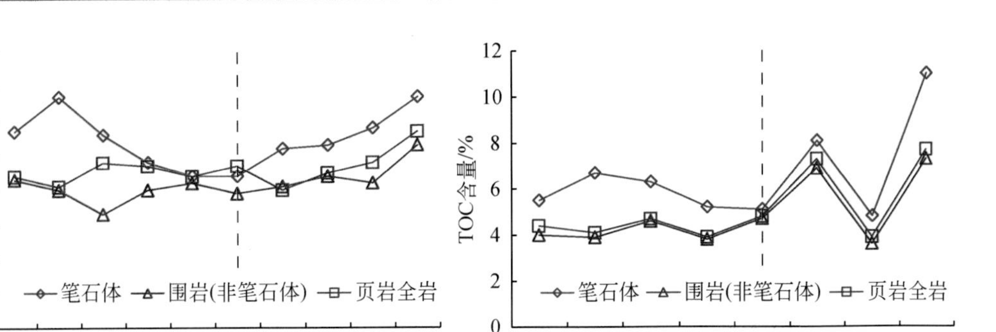

图 5.10 华南地区五峰组-龙马溪组底部不同笔石相对含量的页岩中笔石体、围岩及全岩的 TOC 含量变化

五峰组-龙马溪组页岩中笔石主要以压扁的灰白色薄膜形式存在[图 5.8 和图 5.11(a)]。在实验过程中没有对样品进行抛光，以免破坏薄膜状的笔石体结构。图 5.11（b）为台式扫描电镜下的笔石体与围岩的形貌特征，笔石体与围岩的界线十分清晰。在笔石体中有机质与非有机质总体上呈网状生物组织结构［图 5.11（c）、（d）]，轮廓清晰；而在围岩中，有机质分布较分散［图 5.11（e）、（f）]，且含量明显减少。

为定量分析笔石体和围岩中有机质所占的比例，利用 Avizo 软件进行扫描电镜图像的分析处理，如图 5.11（c）～（f）所示。在图 5.11（d）和（f）中，红色区域分别为笔石体和围岩中所提取出的有机质部分。分析结果表明，在笔石体中有机质所占笔石体的比例为 24%～32%，而在围岩中有机质所占围岩的比例仅在 4%～8%范围，这与上述所得出的笔石体 TOC 含量明显高于围岩的认识相一致。

综合分析表明，笔石体与围岩中的孔隙发育存在着明显差异，笔石体中发育的蜂窝状的有机质孔［图 5.12（a)、(b)]，而围岩中仅发育的分散的有机质孔隙和微裂缝［图 5.12（c)、(d)]。通过统计估算笔石体中有机质孔的面孔率约为 14%，而围岩中有机质孔的面孔率仅约为 3%，这进一步说明笔石体中有机质孔发育程度明显高于其围岩的。此外，对 4 件笔石页岩样品的笔石体与围岩中有机质孔径分别进行统计，结果表明笔石体中有机质孔径分布范围为 110nm～1.7um，平均约为 500nm；而围岩中有机质孔径分布范围为 108～770nm，平均约为 330nm，其平均孔径总体小于笔石体中的平均孔径。在围岩中孔隙孔径大于 400nm 所占孔隙总数的 26%，大于 500nm 的孔隙所占比例仅为 13%；而在笔石体中，孔径大于 400nm 和 500nm 的孔隙所占比例分别为 62% 和 40%，明显高于前者，这对页岩气富集具有重要意义。

综上所述，笔石页岩中笔石体发育的大量微纳米孔隙，与围岩的相比，这些有机质孔的面孔率、孔径均更大，指示着在笔石发育的页岩中笔石体有机质孔是页岩储集空间的重要贡献者。诸多勘探及研究表明，五峰组-龙马溪组底部笔石页岩段是页岩气的富集高产段（郭彤楼和刘若冰，2013；郭旭升，2014；邹才能等，2015；金之钧等，2016），该层段含有大量笔石（一般高于 30%），也是页岩气富集高产的重要因素之一。这是因为笔石体在页岩中局部呈叠加堆积式或纹层笔石体中发育的大量孔隙对于页岩气的储集与富集具有重要的作用。

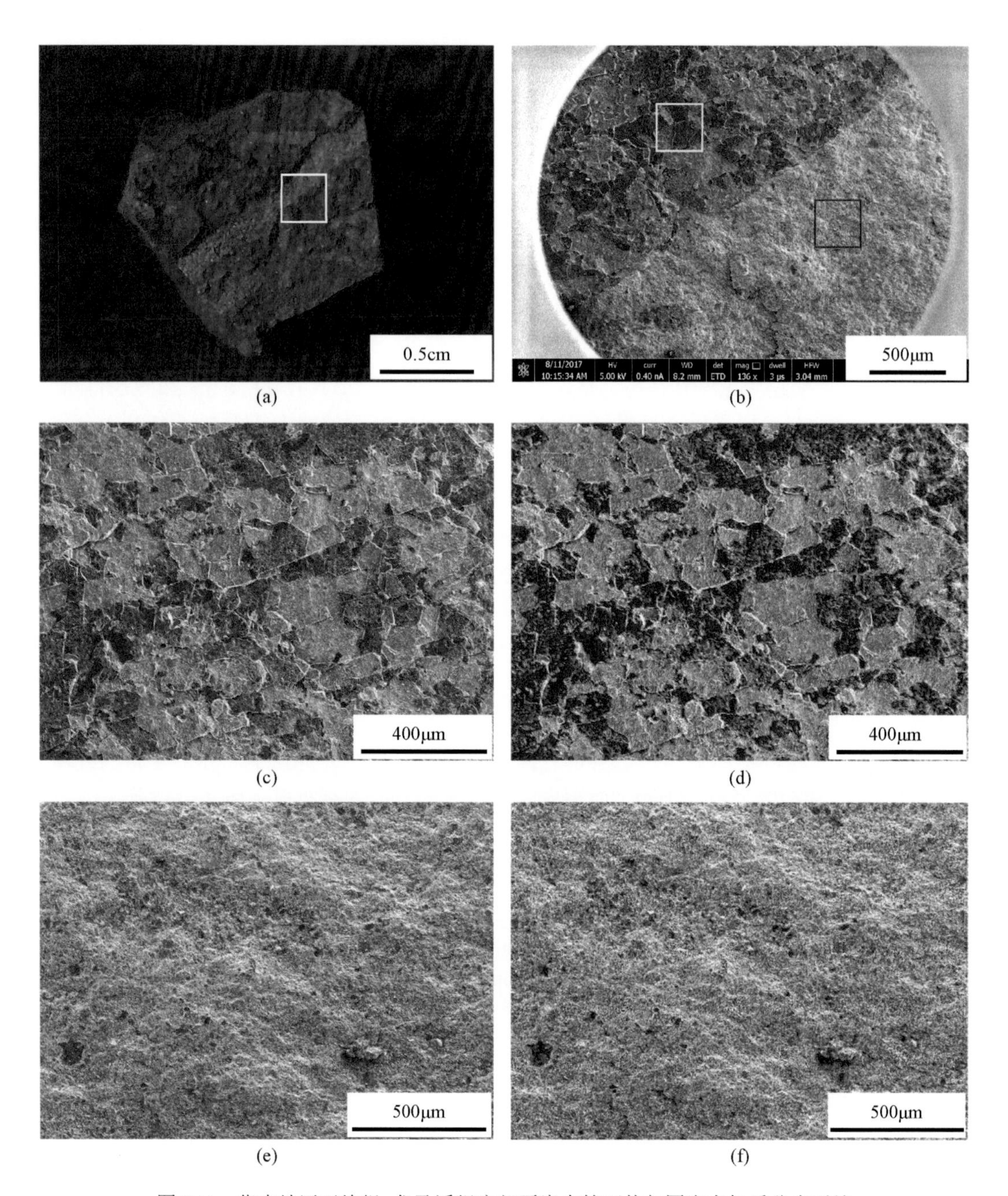

图 5.11　华南地区五峰组-龙马溪组底部页岩中笔石体与围岩有机质分布对比

（a）样品中发育的笔石；（b）台式扫描电镜确定与图（a）对应的笔石体位置，为图（a）中白框的放大；（c）、（d）笔石体的大面积扫描成像及有机质提取，呈网状组织结构，为图（b）中黄框的放大；（e）、（f）围岩的大面积扫描成像及有机质提取（红色），为图（b）中红框的放大

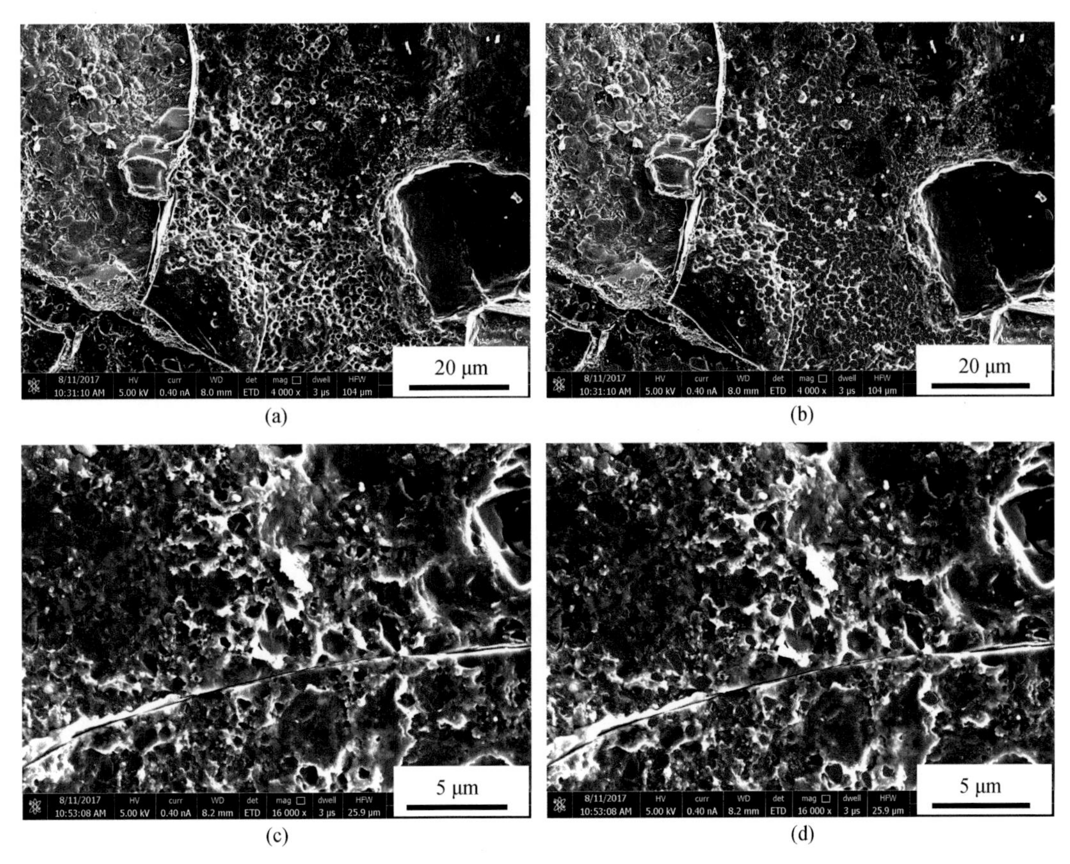

图 5.12　华南地区五峰组-龙马溪组底部页岩页岩中笔石体与围岩微观孔隙对比

（a）笔石体中发育的蜂窝状的生物组织孔隙；（b）提取图（a）中的有机质孔隙（红色）；（c）围岩中发育的分散的有机质孔隙和微裂缝；（d）提取图（c）中的有机质孔隙（红色）

（六）页岩气“甜点区（段）”形成与分布：多种地质事件沉积耦合的结果

针对我国南方五峰组-龙马溪组页岩层系，通常把含气量≥3.0m^3/t 和 TOC 含量≥3.0%的页岩层段作为页岩气“甜点段”。除了具有较高的含气量和 TOC 含量，它们也富含脆性矿物（＞60%），且发育相对较高的孔隙度（＞3.0%）及纹层理缝等微裂缝（邹才能等，2015；马永生等，2018；Qiu and Zou，2020）。基于中国南方四川盆地及周缘五峰组-龙马溪组页岩气近十年来的勘探开发实践与研究（邹才能等，2015；金之钧等，2016；何治亮等，2016；郭旭升等，2016；翟刚毅等，2017；马永生等，2018；马新华和谢军，2018），关于页岩气富集高产模式及控制因素已逐步形成共识，即早期富有机质沉积是富集的基础、后期有效保存条件是高产的关键（邱振等，2020）。然而，页岩气作为自生自储天然气藏，“富集”≠“高产”。这是因为页岩气单井产量高低因素较多且机理较为复杂，不仅包括含气量、地层压力、天然裂缝等地质条件，其工程、开发等技术也有着重要作用（谢军等，2019；贾爱林等，2019；梁兴等，2019）。页岩气“甜点段”形成需具有四项基本地质条件（邱振等，2019；Qiu and Zou，2020）：①缺氧陆棚环境发育富有机质沉积，有利于页岩气大量生成；②有机质发育纳米孔喉系统，有利于页岩气大量储集；③相对稳定陆棚环境发育封闭的顶板与底板，有利于页岩气有效保存；④低沉积速率控制纹层发育与富硅质沉积，易于形成微裂缝，有利于页岩气有效开采。

五峰组-龙马溪组页岩层系厚度一般可达300m以上，但页岩气"甜点段"一般集中发育在该套页岩层系底部（图5.3、图5.13和图5.14），厚度一般为10～40m（Qiu and Zou，2020），仅为页岩层系总厚度的十分之一。这说明在五峰组-龙马溪组页岩层系沉积过程中，其"甜点段"形成时期的沉积背景具有一定特殊性（图5.15）。如上所述及图5.3所示，页岩气"甜点段"沉积时期，全球及华南扬子地区发生一系列重要地质事件：构造抬升与海平面升/降、气候变冷（冈瓦纳冰期）、火山喷发、海水硫化缺氧和生物大灭绝等，它们对页岩气"甜点段"的形成与分布产生重要影响。

奥陶纪—志留纪转折期是罗迪尼亚超大陆裂解晚期与潘基亚超大陆聚合早期的过渡阶段，其所控制该时期二级海平面应该是逐渐下降的。但受到冈瓦纳冰川作用影响，在赫南特冰期全球海平面快速下降，幅度可达100m以上（Brenchley et al.，2006；戎嘉余等，2019）。尽管赫南特冰川作用期次与时间还存在着一定争议，但它所引发的海平面下降造成了全球性陆棚富有机质沉积发生间断，如高纬度重力流沉积、低纬度扬子地区的富介壳泥灰岩（观音桥层段）沉积等。然而，值得庆幸的是，随着冰川消融，在赫南特阶晚期—早志留世鲁丹阶出现全球性海平面上升（海侵）（图5.3）。伴随着本次全球性海侵，硫化缺氧水体广泛分布于大陆边缘（对应于第二次硫化缺氧事件），在全球范围内（北美、欧洲、中国等地区）沉积一套富有机质页岩（国际上称为"hot shale"）（Lüning et al.，2000；Chen et al.，2004；Loydell et al.，2013；Melchin et al.，2013；Mustafa et al.，2015；Saberi et al.，2016），成为全球古生代油气资源最重要的烃源岩层系之一。在我国华南扬子地区，其相对应沉积为龙马溪组底部黑色页岩。可以说，与赫南特冰川形成相关全球气候变冷事件，虽然加剧了海平面下降幅度，不利于富有机质沉积，但随后消融引发全球性海侵，形成了广泛的缺氧陆棚沉积环境（图5.15），为"甜点段"的富有机质沉积创造有利条件。而在凯迪阶晚期（笔石带 *Paraorthograptus Pacificus* 中上部），尽管全球二级海平面在逐渐下降，而与三级海平面上升对应发生了全球范围的陆棚硫化缺氧事件（第一次硫化事件）（图5.3）。对应于该次事件，全球范围内也沉积了一套黑色页岩（Hammarlund et al.，2012；Zou et al.，2018a；Shen et al.，2018）。其中美国Neveda州Vinini Creek黑色页岩厚约10m，其TOC含量最高可达20%（Shen et al.，2018），而在我国华南扬子地区为五峰组沉积，最高TOC含量达16%（Zou et al.，2018a），为页岩气"甜点段"形成提供了有利条件。

五峰组-龙马溪组页岩气"甜点区（段）"形成与分布，也明显受到华南区域性地质事件影响（图5.3）。五峰组沉积（凯迪阶晚期）之前，华南扬子地区总体上为碳酸盐岩台地沉积（Chen et al.，2004；马永生等，2009；戎嘉余等，2019），宝塔组/临湘组碳酸盐岩广泛分布，有机质含量普遍低于1.0%（图5.3）。而在凯迪阶晚期，受广西运动影响，扬子板块东南缘及内部快速沉降，五峰组沉积时期相对海平面快速上升（水深50～200m），可容纳沉积空间快速增大。虽然在早志留世鲁丹阶，构造抬升作用逐渐扩展到扬子地区，并在特列奇阶末期达到最大抬升限度（陈旭等，2014；戎嘉余等，2019），但在赫南特阶晚期—鲁丹阶早期，受全球海平面快速上升影响，大部分扬子地区的可容纳沉积空间也快速增加。

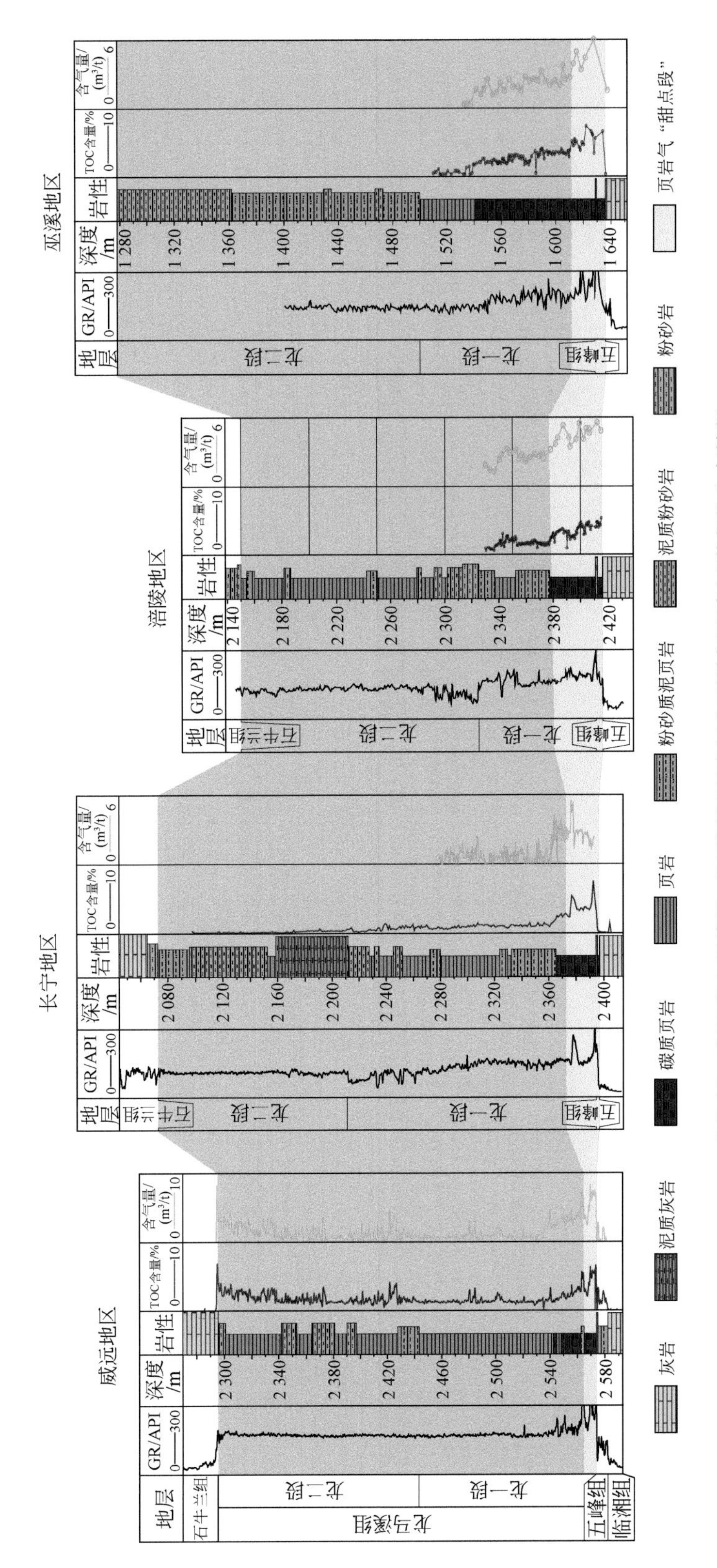

图5.13　中国南方五峰组-龙马溪组页岩气主要勘探开发区甜点段分布特征

页岩气"甜点段"主要分布在五峰组-龙马溪组页岩层系底部

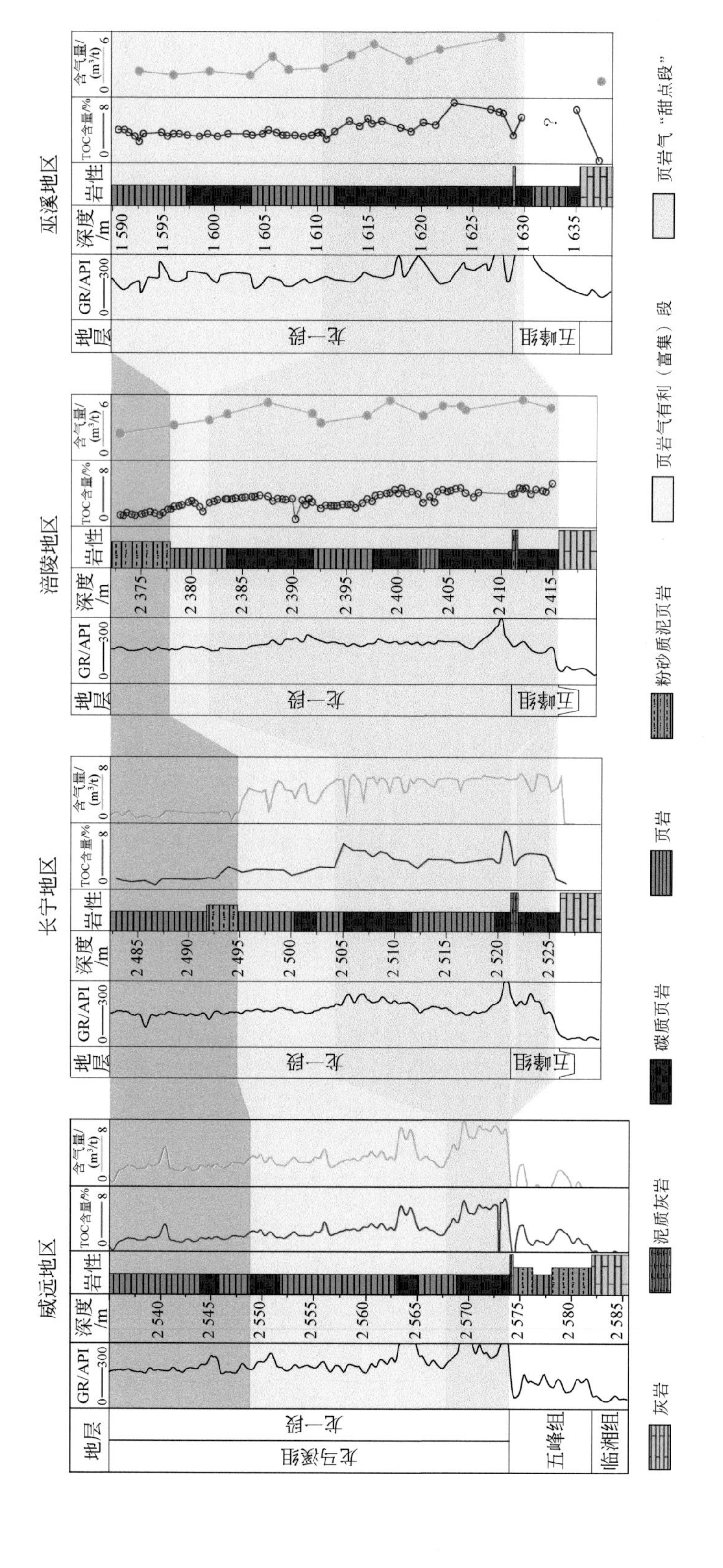

图5.14　中国南方五峰组-龙马溪组页岩气主要勘探开发区“甜点段”分布与对比

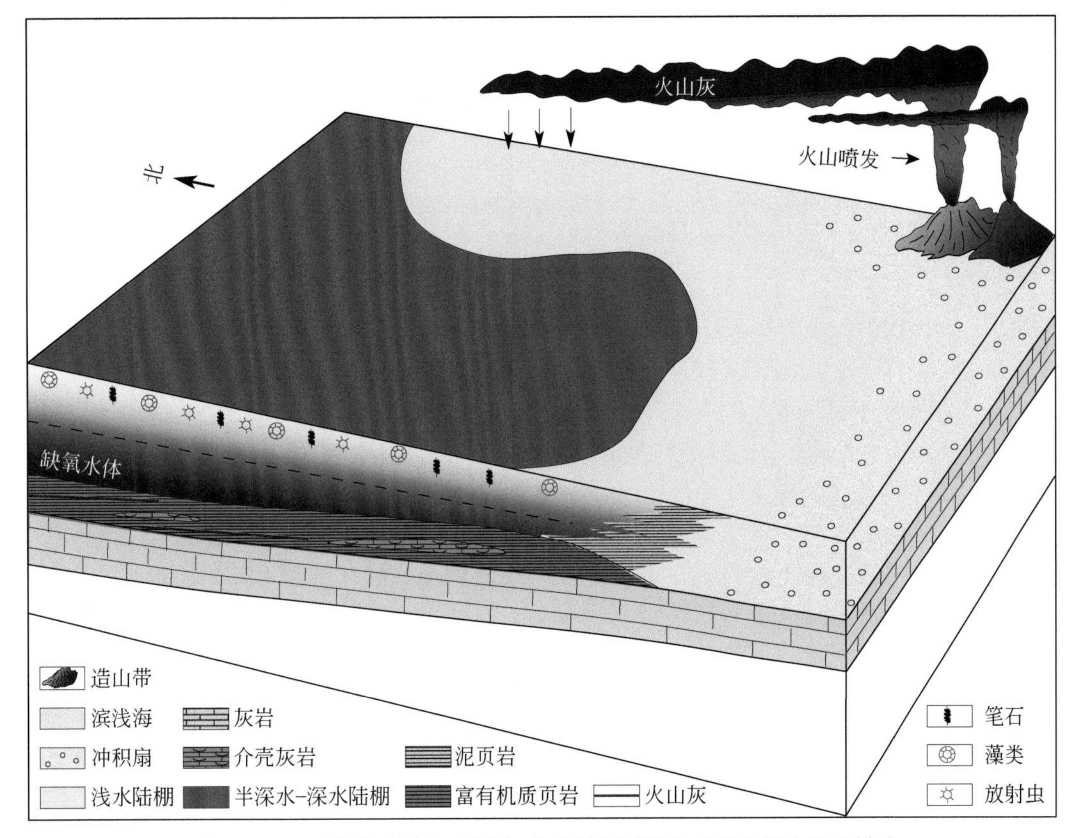

图 5.15　四川盆地及周缘五峰组-龙马溪组页岩气“甜点段”沉积模式

故在凯迪阶晚期—鲁丹阶早期，扬子陆棚的可容纳沉积空间快速增加，但其陆源碎屑供应较少且古地形相对较缓（图 5.15），总体上处于低沉积速率的欠补偿状态，从而有利于“甜点段”内有机质富集（TOC 含量一般高于 3.0%）与纹层发育。由于华南地区该时期造山活动活跃，是火山集中喷发期，特别在五峰组内部沉积大量火山灰层（图 5.3 和图 5.5）。这能够为海水提供大量硅质，促进硅质生物繁盛，使得“甜点段”内形成富硅质沉积（图 5.15），从而有利于“甜点段”水平井体积压裂，提高页岩气资源开采效率。而在随后的埃隆阶—特列奇阶时期，扬子地区的相对海平面下降，陆源碎屑注入逐步增强，沉积了厚层的灰色泥页岩、粉砂质泥页岩等。它们厚度一般大于 250m，黏土含量相对偏高，且具有极低的渗透率（郭旭升等，2016），在一定埋深下具有很好的塑性和封闭能力（李双建等，2011），是页岩气“甜点段”天然的顶板。而五峰组底部的临湘组等致密泥质灰岩，也具有较低的渗透率，与“甜点段”上覆的泥页岩顶板一起为“甜点段”页岩气提供有效封闭作用，使其能够得到有效保存。

此外，基于我国南方威远、长宁、涪陵及巫溪等页岩气勘探开发区的典型钻井与露头剖面的 1000 余件五峰组-龙马溪组页岩样品数据分析，研究表明“甜点段”关键评价参数，如厚度、含气量、TOC 含量等，在区域上存在着较大差异特征（邱振等，2019）。其中比较典型特征是龙马溪组“甜点段”基本为大面积连续分布，而五峰组的“甜点段”分布则相对局限（图 5.6 和图 5.13），仅发育在长宁、涪陵等地区，威远地区的五峰组则无“甜点段”。

基于扬子陆棚海自深变浅 3 条五峰组-龙马溪组典型露头剖面高精度（Mo、U、C_{org}/P 等）元素地球化学数据（图 5.16），结合“甜点段”的草莓状黄铁矿粒径特征（一般<5μm）与铁组分数据等，证实了页岩气“甜点段”沉积于硫化缺氧的水体。不同地区“甜点段”差异分布的特征与沉积时期硫化缺氧水体分布密切相关（图 5.6）。

（1）在赫南特阶晚期—鲁丹阶早期（龙马溪组底部沉积时期），硫化缺氧水体广泛分布于陆棚，且具有全球性，有利于“甜点段”富有机质沉积。

（2）在凯迪阶晚期与赫南特早期，硫化缺氧水体在长宁、涪陵等地区广泛分布（Zou et al.，2018a），而在威远、巫溪等地区主要为铁化缺氧沉积水体。

（3）页岩气“甜点段”纵向上分布与区域上展布，与硫化缺氧的水体条件发育程度对应较好，具体为涪陵地区“甜点段”厚度最大（30～50m），硫化缺氧持续时间最长；其次为长宁地区（15～40m），硫化缺氧持续时间较长；而威远地区的“甜点段”最薄（5～10m），其硫化缺氧持续时间最短（邱振等，2019）。

故综合分析认为，硫化缺氧的水体条件是控制华南地区页岩气纵向上“甜点段”及区域上“甜点区”形成的关键因素（图 5.6）。关于华南地区硫化缺氧事件形成的原因，受到全球及区域性构造/海平面变化、气候变冷等事件的重要影响。关于陆棚硫化缺氧水体的成因，尽管目前仍存在着一定争议（Yan et al.，2012；Hammarlund et al.，2012；Ahlm et al.，2017；Zou et al.，2018a；Shen et al.，2018），但一般认为第一次硫化缺氧事件与海平面上升等引发有机碳埋藏增加密切相关，而第二次硫化缺氧事件与赫南特阶冰期之后消融过程中海平面上升引发的深部富硫化水体的上涌有关。

然而，从有机质富集沉积角度，影响五峰组-龙马溪组页岩气“甜点区（段）”的形成与分布最为直接的因素有两个：①沉积时期海洋表层较高初级生产力，是有机质大量生成的重要前提条件；②海洋底部发育硫化缺氧水体，是有机质有效保存的关键条件。在奥陶纪末的凯迪阶晚期及赫南特中期，全球发生了显生宙第一次生物大灭绝事件，海洋底栖动物（如珊瑚、腕足类、三叶虫等）、游泳动物（如牙形石类和笔石类）及浮游藻类等属、种遭受不同程度消亡。而得以存活的海洋生物（如笔石类型）相对单一，可能因竞争者减少出现“勃发”现象，沉积后形成富笔石页岩（Chen et al.，2004；陈旭等，2015）。这些笔石生物不仅为页岩气形成提供一些有机质，它们本身富含有机质孔且能够形成笔石纹层，有利于页岩气储存及开发过程中页岩气流动（邱振等，2018）。在生物大量灭绝之后，全球气候逐渐变暖，藻类等浮游生物因捕食者减少开始繁盛，海洋表层初级生产力大幅度提高（Cu、Zn 及 Ba_{bio} 等富集显著）（图 5.16），生成大量有机质；同时，海洋陆棚广泛发育硫化缺氧底部水体，能够将有机质有效保存下来，沉积后形成富有机质页岩（图 5.3），为“甜点段”页岩气大量生成及纳米级孔喉系统发育提供了物质基础。

综上所述，五峰组-龙马溪组页岩气“甜点区（段）”形成与分布，受到其沉积时期全球或区域性地质事件——构造与海平面升/降、气候变冷、火山喷发、硫化缺氧及生物大灭绝不同程度的影响，是这些事件沉积耦合作用的结果。尽管这些重要事件相互作用的机理仍存在着一些争议，需进一步探讨，但它们之间的耦合沉积可在不同的区域形成不同的岩石类型及岩石组合。在特定区域，这些岩石或岩石组合富含有机质、发育纹层、富含脆性矿物等，为页岩气“甜点段”形成提供所需的基本地质条件，从而控制着“甜点段”形成

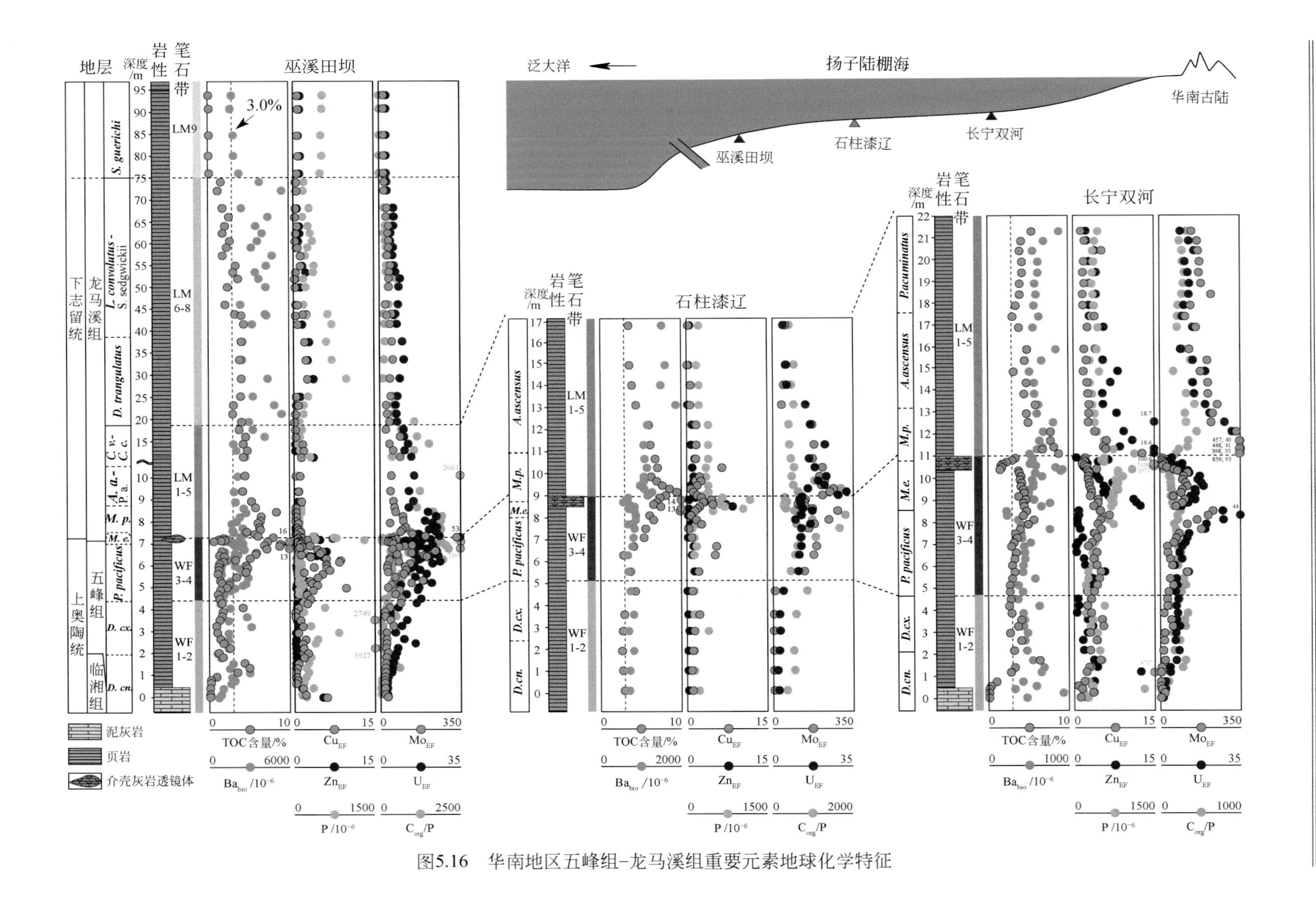

图5.16　华南地区五峰组-龙马溪组重要元素地球化学特征

与分布。需要说明的是，不同于页岩气“甜点段”，“甜点区”作为“甜点段”在区域上的延伸，它的形成需要在区域上具备“甜点段”发育的所有条件，而其最终规模与分布则受控于后期构造活动的改造强度（图 5.17）。

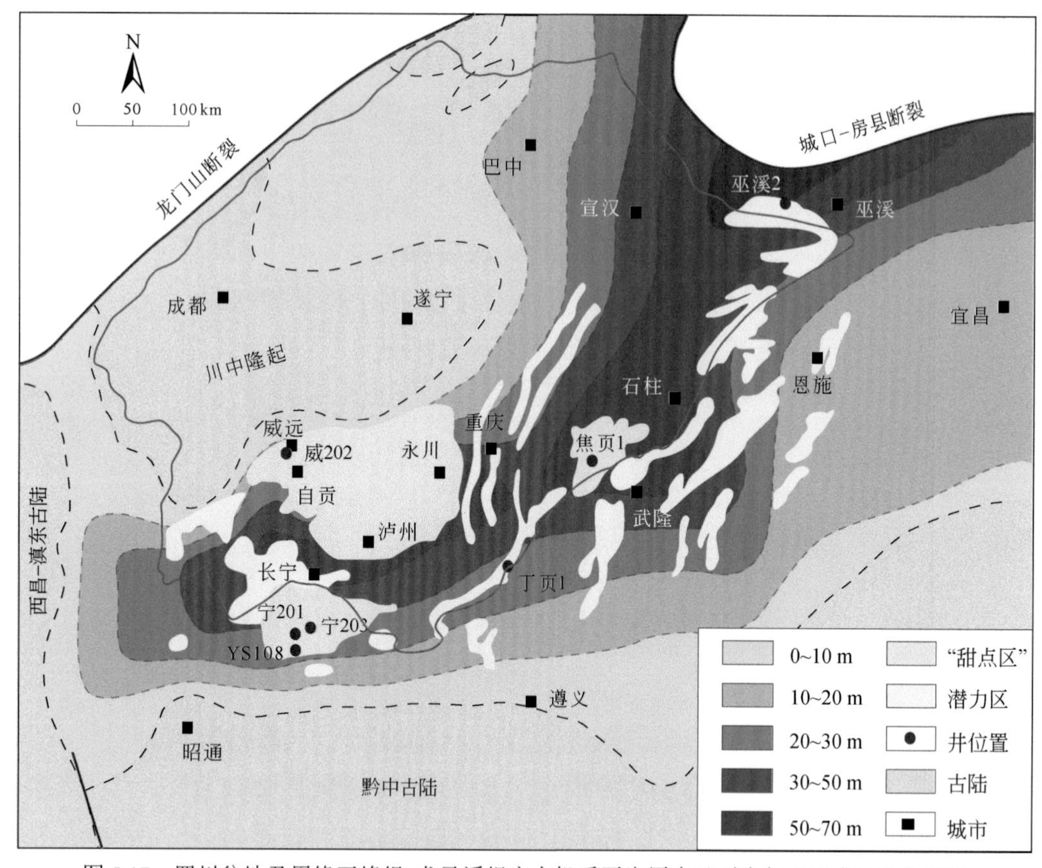

图 5.17　四川盆地及周缘五峰组–龙马溪组富有机质页岩厚度及页岩气“甜点区”分布图

二、中上三叠统延长组致密油/页岩油

中—晚三叠世，受华北板块与华南板块碰撞造山作用影响，华北地区海水最终退出，形成了鄂尔多斯内陆淡水湖盆，最终沉积了厚达千余米的延长组河湖相碎屑岩层系。延长组在鄂尔多斯盆地北部厚 100～600m，南部厚 1000～1300m，边缘沉降拗陷带最大厚度为 3200m。它是该盆地的主力含油气层系之一，根据岩性组合、电性及含油性划分为 10 个油层组（自底部至顶部依次为长 10～长 1 段）（图 5.18）（付金华等，2005，2022；杨华和邓秀芹，2013）。其中长 7 段、长 6 段为现今鄂尔多斯盆地发现的主要致密油与页岩油富集层系（图 5.19），地质资源量约 30×10^8t（杨华等，2013）。2019 年中国石油长庆油田分公司在长 7 段内致密油与页岩油新增探明地质储量 3.58×10^8t，发现了 10 亿吨级的庆城大油田。已累计提交探明地质储量达 11.53×10^8t，并于 2021 年致密油与页岩油年产量达到 131.6×10^4t（付金华等，2022）。

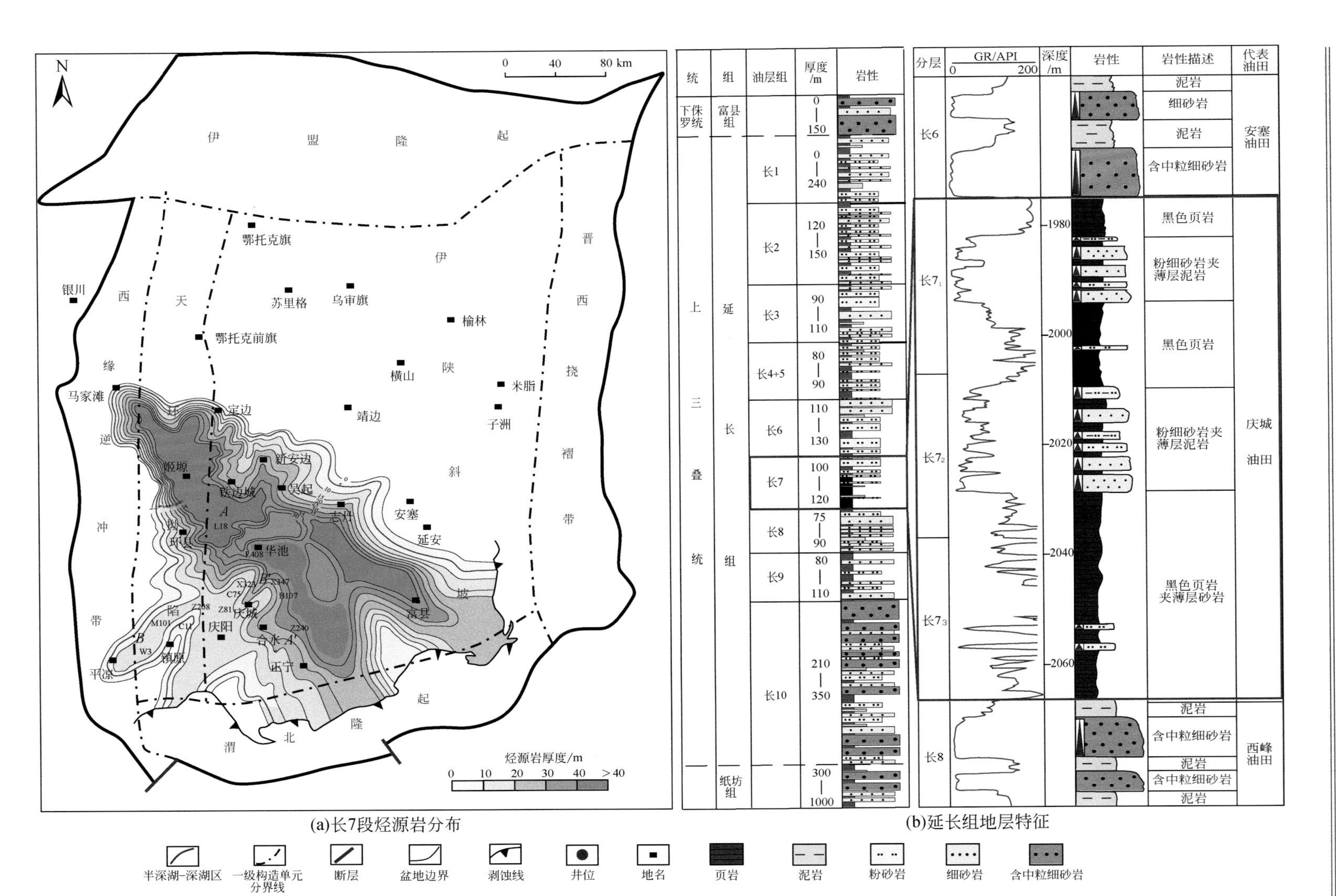

图5.18　鄂尔多斯盆地长7段沉积期黑色页岩分布与延长组地层特征（据付金华等，2022修改）

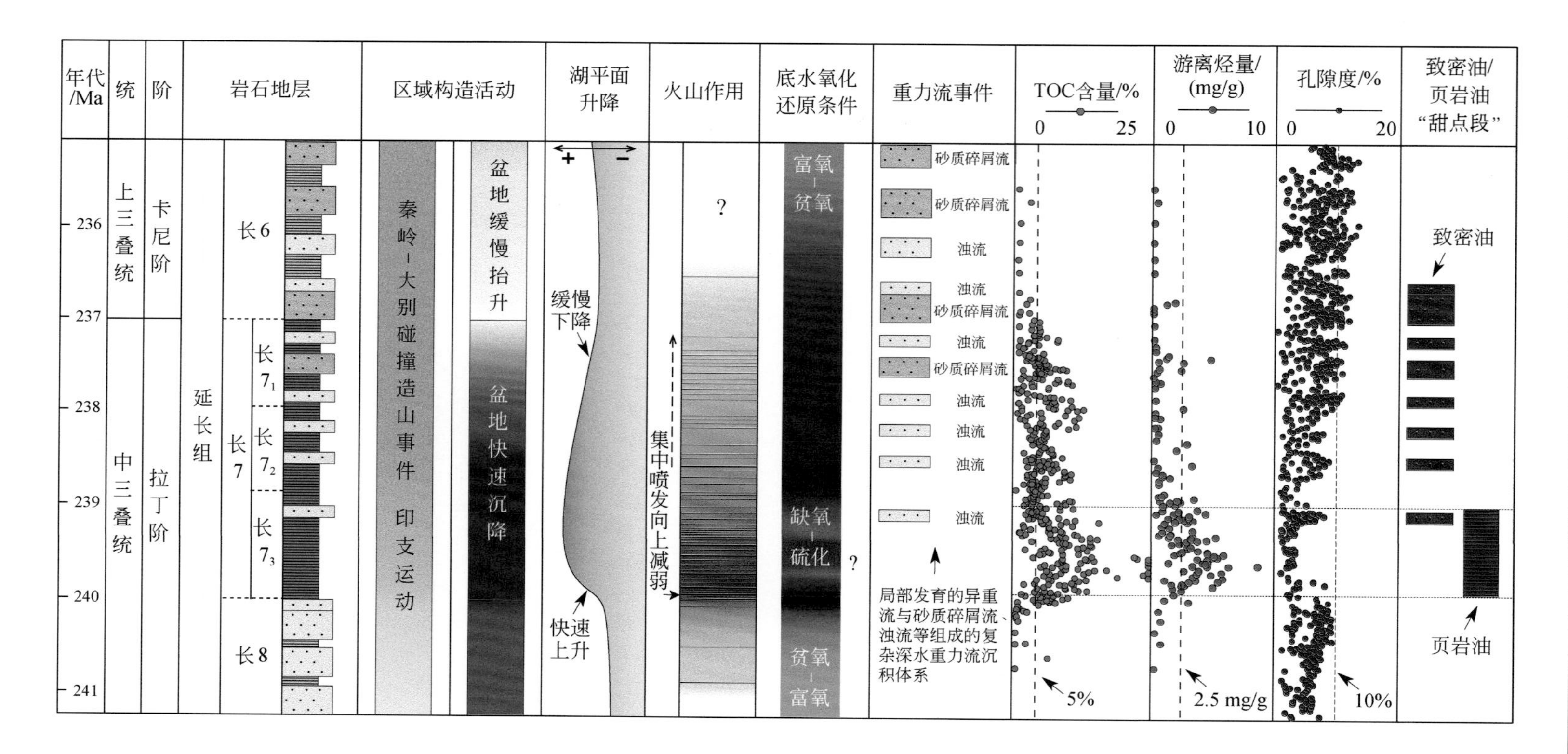

图5.19　中晚三叠世主要地质事件和鄂尔多斯盆地延长组致密油/页岩油“甜点段”分布

图中地质年代、岩性地层等据国际地层年代表（2019版）及文献邓胜徽等（2018）；综合岩石地层划分据文献姚泾利等（2013，2015）、杨华等（2013）、付金华等（2019）；区域构造事件据文献张国伟等（2004）、Dong等（2011）；鄂尔多斯盆地湖平面变化据文献陈全红（2006）、Yang等（2017b）、火山灰层分布趋势据文献张文正等（2009）、陈安清等（2011）、Zhu等（2019）；沉积水体缺氧程度趋势分布据文献Zhang等（2017）、付金华等，（2018）、李森等（2018）；推测重力流据文献邹才能等（2009）、Zou等（2012）、孙宁亮等（2017a）、傅强等（2019）；TOC含量、游离烃趋势图中数据部分来自文献姜星等（2014）、袁选俊等（2015）、杨华等（2016）、Yang等（2017）；Zhang等（2017）、付金华等（2018）；其中虚线圆点代表样品TOC含量大于25%的样品致密油是一种储集在致密储层（覆压基质渗透率≤$0.1\times10^{-3}\mu m^2$，空气渗透率<$1.0\times10^{-3}\mu m^2$）中的非常规石油资源，源储互层或紧邻，单井无自然产能或自然产能低于商业石油产量下限，但在一定经济条件和技术措施下可获得商业石油产量（邹才能，2014；朱如凯等，2019）。页岩油一般被认为是一种在成熟烃源岩中生成并滞留聚集于源岩层内的非常规石油资源，具有“源储一体”的特征（邹才能，2014；邱振等，2016a；杨智和邹才能，2019）。但也有观点认为，页岩油泛指在有机质页岩层系（包括粉砂岩、细砂岩、碳酸盐岩夹层）内的非常规石油资源（金之钧等，2019；付金华等，2019；杜金虎等，2019），其中夹层单层厚度小于5m，累计厚度占比小于30%（杜金虎等，2019）。关于页岩油这两类不同的概念，前者偏重于成因性分析，为狭义上的概念；后者偏重整体性分析，为广义上的概念（周庆凡和杨国丰，2012；付金华等，2019）。自2011年中国石油天然气股份有限公司长庆油田分公司在西233井区长7段致密油成功开发以来，近十年的勘探开发实践及研究证实，鄂尔多斯盆地长6、长7段致密油平面上位于湖盆的中部，主要为重力流沉积，以粉砂岩、细砂岩为主（Zou et al.，2012；姚泾利等，2013；杨华和邓秀芹，2013；杨华等，2015；孙宁亮等，2017a；Yang et al.，2017）。长7段又可细分为三个亚段（自底部至顶部依次为长7_3～长7_1段）（图5.18），其中致密砂岩油主要发育在长7_1、长7_2两个亚段，而长7_3亚段主要为富有机质页岩段，是页岩油的集中发育段（图5.19）。诸多研究表明，长6、长7段致密油、页岩油的形成与富集主要受控于两大要素，即大面积分布的优质有效烃源岩及其紧密接触且连续分布的有效致密储层（姚泾利等，2015；杨华等，2017；付金华等，2019），但两者都明显受控于其沉积背景（姜星等，2014；邱振等，2015；杨华等，2017）。在长7段、长6段沉积时期，鄂尔多斯盆地及其周缘发生了一系列区域地质事件，如区域性构造运动与湖平面升/降（张国伟等，2004；陈全红，2006；Dong et al.，2011）、火山活动（邓秀芹等，2008；张文正等，2009；邱欣卫等，2009；陈安清等，2011；Zhu et al.，2019）、水体缺氧（Zhang et al.，2017；付金华等，2018；李森等，2019）、重力流沉积（邹才能等，2009；Zou et al.，2012；Yang et al.，2017；傅强等，2019）等。这些事件对长7段、长6段沉积产生了重要影响，它们耦合沉积控制着致密油、页岩油“甜点区(段)”形成与分布。

（一）构造与湖平面升/降事件

中—晚三叠世，全球处于潘基亚形成时期，我国华北和华南板块自东向西发生拼合，形成秦岭-大别碰撞造山带（张国伟等，2004；Dong et al.，2011；Wu and Zheng，2013），其陆内造山作用主要发生在240～220Ma。本次造山运动归属于印支运动范畴，可划分为两幕次，即Ⅰ幕（中三叠世末）和Ⅱ幕（三叠纪末）。受印支运动影响，华北板块海水彻底退出，在其东部表现为中、上三叠统间的不整合接触，而在华北板块西部的鄂尔多斯盆地发生快速沉降，表现为连续湖盆沉积（刘池洋等，2006；杨华和邓秀芹，2013）。关于延长组的时代归属问题，一直存在着争议。基于鄂尔多斯盆地生物地层、同位素地层等资料和长7段底部火山灰层最新的锆石ID-TIMS年龄（Zhu et al.，2019），有学者提出将长7段和长6段之间的界线作为中、上三叠统的界线（邓胜徽等，2018）。结合前人给出的火山灰年龄、生物地层等成果资料（王多云等，2014；张文等，2017；邓胜徽等，2018；Zhu et al.，2019），以及秦岭-大别碰撞造山作用时限（张国伟等，2004；Dong et al.，2011；Wu and Zheng，2013），本书将长 7 段沉积时间进一步限定在 240～237Ma（中三叠世拉丁阶）（图 5.19），对应于印支运动 I 幕次。

诸多研究表明，长 8 段沉积末期～长 7 段初期是鄂尔多斯盆地重大环境转折期（邓秀芹等，2008；杨华和邓秀芹，2013；邓胜徽等，2018）。长 10～长8 段沉积时期，盆地地势相对平坦，总体上处于河流、三角洲、滨浅湖及沼泽等沉积环境，以厚层中粗砂岩、细砂岩为主，夹粉砂质泥岩、泥岩等（杨华和邓秀芹，2013）。这些砂岩岩石类型相似，主要为岩屑长石砂岩和长石砂岩，岩石成分成熟度偏低，长石平均含量为 30%～40%，代表盆地形成初期沉积产物（邓秀芹等，2008；杨华和邓秀芹，2013）。而在长7 段沉积初期（长 7_3 亚段），盆地西南缘受到印支造山运动影响发生抬升，并在盆地南部发生快速沉降，形成大规模拗陷，相对湖平面快速升高（图 5.19），整个盆地沉积格局发生重大转变（陈安清等，2011；杨华和邓秀芹，2013；邓胜徽等，2018）。长 7～长 6 段主要为一套泥页岩层系，夹薄-中层粉砂岩、细砂岩等（Zou et al.，2012；姚泾利等，2013；杨华等，2015；Yang et al.，2017a，2017b）（图 5.19）。与长 10～长 8 段相比，这些砂岩石英含量偏高，长石含量较低（平均低于 20%）（邓秀芹等，2008；杨华和邓秀芹，2013），主要为深水重力流沉积（Zou et al.，2012；Yang et al.，2017；）。该时期为盆地强烈扩张期，其中长 7_3 亚段沉积时期为湖盆的最大湖泛期，半深湖-深湖区范围可达 $6.5\times10^4km^2$ 以上（杨华和邓秀芹，2013；付金华等，2019）。在长7_2～长 6_3 亚段沉积时期，随着物源输入逐渐增强，相对湖平面缓慢下降（陈全红，2006；Yang et al.，2017b）。

（二）火山喷发与热液事件

火山喷发和热液喷流活动是地球常见的、不同的两种地质事件，前者形成火成岩和凝灰质岩，后者形成热液喷流岩。火山喷发及其沉积产物被人们普遍接受，研究较为成熟。火山灰是火山喷发形成的直径小于 2mm 的细粒火山碎屑物质，火山喷发后，这些细粒火山碎屑物质喷发至大气中，经过大气搬运然后缓慢沉降于地表或水体中，形成火山灰沉积物（张文正等，2009）。在火山爆发期间，气体和尘埃可以形成有机碳和硫酸盐气溶胶，这可以通过气溶胶-云-气候反馈系统引起区域气候变化，从而产生水柱中的浮游生物。同时，火山碎屑可以通过风化和运输进入湖泊或土壤，并极大地影响物种组成，以及湖泊或土壤中微生物、真菌、藻类和其他生物的丰度。火山灰富含铁，代表铁的外部来源。铁与水接触后的快速释放导致浮游植物的繁殖。火山灰中丰富的营养物质，如磷酸盐、铁和硅，促进了浮游生物的生长，导致有机质的富集。因此，火山活动强烈影响湖泊的初级生产力。火山活动是影响生物种群演化和环境变迁的一种潜在的地质营力（Wignall，2001；You，2021a；刘全有等，2022），但其对富有机质形成起到怎样的作用，仍然存在较大争议。有些学者认为，火山物质进入到湖泊和海洋等水体中，诸多无机元素的加入会促使水体中生物的勃发或死亡，进而促进古生产力（Duggen et al.，2007；姜在兴等，2014；柳蓉等，2021；You et al.，2021b），火山活动释放的可溶性气体，如 H_2S、SO_2、CO_2 等，以酸雨的形式进入水体中，会使水体分层并导致底部缺氧，有利于有机质的保存（Wignall，2001；张文正等，2009；李树同等，2021；Zhang，2022；刘全有等，2022）。但有学者持有不同观点，高强度的火山/热液物质输入引起的高沉积速率可稀释初级生产力，或致使有机质丰度降低。过量火山活动或者热液流体输入会引起强烈的BSR作用，大量有机质消耗，不利于有机质富集（李鹏等，2021）。也有人提出适量的火山活动对有机质富集有利，过量的火山灰与频繁火山爆发释放大量气体、高温高压的间歇性热液流体以及频繁的重力流作用将不利于有机质富集（Zou et al.，2019；赵文智等，2020）。

诸多研究已表明，现代火山喷发与近邻海洋中生物繁盛具有密切关系（Langmann et al.，2010；Richard et al.，2019）。Hamme 等（2010）通过对东北太平洋火山灰降落区的研究发现，火山灰降落之后，海水表层的生产力大幅增加，并且生产力增加的区域范围与火山灰沉降后的分布范围基本相同，说明火山灰对海洋表层藻类的生长起到了促进作用。Duggen 等（2007）通过卫星照片发现，Montserrat 岛上的 Soufrière Hills 火山喷发后，火山灰在风力作用下降落在该岛北部大约 160km×40km 的范围内，几天之后火山灰降落区域的叶绿素浓度明显增加，这些叶绿素浓度的变化主要是浮游植物的勃发造成的。Duggen 等（2007）还利用火山灰做了硅藻的培育实验，在缺少铁元素的两组培养液中进行硅藻培育，其中一组加入火山灰，而另一组则不加。实验结果发现，在加入了火山灰的那一组中，其光合作用的效率和叶绿素的浓度明显增加，说明火山灰促进了硅藻的生长。初步分析认为，多次的厘米级及其以下的火山灰沉降可促使藻类高频勃发，在浅水区由于氧化和生物食取而难以保存，而远离物源的深湖区可形成缺氧还原环境，有利于藻类纹层的保存，因此多次喷发的火山发育带周边的深水湖泊和海洋最有利于形成大面积厚层优质烃源岩。

鄂尔多斯盆地延长组火山灰沉积较为广泛，在长 10～长 1 段岩层中均可见到火山灰沉积，多以浅灰黄色、浅灰色薄层或纹层凝灰岩为主（邱欣卫等，2009；张文正等，2009；陈安清等，2011）。诸多研究证实，在该盆地长 7 段中，火山灰沉积最为发育，在其厚 100m 左右的页岩层系中，火山灰层数可达 150 层以上（张文正等，2009；Zhu et al.，2019）。其中，薄层火山灰层厚度一般为 0.5～1.0 cm，厚者可达 1m 以上（邓秀芹等，2008；邓胜徽等，2018），在长 7 段均有分布，但主要集中分布在长 7_3 亚段底部（张文正等，2009）（图 5.19）；纹层状火山灰层厚度为毫米或厘米级（图 5.20），主要分布在长 7_3 亚段和长 7_2 亚段内（张文正等，2009；Zhu et al.，2019）。长 7_3 亚段底部火山灰层发育最为集中，且分布稳定，厚度由盆地西南向东北方向逐渐减薄至不发育，主要与盆地西南缘火山活动有关（邓秀芹等，2008；邱欣卫等，2009；Zhu et al.，2019；尤继元，2020）（图 5.21）。这些火山灰主要来源于中酸性岩浆，它们在年龄、分布厚度、岩石组成和构造环境上，均与秦岭造山带的花岗质岩浆活动具有较好的耦合性（张文正等，2009；张文等，2017）。

此外，基于长 7 段页岩层系中发现了热源自生矿物（如重晶石、铁白云石纹层等）（尤继元，2020）及热水沉积地球化学特征（碳硫同位素比值及微量元素 Mn 含量），一些学者提出鄂尔多斯盆地在长 7 段沉积时期湖盆底部发育热水沉积（张文正等，2010；贺聪等，2017；宋世骏等，2019）。

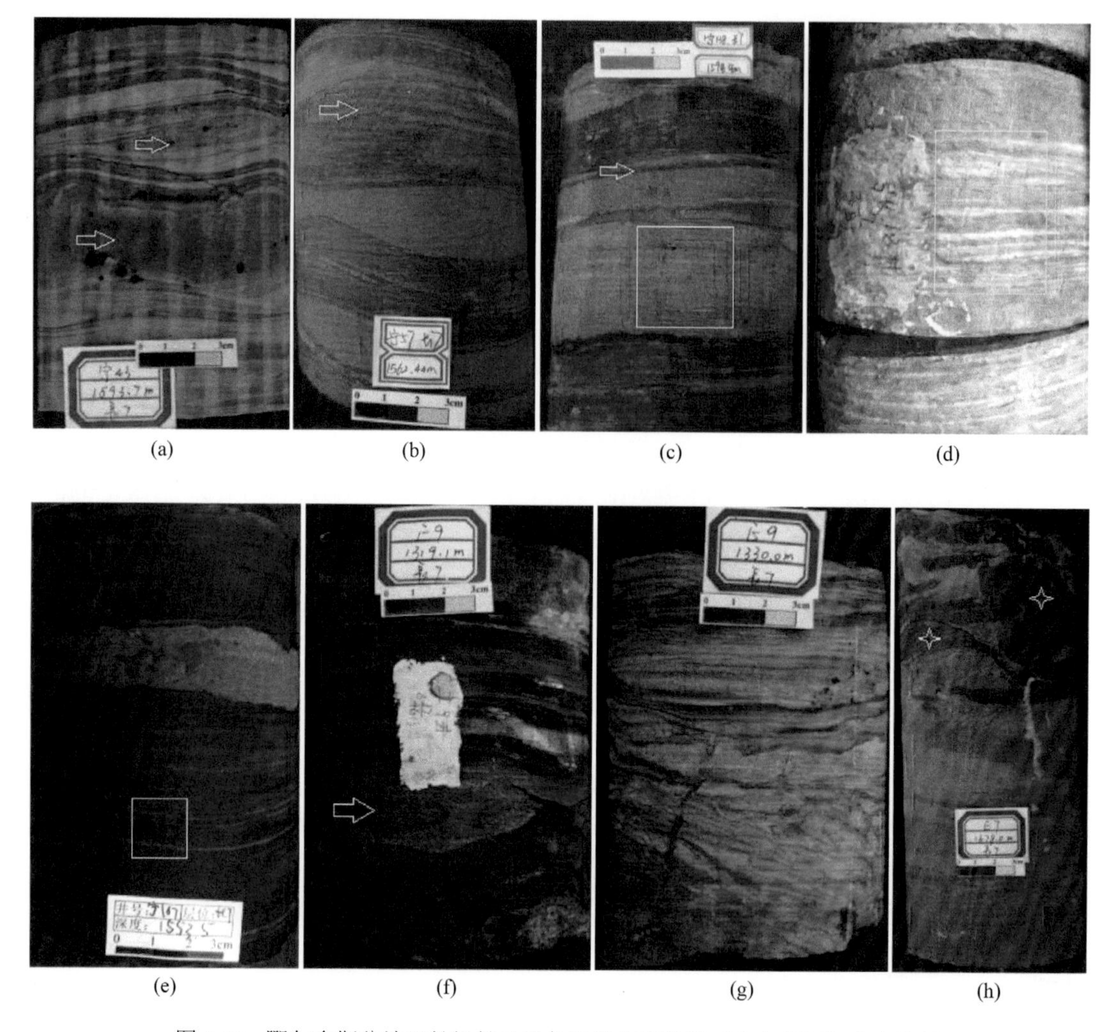

图 5.20 鄂尔多斯盆地延长组长 7 黑色页岩中斑脱岩（火山灰层）分布特征

（三）缺氧事件

目前，鄂尔多斯盆地延长组长 7 段页岩层系沉积水体缺氧条件存在着争议。由于该套页岩层系富含有机质，且 U、V、Mo 等微量元素富集（Yang et al.，2010；付金华等，2018；刘群等，2018），常被认为形成于底部缺氧水体环境，缺氧程度自长 7_3 亚段至长 7_1 亚段逐渐减弱（付金华等，2018）。但也有一些研究基于黄铁矿矿化度（degree of pyritization，DOP）、草莓状黄铁矿粒径等特征分析，认为长 7 段页岩层系主要沉积于贫氧-富氧底水条件，伴有局部缺氧环境（Yuan et al.，2017；李森等，2019），或者为发育动荡的“贫氧-氧化”和稳定的“贫氧”两种底水环境（图 5.22）（Liu et al.，2021）。甚至有新的研究认为湖盆底部水体-沉积物界面以上为富氧条件，而该界面之下为缺氧条件（Zhang et al.，2017）。

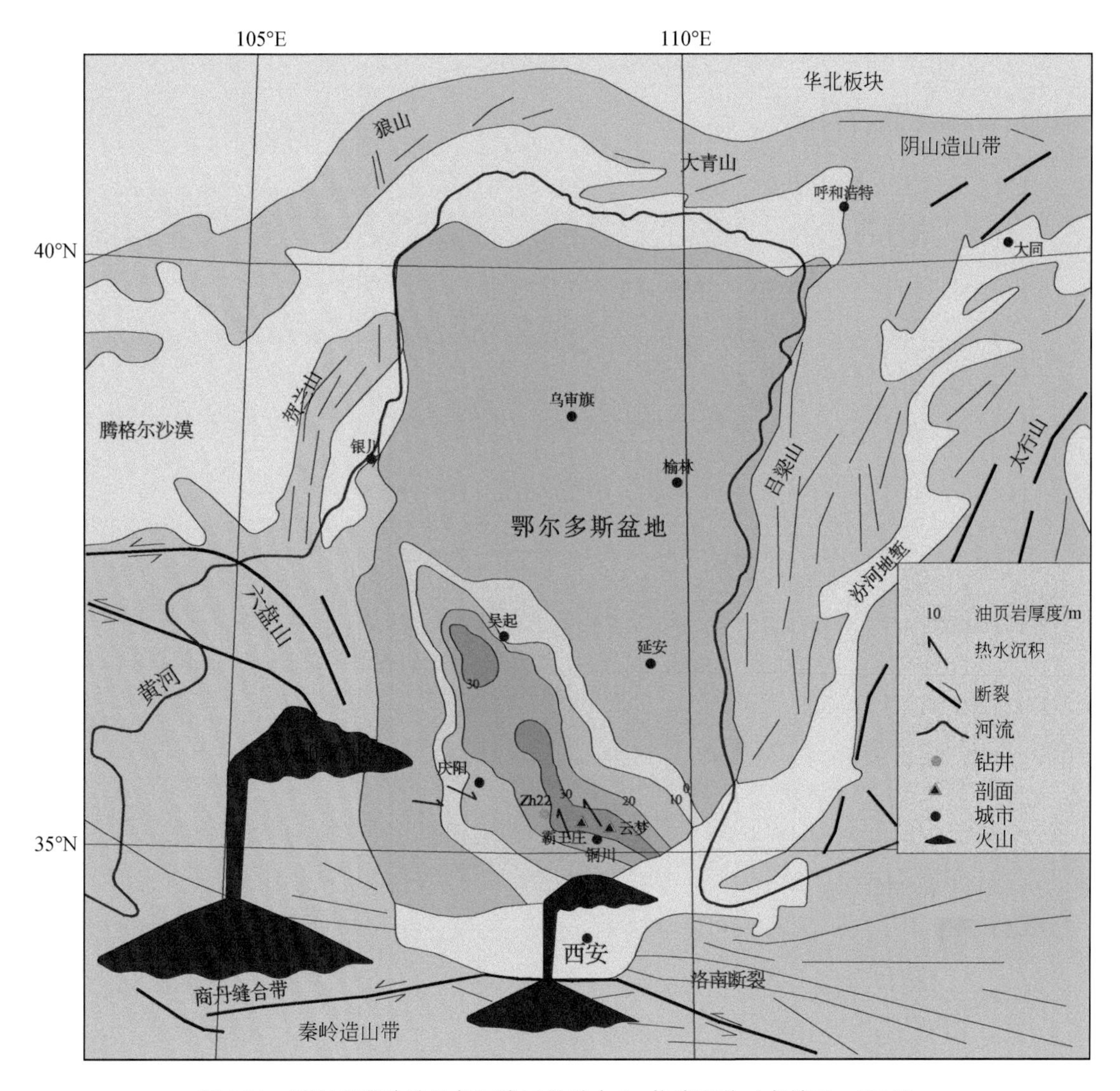

图 5.21 鄂尔多斯盆地及邻区晚三叠世火山-热液活动（尤继元，2020）

由于这一时期火山活动、重力流、洪水异重流等事件沉积频繁，它们会对湖盆沉积环境产生重要影响。这些事件相关沉积不仅会改变半深湖-深湖沉积物中元素富集程度及矿物组成，而且会造成湖盆水体氧化还原状态发生一定变化（图 5.23）。例如，泥页岩所夹火山灰沉积会使得 U 元素相对富集（Yang et al.，2010），同时相关热源活动携带的 H_2S 等气体能够促进湖盆水体形成缺氧环境（张文正等，2010）；砂质碎屑流、浊流等重力流能够将近岸处相对富氧沉积物搬运至湖盆深处，这一过程会增加湖盆底部水体氧气含量，形成局部富氧环境。诸多研究已证实，长 7 段页岩层系中富有机质纹层，发现了大量藻类等生物化石，TOC 平均含量一般高于 5%（袁选俊等，2015；杨华等，2016；Zhang et al.，2017；付金华等，2018）。特别在长 7_3 亚段的黑色页岩段，其 TOC 含量最高可达 30%，平均含量约 14%（杨华等，2013；付金华等，2019）。大量有机质在沉积过程中必然会因分解作用而消耗水体中氧气，从而引发水体底部或沉积物中缺氧（Pedersen and Calvert，1990；

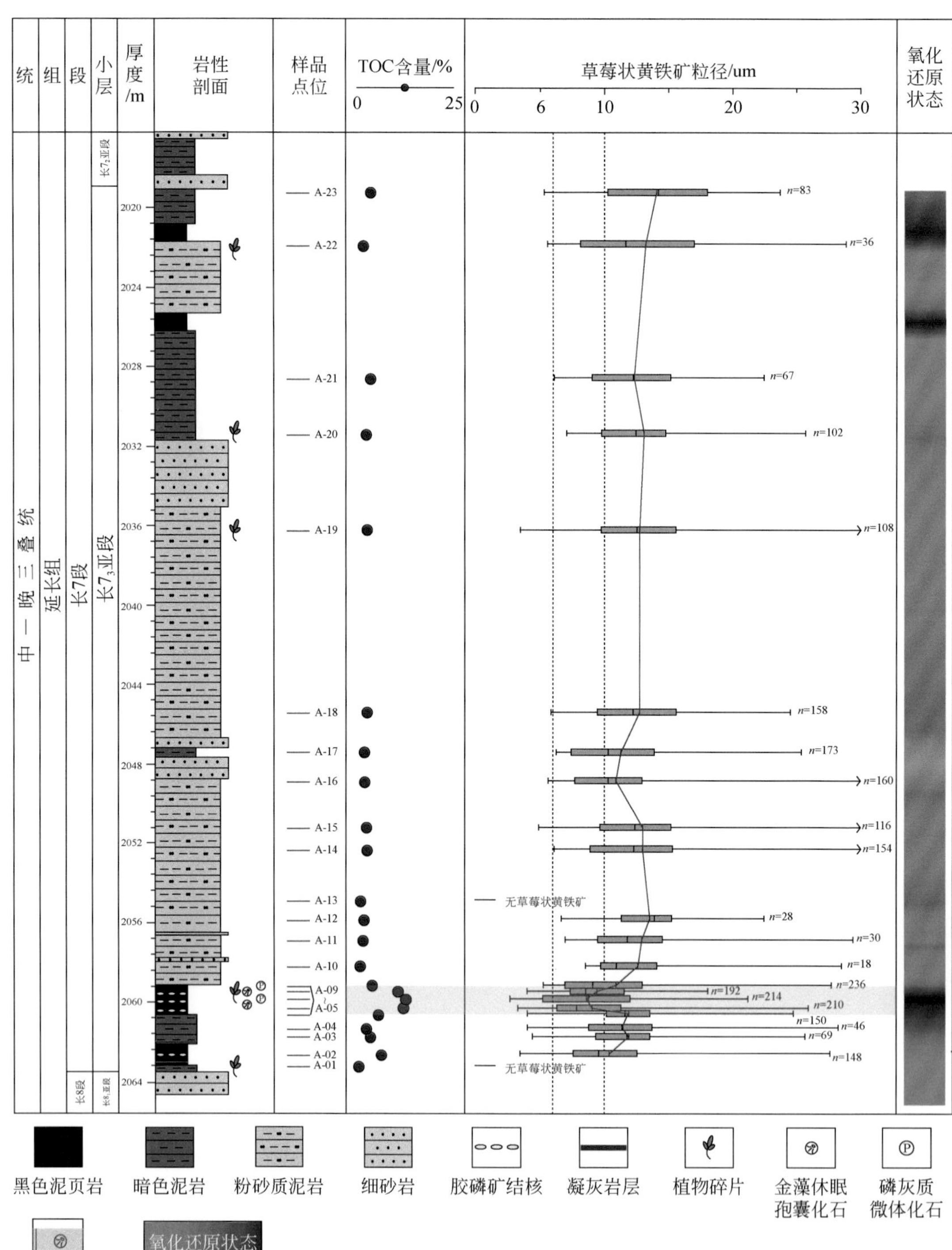

统
组
段
小层
厚度/m
岩性剖面
样品点位
TOC含量/%
草莓状黄铁矿粒径/um
氧化还原状态
中—晚三叠统
延长组
长7段
长7₃亚段
长8段
无草莓状黄铁矿
黑色泥页岩
暗色泥岩
粉砂质泥岩
细砂岩
胶磷矿结核
凝灰岩层
植物碎片
金藻休眠孢囊化石
磷灰质微体化石
异常高有机质富集段
氧化还原状态
氧化
贫氧

(a)W336井

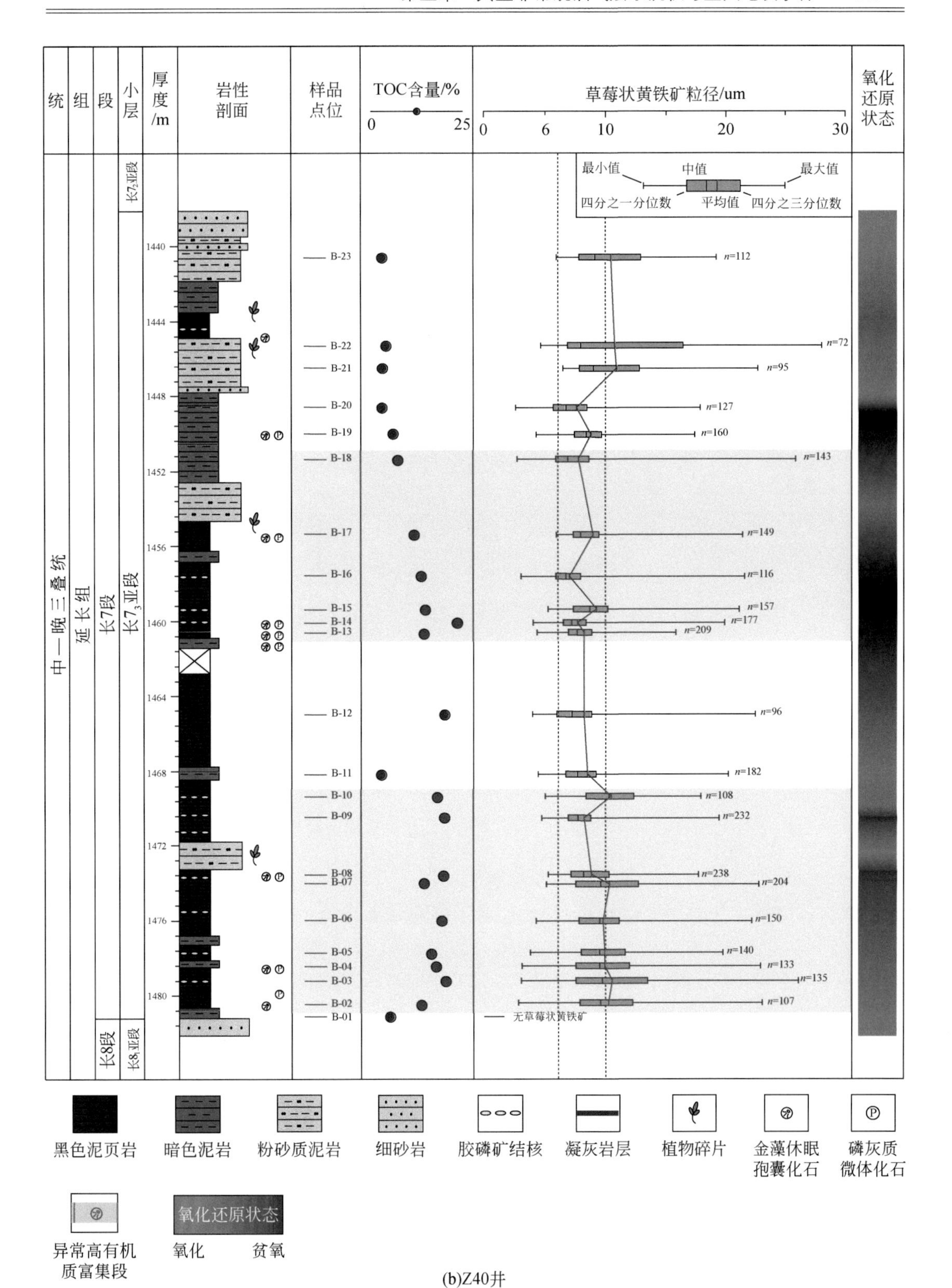

(b)Z40井

图 5.22　鄂尔多斯盆地长 73 亚段草莓状黄铁矿粒径特征(刘翰林等，2022)

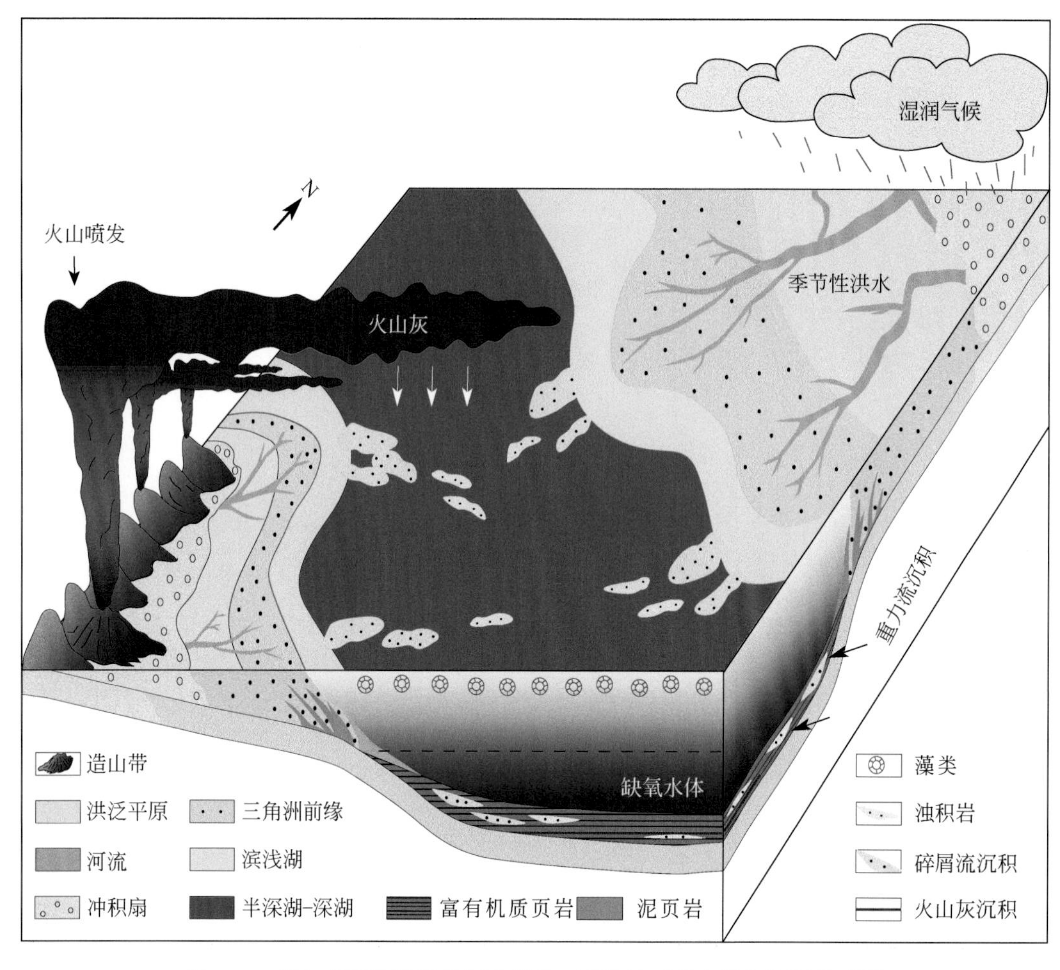

图 5.23　鄂尔多斯盆地延长组致密油、页岩油“甜点段”沉积模式图

Kuypers et al.，2002）。长 7 段沉积时期湖水表层生产力繁盛，有机质供应充足，必然会引发湖底水体缺氧，缺氧程度自长 7_3～长 7_1 亚段可能逐渐减弱（图 5.19）。另外，因热源活动能够携带 H_2S 等气体（张文正等，2010），甚至在长 7_3 亚段黑色页岩段中具有较高黄铁矿矿化度（平均 DOP 值约 0.76）（李森等，2019），故长 7_3 亚段沉积时期可能局部发育硫化缺氧环境。

（四）重力流事件

陆相湖盆深水区常发育浊流、砂质碎屑流、异重流等重力流沉积（邹才能等，2009；李相博等，2019）。浊流是一种具有湍流性质的重力流，正粒序层理是其沉积物（浊积岩）的关键标志；砂质碎屑流是一种具有层流性质、砂质颗粒含量高的沉积物重力流，其沉积物主要特征为厚层块状，砂岩内部可见泥页岩撕裂屑等（邹才能等，2009）；异重流是一种由洪水期河流提供沉积物，以递变悬浮方式沿盆地底部流动的高密度流体，其沉积物（异重岩）典型特征为发育逆粒序-正粒序层理、富含陆源有机质等（Yang et al.，2017b；李相博等，2019）。鄂尔多斯盆地延长组重力流沉积早期被认为是湖底扇浊积岩（李文厚等，2001）或浊积扇沉积（赵俊兴等，2008；邹才能等，2008），随后被认为是大规模砂质碎屑流沉积（邹才能等，2009；Zou et al.，2012；付金华等，2013）。随着鄂尔多斯盆地延长组长 7 段、长 6 段油层组致密油、页岩油勘探开发不断深入，对该盆地内重力流沉积识别及其分布特征的研究越来越精细。诸多研究表明，长 6 段主要发育砂质碎屑流沉积，并伴有少量浊积岩（邹才能等，2009；付金华等，2013；傅强等，2019）；在长 7 段中，重力流沉积主要为浊积岩，发育少量的砂质碎屑流砂体（图 5.23），并通过水槽沉积物理模拟了该段内砂质碎屑流与浊流沉积特征（付金华等，2013；杨华等，2015；孙宁亮等，2017a）。基于大量钻井电性、岩心等资料，已精细刻画出长 6_3 亚段、长 7_3 亚段、长 7_2 亚段和长 7_1 亚段内重力流砂体分布特征（袁选俊等，2015；姚泾利等，2015；付金华等，2019）。近几年，有学者提出长 6 段和长 7 段发育洪水异重流沉积的新认识（杨仁超等，2015；Yang et al.，2017b）。实际上，不同类型重力流体之间是相互转化的（Talling et al.，2012；Kane and Pontén，2012），如三角洲前缘斜坡失稳，进而产生滑塌、碎屑流、浊流等，而碎屑流在向深水区搬运过程中，可以逐渐转化为浊流（Talling et al.，2007；邹才能等，2009）；湿润气候条件下的季节性洪水可以形成具有超强搬运能力的异重流，进而可诱导滑塌及碎屑流、浊流的发生（Yang et al.，2014，2016，2017a，2017b；杨仁超等，2017）。因此，在鄂尔多斯盆地长 6 段和长 7 段中，砂质碎屑流沉积、浊积岩、异重流岩均有发育，它们一起组成一套复杂的深水重力流沉积体系。

（五）致密油/页岩油“甜点段”形成与分布：多种地质事件沉积耦合的结果

致密油与页岩油“甜点段”分别指页岩层系内石油相对富集的致密储层（砂岩、灰岩等）段和页岩层段，经过人工改造能够具有一定工业开采价值。大量致密油勘探开发实践及研究证实（邹才能等，2012；匡立春等，2012；杨华等，2013；姚泾利等，2015；朱如凯等，2019），致密油“甜点段”的形成需要具备四项基本地质条件（邱振等，2015）：①大面积分布的优质有效烃源岩，有利于石油大量生成；②大面积连续分布的有效致密储层，有利于石油大量储集；③有效的源储接触关系，有利于石油大规模聚集；④相对稳定的沉积构造背景，有利于石油有效保存。其中有利的构造-沉积背景是“甜点段”形成的前提条件，而优质有效烃源岩及其紧密接触的有效致密储层直接控制着致密油“甜点段”形成与分布。

鄂尔多斯盆地延长组致密油主要分布在长 7_2 亚段、长 7_1 亚段和长 6 段底部致密砂岩段（图 5.19），而长 6 段底部之上基本不发育致密油，这与长 7 段优质烃源岩分布密切相关。在长 7 段沉积初期，受到印支期秦岭-大别陆内造山事件影响，该盆地南部快速形成大规模拗陷，相对湖平面快速升高，半深湖-深湖区范围可达 $6.5\times10^4km^2$ 以上（杨华和邓秀芹，2013；付金华等，2019），为有机质沉积富集提供有利条件。与造山事件相伴的火山活动，如火山喷发、热液活动等，能够为湖水表层中藻类等生物生长提供大量 P、N 等营养元素，同时携带的 H_2S 等气体能够促进缺氧环境形成（张文正等，2010；贺聪等，2017；宋世骏等，2019），有利于有机质沉积富集。尽管自长 7_3～长 7_1 亚段湖平面逐渐下降，重力流沉积逐渐增强，底部沉积水体缺氧程度也在逐渐减弱，但藻类等生物大量繁殖提供大量有机质（图 5.24），以及湖底热源作用，使得长 7 段沉积时期底部水体总体上处于贫氧-缺氧沉积条件，从而有利于长 7 段大规模优质烃源岩发育。长 7 段页岩层系有效烃源岩厚度一般为 30～60m（杨华等，2013），平均 TOC 含量一般高于 5%（图 5.19），有效分布面积约 $5\times10^4km^2$；生烃强度平均值约 500×10^4 t/km^2（杨华等，2013），总生烃量可达 1200×10^8～1800×10^8t，平均排烃效率为 40%～70%（朱如凯等，2019），为长 7 段内和长 6 段底部致密油聚集提供充足物质基础。在长 6 段沉积时期，相对湖平面开始下降，湖盆底部水体开始转变为贫氧-富氧条件，不利于有机质沉积富集。该段内泥页岩 TOC 含量一般低于 2.0%，平均低于 1.0%，难以生成大量石油，从而造成其上覆致密储层基本不含油（图 5.19）。此外，由于重力流沉积砂体内部也具有一定的非均质性（孙宁亮等，2017b），会造成长 7_2 亚段、长 7_1 亚段和长 6 段底部致密砂岩段致密油富集程度具有差异性，甚至局部不发育致密油（图 5.25）。

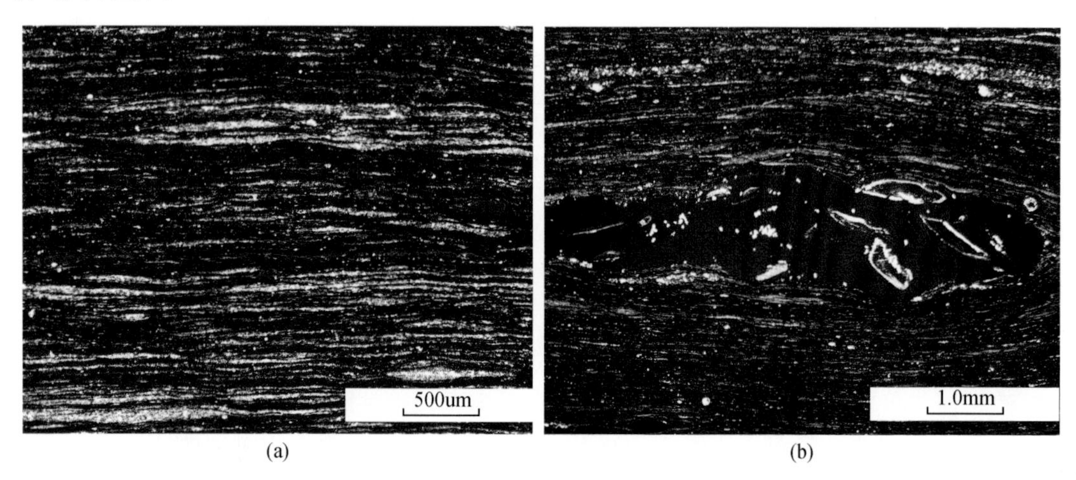

图 5.24　鄂尔多斯盆地延长组长 7_3 亚段富有机质黑色页岩中有机质纹层特征

鄂尔多斯盆地致密油主要分布在该盆地中南部，位于环县-定边-靖边-延安-正宁-庆阳范围（图 5.25）（杨华等，2013；姚泾利等，2013；付金华等，2022；）。诸多研究已证实，长 7 段、长 6 段大面积分布的致密油储层是重力流事件沉积的产物。它们主要是因构造抬升、火山活动等作用造成三角洲前缘斜坡失稳，进而产生滑塌、碎屑流、浊流等沉积形成的碎屑流岩和浊积岩（邹才能等，2009；李相博等，2019），局部为季节性洪水引发异重流形成的异重岩（杨仁超等，2015；Yang et al.，2017b）。这些重力流沉积产物主要由粉、细砂岩组成，岩石类型主要为长石砂岩和岩屑砂岩，砂体大面积连片叠置分布（约 $1400km^2$）（姚泾利等，2013；杨华等，2013，2017）。由于这些砂体经过较长距离搬运，泥质含量少，具有较好的物性（孔隙度平均为 7.2%～10.2%，渗透率为 $0.18\sim0.22\times10^{-3}\mu m^2$）（杨华等，2013，2017），为致密油聚集提供大量储集空间。此外，这些致密储层与长 7 段富有机质页岩相互叠置发育，形成源储大面积紧密接触，聚集效率高，致密储层含油饱和度平均 70% 左右，有利于致密油“甜点区”大规模形成（图 5.23 和图 5.25）。

页岩油作为在成熟烃源岩中生成并滞留聚集于源岩层内的石油，其富集程度一般用游离烃含量（热解烃量 S_1）表示（卢双舫等，2012；邹才能，2014；邱振等，2016a）。S_1 含

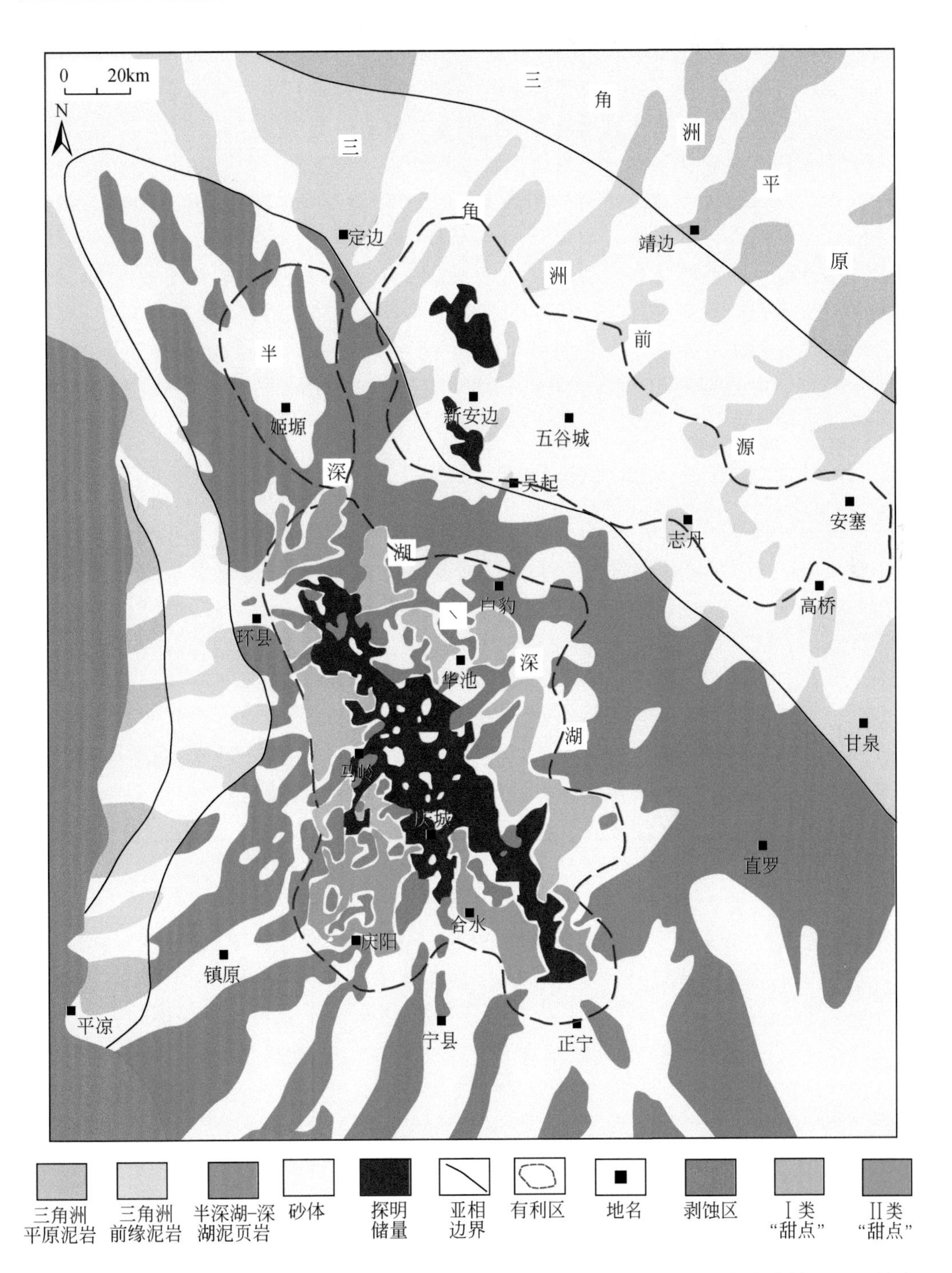

图 5.25　鄂尔多斯盆地延长组长 7 段致密油/页岩油“甜点区”分布图（据付金华等，2022 修改）

量越高代表页岩油含量越大，S_1 含量≥2.5mg/g 的泥页层段可以视为页岩油富集层段（“甜点段”）（王民，2019）。鄂尔多斯盆地延长组页岩油主要分布于长 7_3 亚段（图 5.19）。该页岩层段主要为深灰色、黑色泥页岩夹少量粉砂岩，其中黑色页岩分布范围约 $4.3\times10^4km^2$，平均厚度达 16m，有机质最为富集，平均 TOC 含量约 14%，最高可达 30%（杨华等，2013；付金华等，2019）。诸多研究证实，长7_3亚段沉积时期，与秦岭-大别陆内造山事件相伴的火山喷发、热液活动等促进湖水表层藻类大量繁盛，形成极高的生物生产力，与底部（硫化）缺氧水体，共同促进长7_3亚段有机质大量沉积富集。长7_3亚段页岩层段现今埋深总体大于 1000m，R_o为 0.85%～1.15%（杨华和张文正，2005；杨华等，2013；付金华等，2019），正处在生油高峰期，S_1含量主体大于 2.5mg/g（图 5.19）。这些特征表明，长7_3亚段总体上为页岩油“甜点段”（富集段）。目前在长7_3亚段共获得 13 口井的页岩油工业油流，展示了良好勘探开发潜力（杜金虎等，2019）。

综上所述，延长组致密油、页岩油“甜点段”形成与分布，受到其沉积时期区域性地质事件——陆内造山、湖平面升/降、火山活动（喷发、热源活动等）、水体缺氧、重力流等不同程度的影响，是这些事件沉积耦合作用的结果。

三、中二叠统芦草沟组致密油/页岩油

准噶尔盆地二叠系芦草沟组是中国最古老的陆相致密油/页岩油富集层系之一，储量超过 10×10^8t，是中国陆相咸化湖盆致密油/页岩油典型实例，其中，吉木萨尔凹陷芦草沟组作为典型的致密油/页岩油示范区块备受关注（孙旭光等，2022；刘金等，2023）。受海西运动、印支运动、燕山运动和喜马拉雅运动等多期构造运动叠加的影响，吉木萨尔凹陷表现为一个沉积在石炭系褶皱基底上的箕状凹陷（李克等，2023）。其构造平缓，北部、南部和西部分别以吉木萨尔断裂、三台断裂和后堡子断裂、西地断裂和老庄湾断裂为边界。在准噶尔盆地海西期拉张伸展裂谷背景下，于中二叠世晚期形成了芦草沟组三角洲相-湖相沉积。芦草沟组整体为一套富有机质细粒碎屑岩夹白云岩和少量砂岩沉积，含双壳类、介形类和鱼类等化石，厚度为 90～1102m，在吉木萨尔凹陷内厚度为 100～400m（新疆维吾尔自治区地质矿产局，1999）。芦草沟组自下而上划分为芦一段（P_2l_1）和芦二段（P_2l_2），并分别发育一个“甜点层”（图 5.26）（刘金等，2023）。

吉木萨尔凹陷芦草沟组 6000m 以浅地区预计资源潜力达 15×10^8～25×10^8t，其 4500m 以深的 1/3 的有利区以及盆地东部其他地区还未做评价（唐勇等，2023）。自 2011 年中国石油天然气股份有限公司新疆油田分公司在准噶尔盆地东部吉木萨尔凹陷芦草沟组开展陆相页岩油/致密油探索以来，吉木萨尔凹陷芦草沟组页岩油/致密油的勘探开发经历了勘探发现、先导试验、动用突破和扩大试验 4 个阶段，年产量从 2013 年的 22.35×10^4t 到 2020 实现产油量突破 50×10^4t（印森林等，2022；唐勇等，2023）。吉木萨尔凹陷芦草沟组致密油/页岩油已实现规模开发。

研究表明，芦草沟组沉积时期准噶尔盆地东南缘——博格达山一带发生了一系列的地质事件，包括区域构造运动导致湖盆水体加深，形成有利的深水-半深水环境（齐雪峰等，2013；何登发等，2018）；火山喷发/热液活动带来丰富的营养元素，进一步提高了古生产力（杨焱钧，2014；曲长胜等，2019；张帅等，2020；孟子圆等，2021；Tao et al.，2022；周家全等，2023；李克等，2023）；间歇性海侵（张义杰等，2007；焦悦等，2023）或整体为干旱-炎热的气候导致盐度分层，形成水底缺氧的有利保存条件（Qu et al.，2019；刘兵兵等，2022；罗锦昌等，2022；谢再波等，2023）等。这些地质事件的耦合控制着芦草沟

组富有机质沉积，形成以Ⅰ-Ⅱ$_1$型有机质为主的高 TOC 含量页岩（TOC 含量主体分布在 0.40%～7.00%，平均为 5.16%），从而为致密油/页岩油形成与富集提供了物质基础，加之有机质热演化成熟度处于生油高峰阶段，进而形成大规模致密油/页岩油藏（向宝力等，2013；邱振等，2016b；唐勇等，2023）。

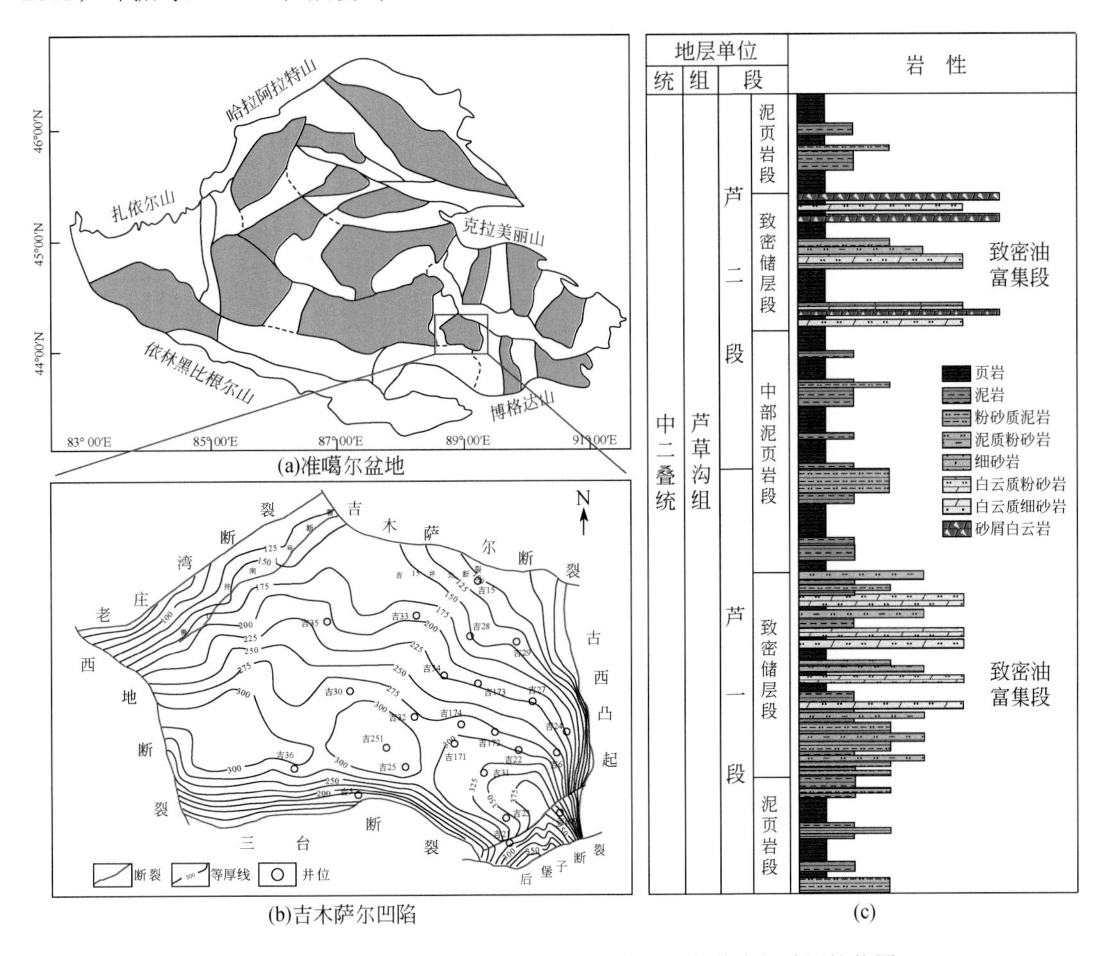

图 5.26　准噶尔盆地吉木萨尔凹陷构造特征及芦草沟组地层柱状图

（一）构造与湖平面升/降事件

晚石炭纪末期，随着哈萨克斯坦板块、塔里木板块和西伯利亚板块在新疆北部地区碰撞拼贴，新疆北部地区主要的洋盆已经闭合完毕（图 5.27）（Xiao et al.，2008，2015）。晚古生代晚期新疆北部地区进入碰撞后造山活动时期，以晚石炭世碰撞挤压最为强烈，二叠纪早期挤压减弱并开始发生造山带伸展作用。

二叠纪是准噶尔盆地发展的重要时期，盆地主体进入陆相或海陆交互沉积演化阶段，是海陆转换的重要转折时期。海水由西、北向东、南退出，仅在沙湾、北天山、吐哈残留有局限海盆。晚二叠世完全进入陆相阶段。显然，二叠纪的沉积记录了准噶尔地区洋陆转换的演化历程，也反映了原型盆地构造格局的演变（张朝军等，2006；齐雪峰等，2013）。

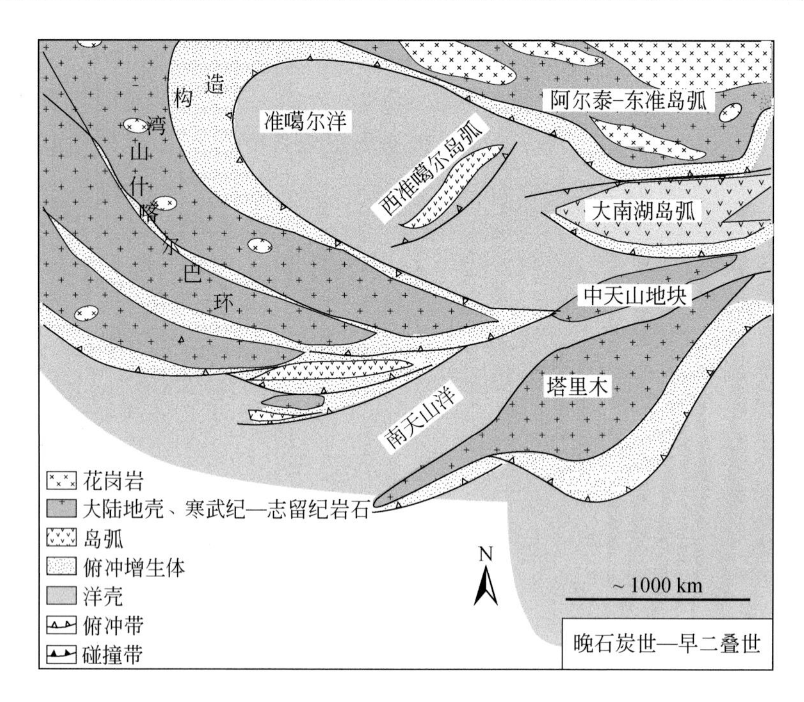

界	系	统	年代/Ma	南缘组(群)		代号	构造运动	构造阶段
古生界	二叠系	上统(P_2^2)	248	下仓房沟群	锅底坑组	P_2g	海西运动4	弱缩短挠曲拗陷
					梧桐沟组	P_2w		
					泉子街组	P_2q		
		中统(P_2^1)	253	上芨芨槽子群	红雁池组	P_2h	海西运动3(局部)	弱伸展拗陷裂谷期后
					芦草沟组	P_2l		
					井井子沟组	P_2j		
					乌拉泊组	P_2w		
		下统	258	下芨芨槽子群	塔什库拉组	P_1l	海西运动2(局部)	陆内裂谷
					石人沟组	P_1l	海西运动1	
	石炭系	上统	286	奥尔吐组		C_3a		裂谷陷槽
				祁家沟组		C_2q		
			296	柳树沟组		C_2l		

图 5.27 早—中二叠纪古亚洲洋板块构造特征（陈发景等，2005；Xiao et al.，2008）

早二叠世准噶尔盆地原型为具有伸展断陷和断凸组成的裂谷系，发育非造山 A 型花岗岩、滨浅海和海陆交互相碎屑岩；中二叠世准噶尔盆地为河湖相沉积组成的正旋回，逐步超覆在早二叠世地层之上，湖盆范围逐步扩大，不受边界正断层控制，这表明中二叠世盆地已演化为裂谷期后弱伸展拗陷；至晚二叠世，为河流、冲积相粗碎屑岩组成的水退层序（陈发景等，2005）。因此，中二叠世芦草沟组沉积时期为断陷盆地扩张期，也是准噶尔盆地重要的湖泛期之一，形成了盆地最为重要的一套烃源岩。此时湖盆逐渐扩大，盆地边缘以发育水退型三角洲为特征（如西北缘的下乌尔禾组河流-三角洲沉积），凹陷中则以浅湖-半深湖-深湖相泥岩沉积为特征，由早二叠世隆拗分割的局面逐渐转化为统一的大型内陆湖盆。特别是中二叠统芦草沟组和红雁池组沉积时期，盆地东部、南缘和吐哈盆地均以泥页岩发育为特征，表明其沉积环境相似，湖盆逐渐达到最大（方世虎等，2006）。

（二）火山喷发事件

中二叠纪时期，准噶尔盆地东部至三塘湖盆地一带存在火山活动（郝建荣等，2006；高岗等，2009），其岩浆成分为安山质（石英含量少，准噶尔盆地东部）和流纹质（石英含量较高，三塘湖盆地）（朱国华等，2014）（图 5.28）。准噶尔盆地东南缘二叠系芦草沟组黑色岩系的岩性被认为以凝灰岩、沉凝灰岩、凝灰质泥晶白云岩为主，夹丰富的纹层状、透镜状沥青和藻类（朱国华等，2014；柳益群等，2019）。同时，这些黑色岩系还夹有丰富的以热液喷流方式沉积的深源物质，它们多与微生物白云岩间互，呈纹层状，共同组成有丰富深源物质参与的巨厚纹层状致密油层系（柳益群等，2019）。芦草沟组凝灰质岩被认为是一种新型生油岩（周中毅等，1989），火山灰沉积过程可迅速掩埋水生有机质，减少了成岩期的氧化和菌解，并使蓝绿藻中的大量胡萝卜素得以保存，提高了生油能力（蒋宜勤等，2015；蒋中发，2019）；火山喷发不仅使生物快速大量死亡造成有机质富集，另外，火山灰中的矿物质和微量元素又给生物提供了营养促其再发育，是促成富有机质沉积的主要因素（曲长胜等，2017；柳益群等，2019）。

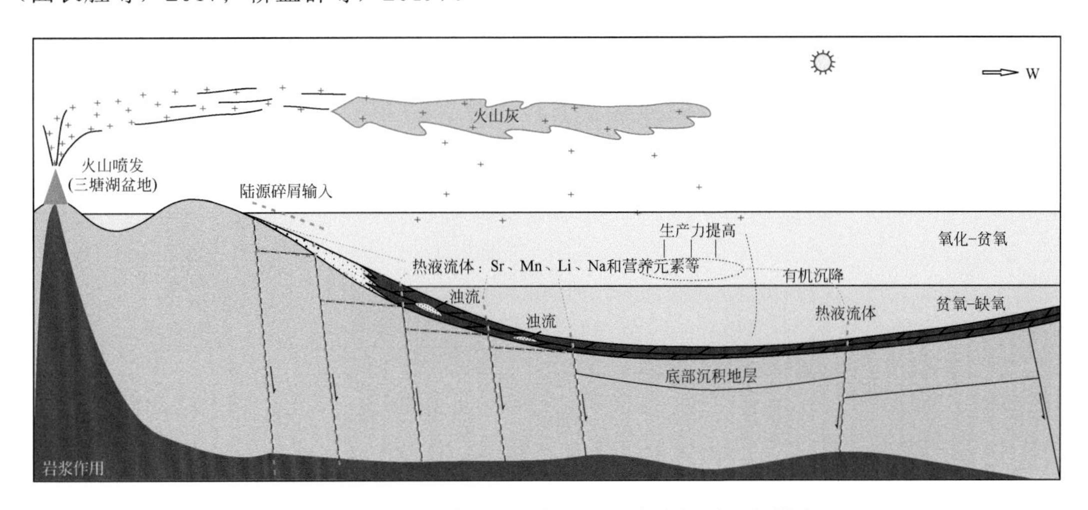

图 5.28　准噶尔盆地东部芦草沟组富有机质沉积模式

（三）热液活动事件

深源热物质以深源碎屑和流体两种方式参与了湖相沉积和成岩作用过程（柳益群等，2019）。吉木萨尔凹陷芦草沟组镜质组反射率研究显示（图 5.29），在平面上，由东向西地层深度加大，但热演化程度相当，表明凹陷东部地层后期有抬升；纵向上，所有钻井的 R_o

深度曲线中均具有随深度增加而增加的趋势，但镜质组反射率随深度加大出现了两个异常带，且恰好与两个“甜点段”对应（柳益群等，2019）。“甜点段”中凝灰物质和热液喷流物质的含量均在 60%～80%，而非“甜点段”中的凝灰物质较少，多数层段含量在 30%以下。这一现象不仅证明深源物质的参与导致了上下两个“甜点段”温度异常，而且进一步表明深源物质参与并促进了致密油的形成（柳益群等，2019）。

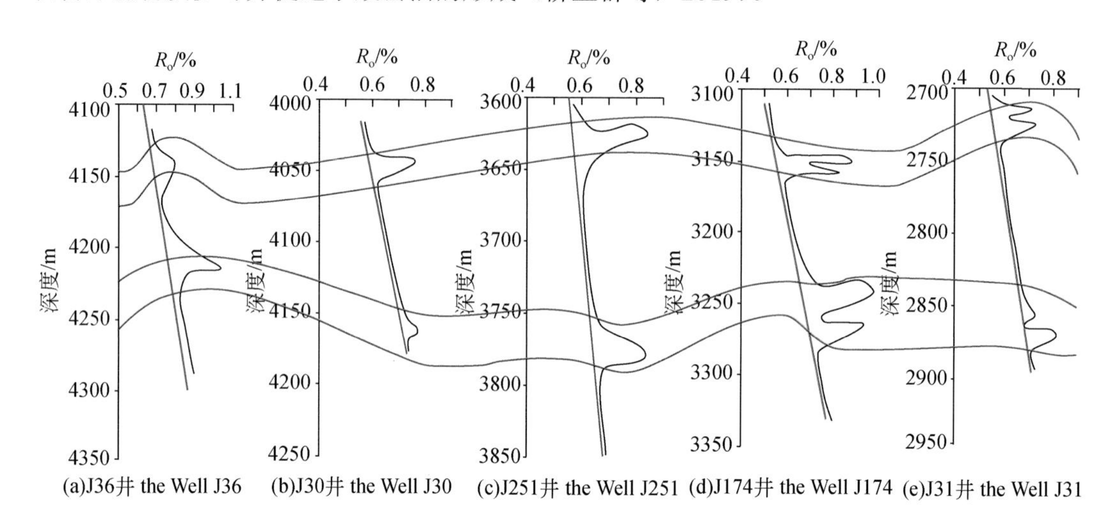

图 5.29　吉木萨尔凹陷芦草沟组深度与 R_o 关系图（柳益群等，2019）

红线代表受深源物质影响、成熟度增大的段

矿物、岩石和微量元素等证据指示，在准东地区二叠系芦草沟组沉积时期，湖盆底部深部热液活动广泛存在，对芦草沟组有机质富集具有重要影响（杨焱钧，2014；杨焱钧等，2019；李哲萱等，2020；Li et al.，2021；Meng et al.，2022）。芦草沟组地层中的硅质结核（Zhou et al.，2022）、层状白云岩（Wu et al.，2022）、粒状方解石（Li et al.，2023）、高 Sr 和 Li 元素的层段（Tao et al.，2022）均被认为与湖盆深部热液活动密切相关。Tao 等（2022）根据微量元素中高 Sr 和 Li 元素等指标，划分了热液活动的频率（图 5.30），发现芦草沟组一段比二段具有更高的热液活动频率，以及相对更高的古生产力和有机质含量，反映了热液活动对芦草沟组富有机质沉积具有重要的促进作用。

（四）缺氧事件

大量的研究表明，吉木萨尔凹陷二叠系芦草沟组整体为还原的水体环境，有利于有机质保存（彭雪峰等，2012；王炳凯等，2017；张逊等，2018；刘兵兵等，2022；罗锦昌等，2022；谢再波等，2023；Qu et al.，2019；Jiang et al.，2020；Zhang et al.，2020；Tao et al.，2022；Xie et al.，2023）。吉木萨尔凹陷吉 305 井芦草沟组有机地球化学生物标志化合物指标 Pr/Ph 值、氧化还原条件微量元素指标 U/Th、V/（Vi+Ni）和 Ce/Ce*等比值均表明芦一段沉积环境为还原环境，芦二段沉积环境还原性稍弱，但芦草沟组整体上仍处于还原环境（图 5.31）。研究区整体为干旱-咸化还原沉积背景，芦一段沉积期为干旱气候，古水体较浅，古盐度较高，水体分层形成稳定的还原环境，古生产力强于芦二段；芦二段沉积期为半潮湿-半干旱气候，古水体较深，古盐度较低，还原性强（罗锦昌等，2022）。近年来，还有研究者在芦草沟组中发现典型海相指示矿物海绿石、海相或海陆交互相托姆介介形虫等证据，认为芦草沟组湖盆的咸化是受到海侵事件的影响（焦悦等，2023），海侵事件不但使得湖相生物快速死亡堆积形成富有机质沉积，而且提高了水体的盐度，形成盐度分层、底层缺氧的水体环境。

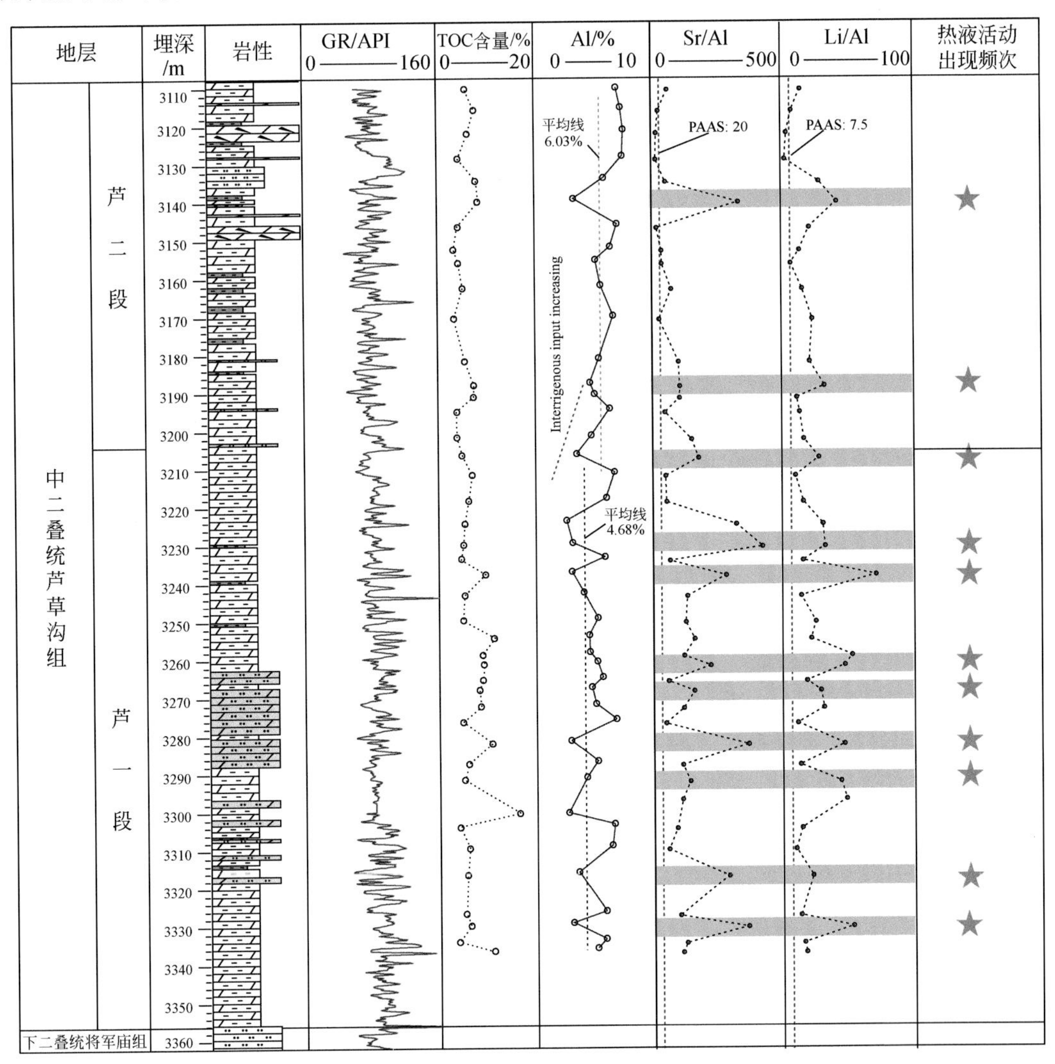

图 5.30　吉木萨尔凹陷芦草沟组沉积时热液活动频率图

（五）致密油/页岩油“甜点段”形成与分布：多种地质事件沉积耦合的结果

吉木萨尔凹陷芦草沟组内的致密油/页岩油储集岩主要为白云质粉（细）砂岩、砂屑白云岩和泥质粉（细）砂岩，源储岩性组合整体上为碳酸盐质页岩和页岩夹致密储层。吉木萨尔凹陷内芦草沟组烃源岩样品的 S_1 含量随 TOC 含量增大呈三段式变化：①当 TOC 含量 ＜0.5%时，S_1 含量整体上偏低，一般小于 0.5mg/g，主要为 SM（粉砂质泥岩和泥岩）；②当

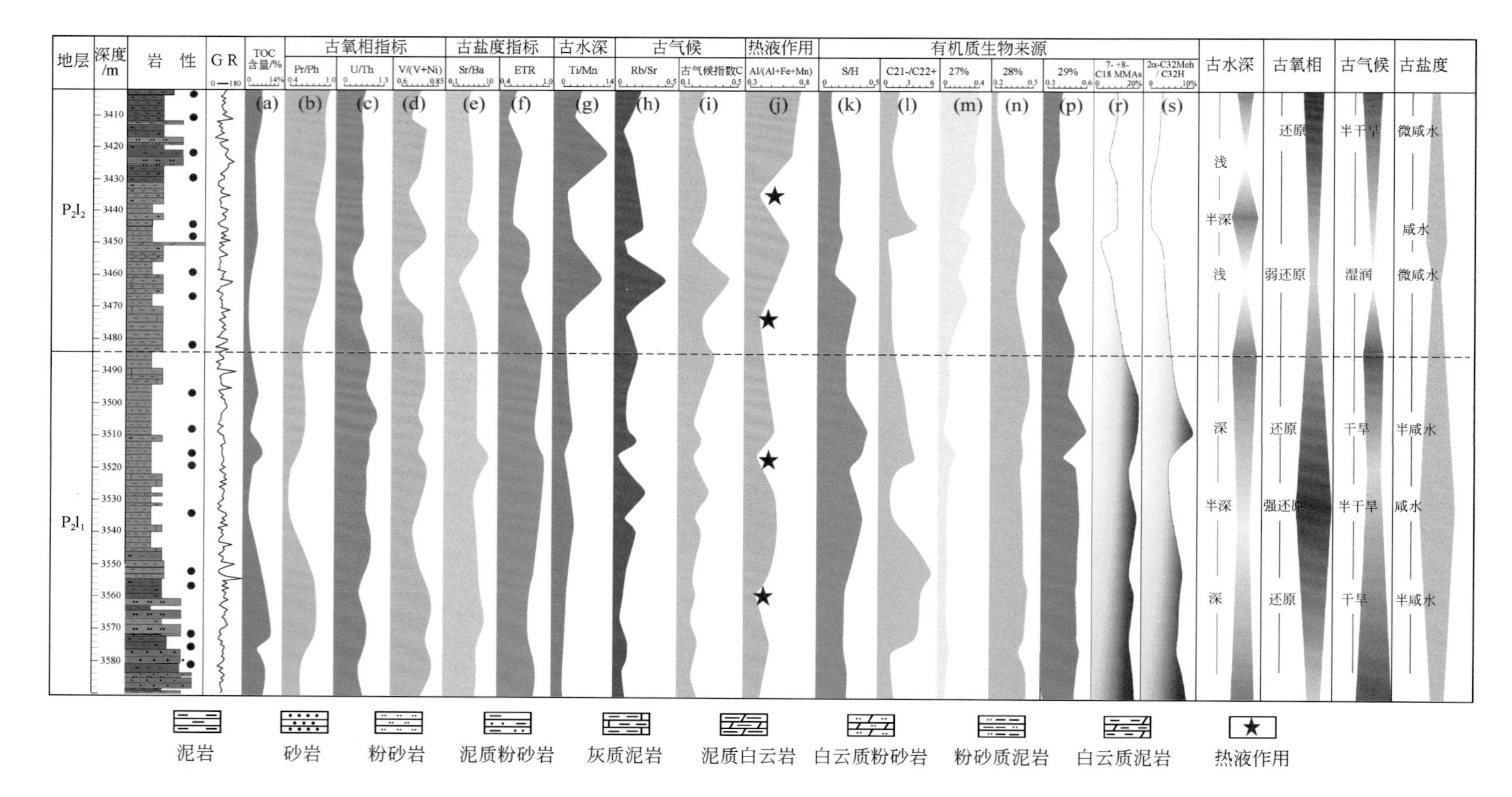

图5.31　准噶尔盆地吉木萨尔凹陷吉305井芦草沟组古环境地球化学参数纵向变化图

TOC 含量为 0.5%～2%时，S_1 含量整体上随 TOC 含量增加而增高，主要为 SM 和 CM（碳酸盐质泥岩）；③当 TOC 含量＞2%时，S_1 含量整体上大于 0.5mg/g，并保持相对稳定变化范围（1～4mg/g），主要为 CS（页岩、碳酸盐质页岩）和 CM。这一变化趋势与松辽盆地青山口组烃源岩具有较好相似性，即页岩油含油量与 TOC 含量关系具有"三分性"（卢双舫等，2012）。因此，可以认为高有机质丰度有利于页岩油的富集，TOC 含量＞2%烃源岩段是寻找页岩油的有利层段。高 TOC 含量烃源岩中大量的干酪根增加了吸附态滞留烃含量，而发育的纹层缝和有机质孔增加了游离态滞留烃含量。两者相比，后者对页岩油的开采更有实际意义。因此，页岩油滞留聚集模式可以概括为“有机质大量吸附，纳米级孔喉大量聚集，微裂缝（纹层缝）有效汇聚”。

中二叠世芦草沟组沉积时期，准噶尔盆地区域构造处于伸展、裂陷盆地发育的高峰，湖盆范围扩张、水体加深及沉积可容空间不断增大为有机质大量富集和富有机质页岩大规模沉积提供前提条件。此外，芦草沟组沉积期水体深度虽然有一定变化，但是在间歇性海侵和热液活动双重影响下，始终维持了稳定的盐度分层、底层缺氧的水体环境，这为有机质的保存提供了有利条件。因此芦草沟组页岩 TOC 含量基本不受古氧相的控制，有机质富集受控于古生产力，即生物来源（罗锦昌等，2022；谢再波等，2023）。生物来源在一定程度上与古盐度、古气候及火山-热液活动有关。芦草沟组生物来源组成的总体特征表现为细菌和藻类的丰度大于高等植物，细菌的丰度大于藻类，藻类以绿藻为主（谢再波等，2023）。与造山运动伴随的火山活动将火山物质通过风搬运入湖或由地表水携带入湖，在水体中释放 P、N 等生命营养元素，促使藻类等低等生物短期勃发进而增加古生产力（曲长胜等，2019）。此外，也有学者认为热液活动是影响吉木萨尔凹陷芦草沟组古生产力的主要控制因素（Tao et al.，2022）。芦草沟组一段时期热液活动强烈且发生频率高。虽然陆源和火山的输入量很低，但热液流体提供了足够的营养物质来促进有机质的生产。芦草沟组二段热液活动频率显著降低，导致营养物质流入减少，造成古生产力下降（Tao et al.，2022）。

致密储层发育同样受控于湖盆水体盐度、古气候以及火山-热液活动（李克等，2023；周家全等，2023；Li et al.，2023）。事件性的火山活动为凹陷提供了特殊的物源，造成了研究区混合沉积的复杂性。致密油储层在纵向上分为上、下致密油“甜点段”（图 5.26）。上“甜点段”沉积时期，碳酸盐供给高，且伴有火山物质和陆源碎屑的注入，以发育碳酸盐型和陆源碎屑型混积岩为主，表现为中砂屑白云岩、白云质粉（细）砂岩整体被碳酸盐质页岩和页岩所夹。碳酸盐质页岩生烃量大，且相对高效排烃，致密储层为砂屑白云岩、白云质粉（细）砂岩等，储层物性好，故它们为最有利的源储组合。下“甜点段”沉积时期碳酸盐组分和火山物质供给能力较强，发育碳酸盐型混积岩和火山碎屑型混积岩，岩性以白云质粉砂岩为主，储层较厚，整体上被碳酸盐质页岩和碳酸质泥岩所夹，也是比较有利的源储组合。芦草沟组源储组合具有“源储共生”赋存特征，这一赋存特征大大增加了源储接触面积，缩短了运移距离，使得烃源岩能够高效排烃，致密油能够高效聚集。准噶尔盆地中二叠统页岩油表现为整体含油、局部富集的特征，这一特征同时受“甜点”储层发育段和源-储组合关系影响（唐勇等，2023）。因此，准噶尔盆地二叠系芦草沟组致密油/页岩油“甜点段”的形成与分布是区域构造沉降、火山-热液活动等多种地质事件沉积耦合的结果。

四、下侏罗统自流井组页岩油气

早侏罗世，受扬子地块与松潘-甘孜褶皱带和秦岭造山带陆内汇聚作用影响，上扬子地区进入陆内伸展期（李英强和何登发，2014），四川盆地进入内陆湖盆演化期，最终沉积了下侏罗统自流井组湖相碎屑岩层系，主要发育滨湖-半深湖相石英细砂岩、粉砂岩、生物介壳灰岩和泥页岩，总厚度为 300～400m，总体分布特征具有西薄东厚、南薄北厚的特点。其作为四川盆地湖相页岩最为发育层段，湖相页岩面积约 $7.8\times10^4km^2$（Li et al.，2013）。根据岩性、电性差异，其自下而上划分为珍珠冲段、东岳庙段、马鞍山段及大安寨段（杨帅，2014；Qiu and He，2022；何江林等，2022）。其中珍珠冲段在盆内以滨湖相灰绿色石英细砂岩夹浅灰色泥页岩为主，马鞍山段以红色泥页沉积为主，东岳庙段与大安寨段主要发育灰至深灰色泥页与灰岩，为四川盆地最浅的一套区域性烃源岩，与之相关的侏罗系油气也一度成为 20 世纪四川盆地重点领域之一。在 2000 年以前，累计完钻井 2220 口，以侏罗系为目的层的钻井有 1229 口，大安寨段累计完钻井 1037 口，发现油气田 5 个、含油气构造 18 个，探明石油储量 8118.38×10^8t、天然气储量 $145.92\times10^8m^3$，累计生产原油 526.72×10^8t，凝析油 164.50×10^8t，天然气 $44.50\times10^8m^3$（李登华等，2017）。自 2011 年对其启动页岩油气调查以来（郭彤楼等，2011），已在元坝（Wang et al.，2020）、建南（朱彤等，2016）、涪陵（舒志国等，2021）、平昌（孙艳妮，2018；何文渊等，2022）等地获工业页岩油气流，且个别单井（元陆 21 井）产量高达 $50.9\times10^4m^3/d$（李维邦等，2022），展现了良好的资源开发前景（图 5.32）。随着四川盆地海相页岩油气潜在有利目标层埋深的逐年增大，勘探开发成本逐步升高，自流井组近年来也被视为四川盆地“油气并举”增储上产的重点层位。

据 2020 年国家标准化管理委员会颁发的《页岩油地质评价方法》(GB/T 38718—2020)，页岩油（邹才能等，2013）为赋存于富有机质页岩层系（包括层系内的粉砂岩层、细砂岩层、碳酸盐岩层）中的石油（金之钧等，2021），其内夹层单层厚度不大于 5m，累计厚度占页岩层系总厚度比例＜30%。根据热演化程度分为中-低成熟度（R_o=0.5%～1.0%）（赵文智等，2020）与中高成熟度页岩油（R_o=1.0%～1.0%）（杜金虎等，2019）。现有勘探开发实践证实，四川盆地自流井组页岩油主要产自东岳庙段灰色至深灰色含介壳泥页岩和大安寨段灰色至深灰色泥页岩之中，它们主要为浅湖至半深湖沉积，其有利区主要分布于半深湖相暗色泥页岩较为连续发育区域。与海相页岩相比优质页岩单层连续厚度较小，横向延伸稳定性较差，优质页岩展布的有效预测长期制约着四川盆地湖相页岩油气的突破。而湖相页岩的形成及其内有机质的富集，明显受控于沉积环境（Qiu and He，2022），在自流井组东岳庙段至大安寨段沉积时期，四川盆地及周缘发生了一系列区域地质事件，如全球大洋的极热事件（Bailey et al.，2003；Dera et al.，2009；Price，2010；Korte and Hesselbo，2011；Silva et al.，2011；Ruebsam et al.，2019；Yang et al.，2019b；Liu et al.，2020；Wang et al.，2020；Fernandez et al.，2021；何江林等，2022；Qiu and He，2022；Han et al.，2023；Kunert and Kendall，2023）、盆地周缘的构造拉伸强弱交替演化（刘凌云，2013；钱利军，2013；李英强和何登发，2014）等。这些事件对东岳庙段和大安寨段的沉积产生了重要影响，它们耦合沉积控制着页岩油气“甜点区（段）”形成与分布。

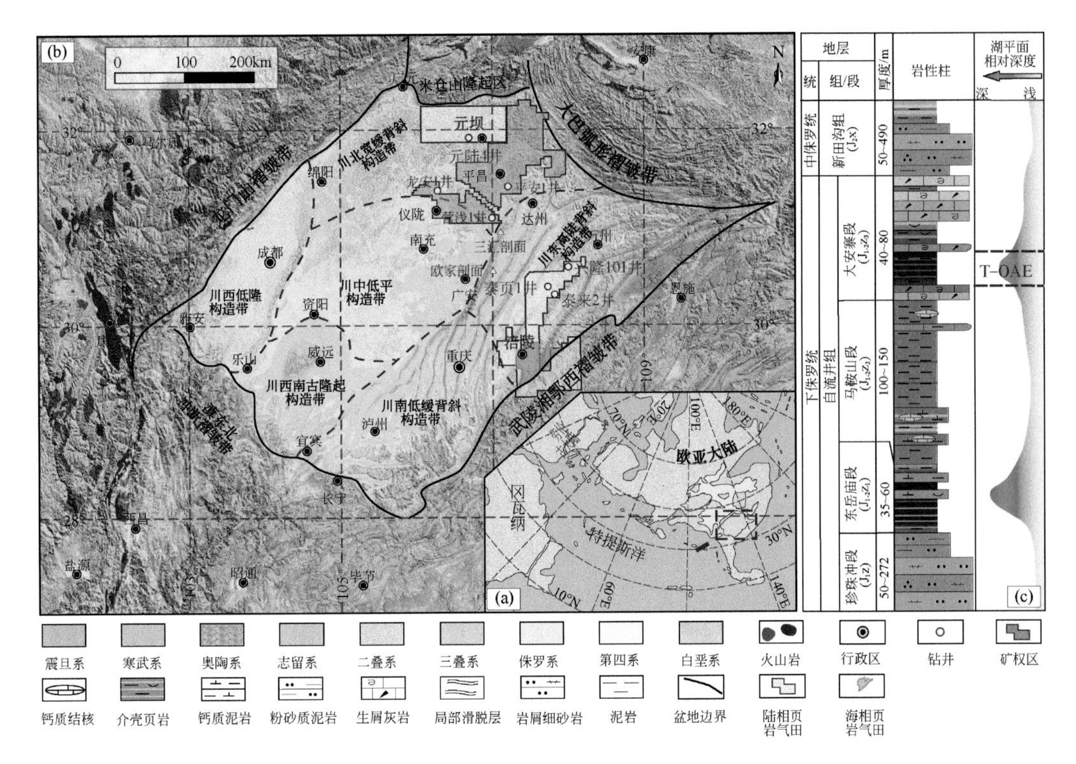

图 5.32　早侏罗世四川盆地古地理格局（a）、现今页岩油气田分布（b）、垂向岩性组合（c）（Xu et al.，2017；He et al.，2020；Qiu and He，2022；何江林等，2022）

（一）构造与湖平面升/降事件

早侏罗世—中侏罗世早期（199.6～167.7Ma）随着龙门山逆冲推覆作用的减弱（王昕尧等，2021），中上扬子地区处于构造活动相对宁静期，进入短暂的陆内伸展阶段（李英强和何登发，2014）。虽然其整体上继承了晚三叠世瑞替晚期的沉积格局，但局部还是发生了较为剧烈的变化。晚三叠时期还处于分离状态的中扬子前陆盆地与上扬子前陆盆地已连成一个统一的陆内前陆盆地，形成两个沉积中心：一个位于现今川中地区的南充一带，另一个位于现今湖北荆门——当阳地区，且后者也是当时中扬子地区的沉降中心（许效松和刘宝珺，1994）。该时期四川盆地伸展作用强度交替变化，由下至上依次沉积形成珍珠冲段、东岳庙段、马鞍山段和大安寨段［图 5.32（c）］。早期，在相对强烈的伸展作用下，盆地快速沉降形成珍珠冲段三角洲相与滨浅湖相沉积。东岳庙段沉积时期，盆地的伸展作用相对减弱，盆地缓慢沉降，物质供应缓慢，发育大规模湖相沉积；马鞍山段沉积时期，四川盆地再次进入另一强伸展期，盆地整体稳定沉降。期间松潘-甘孜褶皱带隆升活动复苏，碎屑物质供应充足，湖域范围缩小，盆地周缘三角洲和河流相发育。进入大安寨段沉积时期，盆地的伸展作用更为微弱，盆地周缘的造陆、造山运动几乎停止，整个四川盆地保持稳定的沉降，而来自盆外的陆源碎屑供给缺乏，盆地整体的坳陷速率大于陆源碎屑的堆积速率（李英强和何登发，2014），形成早侏罗世四川盆地第二次大规模的湖泛沉积［图 5.32（c）］。进入中侏罗新田沟组（凉高山组）沉积时期，盆地进入萎缩阶段，湖相沉积逐渐萎缩，四川盆地原本的以湖相沉积为主，逐渐演变为河流和三角洲沉积为主。早侏罗世沉积的两套暗示泥页岩主要沉积于东岳庙段和大安寨段两次弱伸展期，沉积厚度相对较薄。而两次强伸展期沉积地层厚度较大，形成珍珠冲段和马鞍山段碎屑岩沉积。

（二）大洋极热事件

在侏罗纪早期，泛大陆开始分裂（Marzoli et al.，1999），大西洋得以发展，并伴随着中央大西洋岩浆岩省（central atlantic magmatic province，CAMP）的广泛火山活动（谭丽娟等，2018），使得早侏罗世托阿尔期（Toarcian）（约 183Ma）大洋缺氧事件（Toarcian-oceanic anoxic event，T-OAE）在全球普遍发育（Jenkyns，1985；邓胜徽等，2012；邓胜徽等，2017），其以黑色泥岩层和相应的碳同位素负偏为标志，代表着一次大洋缺氧事件，后经研究发现，该时期，大气中 CO_2 浓度为现今 4 倍（邓胜徽等，2017），全球大洋水温上升约 13±4℃（Fernandez et al.，2021），为一次全球性极热事件。而近年来，通过对四川盆地川中地区大安寨段铼锇同位素测年结果显示，四川盆地的大安寨段沉积时间约为 180±3.2Ma（Xu et al.，2017），证实了下侏罗统组自流井组大安寨段沉积于该全球极热事件时期（图 5.33）。同时，基于岩石学和沉积相重建的相对水深，认为早侏罗世四川湖盆的水深演化与海平面变化一致；基于 Sr/Ba 和 S/TOC 等地化指标发现，大安寨段碳酸盐岩为淡水湖泊盐度增强过程中沉积形成，反映当时四川盆地为陆内淡水湖盆（申欢，2021），大安寨段碳酸盐岩沉积与托阿尔期全球极热气候密切相关（Liu et al.，2020）。基于古地理格局和地化分析，Qiu and He（2022）对自流井组泥页岩沉积条件进行系统分析发现，东岳庙段与大安寨段暗色泥页岩成因迥异，在安岳庙段含介壳泥岩内微晶灰岩条带、透镜体或夹层不发育［图 5.34（a）、（b）］，同时，泥页岩内水平层理发育、泥页岩单层连续厚度相对较大，指示着当时水深相对较大、主要受水体垂向密度分层形成有利的低能弱还原条件，同时，其对应 T-OAE 极热事件前夕的相对低温阶段，低温有助于保持相对稳定的密度分层。而进入托阿尔期气温快速升温，高温促使蒸发作用增强，有助于碳酸盐的沉淀，在马鞍山段底部泥岩内见钙质结核发育，而进入 T-OAE 高温极热气候时期，受强烈伸展作用影响，泥质悬浮物的快速沉积，促使碳酸盐岩沉积被稀释，其内钙质结核不发育。马鞍山段沉积末期，伸展强度的减缓，碳酸盐岩再次间歇性沉积，尤其在其中上部，局部区域见灰岩夹层发育［图 5.34（c）、（d）］。大安寨段沉积时期，持续的高温促使水体盐度增高，盐度分层有助于水体底部有机质的保存。微弱的伸展作用，有效的降低了陆源碎屑的输入量，促使其段沉积以化学成因为主，且在其中部沉积暗色泥页岩，泥页岩内常见微晶灰岩条件带等化学沉积碳酸盐岩［图 5.34（e）、（f）］。自流井组泥页岩和碳酸盐岩的分布和成因与 T-OAE 全球气候演化规律较为一致，指示着 T-OAE 极热事件与泥页岩的形成密切相关。

（三）页岩油“甜点段”形成与分布：多种地质事件沉积耦合的结果

四川盆地下侏罗统自流井组内页岩油气主要发现于深灰色泥页岩和深灰色含介壳泥页岩中，其整体具有页岩油气典型的“源储一体”的特征。在生烃条件方面，据 372 件露头和岩心样品实测与 71 口钻井测井资料处理解释，显示东岳庙段 TOC 含量平均值约为 2.1%，其中实测最高者可达 6.3%，大多处于 1.5%～3.2%；大安寨段 TOC 含量平均值约为 1.8%，

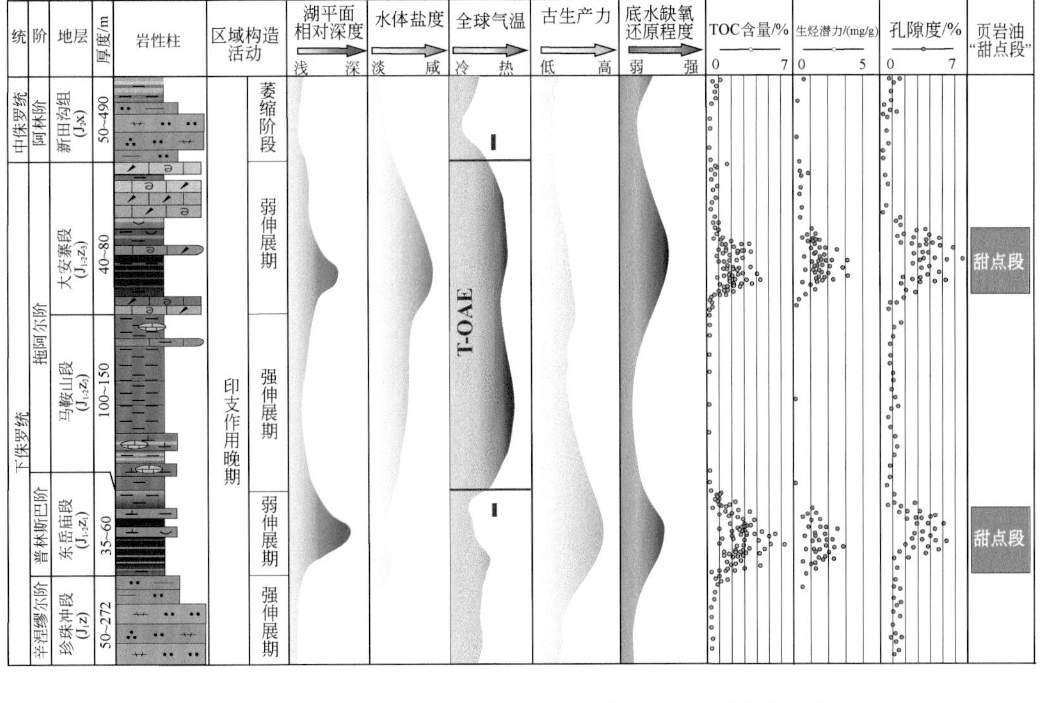

图 5.33　早侏罗世主要地质事和四川盆地页岩油“甜点段”分布

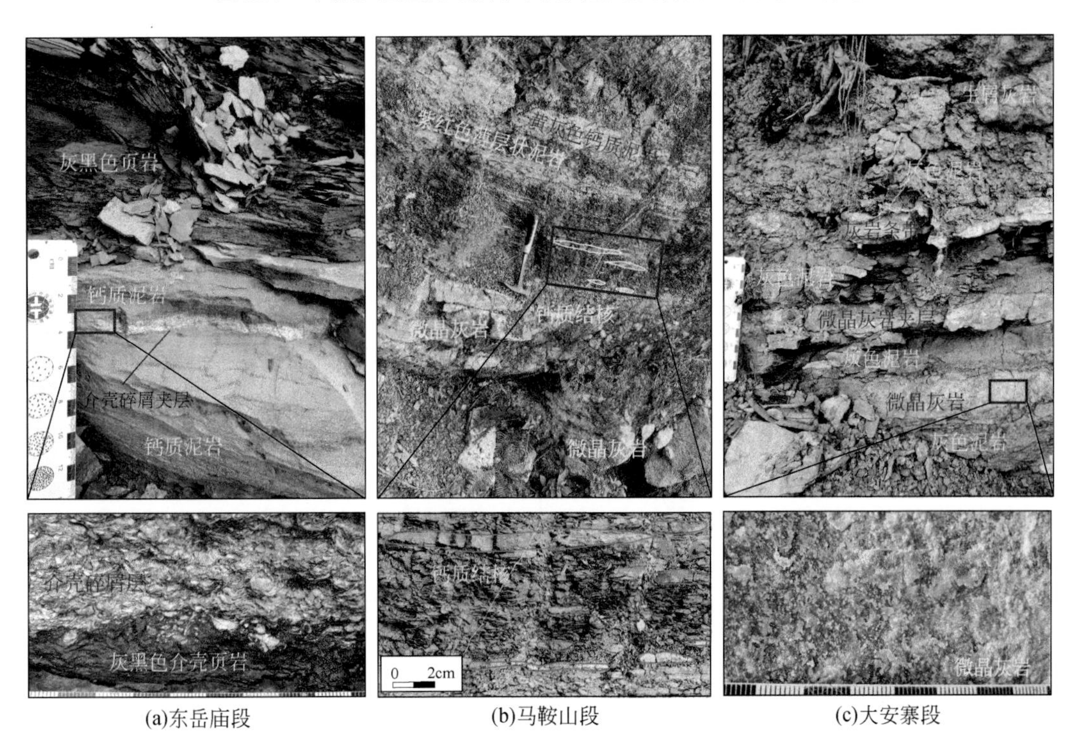

(a)东岳庙段　(b)马鞍山段　(c)大安寨段

图 5.34　在极热气候事件作用下自流井组化学沉积作用差异

(a) 东岳庙段内微晶碳酸盐岩不发育；(b) 马鞍山段局部泥页岩内微晶碳酸盐透镜体发育；(c) 大安寨段泥页岩内微晶灰岩发育

其中实测高者大于 4.5%，大多处于 1.0%～3.%，显示二段有机质相对富集。其有机质类型以Ⅱ2 型为主，占比 71.1%，其次为Ⅲ和Ⅱ1 型（李登华等，2017），显示其有机质母源主要自于湖相藻类。热演化均已达到生油门限，其中东岳庙 R_o 介于 0.8%～2.0%，大安寨段 R_o 介于 0.8%～1.9%，平均值约 1.08%。其泥页岩内黏土矿物含量为 39%～75%，平均值约 57.4%，明显高于五峰组-龙马溪组海相页岩（33.23%），可压裂改造性劣于海相页岩（He et al.，2022）。其孔隙度在井下为 1.64%～6.68%，平均值为 4.5%，略优于五峰-龙马溪组海相页岩（3.69%）。其井下渗透率约为 0.044～9.729mD（1mD=1×10^{-3}μm），平均约 0.134mD，略高于五峰-龙马溪组海相页岩（0.052mD）（He et al.，2022）。据元陆 4 井现场含气性解析，大安寨段高者可达 1.98m^3/t，平均为 1.37m^3/t，其中不小于 1m^3/t 的样品占 89%；东岳庙段高者可达 2.60m^3/t，平均为 1.31m^3/t，其中不小于 1.0m^3/t 的样品占 69%。据四川省国土科学技术研究院 2021 年评估结果显示，东岳庙段有利区面积为 2.64×$10^4$$km^2$，页岩气资源量达 2.9×$10^{12}$$m^3$；大安寨段有利区面积为 1.72×$10^4$$km^2$，页岩气资源量达 2.4×$10^{12}$$m^3$。同时，钻探实践显示，其富有机质层段主要集中于大安寨段和东岳庙段中部湖泛发育段，如涪页 10HF 井（舒志国等，2021）等，可见早侏罗世四川盆地及周缘的构造强度交替变化及其与 T-OAE 极热事件不仅为东岳庙段和大安寨段两套页岩油气出产层奠定了充足的生烃物质基础，而且有助于沉积形成达到工业开发下限厚度的相对连续稳定的富有机质页岩（图 5.32），为四川盆地陆相页岩油气的开发提供了可能。

托阿尔期大洋极热事件（T-OAE）启动前的气温降低和事件过程中持续的高温与强弱交替变化的伸展构造耦合（图 5.32），不仅控制着东岳庙段和大安寨段两套富有机质泥页岩的发育（Qiu and He，2022），而且也为大安寨段页岩油气富集提供了良好的顶底板条件。在马鞍山段沉积时期，T-OAE 持续高温促使湖水盐度逐步升高，在大安寨段沉积初期，随着盆地内伸展作用的大幅减弱，水域面积扩大，陆源碎屑输入量减少，在蒸发作用下，碳酸盐岩化学沉积作用占主导，形成区域内相对稳定的灰色中厚层状微晶灰岩、生屑灰岩，为大安寨段页岩油气提供了底板条件。而随着高温的持续，水体盐度进一步升高，湖底水体的盐度分层有助于有机质的保存，同时，伸展作用的进一步减弱及湖域面积的扩大，不仅有助于更多的藻类生长，而且退积削弱了陆源碎屑的稀释作用，加之有机质降解过程中有机酸对碳酸盐沉积的抑制作用，为大安寨段中部富有机质泥页岩的沉积提供了条件。而随着大安寨段沉积晚期高温逐渐消退和盆地充填导致湖域面积逐渐减小，水体盐度分层减弱，有机质相对难以保存，有机酸对碳酸盐沉积抑制作用减弱，碳酸盐岩再度发育，形成中厚层状灰岩，为大安寨段页岩油气提供了良好的顶板条件（图 5.32）。同时，在强伸展作用和 T-OAE 高温气候的作用下，托阿尔期早期快速沉积形成的马鞍山段巨厚紫红色泥页岩层也对东岳庙段页岩油气原位富集提供了毛细管封盖作用，对其内“甜点层”的封闭体系形成提供了封盖条件。因此，自流井组页岩油“甜点段”形成与分布明显受区域构造交替演化和 T-OAE 事件共同作用，是两者耦合作用的结果。

第三节　美国典型非常规油气层系

一、中泥盆统马塞勒斯页岩气

马塞勒斯页岩沉积于美国阿巴拉契亚前陆盆地中，泥盆世时期该盆地位于劳伦西亚大陆东南部（图 5.35）。马塞勒斯页岩是当前全球规模最大的页岩气产层（Haq and Schutter，2008；Smith and Leone，2010；Lash and Engelder，2011；Parrish，2013；Lash and Blood，2014；Wendt et al.，2015；Chen and Sharma，2016； Song et al.，2017）。马塞勒斯页岩由联合泉（Union Springs）页岩、樱桃谷（Cherry Valley）灰岩和奥特卡溪（Oatka Creek）页岩三个层段组成（图 5.35）（Chen and Sharma，2016）。根据 TOC 含量差异，马塞勒斯页岩可分为下部的富有机质层段和上部的贫有机质层段。富有机质层段包括整个 Union Springs 页岩和 OatkaCreek 页岩下部，TOC 含量高（5%～13%，平均为 7%）（Smith and Leone，2010；Lash and Engelder，2011；Chen and Sharma，2016；Zhu et al.，2021）。贫有机质层段为 Oatka Creek 页岩的上部，TOC 含量相对偏低（2%～4%，平均为 3%）（Smith and Leone，2010；Lash and Engelder，2011；Chen and Sharma，2016）。下部富有机质层段主要由黏土矿物含量偏低的黑色页岩组成，是马塞勒斯页岩气“甜点段”，也是最重要的产气层位。“甜点段”储集空间主要为粒间孔和裂缝，孔隙度一般为 3%～10%（Bruner and Smosna，2011；Gu et al.，2016），其大小与有机质含量和热成熟度关系密切。马塞勒斯页岩气“甜点段”的厚度一般超过 15m（EIA，2017），孕育了美国最大的单体天然气田。2020 年的日产量超过 $6.7\times10^{8}m^{3}$，占美国天然气总日产量的三分之一以上（邹才能和邱振，2021）。

泥盆纪中期，阿巴拉契亚前陆盆地形成于劳伦大陆东缘与阿瓦隆尼亚（Avalonian）微板块以及一系列微地块碰撞期间（阿卡迪亚 Acadian 造山运动）（Ettensohn and Barron，1981；Ettensohn et al.，1985）。阿卡迪亚造山运动的第二幕引起的阿巴拉契亚前陆盆地的迅速加深，加之全球海平面上升，导致了盆地可容纳空间的迅速增加，沉积物从奥南达加组（Onondaga）碳酸盐岩转变为马塞勒斯页岩（Ettensohn，1994；Sageman et al.，2003；Haq and Schutter，2008a；Ettensohn and Lierman，2012）。马塞勒斯页岩沉积期间，该盆地是一个狭长的、东北-西南走向的、几乎封闭的陆内海，被阿卡迪亚高地（东部和东南部）和 Findlay-Algonquin 隆起（西部和西北部）环绕，只通过西南部狭长的海峡与瑞克洋（Rheic Ocean）相连（图 5.35）。该时期，该盆地位于 15°～35°S 的亚热带季风路径上（Scotese and McKerrow，1990）。但阿卡迪亚高地阻挡了来自瑞克洋的暖湿气流，阿巴拉契亚前陆盆地在雨影效应的影响下，处于干旱–半干旱气候中（Ettensohn and Barron，1981）。

马塞勒斯页岩中的有机物主要由表层水体中的浮游生物贡献（Agrawal and Sharma，2018），但孢粉分析（Zielinski and McIver，1981）、有机碳同位素（Chen et al.，2015）和生物标志物（Agrawal and Sharma，2018）也显示，从马塞勒斯页岩沉积早期到晚期，陆源有机物输入的比例呈增加趋势（图 5.36）。这可能是盆地中初级生产力的降低所致，但也可能指示了陆源输入的增加。陆源有机物含量的增加伴随着大量碎屑的输入，会导致页岩中的有机质被稀释（Chen and Sharma，2017；Hupp and Weislogel，2018）。研究表明，阿巴

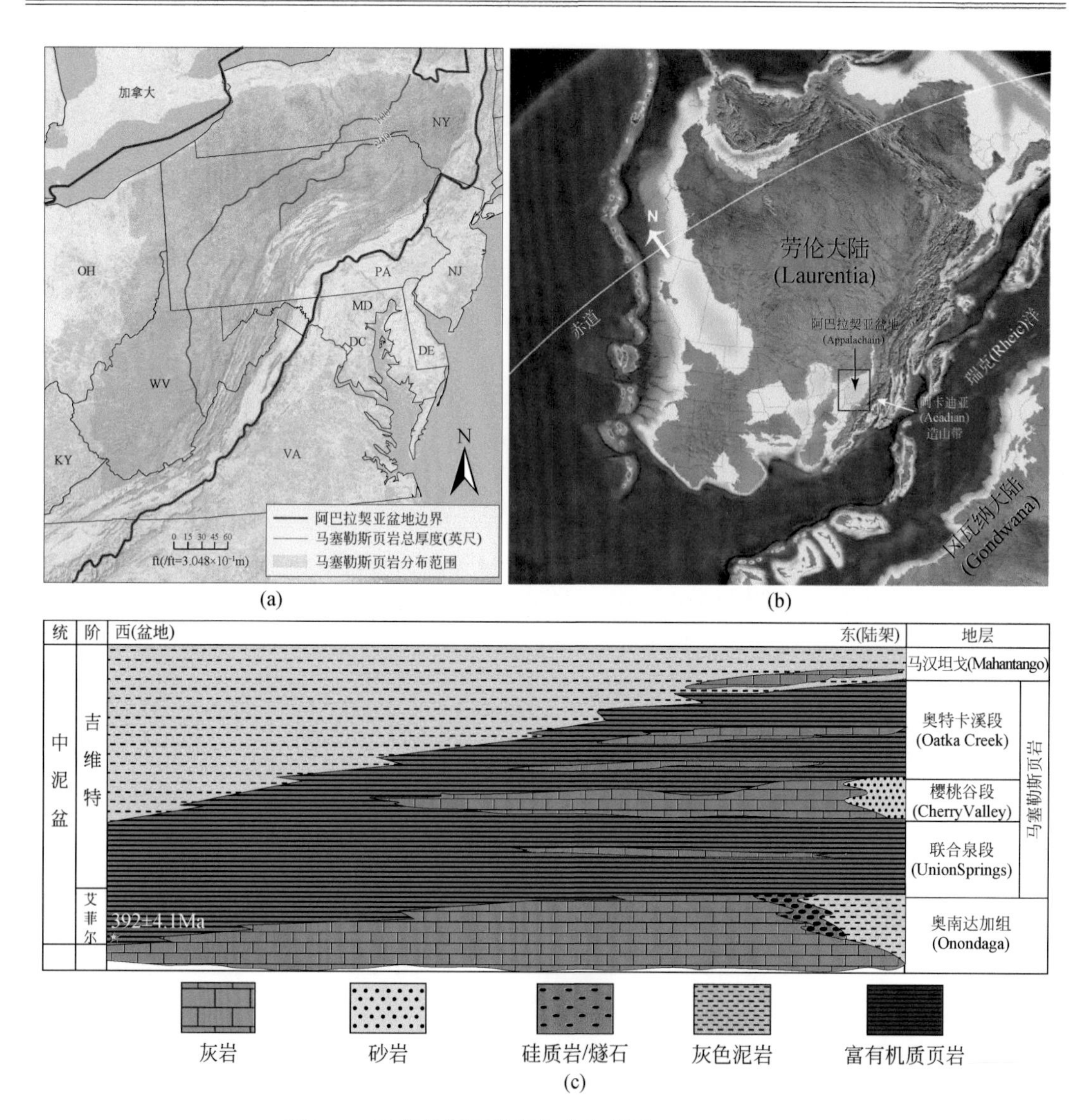

图 5.35　马塞勒斯页岩现今分布范围（EIA，2011）

（a）泥盆纪中期阿巴拉契亚盆地古地理为主；（b）马塞勒斯组岩性空间变化（Parrish，2013；Wang and Carr，2013）；（c）DC：District of Columbia；DE：Delaware；KY： Kentucky；NJ：New Jersey；NY：New York；OH：Ohio；PA：Pennsylvania；VA：Virginia；WV：West Virginia

拉契亚盆地中陆源碎屑输入通量的变化与雨影效应强度密切相关。在构造运动活跃期，阿卡迪亚造山带的显著隆升加强了雨影效应，造山带西侧因降雨量匮乏，径流量小，河流向盆地中输送的碎屑物少。在构造平静期以及持续地风化和侵蚀下，阿卡迪亚造山带的高度降低，来自东南方向瑞克洋的暖湿气流能穿过造山带，西侧的雨影效应减弱，降水量增加，河流径流量及其向盆地输入的碎屑物通量增加（Ettensohn and Barron，1981）。马塞勒斯页岩下部的富有机质段对应区域构造活跃期，盆地快速加深加之陆源碎屑输入低，沉积速率低，有机质含量高。而马塞勒斯页岩上部的贫有机质段对应区域构造平静期，陆源碎屑输入高、盆地沉降放缓，沉积速率高，沉积物中有机质被稀释（Chen and Sharma，2017）。

高的有机质初级生产力是马塞勒斯页岩中有机质富集的关键。充足的营养物质供给是该时期高初级生产力得以维持的关键，营养输入增加主要通过以下几点：①晚泥盆纪陆地维管植物的快速演化，提高了陆地化学风化，增加了河流输入通量（Algeo and Scheckler，1998；Lash and Blood，2014）；②干旱-半干旱气候环境下，周期性大规模的沙尘暴盛行，风尘携带的营养物质沉降到海洋中（Wrightstone，2011）；③随海平面上升而增强的上升流将外部海洋中富营养的水体注入盆地中；④阿卡迪亚造山带的火山和岩浆活动产生了大量的新鲜火山灰和火山岩，其风化后为盆地提供了营养元素（Roen and Hosterman，1982）。

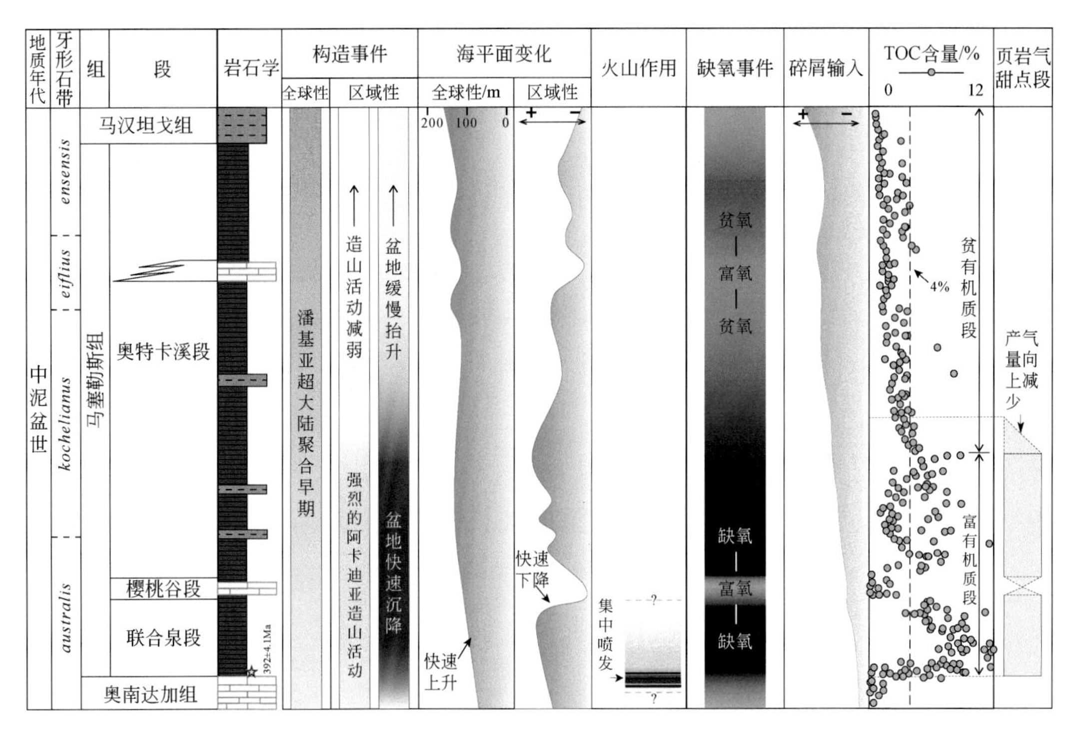

图 5.36 中泥盆世重大地质事件与美国阿巴拉契亚盆地马塞勒斯页岩气“甜点段”分布

马塞勒斯组柱状图修改自参考文献 Chen 和 Sharma（2016），星号处指示火山灰的年龄（Parrish，2013）；构造活动强度是根据参考文献 Chen 和 Sharma（2016）修改的；底水的氧化还原条件基于参考文献 Wendt 等（2015）；全球海平面变化曲线来自参考文献 Haq 和 Schutter（2008）；相对海平面变化曲线来自参考文献 Lash 和 Blood（2014）；碎屑输入曲线来自参考文献 Chen 和 Sharma（2016）；TOC 含量的数据来自参考文献 Smith 和 Leone（2010）、Lash 和 Engelder（2011）、Chen 和 Sharma（2016）、Song 等（2017）、Zhu 等（2021）

水体缺氧也是有机质在马塞勒斯页岩中富集的重要因素。沉积初期，快速的构造沉降和相对海平面上升使得阿巴拉契亚陆表海显著加深，水体分层，底层水中缺氧甚至硫化缺氧。马塞勒斯页岩沉积初期底水缺氧受多种因素的控制：①阿巴拉契亚盆地半封闭的特性，使得盆地内部水体与富氧的开阔大洋水体的循环和交换较慢（Ettensohn and Barron，1981）；②高的表层初级生产力增加了有机物质输出通量，有机质在向下传递过程中消耗了水体中的大量氧气，有利于缺氧水体的维持和进一步扩张（Ingall et al.，1993；Arthur and Sageman，2013）。马塞勒斯页岩沉积晚期，水体逐渐氧化，这可能与海平面下降、水体变浅以及陆地淡水的大量输入有关（Garvine，1984；Wang and Arthur，2020）。

二、上泥盆统—下石炭统巴肯组致密油/页岩油

泥盆纪—石炭纪转折期，巴肯组主要沉积于劳伦西亚大陆西部的一个椭圆形克拉通内部盆地-威利斯顿盆地之中（图 5.37）（Ettensohn，1992；Smith and Bustin，1998；Sonnenberg and Pramudito，2009；Angulo and Buatois，2012a，2012b；Torsvik and Cocks，2013；Kaiser et al.，2015；Aderoju and Bend，2018；Hogancamp and Pocknall，2018；Liu et al.，2018；Novak and Egenhoff，2019；Petty，2019；Hu et al.，2020；Milliken et al.，2021），主要分布于美国蒙大拿州东部、南达科他州和北达科他州，以及加拿大的马尼托巴省和萨斯喀彻温省。巴肯组自下而上可细分为 4 个层段：羚羊（Pronghorn）段、下巴肯段、中巴肯段和上巴肯段（Hogancamp and Pocknall，2018）（图 5.38）。Pronghorn 段只分布在盆地部分区域，岩性在水平和垂直方向上变化大，从有机碳含量低的泥岩、生物扰动的粉砂岩和粉砂质砂岩到富化石的海相石灰岩（Angulo et al.，2008；Novak and Egenhoff，2019）。下巴肯段和上巴肯段以发育平行层理的黑色页岩为主，尽管平均厚度相对较薄，分别为 3m 和 2m（Borcovsky et al.，2017），但它们为世界级的烃源岩层，有机质丰度高，平均 TOC 含量为 8%～10%（Smith and Bustin，1998；Borcovsky et al.，2017；Aderoju and Bend，2018；Milliken et al.，2021）。中巴肯段的底部和顶部为富含化石和生物扰动的泥岩和粉砂岩，中部以粉砂岩和砂岩为主（图 5.38）。巴肯组孕育了美国具有代表性的非常规油气田，2020 年每天致密油产量超 1.6×10^5t、页岩气超 5.5×10^7m^3（邹才能和邱振，2021）。该油气田中的大部分油气开采自中巴肯段和 Pronghorn 段。中巴肯段的平均厚度为 13m（Smith and Bustin，2000），其致密油“甜点段”由细粒净砂岩、砂质颗粒灰岩和微晶白云岩组成，平均孔隙度约 9%，

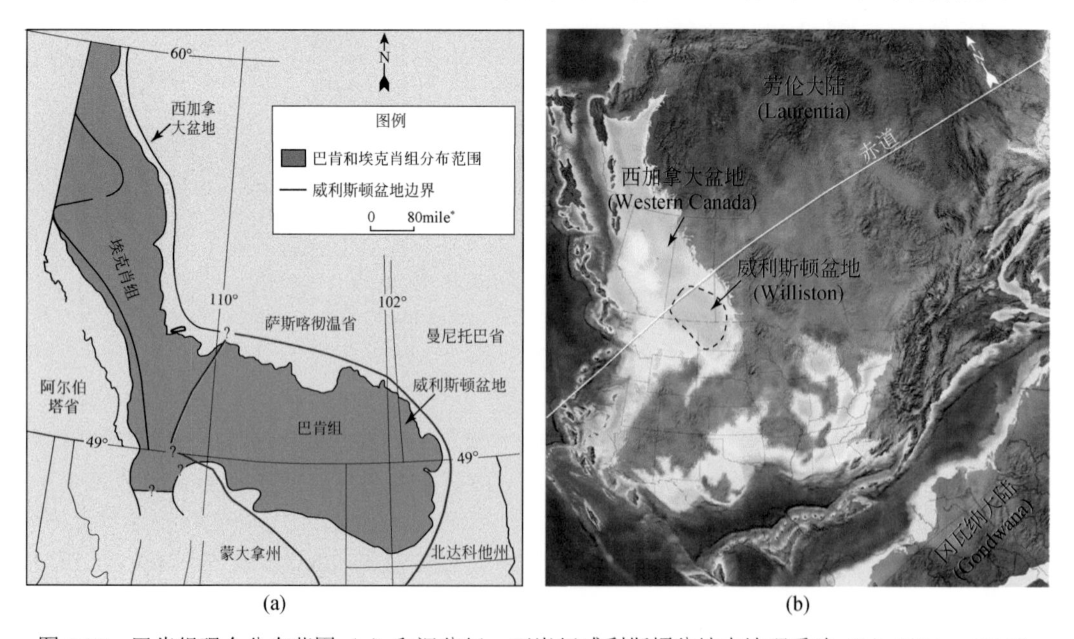

图 5.37 巴肯组现今分布范围（a）和泥盆纪—石炭纪威利斯顿盆地古地理重建（b）（EIA，2013）

*1mile≈1.609km

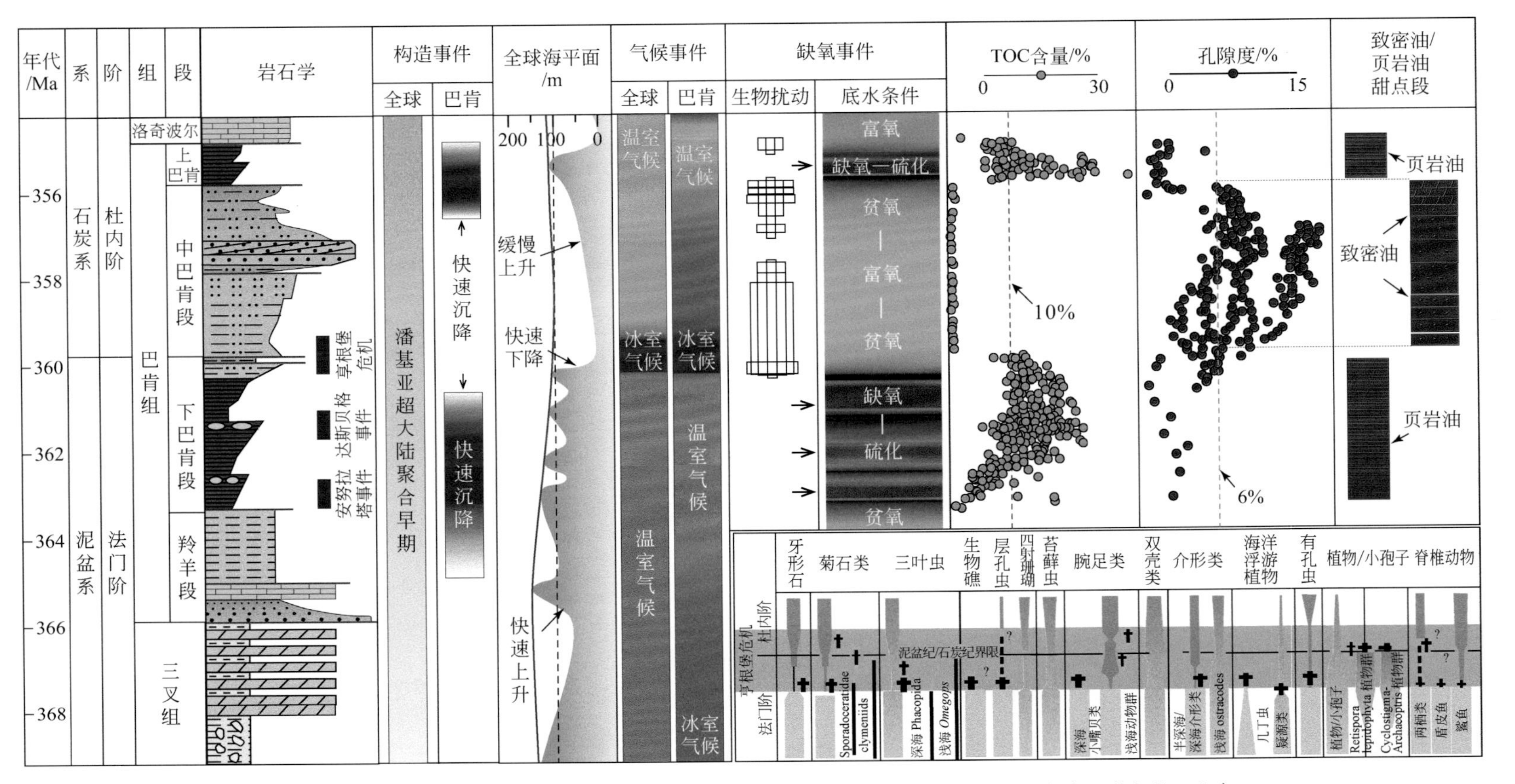

图5.38　晚泥盆世—早石炭世重大地质事件和北美威利斯顿盆地巴肯组和致密油/页岩油“甜点段”分布

地层柱状图修改自参考文献Hogancamp 和 Pocknall（2018）；构造事件修改自参考自文献Kaiser等（2015）、Novak 和 Egenhoff（2019）；全球海平面变化曲线修改自参考文献Haq 和 Schutter（2008）；气候变化修改自参考文献Kaiser等（2015）、Petty（2019）；生物扰动数据修改自参考文献Angulo 和 Buatois（2012b），其中条形图的宽度代表生物扰动的相对强度；底层水的氧化还原条件基于参考文献Aderoju 和 Bend（2018）、Browne等（2020）；TOC含量数据来自参考文献Smith 和 Bustin（1998）、Aderoju 和 Bend（2018）、Milliken等（2021）；孔隙度的数据来自参考文献Sonnenberg 和 Pramudito（2009）、Angulo 和 Buatois（2012a）、Liu等（2018）、Hu等（2020）；“甜点段”分布来自参考文献Pollastro等（2012）；古生物数据来自参考文献Kaiser等（2015），交叉点代表灭绝，条形图的宽度代表分类群的相对丰度最高可达 14%（Sonnenberg and Pramudito，2009；Angulo and Buatois，2012a；Liu et al.，2018；Hu et al.，2020）。巴肯致密油/页岩油“甜点区”规模大，其中在美国的面积超过 $3.4\times10^4km^2$，在加拿大超过 $2.3\times10^4km^2$（EIA，2013）。

沉积学研究表明，上、下巴肯段的黑色页岩沉积于低能的深水环境中，而中巴肯段形成于相对高能的近岸地区（Borcovsky et al.，2017）。巴肯组内部快速的沉积相转变被认为与全球气候变化导致的海平面的快速波动有关（Browne et al.，2020）。泥盆纪末至石炭纪初，全球气候在短期（＜300ka）内快速变冷，冈瓦纳大陆上的冰川快速扩张，导致全球海平面下降超 60m（Isaacson et al.，2008）。在北美克拉通西部的威利斯顿盆地内，冰期前以黑色页岩为主的下巴肯段快速被较浅水（＜10m）条件下以粉砂岩、砂岩、碳酸盐岩沉积为主的中巴肯段所取代；随着气候回暖，冰川消融，全球海平面快速回升，盆地内发生大规模海侵，形成于深水环境（＞200m）的上巴肯黑色页岩发生沉积（Kohlruss，2009；Angulo and Buatois，2012b）。同时期的其他盆地也响应这一事件，发生了快速的沉积相转变，如北美 Appalachian 盆地 Spechty Kopf 组（Brezinski et al.，2008），摩洛哥 Tafilalt 盆地 Fezzou 组（Kaiser et al.，2011），越南北部 Pho Han 组（Komatsu et al.，2014）以及华南地区的五指山组（Zhang et al.，2019）。海洋中有机碳的大量埋藏以及陆地植被繁盛导致大陆风化作用加强，被认为显著降低了大气中 CO_2 的浓度，进而引发了这次全球性气候变冷事件（Algeo and Scheckler，1998；Kaiser et al.，2015）。这一时期的黑色页岩在低纬地区广泛分布，主导了全球 21%的沉积区（Caplan and Bustin，1999），包括欧洲（Hangenberg 黑色页岩）（Kaiser et al.，2011；Marynowski et al.，2012）、北美（巴肯页岩、Cleveland 和 Sunbury 页岩）（Liu et al.，2019）、越南（Pho Han 组）（Komatsu et al.，2014）以及北非、俄罗斯、泰国和我国华南等地区（Kaiser et al.，2011）。随后气候的再次回暖被认为与冰期期间减弱的大陆风化作用、初级生产力降低以及火山活动的增强等有关（Racki et al.，2018；Paschall et al.，2019；Qie et al.，2019；Rakocinski et al.，2020）。

巴肯页岩的有机碳含量高（TOC 含量最高可达 35%），富含黄铁矿并缺乏底栖生物扰动（Angulo and Buatois，2012b）（图 5.38），因此被认为沉积在缺氧环境中。在上、下巴肯组页岩沉积期，全球海平面的快速上升使得威利斯顿盆地与广海之间形成类似河口湾的海洋循环模式，即来自广海的富营养成分的上升流进入该盆地海水的中间层（深度为 100～200m），引发了浮游生物的大规模繁盛和初级生产力水平的显著提高（Smith and Bustin，1998）。由于威利斯顿盆地位于北美克拉通内部，与外部大洋的水体循环和交换相对较慢，因而有机质降解导致的氧气消耗速率快于水体的更新和氧气的补充速率，造成缺氧水体不断扩张、水体分层（Browne et al.，2020），在下巴肯富有机质沉积段沉积期，光照带出现持续性的硫化缺氧（Aderoju and Bend，2018）。

生物灭绝事件也是泥盆纪—至石炭纪转折期中最显著的地质事件之一，该灭绝事件称为享根堡危机（Hangenberg Crisis），其规模和生态系统演化意义被认为可与 Frasnian-Famennian 界线的生物大灭绝事件相媲美（Kaiser et al.，2015）。该事件发生在 100～300ka 的时间内（Marynowski et al.，2012；Zhang et al.，2019），导致海洋中约 16%的科和约 21%的属（尤其是菊石类、牙形石、珊瑚、三叶虫和介形类）规模灭绝，以及陆地上的 Archaeopteris 森林完全消失（Caplan and Bustin，1999；Kaiser et al.，2015）。Becker 等（2016）在德国莱茵河 Massif 地区建立了 Hangenberg Crisis 的标准层序：最下部的黑色页岩段是海洋动物灭绝的主要时期；中部的浅水硅质粗碎屑沉积（Hangenberg 砂岩），指示了全球海平面快速下降；上部的碳酸盐沉积（Stockum 石灰岩），指示了危机晚期阶段的冰川消融和大规模海侵，机会主义者繁盛（Caplan and Bustin，1999；Kaiser et al.，2015）。在威利斯顿盆地中，Hangenberg Crisis 出现在下巴肯段上部到中巴肯下部（Hogancamp and Pocknall，2018）。下巴肯中下部记录的两幕次一级的生物灭绝事件（Annulata 事件和 Dasberg 事件）被认为是 Hangenberg Crisis 的前奏（Marynowski et al.，2010；Racka et al.，2010）。对于这些生物灭绝事件的最终原因仍存在争论，全球性的重大地质事件，如海洋缺氧（Paschall et al.，2019）、火山活动（Rakocinski et al.，2020）、陆地植物演化和大规模碳埋藏（Caplan and Bustin，1999；Kaiser et al.，2015）等引起的气候环境剧变可能扮演至关重要的角色。生态系统的重构也可能影响到海洋中初级生产者和捕食者的演化，潜在地影响海洋中有机质的生产。

参 考 文 献

陈安清，陈红德，侯明才，等. 2011. 鄂尔多斯盆地中—晚三叠世事件沉积对印支运动Ⅰ幕的指示. 地质学报，85（10）：1681-1690.

陈发景，汪新文，汪新伟. 2005. 准噶尔盆地的原型和构造演化. 地学前缘，12（3）：77-89.

陈全红，李文厚，郭艳琴，等. 2006. 鄂尔多斯盆地南部延长组浊积岩体系及油气勘探意义. 地质学报，80（5）：656-663.

陈旭，樊隽轩，陈清，等. 2014. 论广西运动的阶段性. 中国科学：地球科学，44（5）：842-850.

陈旭，樊隽轩，张元动，等. 2015. 五峰组及龙马溪组黑色页岩在扬子覆盖区内的划分与圈定. 地层学杂志，39（4）：351-358.

邓胜徽，卢远征，樊茹，等. 2012. 早侏罗世 Toarcian 期大洋缺氧事件及其在陆地生态系统中的响应. 地球科学（中国地质大学学报），37（S2）：23-38.

邓胜徽，卢远征，赵怡，等. 2017. 中国侏罗纪古气候分区与演变. 地学前缘，24（1）：107-142.

邓胜徽，卢远征，罗忠，等. 2018. 鄂尔多斯盆地延长组的划分、时代及中—上三叠统界线. 中国科学：地球科学，48（10）：1293-1311.

邓秀芹，蔺昉晓，刘显阳，等. 2008. 鄂尔多斯盆地三叠系延长组沉积演化及其与早印支运动关系的探讨. 古地理学报，10（2）：159-166.

杜金虎，胡素云，庞正炼，等. 2019. 中国陆相页岩油类型、潜力及前景. 中国石油勘探，24（5）：560-568.

杜远生. 2009. 事件沉积学的历史、现状和展望//第四届全国沉积学大会论文集. 青岛：中国地质学会，中国矿物岩石地球化学学会.

方世虎，贾承造，郭召杰，等. 2006. 准噶尔盆地二叠纪盆地属性的再认识及其构造意义. 地学前缘，13（3）：108-121.

付金华，郭正权，邓秀芹. 2005. 鄂尔多斯盆地西南地区上三叠统延长组沉积相及石油地质意义. 古地理学报，7（1）：34-44.

付金华，邓秀芹，张晓磊，等. 2013. 鄂尔多斯盆地三叠系延长组深水砂岩与致密油的关系. 古地理学报，15（5）：624-634.

付金华，李士祥，徐黎明，等. 2018. 鄂尔多斯盆地三叠系延长组长 7 段古沉积环境恢复及意义. 石油勘探与开发，45（6）：936-946.
付金华，牛小兵，淡卫东，等. 2019. 鄂尔多斯盆地中生界延长组长 7 段页岩油地质特征及勘探开发进展. 中国石油勘探，24（5）：601-614.
付金华，李士祥，郭芪恒，等. 2022. 鄂尔多斯盆地陆相页岩油富集条件及有利区优选.石油学报，43（12）：1702-1716.
傅强，李璟，邓秀琴，等. 2019. 沉积事件对深水沉积过程的影响——以鄂尔多斯盆地华庆地区长 6 油层组为例. 岩性油气藏，31（1）：20-29.
高岗，梁浩，沈霞，等. 2009. 三塘湖盆地二叠系火成岩分布及其对烃源岩热演化的影响. 石油实验地质，（5）：462-465.
龚一鸣. 1988. 风暴岩、震积岩、海啸岩：几个名词含义的商榷. 地质论评，34（5）：481-482.
郭彤楼，刘若冰. 2013. 复杂构造区高演化程度海相页岩气勘探突破的启示——以四川盆地东部盆缘 JY1 井为例. 天然气地球科学，24（4）：643-651.
郭彤楼，李宇平，魏志红. 2011. 四川盆地元坝地区自流井组页岩气成藏条件. 天然气地球科学，22（1）：1-7.
郭旭升. 2014. 南方海相页岩气“二元富集”规律——四川盆地及周缘龙马溪组页岩气勘探实践认识. 地质学报，88（7）：1209-1218.
郭旭升，胡东风，魏志红，等. 2016. 涪陵页岩气田的发现与勘探认识. 中国石油勘探，21（3）：24-37.
郝建荣，周鼎武，柳益群，等. 2006. 新疆三塘湖盆地二叠纪火山岩岩石地球化学及其构造环境分析. 岩石学报，22（1）：189-198.
何登发，张磊，吴松涛，等. 2018. 准噶尔盆地构造演化阶段及其特征. 石油与天然气地质，39（5）：845-861.
何江林，陈正辉，董大忠，等. 2022. 川东地区东岳庙段沉积环境演化及其页岩油气富集主控因素分析. 沉积与特提斯地质，42（3）：385-397.
何起祥. 2003. 沉积地球科学的历史回顾与展望. 沉积学报，21（1）：10-18.
何文渊，何海清，王玉华，等. 2022. 川东北地区平安 1 井侏罗系凉高山组页岩油重大突破及意义. 中国石油勘探，27（1）：40-49.
何治亮，聂海宽，张钰莹. 2016. 四川盆地及其周缘奥陶系五峰组-志留系龙马溪组页岩气富集主控因素分析. 地学前缘，23（2）：8-17.
贺聪，吉利明，苏奥，等. 2017. 鄂尔多斯盆地南部延长组热水沉积作用与烃源岩发育的关系. 地学前缘，24（6）：277-285.
胡伟光，李发贵，范春华，等. 2019. 四川盆地海相深层页岩气储层预测与评价：以丁山地区为例. 天然气勘探与开发，42（3）：66-77.
胡修棉. 2015. 东特提斯洋晚中生代—古近纪重大事件研究进展. 自然杂志，37（2）：93-102.
胡修棉，王成善. 2007. 白垩纪大洋红层：特征、分布与成因. 高校地质学报，13（1）：1-13.
贾爱林，位云生，刘成，等. 2019. 页岩气压裂水平井控压生产动态预测模型及其应用. 天然气工业，39（6）：71-80.
姜星，于建青，史飞，等. 2014. 鄂尔多斯盆地子北地区长 6 段油藏成藏条件及主控因素. 地球科学与环境学报，36（4）：64-76.
姜在兴，张文昭，梁超，等. 2014. 页岩油储层基本特征及评价要素. 石油学报，35（1）：184-196.

蒋宜勤，柳益群，杨召，等. 2015. 准噶尔盆地吉木萨尔凹陷凝灰岩型致密油特征与成因. 石油勘探与开发，42（6）：741-749.
蒋中发. 2019. 吉木萨尔凹陷芦草沟组火山灰对烃源岩有机质富集的影响. 青岛：中国石油大学（华东）.
焦方正. 2019. 非常规油气之“ 非常规”再认识. 石油勘探与开发，46（5）：803-810.
焦悦，吴朝东，王家林，等. 2023. 天山东段地区二叠系芦草沟组沉积特征与古环境对比. 古地理学报，25（2）：277-293.
金之钧，胡宗全，高波，等. 2016. 川东南地区五峰组-龙马溪组页岩气富集与高产控制因素. 地学前缘，23（1）：1-10.
金之钧，白振瑞，高波，等. 2019. 中国迎来页岩油气革命了吗?. 石油与天然气地质，40（3）：451-458.
金之钧，冠平王，光祥刘，等. 2021. 中国陆相页岩油研究进展与关键科学问题. 石油学报，42（7）：821.
匡立春，唐勇，雷德文，等. 2012. 准噶尔盆地二叠系咸化湖相云质岩致密油形成条件与勘探潜力. 石油勘探与开发，39（6）：657-667.
李登华，李建忠，张斌，等. 2017. 四川盆地侏罗系致密油形成条件、资源潜力与“甜点区”预测. 石油学报，38（7）：740-752.
李克，蒽克来，操应长，等. 2023. 湖相细粒沉积岩中晶粒方解石成因及其对火山-热液活动的指示——以吉木萨尔凹陷二叠系芦草沟组为例. 石油勘探与开发，5（3）：541-552.
李鹏，刘全有，毕赫，等. 2021. 火山活动与海侵影响下的典型湖相页岩有机质保存差异分析. 地质学报，95（3）：632-642.
李森，朱如凯，崔景伟，等. 2019，古环境与有机质富集控制因素研究：以鄂尔多斯盆地南缘长 7 油层组为例. 岩性油气藏，31（1）：87-95.
李树同，李士祥，刘江艳，等. 2021. 鄂尔多斯盆地长 7 段纯泥页岩型页岩油研究中的若干问题与思考. 天然气地球科学，32（12）：1785-1796.
李双建，沃玉进，周雁，等. 2011. 影响高演化泥岩盖层封闭性的主控因素分析. 地质学报，85（10）：1691-1697.
李维邦，姜振学，仇恒远，等. 2022. 川东北地区下侏罗统自流井组大安寨段陆相页岩储层储集能力评价. 能源与环保，44（1）：143-153.
李文厚，邵磊，魏红红，等. 2001. 西北地区湖相浊流沉积. 西北大学学报（自然科学版），31（1）：57-62.
李献华，李武显，何斌. 2012. 华南陆块的形成与 Rodinia 超大陆聚合——裂解：观察、解释与检验. 矿物岩石地球化学通报，31（6）：543-559.
李相博，刘化清，潘树新，等. 2019. 中国湖相沉积物重力流研究的过去、现在与未来. 沉积学报，37（5）：904-921.
李英强，何登发. 2014. 四川盆地及邻区早侏罗世构造-沉积环境与原型盆地演化. 石油学报，35（2）：219-232.
李哲萱，柳益群，焦鑫，等. 2020. 湖相细粒沉积岩中的“斑状”深源碎屑——以准噶尔盆地吉木萨尔凹陷芦草沟组为例. 天然气地球科学，31（2）：220-234.
梁兴，徐进宾，刘成，等. 2019，昭通国家级页岩气示范区水平井地质工程一体化导向技术应用. 中国石油勘探，24（2）：226-232.
刘兵兵，马东正，秦臻，等. 2022. 准噶尔盆地吉木萨尔南部中上二叠统 沉积古环境分析——来自泥页岩生物标志化合物和元素地球化学方面的证据. 天然气地球科学，33（10）：1571-1584.

刘池洋，赵红格，桂小军，等. 2006. 鄂尔多斯盆地演化-改造的时空坐标及其成藏（矿）响应. 地质学报，80（5）：617-638.

刘大锰，侯孝强，蒋金鹏. 1996. 笔石组成与结构的微区分析. 矿物学报，1：53-57.

刘翰林，邹才能，邱振，等. 2022. 鄂尔多斯盆地延长组 7 段 3 亚段异常高有机质沉积富集因素. 石油学报，43（11）：1520-1541.

刘金，王剑，马啸，等. 2023. 陆相咸化湖盆页岩油甜点孔隙特征与成因——以准噶尔盆地芦草沟组为例. 地质学报，97（3）：864-878.

刘凌云. 2013. 上扬子北缘早中侏罗世前陆盆地充填演化及其构造控制. 北京：中国地质大学（北京）.

刘全有，朱东亚，孟庆强，等. 2019. 深部流体及有机—无机相互作用下油气形成的基本内涵. 中国科学：地球科学，49（3）：499-520.

刘全有，李鹏，金之钧，等. 2022. 湖相泥页岩层系富有机质形成与烃类富集——以长 7 为例. 中国科学：地球科学，52（2）： 270-290.

刘群，袁选俊，林森虎，等. 2018. 湖相泥岩、页岩的沉积环境和特征对比：以鄂尔多斯盆地延长组 7 段为例. 石油与天然气地质，39（3）：531-540.

刘招君，杨虎林，董清水，等. 2009. 中国油页岩. 北京：石油工业出版社.

柳蓉，张坤，刘招君，等. 2021. 中国油页岩富集与地质事件研究. 沉积学报，39（1）：10-28.

柳益群，周鼎武，焦鑫，等. 2019. 深源物质参与湖相烃源岩生烃作用的初步研究——以准噶尔盆地吉木萨尔凹陷二叠系黑色岩系为例. 古地理学报，21（6）：983-998.

卢斌，邱振，周杰，等. 2017. 四川盆地及周缘五峰组-龙马溪组钾质斑脱岩特征及其地质意义. 地质科学，52（1）：186-202.

卢双舫，黄文彪，陈方文，等. 2012. 页岩油气资源分级评价标准探讨. 石油勘探与开发，39（2）：249-256.

罗锦昌，田继军，马静辉，等. 2022. 吉木萨尔凹陷吉页 1 井区二叠系芦草沟组沉积环境及有机质富集机理. 岩性油气藏，34（5）：73-85.

马施民，邹晓艳，朱炎铭，等. 2015. 川南龙马溪组笔石类生物与页岩气成因相关性研究. 煤炭科学技术，43（4）：106-109.

马新华，谢军. 2018. 川南地区页岩气勘探开发进展及发展前景. 石油勘探与开发，45（1）：161-169.

马永生，陈洪德. 王国力. 2009. 中国南方层序地层与古地理. 北京：科学出版社.

马永生，蔡勋育，赵培荣. 2018. 中国页岩气勘探开发理论认识与实践. 石油勘探与开发，45（4）：561-574.

孟子圆，柳益群，焦鑫，等. 2021. 火山-热液沉积作用在细粒沉积岩有机地球化学的响应——以准噶尔盆地吉木萨尔凹陷二叠系芦草沟组为例. 西安：第十六届全国古地理学及沉积学学术会议.

欧阳自远，管云彬. 1992. 巨大撞击事件诱发古气候旋回的初步研究. 科学通报，（9）：829-831.

彭雪峰，汪立今，姜丽萍. 2012. 准噶尔盆地东南缘芦草沟组油页岩元素地球化学特征及沉积环境指示意义. 矿物岩石地球化学通报，31（2）：121-127.

齐雪峰，吴晓智，唐勇，等. 2013. 新疆博格达山北麓二叠系油页岩成矿特征及资源潜力. 地质科学，48（4）：1271-1285.

钱利军. 2013. 川西北地区中、下侏罗统物质分布规律与沉积充填过程. 成都：成都理工大学.

邱欣卫，刘池阳，李元昊，等. 2009. 鄂尔多斯盆地延长组凝灰岩夹层展布特征及其地质意义. 沉积学报，

27（6）：1138-1146.
邱振，李建忠，吴晓智，等. 2015. 国内外致密油勘探现状、主要地质特征及差异. 岩性油气藏，27（4）：119-126.
邱振，卢斌，施振生，等. 2016a. 准噶尔盆地吉木萨尔凹陷芦草沟组页岩油滞留聚集机理及资源潜力探讨. 天然气地球科学，27（10）：1817-1827，1847.
邱振，陶辉飞，卢斌，等. 2016b. 吉木萨尔凹陷芦草沟组烃源岩评价及页岩油富集条件探讨. 地质科学，51（2）：533-546.
邱振，董大忠，卢斌，等. 2016c. 中国南方五峰组-龙马溪组页岩中笔石与有机质富集关系探讨. 沉积学报，34（6）：1011-1020.
邱振，邹才能，李熙喆，等. 2018. 论笔石对页岩气源储的贡献：以华南地区五峰组-龙马溪组笔石页岩为例. 天然气地球科学，29（5）：606-615.
邱振，卢斌，陈振宏，等. 2019. 火山灰沉积与页岩有机质富集关系探讨：以五峰组-龙马溪组含气页岩为例. 沉积学报，37（6）：1296-1308.
邱振，邹才能，王红岩，等. 2020. 中国南方五峰组-龙马溪组页岩气差异富集特征与控制因素. 天然气地球科学，31（2）：163-175.
曲长胜，邱隆伟，杨勇强，等. 2019. 准噶尔盆地吉木萨尔凹陷二叠系芦草沟组火山活动的环境响应. 地震地质，41（3）：789-802.
曲长胜，邱隆伟，杨勇强，等. 2017. 吉木萨尔凹陷芦草沟组碳酸盐岩碳氧同位素特征及其古湖泊学意义. 地质学报，91（3）：605-616.
戎嘉余，方宗杰. 2004. 生物大灭绝与复苏：来自华南古生代和三叠纪的证据. 合肥：中国科学技术大学出版社.
戎嘉余，黄冰. 2014. 生物大灭绝研究三十年. 中国科学：地球科学，44（3）：377-404.
戎嘉余，黄冰. 2019. 华南奥陶纪末生物大灭绝的肇端标志：腕足动物稀少贝组合（Manosia Assemblage）及其穿时分布. 地质学报，93（3）：509-527.
戎嘉余，陈旭，王怿，等. 2011. 奥陶—志留纪之交黔中古陆的变迁：证据与启示. 中国科学 D 辑：地球科学，41（10）：1407-1415.
戎嘉余，王怿，詹仁斌，等. 2019. 中国志留纪综合地层和时间框架. 中国科学：地球科学，49（1）：93-114.
申欢. 2021. 侏罗纪全球气候古地理演化及其对恐龙化石分布的约束. 北京：中国地质大学（北京）.
沈树忠，张华. 2017. 什么引起五次生物大灭绝？. 科学通报，62：1119-1135.
舒良树. 2012. 华南构造演化的基本特征. 地质通报，31（7）：1035-1053.
舒志国，周林，李雄，等. 2021. 四川盆地东部复兴地区侏罗系自流井组东岳庙段陆相页岩凝析气藏地质特征及勘探开发前景. 石油与天然气地质，42（1）：212-223.
宋世骏，柳益群，郑庆华，等. 2019. 鄂尔多斯盆地三叠系延长组黑色岩系成因探讨：以铜川地区长 73 段为例. 沉积学报，37（6）：1117-1128.
孙宁亮，钟建华，刘绍光，等. 2017a. 鄂尔多斯盆地南部延长组重力流致密储层成岩作用及物性演化. 地球科学，42（10）：1802-1816.
孙宁亮，钟建华，田东恩，等. 2017b. 鄂尔多斯盆地南部延长组事件沉积与致密油的关系. 中国石油大学学报（自然科学版），41（6）：30-40.

孙枢，李继亮. 1984. 我国浊流与其他重力流沉积研究进展概况和发展方向问题刍议. 沉积学报，2（4）：1-7.

孙旭光，哈斯叶提 • 叶斯博拉提，闫小龙，等. 2022. 吉木萨尔凹陷芦草沟组致密油地质特征及有利区分布. 科学技术与工程，22（13）：5134-5145.

孙艳妮. 2018. 川中地区公山庙油田大安寨段致密油成藏特征. 成都：西南石油大学.

谭丽娟，师萌，葛毓柱，等. 2018. 三叠系—侏罗系环境变化及界线研究方法综述. 地球科学与环境学报，40（3）：285-300.

唐勇，何文军，姜懿洋，等. 2023. 准噶尔盆地二叠系咸化湖相页岩油气富集条件与勘探方向. 石油学报，44（1）：125-143.

腾格尔，申宝剑，俞凌杰，等. 2017.四川盆地五峰组-龙马溪组页岩气形成与聚集机理.石油勘探与开发，44（1）：69-78.

王炳凯，冯乔，田方正，等. 2017. 新疆准噶尔盆地南缘二叠系芦草沟组烃源岩生物标志化合物特征及意义. 地质通报，36（2/3）：304-313.

王成善. 2006. 白垩纪地球表层系统重大地质事件与温室气候变化研究：从重大地质事件探寻地球表层系统耦合. 地球科学进展，21（7）：838-842.

王成善，胡修棉. 2005. 白垩纪世界与大洋红层. 地学前缘，12（2）：11-21.

王多云，辛补社，杨华，等. 2014. 鄂尔多斯盆地延长组长 7 底部凝灰岩锆石 SHRIMP U-Pb 年龄及地质意义. 中国科学：地球科学，44（10）：2160-2171.

王民. 2019. 济阳拗陷沙河街组湖相页岩吸附油、游离油控制因素研究//福州：第十七届全国有机地球化学学术会议.

王清晨. 1991. 事件沉积学. 地球科学进展，6（3）：90-91.

王昕尧，金振奎，郭芪恒，等. 2021. 川东北下侏罗统大安寨段陆相页岩方解石成因. 沉积学报，39（3）：704-712.

王玉满，李新景，王皓，等. 2019. 四川盆地东部上奥陶统五峰组-下志留统龙马溪组斑脱岩发育特征及地质意义. 石油勘探与开发，46（4）：653-665.

王志刚. 2015. 涪陵页岩气勘探开发重大突破与启示. 石油与天然气地质，36（1）：1-6.

向宝力，廖健德，周妮，等. 2013. 吉木萨尔凹陷吉 174 井二叠系芦草沟组烃源岩地球化学特征. 科学技术与工程，32：1671-1815.

谢军，鲜成钢，吴建发，等. 2019. 长宁国家级页岩气示范区地质工程一体化最优化关键要素实践与认识. 中国石油勘探，24（2）：174-185.

谢树成. 2018. 距今 2. 52 亿年前后的生物地球化学循环与海洋生态系统崩溃：对现代海洋的启示. 中国科学：地球科学，48（12）：1600-1605.

谢树成，殷鸿福，王风平，等. 2015. 若干重大地质环境突变的地球生物学过程. 中国基础科学，17（4）：30-34.

谢再波，曲永强，吴涛，等. 2023. 准噶尔盆地吉木萨尔凹陷二叠系芦草沟组沉积 古环境与生物来源探讨. 天然气地球科学，34（8）：1328-1342.

新疆维吾尔自治区地质矿产局. 1999. 新疆维吾尔自治区岩石地层. 北京：中国地质大学出版社.

徐亚军，杜远生. 2018. 从板缘碰撞到陆内造山：华南东南缘早古生代造山作用演化. 地球科学，43（2）：

333-353.
徐义刚. 2002. 地幔柱构造、大火成岩省及其地质效应. 地学前缘，9（4）：341-353.
许效松，刘宝珺. 1994. 中国南方岩相古地理图集. 北京：科学出版社.
杨华，邓秀芹. 2013. 构造事件对鄂尔多斯盆地延长组深水砂岩沉积的影响. 石油勘探与开发，40（5）：513-520.
杨华，张文正. 2005. 论鄂尔多斯盆地长 7 段优质油源岩在低渗透油气成藏富集中的主导作用：地质地球化学特征. 地球化学，34（2）：147-154.
杨华，李士祥，刘显阳，等. 2013. 鄂尔多斯盆地致密油、页岩油特征及资源潜力. 石油学报，34（1）：1-11.
杨华，牛小兵，罗顺社，等. 2015. 鄂尔多斯盆地陇东地区长 7 段致密砂体重力流沉积模拟实验研究. 地学前缘，22（3）：322-332.
杨华，牛小兵，徐黎明，等. 2016. 鄂尔多斯盆地三叠系长 7 段页岩油勘探潜力. 石油勘探与开发，43（4）：511-520.
杨华，梁晓伟，牛小兵，等. 2017. 陆相致密油形成地质条件及富集主控因素：以鄂尔多斯盆地三叠系延长组 7 段为例. 石油勘探与开发，44（1）：12-20.
杨仁超，金之钧，孙冬胜，等. 2015. 鄂尔多斯晚三叠世湖盆异重流沉积新发现. 沉积学报，33（1）：10-20.
杨仁超，尹伟，樊爱萍，等. 2017. 鄂尔多斯盆地南部三叠系延长组湖相重力流沉积细粒岩及其油气地质意义. 古地理学报，19（5）：791-806.
杨帅. 2014. 四川盆地侏罗系沉积演化与相控储层预测. 成都：成都理工大学.
杨焱钧. 2014. 准噶尔盆地吉木萨尔凹陷二叠系芦草沟组热液喷流沉积初探. 西安：西北大学.
杨焱钧，柳益群，蒋宜勤，等. 2019. 新疆准噶尔盆地吉木萨尔凹陷二叠系芦草沟组云质岩地球化学特征. 沉积与特提斯地质，39（2）：84-93.
杨智，邹才能. 2019. “进源找油”：源岩油气内涵与前景. 石油勘探与开发，46（1）：173-184.
姚泾利，邓秀琴，赵彦德，等. 2013. 鄂尔多斯盆地延长组致密油特征. 石油勘探与开发，40（2）：150-158.
姚泾利，赵彦德，邓秀芹，等. 2015. 鄂尔多斯盆地延长组致密油成藏控制因素. 吉林大学学报（地球科学版），45（4）：983-992.
殷鸿福，宋海军. 2013. 古、中生代之交生物大灭绝与泛大陆聚合. 中国科学：地球科学，43（10）：1539-1552.
印森林，谢建勇，程乐利，等. 2022. 陆相页岩油研究进展及开发地质面临的问题.沉积学报，40（4）：979-995.
尤继元. 2020. 鄂尔多斯盆地南缘三叠系延长组长 7 喷积岩特征及其与烃源岩关系研究. 西安：西北大学.
袁选俊，林森虎，刘群，等. 2015. 湖盆细粒沉积特征与富有机质页岩分布模式——以鄂尔多斯盆地延长组长 7 油层组为例. 石油勘探与开发，42（1）：34-43.
翟刚毅，王玉芳，包书景，等. 2017. 我国南方海相页岩气富集高产主控因素及前景预测. 地球科学，42（7）：1057-1068.
张朝军，何登发，吴晓智，等. 2006. 准噶尔多旋回叠合盆地的形成与演化. 中国石油勘探，11（1）：47-58.
张国伟，程顺有，郭安林，等. 2004. 秦岭-大别中央造山系南缘勉略古缝合带的再认识：兼论中国大陆主体的拼合. 地质通报，23（9/10）：846-853.
张帅，柳益群，李红，等. 2020. 准噶尔盆地东部中二叠统幔源热液沉积白云岩. 古地理学报，22（1）：111-128.
张文，李玉宏，张乔，等. 2017. 鄂尔多斯盆地南部延长组时代划分及长 73 对印支 I 幕的响应. 地球科学，42（9）：1565-1577.

张文正，杨华，彭平安，等. 2009. 晚三叠世火山活动对鄂尔多斯盆地长 7 优质烃源岩发育的影响. 地球化学，38（6）：573-582.

张文正，杨华，解丽琴，等. 2010. 湖底热水活动及其对优质烃源岩发育的影响：以鄂尔多斯盆地长 7 烃源岩为例. 石油勘探与开发，37（4）：424-429.

张逊，庄新国，涂其军，等. 2018. 准噶尔盆地南缘芦草沟组页岩的沉积过程及有机质富集机理. 地球科学，43（2）：538-550.

张义杰，齐雪峰，程显胜，等. 2007. 准噶尔盆地晚石炭世和二叠纪沉积环境. 新疆石油地质，28(6)：673-675.

张元动，詹仁斌，甄勇毅，等. 2019. 中国奥陶纪综合地层和时间框架. 中国科学：地球科学，49（1）：66-92.

赵俊兴，李凤杰，申晓莉，等. 2008. 鄂尔多斯盆地南部长 6 和长 7 油层浊流事件的沉积特征及发育模式. 石油学报，29（3）：389-394.

赵文智，胡素云，侯连华，等. 2020. 中国陆相页岩油类型、资源潜力及与致密油的边界. 石油勘探与开发，47（1）：1-10.

郑述权，谢祥锋，罗良仪，等.2019. 四川盆地深层页岩气水平井优快钻井技术：以泸 203 井为例. 天然气工业，39（7）：88-93.

郑永飞. 2005. 新元古代雪球地球事件与地幔超柱活动. 自然杂志，27（1）：28-32.

周家全，王越，宋子怡，等. 2023. 准噶尔盆地博格达地区中二叠统芦草沟组热液硅质结核特征及页岩油意义. 石油与天然气地质，44（3）：789-800.

周庆凡，杨国丰. 2012. 致密油与页岩油的概念与应用. 石油与天然气地质，33（4）：541-544，570.

周中毅，盛国英，闵育顺. 1989. 凝灰质岩生油岩的有机地球化学初步研究. 沉积学报，7（3）：3-9.

朱国华，张杰，姚根顺，等. 2014. 沉火山尘凝灰岩：一种赋存油气资源的重要岩类——以新疆北部中二叠统芦草沟组为例. 海相油气地质，19（1）：1-7.

朱如凯，邹才能，吴松涛，等. 2019. 中国陆相致密油形成机理与富集规律. 石油与天然气地质，40（6）：1168-1184.

朱彤，龙胜祥，王烽，等. 2016. 四川盆地湖相泥页岩沉积模式及岩石相类型. 天然气工业，36（8）：22-28.

邹才能. 2014. 非常规油气地质学. 北京：地质出版社.

邹才能，邱振. 2021. 中国非常规油气沉积学新进展——“非常规油气沉积学”专辑前言. 沉积学报，39（1）：1-8.

邹才能，赵文智，张兴阳，等. 2008. 大型敞流坳陷湖盆浅水三角洲与湖盆中心砂体的形成与分布. 地质学报，82（6）：813-825.

邹才能，赵政璋，杨华，等. 2009. 陆相湖盆深水砂质碎屑流成因机制与分布特征：以鄂尔多斯盆地为例. 沉积学报，27（6）：1065-1075.

邹才能，朱如凯，吴松涛，等. 2012. 常规与非常规油气聚集类型、特征、机理及展望：以中国致密油和致密气为例. 石油学报，33（2）：173-187.

邹才能，杨智，崔景伟，等. 2013. 页岩油形成机制、地质特征及发展对策. 石油勘探与开发，40（1）：14-26.

邹才能，董大忠，王玉满，等. 2015. 中国页岩气特征、挑战及前景（一）. 石油勘探与开发，42（6）：689-701.

Aderoju T，Bend S. 2018. Reconstructing the palaeoecosystem and palaeodepositional environment within the upper Devonian-lower Mississippian Bakken Formation：a biomarker approach. Organic Geochemistry，119：91-100.

Agrawal V，Sharma S. 2018. Testing utility of organogeochemical proxies to assess sources of organic matter，paleoredox conditions，and thermal maturity in mature marcellus shale. Frontiers in Energy Research，6：42.

Algeo T J，Scheckler S E. 1998. Terrestrial-marine teleconnections in the Devonian：links between the evolution of land plants，weathering processes，and marine anoxic events. Philosophical Transactions of the Royal Society B-Biological Sciences，353：113-128.

Alvarez L W，Alvarez W，Asaro F，et al. 1980. Extraterrestrial cause for the Cretaceous-Tertiary extinction. Science，208（4448）：1095-1108.

Angulo S，Buatois L A. 2012a. Integrating depositional models，ichnology，and sequence stratigraphy in reservoir characterization：the middle member of the Devonian-Carboniferous Bakken Formation of subsurface southeastern Saskatchewan revisited. AAPG Bulletin，96（6）：1017-1043.

Angulo S，Buatois L A. 2012b. Ichnology of a late Devonian-early Carboniferous lowenergy seaway：the Bakken Formation of subsurface Saskatchewan，Canada：assessing paleoenvironmental controls and biotic responses. Palaeogeography Palaeoclimatology Palaeoecology，315-316：46-60.

Angulo S，Buatois L，Halabura S. 2008.Paleoenvironmental and sequence-stratigraphic reinterpretation of the Upper Devonian-lower Mississippian Bakken Formation of subsurface Saskatchewan integrating sedimentological and ichnological data. Summary of Investigations，1：2004.

Arthur M A，Sageman B B. 2013. Sea-Level control on source-rock development：perspectives from the Holocene Black Sea，the mid-cretaceous western interior basin of North America，and the Late Devonian Appalachian Basin. Special Publications，2013：35-59.

Bailey T R，Rosenthal Y，Mcarthur J M，et al. 2003. Paleoceanographic changes of the Late Pliensbachian–Early Toarcian interval：a possible link to the genesis of an Oceanic Anoxic Event. Earth and Planetary Science Letters，212（3-4）：307-320.

Bartlett R，Elrick M，Wheeley J R，et al. 2018. Abrupt global-ocean anoxia during the Late Ordovician-Early Silurian detected using uranium isotopes of marine carbonates. Proceedings of the National Academy of Sciences of the United States of America，115（23）：5896-5901.

Becker R T，Kaiser S I，Aretz M. et al. 2016. Review of chrono-，litho- and biostratigraphy across the global Hangenberg Crisis and Devonian–Carboniferous Boundary. Geological Society London Special Publications，423（1）：355-386.

Bergström S M，Huff W D，Saltzman M R，et al. 2004. The greatest volcanic ash falls in the phanerozoic：trans-atlantic relations of the Ordovician millbrig and kinnekulle k-bentonites. The Sedimentary Record，2：4-8.

Berner R A. 2006. Geocarbsulf：a combined model for Phanerozoic atmospheric O_2 and CO_2. Geochimica et Cosmochimica Acta，70（23）：5653-5664.

Blakey R C. 2008. Gondwana paleogeography from assembly to breakup——a 500M y odyssey//Fielding C R，Frank T D，Isbell J L. Resolving the Late Paleozoic Ice Age in Time and Space. Boulder，Colorado：Geological Society of America.

Borcovsky D，Egenhoff S，Fishman N，et al. 2017. Sedimentology，architecturefacies，and sequence stratigraphy of a Mississippian black mudstone succession-the upper member of the Bakken Formation，Dakotanorth，States United. AAPG Bulletin，101（10）：1625-1673.

Bouma A H. 1962. Sedimentology of Some Flysch Deposits：A Graphic Approach to Facies Interpretation. Amsterdam：Elsevier.

Brenchley P J，Newall G. 1980. A facies analysis of upper Ordovician regressive sequences in the Oslo region，Norway：a record of glacio-eustatic changes. Palaeogeography Palaeoclimatology Palaeoecology，31：1-38.

Brenchley P J，Marshall J D，Carden G A F，et al. 1994. Bathymetric and isotopic evidence for a short-lived Late Ordovician glaciation in a greenhouse period. Geology，22（4）：295-298.

Brenchley P J，Marshall J D，Harper D A T，et al. 2006. A late ordovician（Hirnantian）karstic surface in a submarine channel，recording glacio-eustatic sea-level changes：meifod，central Wales. Geological Journal，41（1）：1-22.

Brezinski D K，Cecil C B，Skema V W. et al. 2008. Late devonian glacial deposits from the eastern United States signal an end of the mid-Paleozoic warm period. Palaeogeography Palaeoclimatology Palaeoecology，268：143-151.

Browne T N，Hofmann M H，Malkowski M A. et al. 2020. Redox and paleoenvironmental conditions of the Devonian-Carboniferous Sappington Formation，southwestern Montana，and comparison to the Bakken Formation，Williston Basin. Palaeogeography Palaeoclimatology Palaeoecology，560：110025.

Bruner K R，Smosna R. 2011. A comparative study of the Mississippian Barnett shale，Fort Worth Basin，and Devonian Marcellus shale. Appalachian Basin AAPG Bulletin，91（4）：475-499.

Caplan M L，Bustin R M. 1999. Devonian-Carboniferous Hangenberg mass extinction event，widespread organic-rich mudrock and anoxia：causes and consequences. Palaeogeography Palaeoclimatology Palaeoecology，148：187-207.

Chen R Q，Sharma S. 2016. Role of alternating redox conditions in the formation of organic-rich interval in the Middle Devonian Marcellus Shale，Appalachian Basin，USA. Palaeogeography Palaeoclimatology Palaeoecology，446：85-97.

Chen R Q，Sharma S. 2017. Linking the Acadian Orogeny with organic-rich black shale deposition：evidence from the Marcellus Shale. Marine & Petroleum Geology，79：149-158.

Chen R Q，Sharma S，Bank T，et al. 2015. Comparison of isotopic and geochemical characteristics of sediments from a gas- and liquids-prone wells in Marcellus Shale from Appalachian Basin，West Virginia. Applied Geochemistry，60：59-71.

Chen X，Rong J Y，Li Y，et al. 2004. Facies patterns and geography of the Yangtze region，South China，through the Ordovician and Silurian transition. Palaeogeography Palaeoclimatology Palaeoecology，204（3/4）：353-372.

Chen X，Rong J Y，Fan J X，et al. 2006. The global boundary stratotype section and point（GSSP）for the base of the Hirnantian Stage（the uppermost of the Ordovician System）. Episodes，29（3）：183-196.

Condie K C. 2004. Supercontinents and superplume events：distinguishing signals in the geologic record. Physics of the Earthand Planetary Interiors，146（1/2）：319-332.

Dera G，Pucéat E，Pellenard P，et al. 2009. Water mass exchange and variations in seawater temperature in the NW Tethys during the Early Jurassic：evidence from neodymium and oxygen isotopes of fish teeth and belemnites. Earth and Planetary Science Letters，286（1-2）：198-207.

Dong Y P，Zhang G W，Neubauer F，et al. 2011. Tectonic evolution of the Qinling orogen，China：review and synthesis. Journal of Asian Earth Sciences，41（3）：213-237.

Duggen S，Croot P，Schacht U，et al. 2007. Subduction zone volcanic ash can fertilize the surface ocean and stimulate phytoplankton growth：evidence from biogeochemical experiments and satellite data. Geophysical Research Letters，34（1）：L01612.

Einsele G，Seilacher A. 1982. Cyclic and Event Stratification. New York：Springer.

Energy Information Administration US. 2013. Technically recoverable shale oil and shale gas resources：an assessment of 137 shale formations in 41 Countries Outside the United States. Washington，DC：US Department of Energy.

Energy Information Administration US. 2017. Marcellus play report：geology review and map updates. Washington，DC：US Department of Energy.

Ettensohn F.1994. Tectonic control on formation and cyclicity of major Appalachian unconformities and associated stratigraphic sequences//John M，Dennison E，Frank R. Tectonic and Eustatic Controls on Sedimentary Cycles. SEPM Society for Sedimentary Geology，4：217-242.

Ettensohn F，Barron L S. 1981. Depositional model for the Devonian-Mississippian black-shale sequence of North America：a tectono-climatic approach. Lexington：Kentucky Oniversity.

Ettensohn F R. 1992. Controls on the origin of the Devonian Mississippian oil and gas shales. East-Central United States Fuel，71（12）：1487-1492.

Ettensohn F R，Lierman R T. 2012. Large-scale tectonic controls on the origin of paleozoic dark-shale source-rock Basins：examples from the Appalachian foreland Basin，Eastern United States. AAPG Memoir，100：95-124.

Ettensohn F R，Woodrow D L，Sevon WD. 1985. The catskill delta complex and the Acadian Orogeny：a model. The Catskill Delta：Geological Society of America Special Paper，201：39-49.

Fernandez A，Korte C，Ullmann C V，et al. 2021. Reconstructing the magnitude of early Toarcian （Jurassic） warming using the reordered clumped isotope compositions of belemnites. Geochimica et Cosmochimica Acta，293：308-327.

Finnegan S，Bergmann K，Eiler J M，et al. 2011. The magnitude and duration of Late Ordovician-Early Silurian glaciation. Science，331（6019）：903-906.

Frakes L A，Francis J E，Skytus J I. 1992. Climate Modes of the Phanerozoic. New York：Cambridge University Press.

Garvine R. 1984. Radial spreading of buoyant，surface plumes in coastal waters. Journal of Geophysical Research，89：1989-1996.

Ghienne J F，Desrochers A，Vandenbroucke T R A，et al. 2014. A cenozoic-style scenario for the End-Ordovician glaciation. Nature Communications，5：4485.

Gong Q，Wang X D，Zhao L S，et al. 2017. Mercury spikes suggest volcanic driver of the Ordovician-Silurian mass extinction. Scientific Reports，7：5304.

Grice K，Cao C Q，Love G D，et al. 2005. Photic zone Euxinia during the Permian-Triassic superanoxic event. Science，307（5710）：706-709.

Gu X，Mildner D F R，Cole D R，et al. 2016. Quantification of organic porosity and water accessibility in Marcellus shale using neutron scattering. Energy Fuels，30（6）：4438-4449.

Hallam A，Wignall P B. 1999. Mass extinctions and sea-level changes. Earth-Science Reviews，48（4）：217-250.

Hammarlund E U，Dahl T W，Harper D A T，et al. 2012. A sulfidic driver for the End-Ordovician mass extinction. Earth and Planetary Science Letters，331-332：128-139.

Hamme R C，Webley P W，Crawford W R，et al. 2010. Volcanicash fuels anomalous plankton bloom in subarctic Northeast Pacific. Geophysical Research Letters，37（19）：L19604.

Han Z，Hu X，Newton R J，et al. 2023. Spatially heterogenous seawater δ^{34}S and global cessation of Ca-sulfate burial during the Toarcian oceanic anoxic event. Earth and Planetary Science Letters，622：118404.

Haq B U，Schutter S R. 2008. A chronology of paleozoic sea-level changes. Science，322（5898）：64-68.

Harper D A T，Hammarlund E U，Rasmussen C M Ø. 2014. End Ordovician extinctions：a coincidence of causes. Gondwana Research，25（4）：1294-1307.

He J，Wang J，Milsch H，et al. 2020. The characteristics and formation mechanism of a regional fault in shale strata：insights from the Middle-Upper Yangtze，China. Marine and Petroleum Geology，121：1-20.

He J，Zhu L，Zhao A，et al. 2022. Pore characteristics and influencing factors of marine and lacustrine shale in the Eastern Sichuan Basin，China. Energies，15（22）：8438.

Heezen B C，Ewing M. 1952. Turbidity currents and submarine slumps，and the 1929 Grand Banks earthquake. American Journal of Science，250（12）：849-873.

Hogancamp N J，Pocknall D T. 2018. The biostratigraphy of the Bakken Formation：a review and new data. Stratigraphy，15（3）：197-224.

Hu K，Chen Z，Yang C，et al. 2020. Integrated petrophysical evaluation of the Lower Middle Bakken Member in the Viewfield Pool，southeastern Saskatchewan，Canada. Marine petroleum geology，122：104601.

Huff W D. 2008. Ordovician k-bentonites：issues in interpreting and correlating ancient tephras. Quaternary International，178（1）：276-287.

Hupp B，Weislogel A. 2018. Geochemical insights into provenance of the Middle Devonian Hamilton Group of the central Appalachian Basin，USA. Journal of Sedimentary Research，88：1153-1165.

Ingall E D，Bustin R M，Cappellen P V. 1993. Influence of water column anoxia on the burial and preservation of carbon and phosphorus in marine shales. Geochimica Et Cosmochimica Acta，57：303-316.

Isaacson P E，Diaz-Martinez E，Grader G W，et al. 2008. Late devonian-earliest mississippian glaciation in gondwanaland and its biogeographic consequences. Palaeogeography Palaeoclimatology Palaeoecology，268：126-142.

Jenkyns H C. 1985. The early toarcian and cenomanian-turonian anoxic events in Europe：comparisons and contrasts. Geologische Rundschau，74（3）：505-518.

Jiang Y，Hou D，Li H，et al. 2020. Impact of the paleoclimate，paleoenvironment，and algae bloom：organic matter accumulation in the lacustrine Lucaogou formation of jimsar sag，Junggar Basin，NW China. Energies，13（6）：1488.

Jones D S，Martini A M，Fike D A，et al. 2017. A volcanic trigger for the Late Ordovician mass extinction? Mercury data from south China and Laurentia. Geology，45（7）：631-634.

Kaiser S I，Becker R T，Steuber T，et al. 2011. Climate-controlled mass extinctions，facies，and sea-level changes around the Devonian–Carboniferous boundary in the eastern Anti-Atlas（SE Morocco）. Palaeogeography Palaeoclimatology Palaeoecology，310（3-4）：340-364.

Kaiser S I，Aretz M，Becker R T. 2015. The global Hangenberg Crisis（Devonian-Carboniferous transition）：review of a first-order mass extinction. Geological Society Special Publication，423（1）：387-437.

Kane I A，Pontén A S M. 2012. Submarine transitional flow deposits in the Paleogene Gulf of Mexico. Geology，40（12）：1119-1122.

Kohlruss D. 2009. Facies analysis of the Upper Devonian–Lower Mississippian Bakken Formation，Southeastern Saskatchewan. Summary of Investigations，1：6-11.

Komatsu T，Kato S，Hirata K. et al. 2014. Devonian–Carboniferous transition containing a Hangenberg Black Shale equivalent in the Pho Han Formation on Cat Ba Island，northeastern Vietnam. Palaeogeography Palaeoclimatology Palaeoecology，404：30-43.

Korte C，Hesselbo S P. 2011. Shallow marine carbon and oxygen isotope and elemental records indicate icehousegreenhouse cycles during the Early Jurassic. Paleoceanography，26（4）：1-18.

Kuenen P H，Migliorini C I. 1950. Turbidity currents as a cause of graded bedding. The Journal of Geology，58（2）：91-127.

Kunert A，Kendall B. 2023. Global ocean redox changes before and during the Toarcian Oceanic Anoxic Event. Nature Communications，14（1）：8.

Kuypers M M M，Pancost R D，Nijenhuis I A，et al. 2002. Enhanced productivity led to increased organic carbon burial in the euxinic North Atlantic Basin during the Late Cenomanian oceanic anoxic event. Paleoceanography，17（4）：1051.

Langmann B，Zakšek K，Hort M，et al. 2010. Volcanic ash as fertilizer for the surface ocean. Atmospheric Chemistry and Physics，10（8）：3891-3899.

Lash G G，Blood D R. 2014. Organic matter accumulation，redox，and diagenetic history of the Marcellus Formation，southwestern Pennsylvania，Appalachian basin. Marine and Petroleum Geology，57：244-263.

Lash G G，Engelder T. 2011. Thickness trends and sequence stratigraphy of the Middle Devonian Marcellus Formation，Appalachian Basin：implications for Acadian foreland basin evolution. AAPG Bulletin，95（1）：61-103.

Le Pichon X. 1968. Sea-floor spreading and continental drift. Journal of Geophysical Research，73（12）：3661-3697.

Lee C T A，Jiang H H，Ronay E，et al. 2018. Volcanic ash as a driver of enhanced organic carbon burial in the Cretaceous. Scientific Reports，8：4197.

Li H，Liu Y，Yang K，et al. 2021. Hydrothermal mineral assemblages of calcite and dolomite–analcime–pyrite in Permian lacustrine Lucaogou mudstones，eastern Junggar Basin. Northwest China. Mineralogy and Petrology，115（1）：63-85.

Li J B，Wang M，Lu S F，et al. 2020. A new method for predicting sweet spots of shale oil using conventional well logs. Marine and Petroleum Geology，113：104097.

Li K I，Xi K，Cao Y，et al. 2023. Genesis of granular calcite in lacustrine fine-grained sedimentary rocks and its indication to volcanic-hydrothermal events：a case study of permian lucaogou formation in Jimusar Sag，Junggar Basin，NW China. Petroleum Exploration and Development 50，3：615-627.

Li N，Li C，Fan J X，et al. 2019. Sulfate-controlled marine euxinia in the semi-restricted inner Yangtze Sea（South China）during the Ordovician-Silurian transition. Palaeogeography Palaeoclimatology Palaeoecology，534：109281.

Li Y，Feng Y，Liu H，et al. 2013. Geological characteristics and resource potential of lacustrine shale gas in the Sichuan Basin，SW China. Petroleum Exploration and Development，40（4）：454-460.

Li Z X，Mitchell R N，Spencer C J，et al. 2019. Decoding earth's rhythms：modulation of supercontinent cycles by longer super-ocean episodes. Precambrian Research，323：1-5.

Liu H L，Qiu Z，Zou C N，et al. 2021. Environmental changes in the Middle Triassic lacustrine basin（Ordos，North China）：implication for biotic recovery of freshwater ecosystem following the Permian-Triassic mass extinction. Global and Planetary Change，204：103559.

Liu J，Algeo T J，Jaminski J，Kuhn T. et al. 2019. Evaluation of high-frequency paleoenvironmental variation using an optimized cyclostratigraphic framework：example for C-S-Fe analysis of Devonian-Mississippian black shales（Central Appalachian Basin，U.S.A.）. Chemical Geology，525：303-320.

Liu J，Cao J，Hu G，et al. 2020. Water-level and redox fluctuations in a Sichuan Basin lacustrine system coincident with the Toarcian OAE. Palaeogeography Palaeoclimatology Palaeoecology，558：109942.

Liu K，Ostadhassan M，Gentzis T，et al. 2018. Characterization of geochemical properties and microstructures of the Bakken Shale in north Dakota. International Journal Coal Geology，190：84-98.

Loi A，Ghienne J F，Dabard M P，et al. 2010. The Late Ordovician glacio-eustatic record from a high-latitude storm-dominated shelf succession：the Bou Ingarf section（Anti-Atlas，southern Morocco）. Palaeogeography Palaeoclimatology Palaeoecology，296（3/4）：332-358.

Loydell D K，Butcher A，Frýda J. 2013. The middle rhuddanian（lower silurian）'hot'shale of North Africa and Arabia：an atypical hydrocarbon source rock. Palaeogeography，Palaeoclimatology，Palaeoecology，386：233-256.

Lüning S，Craig J，Loydell D K，et al. 2000. Lower silurian "hot shales" in North Africa and Arabia：regional distribution and depositional model. Earth-Science Reviews，49（1/2/3/4）：121-200.

Luo Q L，Zhong N N，Dai N，et al. 2016. Graptolite-derived organic matter in the Wufeng－Longmaxi Formations（Upper Ordovician－Lower Silurian）of southeastern Chongqing，China：implications for gas shale evaluation. International Journal of Coal Geology，153：87-98.

Ma Y，Zhong N N，Cheng L，et al. 2016. Pore structure of the graptolite-derived OM in the Longmaxi Shale，southeastern Upper Yangtze Region，China. Marine and Petroleum Geology，72：1-11.

Marynowski L，Filipiak P，Zato M. 2010. Geochemical and palynological study of the Upper Famennian Dasberg event horizon from the Holy Cross Mountains（central Poland）. Geological Magazine，147：527-550.

Marynowski L，Zatoń M，Rakociński，et al. 2012. Deciphering the upper Famennian Hangenberg Black Shale depositional environments based on multi-proxy record. Palaeogeography Palaeoclimatology Palaeoecology 346-347：66-86.

Marzoli A，Renne P R，Piccirillo E M，et al. 1999. Extensive 200-million-year-old continental flood basalts of the central atlantic magmatic province. Science，284（5414）：616-618.

McKenzie D P，Parker R L. 1967. The North Pacific：an example of tectonics on a sphere. Nature，216（5122）：1276-1280.

Melchin M J，Mitchelll C E，Holmden C，et al. 2013.Environmental changes in the Late Ordovician-early Silurian：review and new insights from black shales and nitrogen isotopes. Geological Society of America Bulletin，125：1635-1670.

Meng Z，Liu Y，Jiao X，et al. 2022. Petrological and organic geochemical characteristics of the Permian Lucaogou Formation in the Jimsar Sag，Junggar Basin，NW China：implications on the relationship between hydrocarbon accumulation and volcanic-hydrothermal activities. Journal of Petroleum Science and Engineering，210：110078.

Miller K G，Kominz M A，Browning J V，et al. 2005. The phanerozoic record of global sea-level change. Science，310（5752）：1293-1298.

Milliken K L，Zhang T，Chen J，et al. 2021. Mineral diagenetic control of expulsion efficiency in organic-rich mudrocks，Bakken Formation（Devonian-Mississippian），Williston Basin，North Dakota，USA. Marine petroleum geology，127：104869.

Morgan W J. 1968. Rises，trenches，great faults，and crustal blocks. Journal of Geophysical Research，73（6）：1959-1982.

Morgan W J. 1972. Deep mantle convection plume and plate motions. AAPG Bulletin，56：203-312.

Mustafa K A，Sephton M A，Watson J S，et al. 2015. Organic geochemical characteristics of black shales across the Ordovician-Silurian boundary in the Holy Cross Mountains，central Poland. Marine and Petroleum Geology，66：1042-1055.

Myrow P M，Southard J B. 1996. Tempestite deposition. Journal of Sedimentary Research，66（5）：875-887.

Nance R D，Murphy J B，Santosh M. 2014. The supercontinent cycle：a retrospective essay. Gondwana Research，25（1）：4-29.

Novak A，Egenhoff S. 2019. Soft-sediment deformation structures as a tool to recognize synsedimentary tectonic activity in the middle member of the Bakken Formation，Williston Basin North Dakota. Marine Petroleum Geology，105：124-140.

Parrish C B. 2013. Insights into the Appalachian basin middle Devonian depositional system from U-Pb Zircon geochronology of volcanic ashes in the Marcellus shale and Onondaga limeston. West Virginia：West Virginia University.

Parrish J T，Soreghan G S. 2013. Sedimentary geology and the future of paleoclimate studies. The Sedimentary Record，11（2）：4-10.

Paschall O，Carmichael S K，Königshof P，et al. 2019. The Devonian-Carboniferous boundary in Vietnam：sustained ocean anoxia with a volcanic trigger for the Hangenberg Crisis?. Global and Planetary Change，175：64-81.

Pedersen T F，Calvert S E. 1990. Anoxia vs. productivity：what controls the formation of organic-carbon-rich sediments and sedimentary rocks?. AAPG Bulletin，74（4）：454-466.

Petty D M. 2019. An alternative interpretation for the origin of black shale in the Bakken Formation of the

Williston Basin. Bulletin of canadian petroleum geology，67（1）：47-70.

Price G D. 2010. Carbon-isotope stratigraphy and temperature change during the Early-Middle Jurassic（Toarcian-Aalenian），Raasay，Scotland，UK. Palaeogeography Palaeoclimatology Palaeoecology，285（3-4）：255-263.

Qie W，Algeo T J，Luo G，et al. 2019. Global events of the Late Paleozoic（Early Devonian to Middle Permian）：a review. Palaeogeography Palaeoclimatology Palaeoecology，531：109259.

Qiu Z，He J. 2022. Depositional environment changes and organic matter accumulation of Pliensbachian-Toarcian lacustrine shales in the Sichuan basin，SW China. Journal of Asian Earth Sciences，232：105035.

Qiu Z，Zou C N. 2020. Controlling factors on the formation and distribution of "sweet-spot areas" of marine gas shales in South China and a preliminary discussion on unconventional petroleum sedimentology. Journal of Asian Earth Sciences，194：103989.

Qu C S，Qiu L W，Cao Y C，et al. 2019. Sedimentary environment and the controlling factors of organic-rich rocks in the Lucaogou Formation of the Jimusar Sag，Junggar Basin，NW China. Petroleum Science，16：763-775.

Racka M，Marynowski L，Filipiak P，et al. 2010. Anoxic annulata events in the Late Famennian of the Holy Cross mountains（Southern Poland）：geochemical and palaeontological record. Palaeogeography Palaeoclimatology Palaeoecology，297：549-575.

Racki G，Rakocinski M，Marynowski L，et al. 2018. Mercury enrichments and the Frasnian-Famennian biotic crisis：a volcanic trigger proved?.Geology，46（6）：543-546.

Rakocinski M，Makrynowsi L，Pisarzowska A. et al. 2020. Volcanic related methylmercury poisoning as the possible driver of the end-Devonian Mass Extinction. Scientific Reports，10（1）：7344.

Raup D M，Sepkoski Jr J J. 1982. Mass extinctions in the marine fossil record. Science，215（4539）：1501-1503.

Richard J，Payne R J，Egan J. 2019. Using palaeoecological techniques to understand the impacts of past volcanic eruptions. Quaternary International，499（10）：278-289.

Roen J B，Hosterman J W. 1982. Misuse of the term "bentonite" for ash beds of Devonian age in the Appalachian basin. Geological Society of America Bulletin，93（9）：921-925.

Rong J Y，Harper D A T. 1988. A global synthesis of the Latest Ordovician Hirnantian brachiopod faunas. Earth and Environmental Science Transactions of the Royal Society of Edinburgh，79（4）：383-402.

Ruebsam W，Mayer B，Schwark L. 2019. Cryosphere carbon dynamics control early Toarcian global warming and sea level evolution. Global and Planetary Change，172：440-453.

Saberi M H，Rabbani A R，Ghavidel-Syooki M. 2016. Hydrocarbon potential and palynological study of the Latest Ordovician - Earliest Silurian source rock（Sarchahan Formation）in the Zagros Mountains，southern Iran. Marine and Petroleum Geology，71：12-25.

Sageman B B，Murphy A E，Werne J P，et al. 2003. A tale of shales：the relative roles of production，decomposition，and dilution in the accumulation of organic-rich strata，Middle–Upper Devonian，Appalachian basin. Chemical Geology，195：229-273.

Scotese C，Mckerrow W. 1990. Revised World Maps and Introduction. London，Memoirs：Geological Society.

Sepkoski Jr J J. 1984. A kinetic model of Phanerozoic taxonomic diversity. III. Post-Paleozoic families and mass extinctions. Paleobiology，10（2）：246-267.

Shanmugam G. 2000. 50 years of the turbidite Paradigm（1950s-1990s）：deep-water processes and facies models-a critical perspective. Marine and Petroleum Geology，17（2）：285-342.

Shen J H，Pearson A，Henkes G A，et al. 2018. Improved efficiency of the biological pump as a trigger for the Late Ordovician glaciation. Nature Geoscience，11（7）：510-514.

Shen S Z，Crowley J L，Wang Y，et al. 2011. Calibrating the End-Permian mass extinction. Science，334（6061）：1367-1372.

Silva R L，Duarte L V，Comas-Rengifo M J，et al. 2011. Update of the carbon and oxygen isotopic records of the Early－Late Pliensbachian（Early Jurassic，～187Ma）：insights from the organic-rich hemipelagic series of the Lusitanian Basin（Portugal）. Chemical Geology，283（3-4）：177-184.

Smith L B，Leone J. 2010. Integrated characterization of Utica and Marcellus black shale gas plays，New York State ［presentation］//American Association of Petroleum and Exhibition（AAPG）Annual Convertion and Exhibition. New Orleans，4：11-14.

Smith M G，Bustin R M. 1998. Production and preservation of organic matter during deposition of the Bakken Formation（Late Devonian and Early Mississippian）Williston Basin. Palaeogeography Palaeoclimatology Palaeoecology，142（3-4）：185-200.

Smith M G，Bustin R M. 2000. Late devonian and early Mississippian Bakken and Exshaw Black shale source rocks，western Canada Sedimentary Basin：a sequence stratigraphic interpretation. AAPG Bulletin，84（7）：940-960.

Song L，Paronish T，Agrawal V，et al. 2017. Depositional environment and impact on pore structure and gas storage potential of middle Devonian organic rich shale，northeastern West Virginia，Appalachian Basin//Austin：Proceedings of SPE/AAPG/SEG Unconventional Resources Technology Conference.

Sonnenberg S A，Pramudito A. 2009. Petroleum geology of the giant Elm Coulee field Williston Basin. AAPG Bulletin，93（9）：1127-1153.

Su W B，Huff W D，Ettensohn F R，et al. 2009. K-bentonite，blackshale and flysch successions at the Ordovician-Silurian transition，South China：possible sedimentary responses to the accretion of Cathaysia to the Yangtze Block and its implications for the evolution of Gondwana. Gondwana Research，15（1）：111-130.

Sutcliffe O E，Dowdeswell J A，Whittington R J，et al. 2000. Calibrating the Late Ordovician glaciation and mass extinction by the eccentricity cycles of Earth's orbit. Geology，28（11）：967-970.

Talling P J，Amy L A，Wynn R B. 2007. New insight into the evolution of large-volume turbidity currents：Comparison of turbidite shape and previous modelling results. Sedimentology，54（4）：737-769.

Talling P J，Masson D G，Sumner F J，et al. 2012. Subaqueous sediment density flows：depositional processes and deposit types. Sedimentology，59（7）：1937-2003.

Tao H，Qiu Z，Qu Y，et al. 2022. Geochemistry of middle permian lacustrine shales in the Jimusar Sag，Junggar Basin，NW China：implications for hydrothermal activity and organic matter enrichment. Journal of Asian Earth Sciences，232：105267.

Tao H F，Qiu Z，Lu B，et al. 2020. Volcanic activities triggered the first global cooling event in the Phanerozoic.

Journal of Asian Earth Sciences，194：104074.

Torsvik T H，Cocks L R M. 2013. Gondwana from top to base in space and time. Gondwana Research，24 (3/4)：999-1030.

Trabucho-Alexandre J，Hay W W，de Boer P L. 2012. Phanerozoic environments of black shale deposition and the Wilson Cycle. Solid Earth，3 (1)：29-42.

Trotter J A，Williams I S，Barnes C R，et al. 2008. Did cooling oceans trigger Ordovician biodiversification? Evidence from conodont thermometry. Science，321 (5888)：550-554.

Vandenbroucke T R A，Armstrong H A，Williams M，et al. 2010. Polar front shift and atmospheric CO_2 during the glacial maximum of the Early Paleozoic Icehouse. Proceedings of the National Academy of Sciences of the United States of America，107 (34)：14983-14986.

Walker R G . 1965. The origin and significance of the internal sedimentary structures of turbidites. Proceedings of the Yorkshire Geological Society，35 (1)：1-32.

Wang G C，Carr T R. 2013. Organic-rich Marcellus Shale lithofacies modeling and distribution pattern analysis in the Appalachian Basin. AAPG Bulletin，97：2173-2205.

Wang G X，Zhan R B，Percival I G . 2019. The end-ordovician mass extinction：a single-pulse event?. Earth-Science Reviews，192：15-33.

Wang J，Arthur M A. 2020. The diagenetic origin and depositional history of the Cherry Valley Member，Middle Devonian Marcellus Formation. Chemical Geology，558：119875.

Wang X，Jin Z，Zhao J，et al. 2020. Depositional environment and organic matter accumulation of lower Jurassic nonmarine fine-grained deposits in the Yuanba Area，Sichuan Basin，SW China. Marine and Petroleum Geology，116：104352.

Wendt A，Arthur M，Slingerland R，et al. 2015. Geochemistry and depositional history of the Union Springs Member，Marcellus Formation in central Pennsylvania. Interpretation，3 (3)：SV17-33.

Wignall P B，2001. Large igneous province and mass extinctions. Earth-science Reviews，53 (1-2)：1-33.

Wrightstone G R. 2011. Bloomin' algae! How paleogeography and algal blooms may have significantly impacted deposition and preservation of the Marcellus Shale. Abstracts with Programs-Geological Society of America，43：51-51.

Wu A，Cao J，Zhang J，et al. 2022. Origin of microbial-hydrothermal bedded dolomites in the Permian Lucaogou Formation lacustrine shales，Junggar Basin，NW China. Sedimentary Geology，440：106260.

Wu Y B，Zheng Y F. 2013. Tectonic evolution of a composite collision orogen：an overview on the Qinling-Tongbai-Hong’an Dabie-Sulu orogenic belt in central China. Gondwana Research，23(4)：1402-1428.

Xiao W，Han C，Yuan C，et al. 2008. Middle Cambrian to Permian subduction-related accretionary orogenesis of Northern Xinjiang，NW China：implications for the tectonic evolution of central Asia. Journal of Asian Earth Sciences，32 (2-4)：102-117.

Xiao W，Windley B F，Sun S，et al. 2015. A tale of amalgamation of three Permo-Triassic collage systems in Central Asia：oroclines，sutures，and terminal accretion. Annual Review of Earth and Planetary Sciences，43：477-507.

Xie Z，Tao H，Qu Y，et al. 2023. Synergistic evolution of palaeoenvironment-bionts and hydrocarbon generation of permian saline lacustrine source rocks in jimusar sag，Junggar Basin. Energies，16（9）：3797.

Xu W，Ruhl M，Jenkyns H C，et al. 2017. Carbon sequestration in an expanded lake system during the Toarcian oceanic anoxic event. Nature Geoscience，10（2）：129-134.

Yan D T，Chen D Z，Wang Q C，et al. 2010. Large-scale climatic fluctuations in the Latest Ordovician on the Yangtze Block，South China. Geology，38（7）：599-602.

Yan D T，Chen D Z，Wang Q C，et al. 2012. Predominance of stratified anoxic Yangtze Sea interrupted by short-term oxygenation during the Ordo–Silurian transition. Chemical Geology，291：69-78.

Yang H，Zhang W Z，Wu K，et al. 2010. Uranium enrichment in lacustrine oil source rocks of the Chang 7 member of the Yanchang Formation，Ordos Basin，China. Journal of Asian Earth Sciences，39：285-293.

Yang R C，He Z L，Qiu G Q，et al. 2014. A Late Triassic gravity flow depositional system in the southern Ordos Basin. Petroleum Exploration and Development，41（6）：724-733.

Yang R C，Fan A P，Han Z Z，et al. 2016. An upward shallowing succession of gravity flow deposits in the Early Cretaceous Lingshandao Formation，western Yellow Sea. Acta Geologica Sinica，90（4）：1553-1554.

Yang R C，Fan A P，Han Z Z，et al. 2017a. Lithofacies and origin of the Late Triassic muddy gravity-flow deposits in the Ordos Basin，central China. Marine and Petroleum Geology，85：194-219.

Yang R C，Jin Z J，van Loon T，et al. 2017b. Climatic and tectonic controls of lacustrine hyperpycnite origination in the Late Triassic Ordos Basin，central China：Implications for unconventional petroleum development. AAPG Bulletin，101（1）：95-117.

Yang S C，Hu W X，Wang X L，et al. 2019a. Duration，evolution，and implications of volcanic activity across the Ordovician-Silurian transition in the Lower Yangtze region，South China. Earth and Planetary Science Letters，518：13-25.

Yang W，Zuo R，Chen D，et al. 2019b. Climate and tectonic-driven deposition of sandwiched continental shale units：new insights from petrology，geochemistry，and integrated provenance analyses（the western Sichuan subsiding Basin，Southwest China）. International Journal of Coal Geology，211：103227.

You J Y，Liu Y Q，Song S S，et al. 2021a. Characteristics and controlling factors of LORS from the Chang 7-3 section of the Triassic Yanchang Formation in the Ordos Basin. Journal of Petroleum Science and Engineering，197：108020.

You J Y，Liu Y Q，Li Y J，et al. 2021b. Influencing factor of Chang 7 oil shale of Triassic Yanchang Formation in Ordos Basin：constraint from hydrothermal fluid. Journal of Petroleum Science and Engineering，201：108532.

Yuan W，Liu G D，Stebbins A，et al. 2017. Reconstruction of redox conditions during deposition of organic-rich shales of the Upper Triassic Yanchang Formation，Ordos Basin，China. Palaeogeography Palaeoclimatology Palaeoecology，486：158-170.

Zambito IV J J，Benison K C. 2013. Extremely high temperatures and paleoclimate trends recorded in Permian ephemeral lake halite. Geology，41（5）：587-590.

Zhang J，Sun M，Liu G，et al. 2020. Geochemical characteristics，hydrocarbon potential，and depositional environment evolution of fine-grained mixed source rocks in the Permian Lucaogou Formation，Jimusaer Sag，Junggar Basin. Energy & Fuels，35（1）：264-282.

Zhang S C，Wang X M，Wang H J，et al. 2016. Sufficient oxygen for animal respiration 1，400 million years ago.

Proceedings of the National Academy of Sciences of the United States of America，113（7）：1731-1736.

Zhang W，Jin Z j，Liu Q Y，et al. 2022. The C-S-Fe system evolution reveals organic matter preservation in lacustrine shales of Yanchang Formation，Ordos Basin，China. Marine and Petroleum Geology，142：105734.

Zhang W Z，Yang W W，Xie L Q. 2017. Controls on organic matter accumulation in the Triassic Chang 7 lacustrine shale of the Ordos Basin，central China. International Journal of Coal Geology，183：38-51.

Zhang X，Over D J，Ma K，et al. 2019. Upper Devonian conodont zonation，sea-level changes and bio-events in offshore carbonate facies Lali section，South China. Palaeogeography Palaeoclimatology Palaeoecology，531：109219.

Zhou J，Yang H，Liu H，et al. 2022. The depositional mechanism of hydrothermal chert nodules in a lacustrine environment：a case study in the middle permian lucaogou formation，Junggar Basin，Northwest China. Minerals，12（10）：1333.

Zhu R K，Cui J W，Deng S H，et al. 2019. High-precision dating and geological significance of Chang 7 tuff zircon of the Triassic Yanchang Formation，Ordos Basin in central China. Acta Geologica Sinica，93（6）：1823-1834.

Zhu Y，Carr T，Zhang Z，Song L. 2021. Pore characterization of the Marcellus shale by nitrogen adsorption and prediction of its gas storage capacity. Interpretation，9（4）：SG71-82.

Zielinski R E，McIver R D. 1981. Resource and exploration assessment of the oil and gas potential in the Devonian gas shales of the Appalachian Basin：U.S. Department of Energy，Morgantown EnergyTechnology Center，326：53-1125.

Zou C N，Wang L，Li Y，et al. 2012. Deep-lacustrine transformation of sandy debrites into turbidites，Upper Triassic，central China. Sedimentary Geology，265-266：143-155.

Zou C N，Qiu Z，Poulton S W，et al. 2018a. Ocean euxinia and climate change “double whammy” drove the Late Ordovician mass extinction. Geology，46（6）：535-538.

Zou C N，Qiu Z，Wei H Y，et al. 2018b. Euxinia caused the Late Ordovician extinction：evidence from pyrite morphology and pyritic sulfur isotopic composition in the Yangtze area，South China. Palaeogeography Palaeoclimatology Palaeoecology，511：1-11.

Zou C N，Zhu R K，Chen Z Q，et al. 2019. Organic-matter-rich shales of Chinap. Earth Science Reviews，189：51-78.

第六章　重大地质事件耦合与非常规油气资源富集

非常规油气体系的形成主要是细粒沉积物的沉积过程和成岩过程以及油气富集成藏共同作用的结果。与沉积环境相关的沉积过程控制着有机质的富集（形成烃源岩和页岩油/气储层）和与其紧密共生的相对粗粒的碎屑岩和碳酸盐岩的沉积（形成致密油/气储层）。而成岩过程包括矿物蚀变、有机质热成熟、孔隙演化等，对储层品质具有重要影响。非常规油气资源的富集过程，本质上为“甜点区（段）”的形成过程，其前提条件主要包括大规模烃类的排出和运移、有效聚集以及发育封闭顶底板等。从根本上说，沉积过程控制着烃源岩、储层与顶底板的发育、成岩演化及运聚成藏过程，进而总体上控制着非常规油气体系的形成与分布（Qiu and Zou，2020；邱振和邹才能，2020）。

非常规油气勘探开发的主要目标是页岩层系中的“甜点区（段）”，即异常高有机质沉积和与其紧密共生的致密粉细砂岩或碳酸盐岩层段（Qiu and Zou，2020；邱振等，2021）。页岩层系中异常高有机质沉积及相关储盖层的形成，与它们的沉积环境密切相关，是全球或区域性多种重大地质事件耦合沉积的结果，如构造活动、火山活动、海/湖平面升降、气候变化、水体缺氧、生物灭绝或辐射、重力流等。在显生宙的一些重要地质转折期，这些地质事件的耦合沉积均有被记录（图 6.1～图 6.3）。

第一节　重大地质事件与异常高有机质沉积

一、高的营养物质供给促进沉积水体表层初级生产力水平提高

沉积物中的有机质主要来自表层水体或陆地上的初级生产者。在开放的海洋环境中，海洋表层水体中的初级生产者主要是以藻类为主的浮游植物，其繁盛程度决定了有机质的生产能力。高的营养物质供应可提高水体中初级生产力水平及有机质的生成量（Bjerrum et al.，2006）。异常高有机质沉积一般需要丰富的营养物质来源，包括大陆风化输入、富营养成分的上升流或热液等。这些营养物质的供给程度与重大地质事件（包括构造活动、气候变化、海/湖平面波动、火山活动等）密切相关（Arthur and Sageman，2005；Yang et al.，2019）。气候变化控制着陆地营养物质的输入通量和途径，进而影响着异常高有机质沉积物的形成：全球或区域气候条件从干旱到潮湿的转变，通常会增强大陆风化和河流径流量，使得陆地营养物质的输入增加，引发水体表层浮游藻类等生物的繁盛。例如，北美威利斯顿盆地上、下巴肯段的异常高有机质页岩（TOC 含量高达 35%）是在潮湿的气候条件下沉积的，而中巴肯段低有机质含量的沉积物则形成于降水量少的半干旱气候条件（Kaiser et al.，2015；Petty，2019）（图 5.38）。

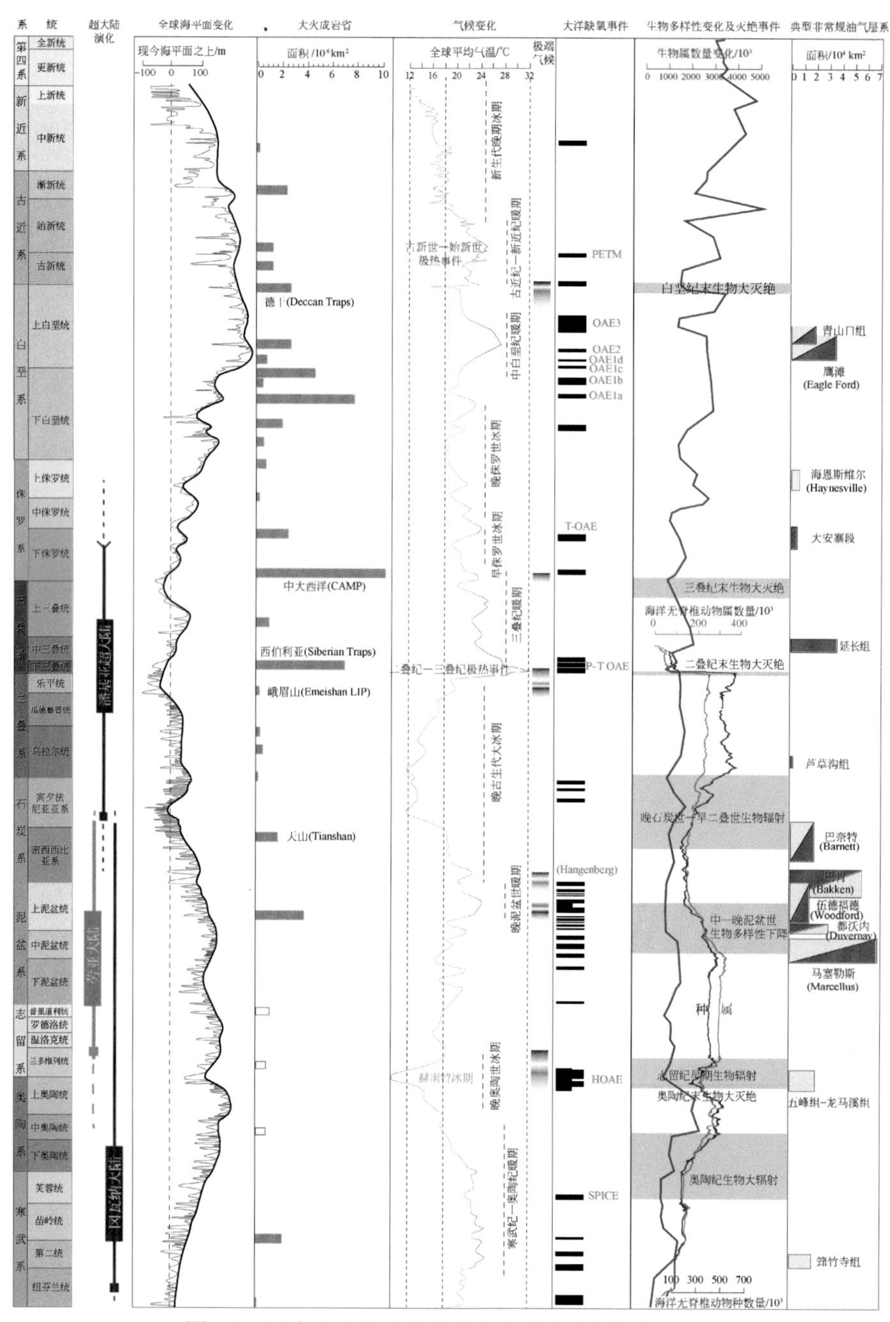

图 6.1 显生宙重大地质事件与典型非常规油气层系

国际年代地层表为 2023 年 6 月版本；超大陆演化据文献 Cawood 和 Buchan（2007）、Torsvik 和 Cocks（2013）绘制；全球海平面变化曲线据文献 Haq 等（1987，1988）、Haq 和 Schutter（2008）绘制；大火成岩省的时代和面积数参考自文献 Ernst 和 Youbi（2017）以及大火成岩省委员会网站（http://www.largeigneousprovinces.org/），图中未填色的灰框矩形表示无确切数据；全球平均气温曲线据文献 Scotese 等（2021）绘制，极端气候事件参考自文献 Rong 和 Huang（2014），其中品红色代表暖期或增温事件，蓝色代表冰期或变冷事件；大洋洋缺氧事件参考自文献 Leckie 等（2002）、Erba 等（2004）、Jenkyns（2010）、Khain 和 Polyakova（2010）、Gill 等（2011）、Kemp 等（2020）；显生宙生物属多样性变化曲线（绿色）据古生物数据库 https://paleobiodb.org/绘制；古生代海洋无脊椎动物属（蓝色）和种（黑色）多样性变化曲线据文献 Fan 等（2020）绘制。全球典型非常规油气层系参考自文献 Pollastro 等（2007）、Hammes 等（2011）、Wu 等（2013）、Hentz 等（2014）、Hogancamp 和 Pocknall（2018）、Zhu 等（2019）、Knapp 等（2019）、Philp 和 DeGarmo（2020）、Qiu 和 Zou（2020），面积数据详见表 2.1，其中黄色填充表示产页岩气、橙色填充表示产页岩/致密油

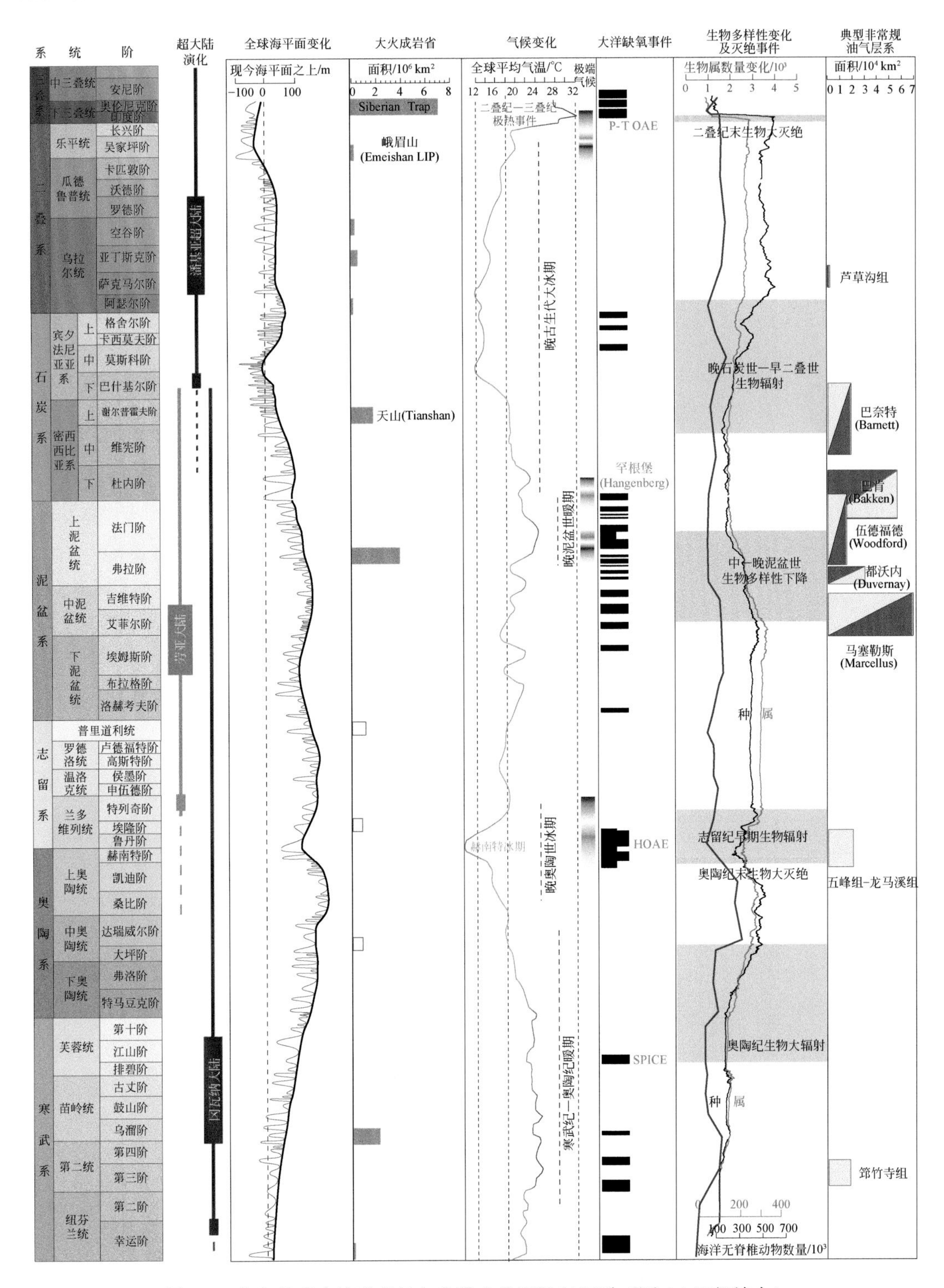

图 6.2　古生代重大地质事件与典型非常规油气层系（图 6.1 局部放大）

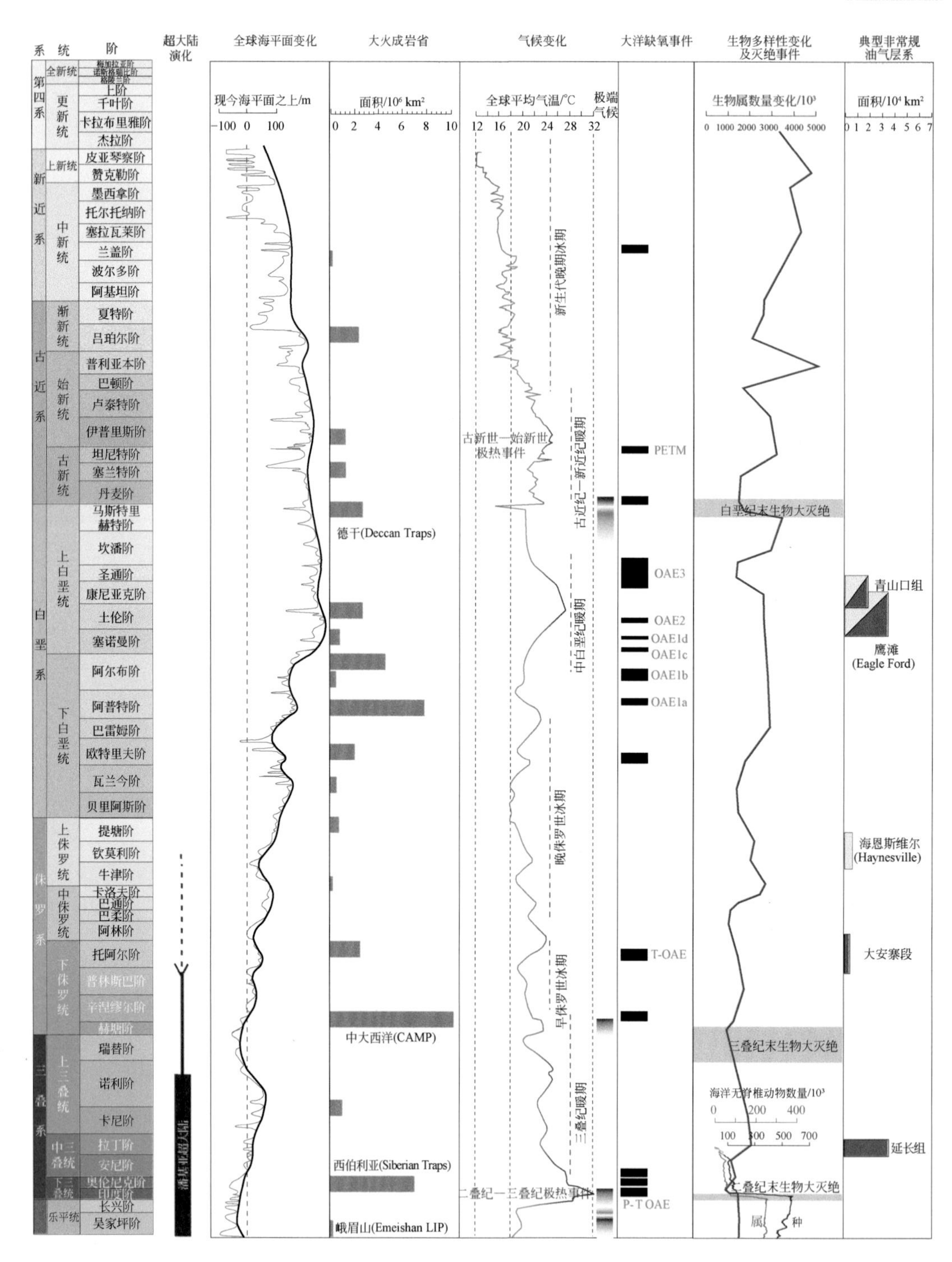

图 6.3　中生代以来重大地质事件与典型非常规油气层系（图 6.1 局部放大）

与上升洋流相关的古代富有机质沉积在全球分布广泛（Smith and Bustin，1998；Harris et al.，2018）。泥盆纪—石炭纪转折期大规模的全球海平面上升引发了上升流增强，被认为是大陆边缘海洋营养物质输入的重要方式之一（图 5.38）。Simth 和 Bustin（1998）认为，巴肯组为异常高有机质页岩沉积时期，全球海平面的快速上升使得半封闭的威利斯顿盆地与广海之间形成类似河口湾的海洋循环模式，即来自广海的富营养成分的上升流进入该盆地海水的中间层（深度为100～200m），引发浮游生物大规模繁盛以及显著提高了初级生产力水平。

构造事件相关的火山作用和热液活动，对异常高有机质沉积的形成也有明显的促进作用（图5.3、图5.19、图5.36和图6.4）。火山和热液活动一般通过两种途径提高沉积水体表层初级生产力水平：①火山灰的沉降和热液喷发直接向水体中释放营养元素；②大规模火山喷发和热液活动伴随的CO_2排放，导致大气CO_2分压升高所引发气候变暖，进而加速大陆风化，使得陆源营养物质的输入增强（Frogner et al.，2001；Lee et al.，2018；Zhang et al.，2020；Ji et al.，2021；Yang et al.，2021）。奥陶纪—志留纪转折期，华南地区构造与火山活动强烈（Yang et al.，2019；邱振和邹才能，2020；Du et al.，2021；Yang et al.，2021；Qiu et al.，2022a），五峰组异常高有机质页岩段的形成被认为与火山灰的营养输入有关（图5.3）。大量火山灰沉降到华南扬子陆棚海，在沉积和早成岩过程中，可向海水中释放了大量的营养元素（P、Si、Fe、Zn等）（Yang et al.，2021），能够提高海水表层初级生产力水平（图5.3）。阿巴拉契亚盆地的马塞勒斯页岩底部异常高有机质段的形成也与火山活动关系密切（图5.36）。

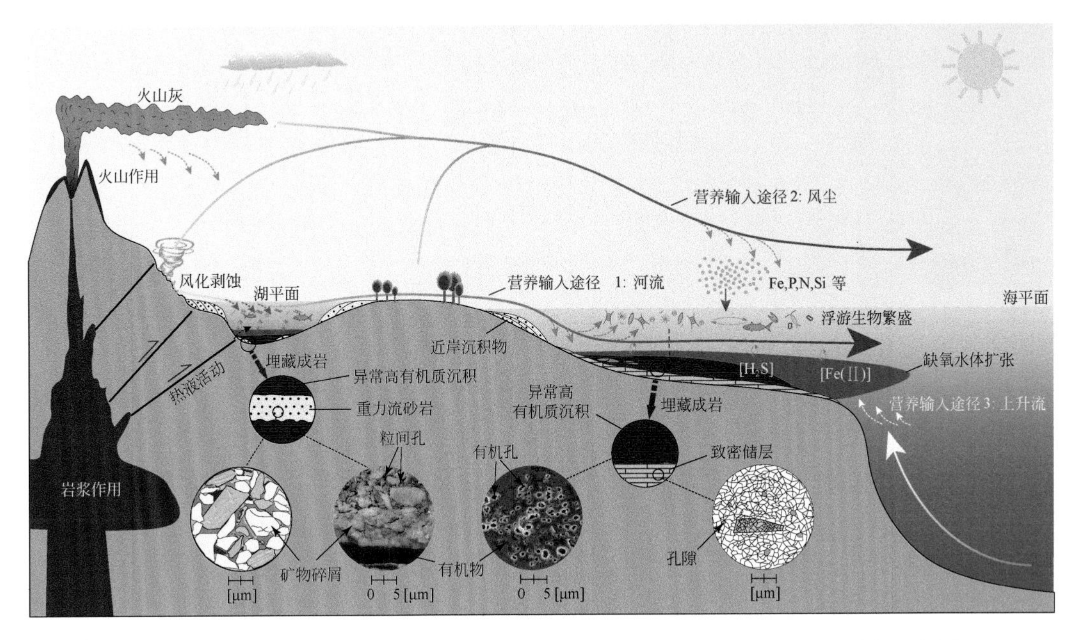

图6.4 全球/区域性重大地质事件与非常规油气“甜点区（段）”形成过程示意图

扫描电子显微镜图像来自鄂尔多斯盆地延长组长7段页岩（左）和四川盆地五峰组-龙马溪组页岩（右）

鄂尔多斯盆地三叠系延长组陆相异常高有机质沉积（TOC含量高达30%），与秦岭造山事件相关的火山喷发和热液活动关系密切（Zhang et al.，2017；邱振和邹才能，2020）（图5.19）。长7段异常高有机质沉积中出现火山灰层多达150层，单层厚度可达1m（Zhu et al.，2019）。岩石学（如层状铁白云岩和燧石）和地球化学（如异常高的Fe和Mn含量，具有重硫同位素的草莓状黄铁矿等）方面的证据，表明长 7 段沉积时期发育热液活动（Zhang et al.，2017）。热液不仅能够直接向沉积水体输入大量的营养元素（P、Fe、Si、Zn 等）以提高初级生产力水平，还可以通过 H_2S 和 SO_2 的释放促进底部水体缺氧（Liu et al.，2019d）。长 7_3 亚段沉积时期是鄂尔多斯盆地及周缘火山和热液活动的高峰期，与异常高有机质沉积的形成时间较为一致（Ji et al.，2021）（图 5.19）。需要注意的是，尽管火山灰层的分布与有机质富集层位吻合，且现代实验也证实了火山灰有助于现代海洋藻类的生长。但古代页岩研究中并没有直接的证据表明其有机质富集与火山沉降有密切的关系。火山爆发的短暂性以及火山灰降落的区域性使得其营养物质的输入并不像河流营养物质输入一样具有物质量巨大以及时间持久的特征。因此，火山灰的降落带来的营养物质能否产生异常高的有机质富集，还是一个有待深入探讨的科学问题。

生物灭绝/辐射事件可通过重塑海洋/湖泊生态系统，潜在地影响沉积水体的初级生产力水平及有机质富集（Kaiser et al.，2015）。泥盆纪—石炭纪巴肯组记录了 Hangenberg 生物灭绝事件，这一事件对海洋和陆地生态系统的影响持续了100～300ka，并造成海洋生物中约 16%的科和 21%的属灭绝，以及全球陆地上 Archaeopteris 森林的消失（Kaiser et al.，2015）（图 5.38）。另外，下巴肯段沉积时期还发生了两幕式次一级的生物灭绝事件（即 Annulata 事件和 Dasberg 事件）（Marynowski and Filipiak，2007）。这些灭绝事件及其伴随的海洋表层升温和营养物质供应的增加，导致了某些种属的初级生产者异常繁盛（Marynowski and Filipiak，2007；Bruner and Smosna；2011）。晚奥陶世大灭绝（约 445 Ma）是显生宙五大灭绝事件中的第一次（Harper et al.，2014），导致了海洋底栖、游泳等生物的大量灭绝。灭绝事件之后的幸存者（如某些种属的笔石），由于竞争者的减少和生存空间的增加而繁盛（Chen et al.，2004）。同时，全球气候逐渐变暖以及高级捕食者的减少，有利于浮游藻类等生物的大量繁殖，促进了龙马溪组下部异常高有机质的笔石页岩广泛沉积（邱振和邹才能，2020）（图 5.3）。

二、广泛的缺氧有利于有机质的保存与富集

沉积物中有机质的富集与底部水体氧化还原条件也存在着紧密的联系（Kaiser et al.，2011）。奥陶纪末期至志留纪早期，发生了两幕全球性的缺氧/硫化缺氧事件（图 5.3），导致了全球广泛分布的异常高有机质沉积，包括北美、欧洲、华南等地区。其中，第一次硫化缺氧事件发生在凯迪末期至赫南特初期，主要影响深水陆棚环境；第二次硫化缺氧事件与赫南特末期至鲁丹初期的全球海平面快速上升及深部硫化缺氧水体的上涌有关，影响波及整个陆棚（包括浅水的内陆棚）环境（Zou et al.，2018）。四川盆地五峰组-龙马溪组页岩中的异常高有机质层段与这两次全球硫化缺氧事件有着很好的对应关系（图 5.3）。第一次硫化缺氧形成的五峰组异常高有机质页岩的空间分布相对有限，而第二次硫化缺氧事件形成的龙马溪组异常高有机质页岩的分布范围则更为广泛（Zou et al.，2018；邱振和邹才能，2020）。另外，这两次硫化缺氧事件能够促进海洋中营养元素（如磷）的重循环至沉积水体之中（Qiu et al.，2022b），从而进一步提高水体表层的初级生产力水平。

威利斯顿盆地下巴肯段黑色页岩也记录了一次全球性海洋缺氧事件（US Energy Information Administration，2013；Kaiser et al.，2015；Novak and Egenhoff，2019）。这些页

岩具有有机质含量高、黄铁矿富集等特征（图 5.3）。同时期的黑色页岩也在欧洲、北美、东南亚、北非、俄罗斯、泰国和华南地区广泛分布（Komatsu et al.，2014）。法门期末，黑色页岩占据了该时期全球约 21%的沉积区（Caplan and Bustin，1999）。这些黑色页岩的沉积与海平面的上升有很好的对应关系，指示着全球海平面上升导致的缺氧水体扩张可能引发了该时期的大洋缺氧事件（Kaiser et al.，2011）。阿巴拉契亚盆地马塞勒斯页岩中异常高有机质层段也沉积于缺氧水体条件，但其缺氧可能由多种因素造成（图 5.36）。马塞勒斯组沉积早期，底水缺氧是由于海洋垂直环流的减弱或停滞造成的，这可能与阿巴拉契亚海盆的半封闭性和快速构造沉降、海平面上升、水体季节性温度分层以及雨影效应等因素有关（Lash and Bloo，2014；Chen et al.，2015；Chen and Sharma，2016）。另外，由于陆地营养物质的大量输入，水体初级生产力水平提高，增加了有机质的产率。有机质颗粒在向下传递的过程中因分解作用而消耗了水体中的氧气，形成了底部水体和沉积物中孔隙水的缺氧条件（Lash and Bloo，2014；Teng et al.，2020），这种现象也被称为“生产力-缺氧反馈”机制（Ingall et al.，1993；Arthur and Sageman，2005）。

三、低的沉积速率减少有机质被稀释

增强的陆源碎屑输入和相关的高沉积速率（＞100cm/ka）通常会稀释沉积物中的有机质含量。阿巴拉契亚盆地马塞勒斯页岩沉积时期，随着陆源碎屑输入逐渐增加（Al 和 Ti 含量的增加），有机质含量从 UnionSprings 段到 Oatka Greek 段逐渐下降（图 5.36）。大多数古代富有机质层段形成于低沉积速率的环境。海洋中异常高有机质沉积的平均速率远低于 100cm/ka：五峰组-龙马溪组页岩的沉积速率为 0.2～0.4cm/ka（平均 TOC 含量为 2%～8%）（Zou et al.，2019）、巴肯组页岩的沉积速率为 0.1～0.3cm/ka（平均 TOC 含量为 8%～11%）（Smith and Bustin，1998）、马塞勒斯组页岩的沉积速率为 0.17～1.3cm/ka（平均 TOC 含量为 8%～10%）（Parrish，2013；Chen and Sharma，2017）。以鄂尔多斯盆地长 7_3 亚段黑色页岩为代表的湖相异常高有机质沉积物的沉积速率接近 5cm/ka（Zhu et al.，2019；付金华等，2021）。沉积速率变化对有机质的稀释或聚集有重要影响，其过程主要受构造活动、气候变化、海/湖平面波动等重大事件的控制。

第二节　重大地质事件与优质储层形成

一、沉积环境突变引发致密储层的形成

美国威利斯顿盆地巴肯组和鄂尔多斯盆地延长组长7 段分别是海相和湖相致密油/页岩油的代表性层系，它们的共同特点是源岩和储层紧密共生，油气没有发生长距离的运移。在这两个典型层系中，粉细砂岩或碳酸盐岩的基质孔隙度明显高于页岩，是主要的产油层段（Steptoe，2012；Xu et al.，2016）（图 5.19 和图 5.38）。这些砂岩和碳酸盐岩是在气候变冷、海/湖平面快速下降、沉积重力流等重大事件耦合作用下，沉积环境发生剧烈变化时期所沉积的（Borcovsky et al.，2017；张家强等，2021；Liu et al.，2022）。

美国威利斯顿盆地巴肯组发育两套世界级的烃源岩层（即上巴肯段和下巴肯段）和两

套致密储层段（中巴肯段和 Pronghorn 段）。上、下巴肯段富有机质页岩中排出的烃类就近运移到中巴肯段和 Pronghorn 段中（Milliken et al.，2021）（图 5.38）。中巴肯段内的细砂岩、生物碎屑岩和微晶白云岩层段具有较高的基质孔隙度（平均值约为 9%，最高为 14%），是巴肯油气田致密油勘探和开发最具潜力的目标层段（Pollastro et al.，2013）。沉积学研究表明，上、下巴肯段沉积于缺氧条件下较深的水体（深度大于 200m），而中巴肯段则是在浅水（深度小于 10m）高能条件下沉积形成的（Steptoe，2012）。巴肯组内相邻层段之间沉积环境的剧烈变化与气候驱动的海平面波动密切相关，表现为沉积速率低（1～0.3cm/ka）的深水细粒沉积物（下巴肯段）与沉积速率偏高的浅水粗碎屑沉积物互层（中巴肯段）（Steptoe，2012；Borcovsky et al.，2017）。随后，海平面快速上升导致低沉积速率的上巴肯段沉积（图 5.38）。泥盆纪—石炭纪转折期全球气候发生了快速波动，陆地植物繁盛加剧了大陆风化作用，同时海洋中有机碳大量埋藏，这些共同引发了全球气候的变冷（Kaiser et al.，2015）；火山活动以及海平面下降造成的有机质氧化，能够促使大气中 CO_2 浓度增加，引发全球逐步变暖（et al.，2020）。在这些环境突变过程中发育了异常高有机质沉积与优质储层。

鄂尔多斯盆地长 7 段的湖相致密储层的形成与重力流事件密切有关（图 5.19）。一些地质事件，如火山喷发、地震和风暴，可引发早期沉积物的重力失稳和滑动，形成水下重力流，将大量的浅水沉积物搬运到半深湖-深湖之中，形成粉细砂岩储层（Qiu and Zou，2020；张家强等，2021）。这些深水砂体在横向上是连续的，纵向上与异常高有机质页岩紧密相邻。这种源储紧密共生的模式大大减少了烃类运移的距离，提高了油气聚集效率（Qiu and Zou，2020；Liu and Rui，2022）。尽管这些粉细砂岩储层后期会受到强烈的成岩改造，但它们的平均孔隙度一般为 4%～8%，渗透率为 0.02～0.10mD（$1mD=1\times10^{-3}\mu m$），仍优于平均孔隙度低于 2.5%、渗透率低于 0.01mD 的泥页岩（Liu and Xiong，2021）。因此，鄂尔多斯盆地长 7 段中的致密油“甜点区（段）”以这些粉细砂岩为主（图 5.19 和图 6.4），其形成与分布可能主要受控于该盆地重力流事件。

二、异常高有机质热演化提升页岩储层的品质

页岩长期以来被认为是烃源岩和盖层，而现今被视为具有可采价值的非常规油气储层，这得益于有机质中大量孔隙的发现。有机孔一般呈不规则状、气泡状、椭圆状，大小一般为几纳米到几百纳米（Loucks et al.，2012；Qiu and Zou，2020）。当有机质热成熟度达到约 0.6%或更高时，在 I 型和 II 型干酪根中大量发育有机孔（可占总孔隙度的 40%～50%）（Loucks et al.，2012）。页岩中具有异常高有机质的“甜点段”孔隙度一般较高，而在 TOC 含量低于 3.0%的页岩中有机孔则相对较少。以五峰组-龙马溪组页岩为例，“甜点段”的孔隙度（≥4.0%）整体高于其他层段（Loucks et al.，2012；Qiu and Zou，2020）。不过，当 TOC 含量过高时（≥6.0%），有机孔的发育可能会逐步受到抑制，因为高有机质含量使沉积物的结构刚性降低，在压实过程中会导致有机质孔隙的塌陷和闭合（Milliken et al.，2013；Borjigin et al.，2021）。

页岩储层的有机质含量在其对甲烷的吸附能力及含气量分布方面发挥着重要作用。尽管关于页岩储层的甲烷吸附能力与热成熟度相关性仍存在争议，但全球诸多层系的页岩储层吸附能力与 TOC 含量均存在着正相关关系（Zhang et al.，2012）；页岩储层的吸附能力

越强，意味着含气量越高。比如四川盆地五峰组-龙马溪组页岩的含气量与 TOC 含量具有较好正相关性。因此，异常高有机质的热演化过程可以通过增加总孔隙度和甲烷吸附能力两个方面改善页岩储层的品质。

三、硅质纹层发育有利于页岩气的开采

由于复杂的矿物成分和发育丰富的纹层，页岩通常表现出非均质性和各向异性（图 3.1）（Schieber et al.，2007；Shchepetkina et al.，2018）。根据矿物组成，页岩中的纹层可分为 4 种类型：富有机质纹层、富黏土纹层、富碳酸盐岩纹层和富硅质纹层（Liu et al.，2019a）。富硅质纹层主要由粉砂级石英（含硅质生物颗粒）和长石颗粒组成，也被称为粉砂质纹层（图 6.4）（Wang et al.，2019）。粉砂质纹层可提高页岩储层的孔隙度和渗透性，有利于页岩储层中油气的运移和开采（Lei et al.，2015）。此外，高硅质含量的页岩储层脆性更高，对储层压裂改造时形成复杂裂缝网络具有促进作用，有助于页岩油气采收率的提高（Qiu et al.，2020；Wang et al.，2021）。

页岩中的硅质纹层来源包括生物成因和非生物成因。生物成因的硅质纹层代表着硅质生物（如放射虫和海绵骨针）繁盛与沉积富集，这与海平面上升、火山或热液活动等事件引发的高营养物质供给密切相关（Liu et al.，2019c）。硅质生物大量繁盛可在全球范围内形成富有机质页岩沉积（Liu et al.，2019b；Wang et al.，2021）。非生物成因的硅质纹层一般与硅质矿物沉积速率较高的、相对短暂的沉积事件有关，如浊流、异重流或火山活动等（Hammes et al.，2011）。这些短期地质事件所引发的沉积环境和沉积速率的变化，有利于在泥页岩中发育纹层。

因此，地质事件可能通过多种机制提高页岩的储层品质，包括促进有机孔的发育、增强储层的吸附能力、渗透性和脆性，这些对非常规油气资源富集及工业开采均具有重要的影响。

参考文献

付金华，郭雯，李士祥，等. 2021. 鄂尔多斯盆地长 7 段多类型页岩油特征及勘探潜力. 天然气地球科学，32（12）：1749-1761.

邱振，邹才能. 2020. 非常规油气沉积学：内涵与展望. 沉积学报，38（1）：1-29.

邱振，韦恒叶，刘翰林，等. 2021. 异常高有机质沉积富集过程与元素地球化学特征. 石油与天然气地质，42（4）：931-948.

张家强，李士祥，李宏伟，等. 2021. 鄂尔多斯盆地延长组 7 油层组湖盆远端重力流沉积与深水油气勘探——以城页水平井区长 7-3 小层为例. 石油学报，42（5）：570-587.

Aplin A C，Macquaker J H S. 2011. Mudstone diversity：origin and implications for source，seal，and reservoir properties in petroleum systems. AAPG Bulletin，95（12）：2031-2059.

Arthur M A，Sageman B B. 2005. Sea-level control on source-rock development：perspectives from the Holocene Black Sea，the Mid-Cretaceous Western Interior Basin of North America，and the Late Devonian Appalachian Basin//Harris N B. The deposition of organic-carbon-rich sediments：models，mechanisms，and consequences. SEPM Society for Sedimentary Geology.

Bjerrum C J，Bendtsen J，Legarth J J F. 2006. Modeling organic carbon burial during sea level rise with reference to the Cretaceous. Geochemistry Geophysics Geosystems，7（5）：Q05008.

Bjørlykke K. 1998. Clay mineral diagenesis in sedimentary basins-a key to the prediction of rock properties. Examples from the North Sea Basin. Clay Miner，33（1）：15-34.

Borcovsky D，Egenhoff S，Fishman N，et al.2017. Sedimentology，facies architecture，and sequence stratigraphy of a Mississippian black mudstone succession-the upper member of the Bakken Formation，north Dakota，United States. AAPG Bulletin，101（10）：1625-1673.

Borjigin T，Lu L，Yu L，et al. 2021. Formation，preservation and connectivity control of organic pores in shale. Petroleum Exploration and Development，48（4）：798-812.

Bruner K R，Smosna R. 2011. A comparative study of the Mississippian Barnett shale，Fort Worth Basin，and Devonian Marcellus shale，Appalachian Basin. AAPG Bulletin，91（4）：475-499.

Caplan M L，Bustin R M. 1999. Devonian-Carboniferous Hangenberg mass extinction event，widespread organic-rich mudrock and anoxia：causes and consequences. Palaeogeography Palaeoclimatology Palaeoecology，148（4）：187-207.

Cawood P A，Buchan C. 2007.Linking accretionary orogenesis with supercontinent assembly. Earth-Science Reviews，82（3-4）：217-256.

Chen R，Sharma S. 2016. Role of alternating redox conditions in the formation of organic-rich interval in the Middle Devonian Marcellus shale，Appalachian Basin，USA. Palaeogeography Palaeoclimatology Palaeoecology，446：85-97.

Chen R，Sharma S. 2017. Linking the Acadian Orogeny with organic-rich black shale deposition：evidence from the Marcellus Shale. Marine and Petroleum Geology，79：149-158.

Chen R，Sharma S，Bank T，et al. 2015. Comparison of isotopic and geochemical characteristics of sediments from a gas- and liquids-prone wells in Marcellus Shale from Appalachian Basin，West Virginia. Applied Geochemistry，60：59-71.

Chen X，Rong J Y，Yue L，et al. 2004. Facies patterns and geography of the Yangtze region，south China，through the Ordovician and Silurian transition. Palaeogeography Palaeoclimatology Palaeoecology，204（3-4）：353-372.

Du X，Jia J，Zhao K，et al. 2021. Was the volcanism during the Ordovician-Silurian transition in south China actually global in extent? Evidence from the distribution of volcanic ash beds in black shales. Marine and Petroleum Geology，123：104721.

Erba E，Bartolini A，Larson R L. 2004. Valanginian Weissert oceanic anoxic event. Geology，32（2）：149-152.

Ernst R E，Youbi N. 2017. How Large Igneous Provinces affect global climate，sometimes cause mass extinctions，and represent natural markers in the geological record. Palaeogeogr Palaeoclimatol Palaeoecol，478：30-52.

Ettensohn F R. 1985. The Catskill Delta complex and the Acadian Orogeny：a model. Geological Society of America Special Paper，201：39-50.

Fan J，Shen S，Erwin D，et al.2020. A high-resolution summary of Cambrian to Early Triassic marine invertebrate biodiversity. Science，367（6475）：272-277.

Frogner P，Gíslason S R，Óskarsson N. 2001. Fertilizing potential of volcanic ash in ocean surface water.

Geology，29（6）：487-490.

Gill B C，Lyons T W，Young S A，et al. 2011. Geochemical evidence for widespread euxinia in the Later Cambrian ocean. Nature，469（7328）：80-83.

Hammes U，Hamlin H S，Ewing T E. 2011. Geologic analysis of the Upper Jurassic Haynesville Shale in east Texas and west Louisiana. AAPG Bulletin，95（10）：1643-1666.

Haq B U，Schutter S R. 2008.A chronology of Paleozoic sea-level changes. Science，322（5898）：64-68.

Haq B U，Hardenbol J，Vail P R. 1987. Chronology of fluctuating sea levels since the triassic. Science，235（4793）：1156-1167.

Haq B U，Hardenbol J，Vail P R. 1988. Mesozoic and Cenozoic chronostratigraphy and cycles of sea-level change//Wilgus C K，Hastings B S，Posamentier H，et al. Sea level changes：an integrated approach. SEPM Special Publication，42：71-108.

Harper D A T，Hammarlund E U，Rasmussen C M O. 2014. End Ordovician extinctions：a coincidence of causes. Gondwana Research，25（4）：1294-1307.

Harris N B，McMillan J M，Knapp L J，et al. 2018. Organic matter accumulation in the Upper Devonian Duvernay Formation，western Canada Sedimentary Basin，from sequence stratigraphic analysis and geochemical proxies. Sedimentary Geology，376：185-203.

Hentz T F，Ambrose W A，Smith D C. 2014.Eaglebine play of the southwestern East Texas basin：Stratigraphic and depositional framework of the Upper Cretaceous （Cenomanian-Turonian） Woodbine and Eagle Ford Groups. AAPG Bull，98（12）：2551-2580.

Hogancamp N J，Pocknall D T. 2018.The biostratigraphy of the Bakken Formation：A review and new data. Stratigraphy，15（3）：197-224.

Ingall E D，Bustin R M，Van Cappellen P. 1993. Influence of water column anoxia on the burial and preservation of carbon and phosphorus in marine shales. Geochimica et Cosmochimica Acta，57（2）：303-316.

Jenkyns H C. 2010. Geochemistry of oceanic anoxic events. Geochem Geophys Geosyst，11（3）：Q03004.

Ji L，Li J，Zhang M，et al. 2021. Effects of lacustrine hydrothermal activity on the organic matter input of source rocks during the Yanchang period in the Ordos Basin. Marine and Petroleum Geology，125：104868.

Kaiser S I，Becker R T，Steuber T，et al. 2011. Climate-controlled mass extinctions，facies，and sea-level changes around the Devonian-Carboniferous boundary in the eastern Anti-Atlas（SE Morocco）. Palaeogeography Palaeoclimatology Palaeoecology，310（3-4）：340-364.

Kaiser S I，Aretz M，Becker R T. 2015. The global Hangenberg Crisis（Devonian-Carboniferous transition）：review of a first-order mass extinction. Geological Society，London，Special Publications，423（1）：387-437.

Kemp D B，Selby D，Izumi K. 2020. Direct coupling between carbon release and weathering during the Toarcian oceanic anoxic event. Geology，48（10）：976-980.

Khain V E，Polyakova I D. 2010.Oceanic anoxic events and global rhythms of endogenic activity during the Phanerozoic history of the Earth. Doklady Earth Sciences，432（2）：722-725.

Knapp L J，Harris N B，McMillan J M. 2019.A sequence stratigraphic model for the organic-rich upper devonian duvernay formation，Alberta，Canada. Sediment Geology，387：152-181.

Komatsu T，Kato S，Hirata K，et al. 2014. Devonian-Carboniferous transition containing a Hangenberg black shale equivalent in the Pho Han Formation on Cat Ba Island，northeastern Vietnam. Palaeogeography Palaeoclimatology Palaeoecology，404：30-43.

Lash G G，Blood D R. 2014. Organic matter accumulation，redox，and diagenetic history of the Marcellus Formation，southwestern Pennsylvania，Appalachian basin. Marine and Petroleum Geology，57：244-263.

Lazar O R，Bohacs K M，Schieber J，et al. 2015. Mudstone primer：lithofacies variations，diagnostic criteria，and sedimentologic-stratigraphic implications at lamina to bedset scales. Tulsa：SEPM Concepts in Sedimentology and Paleontology，12：198.

Leckie R M，Bralower T J，Cashman R. 2002. Oceanic anoxic events and plankton evolution：Biotic response to tectonic forcing during the mid-Cretaceous. Paleoceanography，17（3）：13-1-13-29.

Lee C A，Jiang H，Ronay E，et al. 2018. Volcanic ash as a driver of enhanced organic carbon burial in the Cretaceous. Scientific Reports，8（1）：4197.

Lei Y，Luo X，Wang X，et al. 2015. Characteristics of silty laminae in Zhangjiatan Shale of southeastern Ordos Basin，China：implications for shale gas formation. AAPG Bulletin，99（4）：661-687.

Li L，Liu Z，Sun P，et al. 2020. Sedimentary basin evolution，gravity flows，volcanism，and their impacts on the formation of the Lower Cretaceous oil shales in the Chaoyang Basin，northeastern China. Marine and Petroleum Geology，119：104472.

Li Z，Schieber J. 2018. Detailed facies analysis of the Upper Cretaceous Tununk shale member，Henry Mountains Region，Utah：implications for mudstone depositional models in epicontinental seas. Sediment Geol，364：141-159.

Li Z，Bhattacharya J，Schieber J. 2015. Evaluating along-strike variation using thinbedded facies analysis，Upper Cretaceous Ferron Notom Delta，Utah. Sedimentology，62（7）：2060-2089.

Liu B，Schieber J，Mastalerz M. 2019b. Petrographic and micro-FTIR study of organic matter in the Upper Devonian New Albany shale during thermal maturation：implications for kerogen transformation//Camp W K，Milliken K L，Taylor K，et al. Mudstone diagenesis：research perspectives for shale hydrocarbon reservoirs，seals，and source rocks. AAPG Memoir.

Liu B，Schieber J，Mastalerz M，et al. 2019c. Organic matter content and type variation in the sequence stratigraphic context of the Upper Devonian New Albany shale，Illinois Basin. Sedimentary geology，383：101-120.

Liu D，Li Z，Jiang Z，et al. 2019a. Impact of laminae on pore structures of lacustrine shales in the southern Songliao Basin，NE China. Journal of Asian Earth Sciences，182：103935.

Liu M，Xiong C. 2021. Diagenesis and reservoir quality of deep-lacustrine sandydebris-flow tight sandstones in Upper Triassic Yanchang Formation，Ordos Basin，China：implications for reservoir heterogeneity and hydrocarbon accumulation. Journal of Petroleum Science and Engineering，202：108548.

Liu Q，Zhu D，Jin Z，et al. 2019d. Influence of volcanic activities on redox chemistry changes linked to the enhancement of the ancient Sinian source rocks in the Yangtze craton. Precambrian Research，327：1-13.

Liu Y，Rui Z. 2022. A storage-driven CO_2 EOR for a net-zero emission target. Engineering，18：79-87.

Liu Y，Rui Z，Yang T，et al. 2022. Using propanol as an additive to CO_2 for improving CO_2 utilization and storage in oil reservoirs. Applied Energy，311：118640.

Loucks R G，Reed R M，Ruppel S C，et al. 2012. Spectrum of pore types and networks in mudrocks and a descriptive classification for matrix-related mudrock pores. AAPG Bulletin，96（6）：1071-1098.

Macquaker J H S，Taylor K G，Keller M，et al. 2014. Compositional controls on early diagenetic pathways in fine-grained sedimentary rocks：implications for predicting unconventional reservoir attributes of mudstones diagenesis of organic-rich mudstones. AAPG Bulletin，98（3）：587-603.

Mallik L，Mazumder R，Mazumder B S，et al. 2012. Tidal rhythmites in offshore shale：a case study from the Palaeoproterozoic Chaibasa shale，eastern India and implications. Marine and Petroleum Geology，30（1）：43-49.

Marynowski L，Filipiak P. 2007. Water column euxinia and wildfire evidence during deposition of the Upper Famennian Hangenberg event horizon from the Holy Cross Mountains（central Poland）. Geological Magazine，144（3）：569-595.

Milliken K L，Rudnicki M，Awwiller D N，et al. 2013. Organic matter-hosted pore system，Marcellus Formation（Devonian），Pennsylvania. AAPG Bulletin，97（2）：177-200.

Milliken K L，Zhang T，Chen J，et al. 2021. Mineral diagenetic control of expulsion efficiency in organic-rich mudrocks，Bakken Formation（Devonian-Mississippian），Williston Basin，North Dakota，USA. Marine and Petroleum Geology，127：104869.

Minisini D，Eldrett J，Bergman S C，et al.2018. Chronostratigraphic framework and depositional environments in the organic-rich，mudstone-dominated Eagle Ford Group，Texas，USA. Sedimentology，65（5）：1520-1557.

Novak A，Egenhoff S. 2019. Soft-sediment deformation structures as a tool to recognize synsedimentary tectonic activity in the middle member of the Bakken Formation，Williston Basin，North Dakota. Marine and Petroleum Geology，105：124-140.

Parrish C B. 2013. Insights into the Appalachian basin middle Devonian depositional system from U-Pb Zircon geochronology of volcanic ashes in the Marcellus shale and Onondaga limestone. West Virginia：West Virginia University.

Petty D M. 2019. An alternative interpretation for the origin of black shale in the Bakken Formation of the Williston Basin. Bulletin of Canadian Petroleum Geology，67（1）：47-70.

Philp R P，DeGarmo C D. 2020. Geochemical characterization of the Devonian-Mississippian Woodford Shale from the McAlister Cemetery Quarry，Criner Hills Uplift，Ardmore Basin，Oklahoma. Marine And Petroleum Geology，112：104078.

Plint A G，Macquaker J H S，Varban B L. 2012. Bedload transport of mud across a wide，storm-influenced ramp：Cenomanian-Turonian Kaskapau Formation，Western Canada Foreland Basin. Journal of Sedimentary Research，82（11）：801-822.

Pollastro R M，Jarvie D M，Hill R J，et al. 2007. Geologic framework of the Mississippian Barnett Shale，Barnett-Paleozoic total petroleum system，bend arch-Fort Worth Basin，Texas. AAPG Bull，91（4）：405-436.

Pollastro R M，Roberts L N，Cook T A. 2013. Geologic assessment of technically recoverable oil in the Devonian and Mississippian Bakken Formation. Reston：US Geological Survey.

Qiu Z，Zou C. 2020. Controlling factors on the formation and distribution of "sweetspot areas" of marine gas shales in south China and a preliminary discussion on unconventional petroleum sedimentology. Journal of

Asian Earth Sciences，194：103989.

Qiu Z，Liu B，Dong D，et al. 2020. Silica diagenesis in the lower Paleozoic Wufeng and Longmaxi Formations in the Sichuan Basin，south China：implications for reservoir properties and paleoproductivity. Marine and Petroleum Geology，121：104594.

Qiu Z，Wei H，Tian L，et al. 2022a. Different controls on the Hg spikes linked the two pulses of the late Ordovician mass extinction in south China. Scientific Reports，12（1）：51-95.

Qiu Z，Zou C，Mills B J W，et al. 2022b. A nutrient control on expanded anoxia and global cooling during the Late Ordovician mass extinction. Communications Earth & Environment，3（1）：82.

Rakociński M，Marynowski L，Pisarzowska A，et al. 2020. Volcanic related methylmercury poisoning as the possible driver of the end-Devonian Mass Extinction. Scientific Reports，10（1）：7344.

Rong J，Huang B. 2014. Study of Mass Extinction over the past thirty years：a synopsis. Sci Sin Terr，44（3）：377-404.

Schieber J，Southard J B. 2009. Bedload transport of mud by floccule ripples-direct observation of ripple migration processes and their implications. Geology，37（6）：483-486.

Schieber J，Southard J，Thaisen K. 2007. Accretion of mudstone beds from migrating floccule ripples. Science，318（5857）：1760-1763.

Scotese C R，Song H，Mills B J W，et al. 2021.Phanerozoic paleotemperatures：the earth's changing climate during the last 540 million years. Earth-Science Reviews，215：103503.

Shchepetkina A，Gingras M K，Pemberton S G. 2018. Modern observations of floccule ripples：petitcodiac river estuary，New Brunswick，Canada. Sedimentology，65（2）：582-596.

Smith M G，Bustin R M. 1998. Production and preservation of organic matter during deposition of the Bakken Formation（Late Devonian and Early Mississippian）. Williston Basin Palaeogeography Palaeoclimatology Palaeoecology，142（3-4）：185-200.

Steptoe A. 2012. Petrofacies and depositional systems of the Bakken Formation in the Williston Basin，north Dakota. Morgantown：West Virginia University.

Teng J，Mastalerz M，Liu B，et al. 2020. Variations of organic matter transformation in response to hydrothermal fluids：example from the Indiana part of the Illinois Basin. International Journal of Coal Geology，219：103410.

Torsvik T H，Cocks L R M. 2013.Gondwana from top to base in space and time. Gondwana Res，24（3-4）：999-1030.

US Energy Information Administration. 2013. Technically recoverable shale oil and shale gas resources：an assessment of 137 shale formations in 41 Countries Outside the United States. Washington，DC：US Department of Energy.

US Energy Information Administration. 2021. Annual energy outlook 2021. Washington：US Energy Information Administration.

Wang C，Zhang B，Hu Q，et al. 2019. Laminae characteristics and influence on shale gas reservoir quality of lower Silurian Longmaxi Formation in the Jiaoshiba area of the Sichuan Basin，China. Marine and Petroleum Geology，109：839-851.

Wang S，Qin C，Feng Q，et al. 2021. A framework for predicting the production performance of unconventional resources using deep learning. Applied Energy，295：117016.

Wright L D，Wiseman W J，Bornhold B D，et al. 1998. Marine dispersal and deposition of Yellow River silts by gravity-driven underflows. Nature，332（6165）：629-632.

Wu H，Zhang S，Jiang G，et al. 2013.Astrochronology of the Early Turonian-Early Campanian terrestrial succession in the Songliao Basin，northeastern China and its implication for long-period behavior of the Solar System. Palaeogeogr Palaeoclimatol Palaeoecol，385：55-70.

Xu Q，Shi W，Xie X，et al. 2016. Deep-lacustrine sandy debrites and turbidites in the lower Triassic Yanchang Formation，southeast Ordos Basin，central China：facies distribution and reservoir quality. Marine and Petroleum Geology，77：1095-1107.

Yang S，Hu W，Wang X，et al. 2019. Duration，evolution，and implications of volcanic activity across the Ordovician-Silurian transition in the Lower Yangtze region，South China. Earth And Planetary Science Letters，518：13-25.

Yang X，Yan D，Zhang B，et al. 2021. The impact of volcanic activity on the deposition of organic-rich shales：evidence from carbon isotope and geochemical compositions. Marine and Petroleum Geology，128：105010.

Zagorski W A，Wrightstone G R，Bowman D C. 2012. The Appalachian Basin Marcellus gas play：its history of development，geologic controls on production，and future potential as a world-class reservoir//Breyer J A. Shale reservoirs-giant resources for the 21st century. AAPG Memoir.

Zhang K，Liu R，Liu Z，et al. 2020. Influence of volcanic and hydrothermal activity on organic matter enrichment in the Upper Triassic Yanchang Formation，southern Ordos Basin，Central China. Marine and Petroleum Geology，112：104059.

Zhang T，Ellis G S，Ruppel S C，et al. 2012. Effect of organic-matter type and thermal maturity on methane adsorption in shale-gas systems. Organic Geochemistry，47：120-131.

Zhang W，Yang W，Xie L. 2017. Controls on organic matter accumulation in the Triassic Chang 7 lacustrine shale of the Ordos Basin，central China. International Journal of Coal Geology，183：38-51.

Zhu M，Yang A，Yuan J，et al. 2019.Cambrian integrative stratigraphy and timescale of China. Science China-Earth Sciences，62（1）：25-60.

Zhu R，Cui J，Deng S，et al. 2019.High-precision Dating and Geological Significance of Chang 7 Tuff Zircon of the Triassic Yanchang Formation，Ordos Basin in central China. Acta Geologica Sinica-English Edition，93（6）：1823-1834.

Zou C，Qiu Z，Poulton SW，et al. 2018. Ocean euxinia and climate change “double whammy” drove the Late Ordovician mass extinction. Geology，46（6）：535-538.

Zou C，Zhu R，Chen Z，et al. 2019. Organic-matter-rich shales of China. Earth Science Review，189：51-78.

第七章　存在的挑战与研究展望

非常规油气沉积学是研究与非常规油气资源密切相关的沉积（物）岩及其沉积过程，以及非常规油气沉积富集规律的学科，主要研究对象为相对细粒的沉积（物）岩。当前关于细粒沉积（物）岩研究中所存在的问题，一些学者已开展较为深入的讨论（姜在兴等，2013；冉波等，2016；周立宏等，2016）。依据非常规油气沉积学的主要研究内容，本章着重从有机质富集机理、优质储层发育机制及重大地质事件耦合机制这三个方面，初步讨论其所面临的关键科学问题与挑战

第一节　有机质富集机理

有机质沉积富集与优质烃源岩发育密切相关，其形成机理研究在油气（特别是非常规油气）勘探开发中具有极其重要的意义，是非常规油气沉积学研究的核心内容之一。影响有机质沉积富集的因素较多，包括沉积水体表层初级生产力、底部水体氧化还原条件、沉积速率、黏土矿物含量、海平面变化等。然而对于其控制因素研究，长期争论的焦点是表层水体初级生产力和底部水体氧化还原条件，前者与藻类等生物繁盛程度密切相关，是有机质富集的物质基础；后者受控于底部水体含氧量水平，是有机质生成后能否被有效保存而不被氧化（分解）的关键因素。探讨这两大控制因素在有机质沉积富集过程中的作用，需要对表层水体初级生产力与缺氧条件进行表征。针对这两个因素，尽管目前已提出包括生物、地球化学等诸多指标（详见第三章第二节），部分指标得到广泛应用，但这些指标对开展不同地质时代沉积物，尤其是古老沉积物研究的适用性存在较大差异。例如，在现代或侏罗纪（硅藻开始出现）以来的沉积物中，可以通过直接测量沉积物中藻类等生物含量研究生物生产率变化。而在侏罗纪以前的古老沉积物中，由于与油气生成密切的藻类等难以有效保存（R_o大约为1.0%时，藻类形貌已完全消失）（Mastalerz et al.，2018；Liu et al.，2019），常用浮游动物（如放射虫）含量或与有机质密切相关的元素含量（生源Ba、Si、P等）作为替代指标。沉积物在早期与水上覆水体相互作用过程中，以及后期成岩作用过程中，会使得这些元素含量发生变化，从而难以客观表征当时生物生产率高低；而浮游动物多少与藻类等生物繁盛程度也没有必然联系。因此，怎样更客观地评价地质历史时期（前侏罗纪）水体表层初级生产力，是开展有机质富集机理研究所面临的一个重要科学问题。

磷（P）作为浮游藻类等生物光合作用合成有机质所必须的营养元素之一，其常因铁氧化物等吸附而受限，被认为是地质历史时期影响海洋初级生产力水平的最终限制性因素，其循环控制着藻类等生物繁盛与演化（Tyrrell，1999）。现代诸多研究表明，P含量从0mg/L增加到0.2mg/L，藻类等生物生产率可增加250%～300%，可引发生物勃发，如湖泊“水华”、海洋“赤潮”等。现代海洋中可供生物利用的溶解磷一般通过三种形式进入沉积物之中：束缚于有机质的磷（Porg）、吸附于铁氧化物或共同沉积等有关的磷（PFe）与赋存于自生

矿物的自生磷（Pauth）。它们与以陆源磷灰石为主的碎屑磷（Pdet）一起构成沉积物中磷的四种主要组分（Qiu et al.,2022）。水体与沉积物之间的磷循环主要涉及前三种组分，统称为活性磷（Preac），它们含量的变化受沉积水体氧化还原条件控制。基于高精度水体氧化还原条件数据，可以定量评价水体 P 循环与表层营养水平，进而更准确地表征水体表层初级生产力(Qiu et al.,2022)。这可为破解黑色页岩层系中有机质沉积富集机理提供一种独特的有效途径。

有机质富集机理研究所面临的另一个重要科学问题，是极高生物生产力与缺氧事件驱动机制的多样性问题。具体来说，如何客观地评价一些重大地质事件，如构造运动（快速沉降）、火山喷发、热源活动等，对沉积水体中生态系统及物理-化学条件的影响程度。尽管一些学者已开展这方面的工作，并取得一些重要成果（Chen et al.，2009；Zhang et al.，2017；刘全有等，2019），但这些事件（火山喷发、热液活动）所发生空间范围、强度等，所形成环境压力程度，以及与富有机质沉积分布的空间匹配关系仍不是十分清楚。更为重要的是，不同地质时代的有机质沉积富集，其驱动机制也存在着一定差异。例如，现代火山活动喷发形成的火山灰沉降到贫营养化区域海水中，可以引发硅藻等生物繁盛，显著提高海洋表层生产力，但对于具有高生物生产力背景区域，其生物生产力是否也能够被显著提高尚未可知。

在藻类等生物生长、死亡后沉积富集的过程中，必然也会留存一些与当时生产力密切相关的“痕迹”，如分子化石（生物标志物）、微生物（细菌等），或与有机质密切相关的自生矿物等。例如，有研究表明微生物能够准确记录前寒武 10～20 年周期性太阳黑子活动的变化（Tang et al.，2014；谢树成等，2015）。最近有研究提出：黏土矿物种类对海洋有机质保存具有重要作用（Blattmann et al.，2019），即蒙脱石容易吸附海洋有机质，而陆源有机质与绿泥石等矿物在海水中能够紧密结合。这些研究为寻找生产力可靠指标提供了新思路。针对现代与古代富有机质沉积物，加强这些方面的研究，以期找到能够代表水体表层初级生产力的可靠指标。同时，针对特定区域，需系统开展该区域内各类地质事件沉积过程的研究，精细刻画各类事件沉积的空间展布范围与影响程度，明确这些事件与富有机质沉积作用机制及空间匹配关系。

此外，沉积有机质的富集机理仍然存在着很多争议。如前所述，细粒沉积岩有机质的富集讨论焦点一直是水体表层初级生产力和水体底部氧化还原条件沉积速率这“二人转”的旋律。然而，细粒沉积岩的贫氧至缺氧相到底是由于初级生产力产生的碳埋藏引起的，还是水体本身的循环条件不畅引起的？甄别这两者之间的关系很难做到（Tyson，1995）。这其中的原因会不会是因为采样间距不够密、不够精细所致？最近有研究发现（Zhou et al.，2022），初级生产力对氧化还原条件的反馈效应常发生在十年至百年级别范围内。对研究细粒沉积岩中的有机质富集过程来说，几乎难以在时间尺度上将缺氧相页岩成因中的初级生产力因素区分出来。然而，正是因为初级生产力对水体氧化还原条件存在着积极影响，故在研究有机质富集过程中常采用相对简单粗暴的形式。例如，对于异常高有机质富集的细粒沉积岩，如果营养水平和初级生产力水平也很高，则说明初级生产力至少是主控因素；反之，如果初级生产力水平不高，处于一个正常的范围，说明异常高有机质富集的主控因素很可能是保存条件，如快速沉积、缺氧环境等。目前可以从研究古水体的盐度去甄别缺氧环境与水体循环和初级生产力的关系。幸运的是，近年来盐度指标的创立和优化有了明显的进展（Wei and Algeo，2020），即便其指标还存在明显的成岩作用影响。因此，未来有机质富集的研究有望将从“初级生产力”与“氧化还原条件”的“二人转”分析转变为“初级生产力—氧化还原条件—水体循环条件”三角关系的讨论（邱振等，2021）。

近些年来非常规油气开发实践表明，“甜点段”的有机质含量极端异常，平均 TOC 含量高达 3%～6%。异常高有机质沉积富集往往与极端的营养物质输入有关（邱振等，2021），而营养物质的汇聚多来自于陆地。在盆地尺度范围内，盆缘地区的较深水（如潟湖、近岸碳酸盐岩台地内盆地）环境、近岸陆棚以及静水湖湾环境往往是聚集营养物质的重要场所。大量的营养物质输入，配合较安静的水体环境，往往能引起大量的有机质沉积富集，形成石煤、炭质页岩、油页岩等富碳沉积。因此，盆地的近岸周缘或古陆边缘近岸较深水环境有利于异常高有机质沉积富集。

第二节　优质储层发育机制

以黑色泥页岩等为主的细粒沉积岩沉积时间累计占整个显生宙的三分之一，约占沉积岩的三分之二，全球油气储量的 90%以上来自这些黑色泥页岩层系。泥页岩成分十分复杂，由脆性矿物（石英、方解石，白云石等）、黏土矿物（伊利石、伊/蒙间层等）、有机质（藻类等）及其他自生矿物等构成。在一定沉积条件下，受气候、陆源碎屑输入、水体表层生物生产力等因素影响，泥页岩中常发育纹层沉积（Ulrich et al.，1999；王冠民和钟建华，2004），包括有机质纹层、石英、长石等粉砂纹层、黏土纹层、碳酸盐纹层等。火山喷发会沉积火山灰（凝灰质）纹层。四川盆地五峰组-龙马溪组、鄂尔多斯延长组长 7 段、准噶尔盆地芦草沟组等均可见到上述五类纹层。不同类型纹层发育的泥页岩常具有不同的物性特征，对优质储层发育具有控制作用。与黏土纹层相比，粉砂纹层因具有较大粒间孔隙常聚集致密油；火山碎屑易发生溶蚀与钠长石化，次生孔隙发育，故火山喷发形成凝灰质纹层可作为致密油储层（蒽克来等，2015）。处于生油窗的陆相泥页岩中有机质孔不发育，以黏土矿物粒内孔、粒（晶）间孔为主（吴松涛等，2015；邱振等，2016）；而处在生气窗或高-过成熟度海相页岩有机质发育大量纳米级孔隙，其孔隙占页岩总孔隙度的 50%以上（金之钧等，2016；马永生等，2018）。尽管不同类型纹层连续分布可以形成水平层理（缝），能够为油气水平运移提供高速通道（邱振等，2016；金之钧等，2016），但是正是因为这些纹层的发育使得泥页岩层系具有较强非均质性，从而不利于页岩油气或致密油气的高效开采。尤其对于物源供应复杂多变的陆相湖盆，难以形成连续纹层，多种组分混合沉积，岩石类型复杂多变，储层非均质更强。因此，针对泥页岩层系岩石类型复杂性，如何准确地预测页岩油气优质储层分布，是开展优质储层发育机制研究所面临的重要挑战。

盆地深水地区易发育重力流沉积，所形成的砂体与富有机质页岩能够相互叠置大面积发育，从而形成致密油“甜点区”。由于不同类型重力流的流体性质不同，所形成的砂体物性特征也必然存在着差异。例如，鄂尔多斯盆地长 6 段、长 7 段砂质碎屑流沉积砂体孔隙度平均约为 9.8%，渗透率平均约为 $0.89\times10^{-3}\mu m^2$，而浊积砂体物性明显偏低，孔隙度与渗透率分别为 7.9%和 $0.42\times10^{-3}\mu m^2$（孙宁亮等，2017b）。更为复杂的是，浊流、砂质碎屑流、异重流等这些重力流在流动过程中，可以发生相互转化，从而形成复杂重力流沉积砂体。值得注意的是，盆地内部常发育底流，也可以对重力流沉积物进行再改造（吴嘉鹏等，2012；潘树新等，2014）。因此，优质储层发育机制研究所面临的另一个重要挑战是针对盆地深水复杂重力流沉积体系，如何精确预测致密油气优质储层分布。

利用岩心、露头、测井、地震等多种研究手段，开展泥页岩层系从纳米级至米级跨尺度的沉积储层精细描述与评价，建立从微观到宏观的优质储层发育模式，是实现泥页岩层系优质储层评价与分布预测的有效途径。例如，地震沉积学新技术与方法已成功预测浊流等重力流砂体平面分布（刘长利等，2011；李相博等，2019）。另外，沉积物理模拟技术通过水动力、物源供应、水体性质等参数能够重现沉积物的形成过程，并建立相关沉积模式，是开展优质储层发育机制研究的有效手段之一。鄂尔多斯盆地长 7 段通过重力流沉积物理模拟再现了砂体形成过程与分布规律，有效预测了该区优质致密油储层分布（杨华等，2015）。粉砂纹层沉积物理模拟已取得重要进展，建立了粉砂纹层发育机制（Yawar and Schieber，2017）。下一步可开展有机质或泥页岩多种成分的沉积物理模拟实验，结合数值模拟技术，研究其优质储层发育机制，精细刻画优质储层分布。

同时，需加强沉积过程约束条件下有机-无机相互作用的研究。泥岩中有机-无机相互作用对成岩作用的进程也具有重要的控制作用，逐渐引起了人们的重视（Heydari and Wade，2002；Zhu et al.，2020）。有机-无机相互作用成岩体系在 19 世纪 70、80 年代就已经得到比较深入的研究，在砂岩和碳酸盐储层中得到了有效应用（Curtis，1978；Schmidt and Mcdonald，1979；Surdam，1989）。泥岩中有机质生烃演化和矿物组分成岩作用研究相对较为成熟，但成岩过程中有机-无机相互作用机制不清楚，特别是不同尺度下有机和无机组分的协同演化路径及控制因素尚不明确。早期成岩作用是典型的物理-化学-生物作用过程，对于泥岩中有机质降解过程、微生物作用、成岩演化路径及数学模型建立等方面都缺乏深入而系统的研究。中期和晚期成岩作用阶段，有机质热解产生的流体化学-矿物体系对成岩作用的制约机制和分布特征仍然不清，有待深入。页岩气储层中普遍存在的有机质孔的形成似乎并不与任何一个单一的影响因素有明显的、清楚的关系，而是多个因素的相互作用的结果。可以肯定的是，在富有机质泥页岩孔隙结构演化过程中，生油窗范围内形成的液态烃充填原生孔隙的这种现象是普遍存在的，因此孔隙结构的演化规律应该呈阶段性变化。但高演化阶段（R_o>3.0%）富有机质泥页岩孔隙结构如何演化，如热模拟实验结果所显示的孔隙继续增加还是由于有机质碳化导致孔隙的再度下降，还需进一步研究确认。因此，在今后的研究中，沉积过程约束和不同尺度有机-无机相互作用下，泥页岩成岩作用驱动机制和流体岩石相互作用对泥页岩储层孔-缝体系发育和保存的影响是优质储层发育机制研究的重要发展方向之一。

第三节　重大地质事件耦合机制

非常规油气资源沉积富集与重大地质环境突变密切相关，而重大地质环境突变是地球深部与表层相互作用的结果，具体表现为全球性或区域性地质事件对沉积环境的直接影响。这些地质事件包括构造事件、火山活动、气候突变、海（湖）平面突变、水体缺氧、生物群灭绝/辐射、重力流等。它们不是孤立发生的，在时间上与空间上具有耦合关系（图 5.3、图 5.13、图 5.21 和图 5.23）。其中，全球性地质事件与区域性地质事件耦合沉积不仅仅局限在奥陶纪—志留纪之交（五峰组-龙马溪组沉积时期），它广泛存在于地质历史上各个重大地质转折期。例如，白垩纪末由于冈瓦纳大陆裂解造成洋壳体积增加，使得海平面快速上升；相伴的火山活动释放营养物质及喷发的反馈作用造成的大量陆地营养物质输入引发大洋表层富营养化和水体普遍缺氧，形成大洋缺氧事件和黑色页岩广泛沉积；火山喷发会造成大气 CO_2 浓度快速升高，引发气候“温室效应”（王成善等，2009）。

尽管地球重大地质转折期相关的各类地质事件相互作用机制一直存在着争议，但它们对非常规油气资源形成与富集均产生着重大影响。这是因为在这些时期地球表层发生的这些全球性或区域性地质事件，会对岩石圈表层、大气圈、水圈和生物圈产生重要影响，从而控制着全球黑色页岩层系沉积与分布。然而，相对短暂的重大地质事件如何驱动黑色页岩层系持续沉积？黑色页岩层系沉积持续时间一般相对较长（可达数百万年），而重大事件发生往往具有短暂性与间歇性（常以天、年或千年等为单位，一般不超过数百万年），页岩层系中仅局部层段，即异常高有机质（一般 TOC 含量≥3.0%）沉积层段能够较好地记录相关事件的沉积（邱振等，2021）。因此，研究异常高有机质沉积富集过程可能是解决这一问题的关键。目前随着理论、技术和方法的发展与创新，地质事件耦合机制研究呈现两大趋势：一是研究程度越来越深，对地质事件过程（时空分布等）刻画的越来越精确；二是研究内容也越来越广泛，多学科交叉融合成为地质事件沉积研究的特色。

总之，地质事件相关的沉积是不同于正常沉积的“非常规”沉积，全球性或区域性多种地质事件的耦合驱动着非常规油气“甜点区（段）”形成与分布。未来需从地球系统科学出发，采用“非常规思想”，不断深入研究各类地质事件耦合沉积机制。这不仅能够丰富完善地球各圈层作用的油气形成富集理论，也必将在寻找全球非常规油气资源过程中发挥重要作用。

参考文献

姜在兴，梁超，吴靖，等. 2013. 含油气细粒沉积研究的几个问题. 石油学报，34（6）：1031-1039.

金之钧，胡宗全，高波，等. 2016. 川东南地区五峰组-龙马溪组页岩气富集与高产控制因素. 地学前缘，23（1）：1-10.

李相博，刘化清，潘树新，等. 2019. 中国湖相沉积物重力流研究的过去、现在与未来. 沉积学报，37（5）：904-921.

刘长利，朱筱敏，胡有山，等. 2011. 地震沉积学在识别陆相湖泊浊积砂体中的应用. 吉林大学学报（地球科学版），41（3）：657-664.

刘全有，朱东亚，孟庆强，等. 2019. 深部流体及有机—无机相互作用下油气形成的基本内涵. 中国科学（D辑）：地球科学，49（3）：499-520.

马永生，蔡勋育，赵培荣. 2018. 中国页岩气勘探开发理论认识与实践. 石油勘探与开发，45（4）：561-574.

潘树新，陈彬滔，刘华清，等. 2014. 陆相湖盆深水底流改造砂：沉积特征、成因及其非常规油气勘探意义. 天然气地球科学，25（10）：1577-1585.

邱振，卢斌，施振生，等. 2016. 准噶尔盆地吉木萨尔凹陷芦草沟组页岩油滞留聚集机理及资源潜力探讨. 天然气地球科学，27（10）：1817-1827，1847.
邱振，韦恒叶，刘翰林，等. 2021. 异常高有机质沉积富集过程与元素地球化学特征. 石油与天然气地质，42（4）：931-948.
冉波，刘树根，孙玮，等. 2016. 四川盆地及周缘下古生界五峰组-龙马溪组页岩岩相分类. 地学前缘，23（2）：96-107.
孙宁亮，钟建华，田东恩，等. 2017. 鄂尔多斯盆地南部延长组事件沉积与致密油的关系. 中国石油大学学报（自然科学版），41（6）：30-40.
王成善，曹珂，黄永建. 2009. 沉积记录与白垩纪地球表层系统变化. 地学前缘，16（5）：1-14.
王冠民，钟建华. 2004. 湖泊纹层的沉积机理研究评述与展望. 岩石矿物学杂志，23（1）：43-48.
吴嘉鹏，王英民，王海荣，等. 2012. 深水重力流与底流交互作用研究进展. 地质论评，58（6）：1110-1120.
吴松涛，邹才能，朱如凯，等. 2015. 鄂尔多斯盆地上三叠统长 7 段泥页岩储集性能. 地球科学——中国地质大学学报，40（11）：1810-1823.
葸克来，操应长，朱如凯，等. 2015. 吉木萨尔凹陷二叠系芦草沟组致密油储层岩石类型及特征. 石油学报，36（12）：1495-1507.
谢树成. 2018. 距今 2.52 亿年前后的生物地球化学循环与海洋生态系统崩溃：对现代海洋的启示. 中国科学：地球科学，48（12）：1600-1605.
杨华，牛小兵，罗顺社，等. 2015. 鄂尔多斯盆地陇东地区长 7 段致密砂体重力流沉积模拟实验研究. 地学前缘，22（3）：322-332.
周立宏，蒲秀刚，邓远，等. 2016. 细粒沉积岩研究中几个值得关注的问题. 岩性油气藏，28（1）：6-15.
Blattmann T M，Liu Z，Zhang Y，et al. 2019. Mineralogical control on the fate of continentally derived organic matter in the ocean. Science，366（6466）：742-745.
Chen D Z，Wang J G，Qing H R，et al. 2009. Hydrothermal venting activities in the Early Cambrian，South China：Petrological，geochronological and stable isotopic constraints. Chemical Geology，258（3/4）：168-181.
Qiu Z，Zou C，Mills B J W，et al. 2022. A nutrient control on expanded anoxia and global cooling during the Late Ordovician mass extinction. Communications Earth & Environment，3（1）：82.
Tang D J，Shi X Y，Jiang G Q. 2014. Sunspot cycles recorded in Mesoproterozoic carbonate biolaminites. Precambrian Research，248：1-16.
Tyrrell T. 1999. The relative influences of nitrogen and phosphorus on ocean primary production. Nature，400：525-531.
Yawar Z，Schieber J. 2017. On the origin of silt laminae in laminated shales. Sedimentary Geology，360：22-34.
Zhang W Z，Yang W W，Xie L Q. 2017. Controls on organic matter accumulation in the Triassic Chang 7 lacustrine shale of the Ordos Basin，central China. International Journal of Coal Geology，183：38-51.
Zhu R K，Cui J W，Deng S H，et al. 2019. High-precision dating and geological significance of Chang 7 tuff zircon of the Triassic Yanchang Formation，Ordos Basin in central China. Acta Geologica Sinica，93（6）：1823-1834.